多高层住宅
数智化设计技术初探

程国忠　周绪红　王禄锋　著

中国建筑工业出版社

图书在版编目（CIP）数据

多高层住宅数智化设计技术初探 / 程国忠，周绪红，王禄锋著. -- 北京：中国建筑工业出版社，2024. 10.
ISBN 978-7-112-30148-5

Ⅰ. TU973-39

中国国家版本馆 CIP 数据核字第 2024T85G43 号

本书介绍了人工智能技术在多高层住宅设计中的应用。全书共 10 章，分为四篇。其中第 1 章为绪论；第 2、3 章为数智化设计基础篇，主要介绍了建筑领域的数字化设计技术和人工智能技术；第 4～6 章为建筑数智化设计篇，介绍了建筑场地-建筑单体-建筑套型的智能设计技术；第 7、8 章为建筑-结构数智化建模篇，介绍了基于建筑信息的结构智能建模技术；第 9、10 章为结构数智化设计篇，分别介绍了结构的生成式设计方法和智能优化设计方法。

本书适用于智能建造相关领域的高校师生、科研人员、建筑设计人员、结构设计人员、数字化设计研发人员和智能化设计研发人员参考。

责任编辑：李天虹
责任校对：赵　力

多高层住宅数智化设计技术初探
程国忠　周绪红　王禄锋　著
*
中国建筑工业出版社出版、发行（北京海淀三里河路 9 号）
各地新华书店、建筑书店经销
北京鸿文瀚海文化传媒有限公司制版
北京京华铭诚工贸有限公司印刷
*
开本：787 毫米×1092 毫米　1/16　印张：15¼　字数：381 千字
2024 年 8 月第一版　　2024 年 8 月第一次印刷
定价：**128.00** 元
ISBN 978-7-112-30148-5
（43526）

前　言

多高层住宅是城市发展的最主要建筑形式之一，具有建筑空间布置灵活、结构抗震性能好的特点。在传统的多高层住宅设计流程中，建筑设计主要依赖设计师的设计经验和人工调整，缺乏建筑方案自动生成技术；建筑信息到结构信息的转换主要依赖设计师的人工识图和手动建模，缺少数智化的建筑-结构建模技术；结构设计则主要依赖设计师对结构计算模型的反复调整，缺少结构方案快速生成技术和智能优化技术。此外，多高层住宅的设计过程需要建筑设计师和结构设计师不断的协调，效率低且重复性劳动多。总体来说，目前多高层住宅的设计主要依赖设计师的经验和不断的人工试错，工作量大且科技含量日渐降低，导致高水平青年人才不再愿意从事设计工作，全社会的工程设计水平面临严重降低的风险。要解决上述问题，须发展以数字化和智能化为基础的多高层住宅设计技术。

随着计算机技术的发展，出现了以 Rhinoceros 3D 为代表的三维参数化设计软件、以 SAP2000 为代表的结构计算软件、以 Autodesk Revit 为代表的工程信息管理软件等设计平台，提供了高效的数字化设计工具。另一方面，随着人工智能技术的发展，出现了以启发式智能优化算法为代表的经典人工智能技术和以深度学习为基础的现代人工智能技术。在数字化技术不断普及应用和人工智能技术不断发展的背景下，课题组在多高层住宅领域进行了一系列数智化设计的初步探索，具体包括建筑数智化设计、建筑-结构数智化建模、结构数智化设计三方面。

为了推动数智化技术在建筑业中的应用，以及帮助设计人员快速掌握这一技术，我们将近几年来的学习和研究成果进行整理，并撰写为本书。鉴于设计师对数字化和智能化技术通常缺乏深入了解，本书首先对数字化工具和人工智能算法进行了较为详细的介绍。在此基础上，本书进一步介绍了多高层住宅数智化设计技术。本书可供智能建造专业的高年级本科生、研究生、教师、科研人员和工程技术开发人员参考。

本书的研究工作得到了国家自然科学基金重点项目“高层钢-混凝土混合结构的智能建造算法研究”（52130801）的资助。由于人工智能技术的发展日新月异，同时由于笔者知识水平和研究能力有限，书中难免有疏漏和不足之处，敬请读者批评指正。

周绪红，程国忠，王禄锋

2024 年 3 月 6 日

目　录

结构数智化设计篇

第1章 绪论

多高层住宅的设计主要包括建筑设计、建筑-结构建模和结构设计。在多高层住宅建筑设计阶段，考虑到建筑立面主要由装饰和开窗构成，这些因素不直接影响居住者的空间需求，因此多高层住宅的建筑设计主要聚焦在平面设计。从场地到套型的建筑平面设计可分为三个阶段：场地设计、单体设计和套型设计，如图1.0-1所示。目前，建筑平面的研究主要集中在场地设计和套型设计，关于建筑单体智能设计的研究较少，然而建筑单体的设计是其中重要的一环，且建筑单体是建筑结构力学分析的基本形式。在基于建筑信息进行结构信息模型建立的阶段，目前则主要依赖设计师在结构计算软件中的手动建模，其过程枯燥且易出错，缺少智能化的建筑-结构建模技术。当结构模型建立后又需要设计师不断地手动调整模型，缺少结构设计方案快速生成技术，同时缺少结构的智能优化技术。可以看出，多高层住宅的智能设计目前主要依赖设计师的设计经验和不断的人工试错，人力成本大且设计结果有较大的限制。因此，急需数字化和智能化的技术来辅助设计师进行多高层住宅的设计。

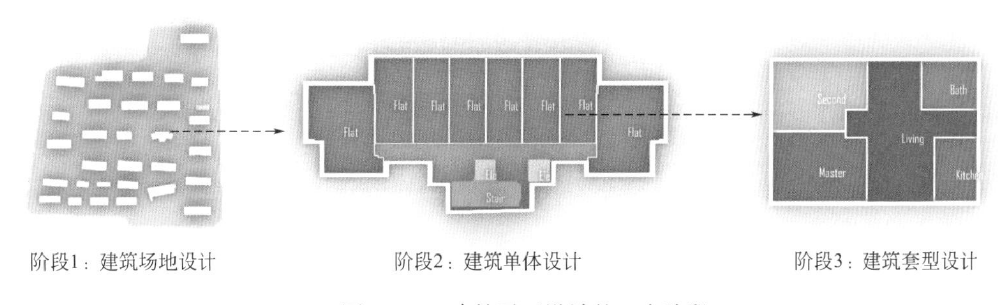

图1.0-1 建筑平面设计的三个阶段

随着计算机技术的不断发展，出现了以AutoCAD为代表的二维矢量图纸绘制工具、以Rhino为代表的三维参数化设计工具、以Revit为代表的建筑信息管理工具、以SAP2000为代表的结构计算工具等数字化设计平台。这些数字化设计平台的普及和应用，使得建筑设计和结构设计可由三四个人的小团队完成，并设计出个性化的方案。

同时，随着人工智能（Artificial Intelligence，AI）技术的突破性发展，分别出现了以启发式智能优化算法为代表的经典人工智能技术和以深度学习为基础的现代人工智能技术[1-3]。启发式智能优化算法是一类模拟自然界现象或生物群体行为的计算技术，可用于求解复杂的优化问题[4]，具有简单、通用、并行、全局收敛等特点，适用于多个领域，如平面组合优化、生产调度等。基于深度学习的生成式设计算法是一类利用深度神经网络生成数据的技术[5]，用于创造新的数据或增强现有的数据，具有强大的表达能力、泛化能力、自适应能力等特点，适用于多个领域，如图像生成、文本生成等[6]。因此，将数字化技术作为基础工具，将人工智能技术作为基础方法，探索多高层住宅的数智化设计技术可以辅助设计师进行更加高效和更有创意的工作，如图 1.0-2 所示。

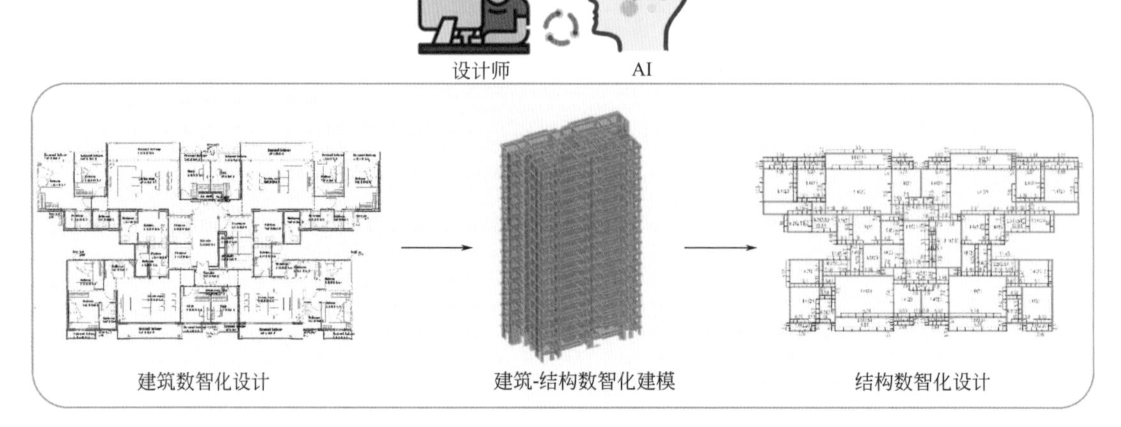

图 1.0-2　多高层住宅数智化设计

1.1　建筑数智化设计

建筑平面设计是建筑设计中一个重要的内容，它显著地影响人们的生活质量、能源消耗和碳排放[7]。设计过程可以根据设计的规模和范围分为三个阶段：建筑场地设计、建筑单体设计和建筑套型设计，如图 1.0-1 所示。传统的多高层住宅平面设计方法在这三个阶段都需要设计师对空间关系有深刻的理解和不断地手动优化调整。随着最优化理论的发展，智能优化算法由于其通用性和鲁棒性强的特点在近十几年被广泛研究和应用[8]。同时，伴随着生成式人工智能的快速发展，基于深度学习的建筑平面生成式设计近些年来同样被广泛研究[9,10]。本节对基于智能优化算法和基于生成式设计算法的建筑设计方法分别进行介绍，同时将两类算法的应用均分为三个设计阶段进行介绍。

1.1.1　建筑智能优化设计

（1）第一阶段—建筑场地设计

Sung 等[11] 提出了一种混合方法，利用计算机的计算能力模拟和加速场地设计的线性工作流程。El Ansary 等[12] 提出了一种基于遗传算法（Genetic Algorithm，GA）的技术，用于确定住宅建筑的位置和朝向，以满足如日照、热舒适度等能耗需求。Pérez-Martínez 等[13] 提出了基于参数化模型并采用 GA，通过优化居住空间系数（居住空间与建筑面积的比值）、土地利用率（总建筑面积与土地面积的比值）等设计目标来实现场地平面的设计。Wu 等[14] 提出了一种代理模型辅助的进化优化算法，以替代大量的计算。在另一项工作中，Wang 等[15] 建立了一个参数化的建筑模型来控制场地平面的生成，并使用了多目标优化算法方法来优化日光、日照时间、视野景观、室外热舒适等设计目标，从而实现低能耗的场地平面设计。Fattahi 等[16] 开发了一套应用程序，用于优化场地布置，以提高视觉质量、视觉隐私和太阳能效果。

(2) 第二阶段—建筑单体设计

Gan 等[17] 将能源模拟与 GA 结合起来，优化建筑单体布置，以最大化能源效率。Verma 等[18] 开发了一个优化设计系统，使用 GA 不仅生成单个平面布局，而且生成整个楼层的建筑单体平面。Song 等[19] 提出了一种公寓楼表示方法，并应用了隐式冗余表示 GA 进行建筑设计。Li 等[20] 开发了一个双向工作流，结合了正向优化工作流和反向优化工作流，使用 GA 来支持早期的建筑单体平面设计。张竞予等[21] 以节能性能为目标，通过采用 GA 来优化设计中国北方寒冷地区的城镇住宅。在另一项工作中，Gan[22] 提出了一种基于建筑信息模型（Building Information Modeling，BIM）的图数据模型，用于表示模块化建筑中的关键特征，并介绍了一个模块化建筑设计的案例。在建筑单体优化设计的其他方面，常明媛等[23] 提出了基于 GA 的模块化钢结构建筑单体的平面优化设计方法。

(3) 第三阶段—建筑套型设计

Laignel 等[24] 将平面空间离散化为单元网格，同时考虑建筑和功能的约束，将布局设计问题转化为一个单元网格分配问题，并采用约束编程和 GA 的混合方法来求解。Wang 等[25] 提出了一个由一组算法组成的设计框架，用于生成平面边界，放置矩形或非矩形的房间。该框架通过连续优化算法得到套型平面。Zawidzki 等[26] 则提出了一种基于梯度的方法，用于优化套型的位置和方向。其优化目标包括了主观的美学印象。Grzesiak-Kopeć 等[27] 使用点的数值向量来表示房间墙壁的端点，并采用了进化算法来生成套型设计方案。Wang 等[28] 提出了一种基于图转换的方法，首先提取现有套型的图结构，然后通过图变换实现定制化布局的生成。Nisztuk 等[29] 介绍了一种基于混合进化算法和贪婪算法的套型优化设计方法。

从上述研究中可以看出，基于智能优化算法的设计方法在每个阶段都有相关的研究，并且可以根据设计师具体的设计目标实现多高层住宅的智能设计。然而，这些方法通常需要设计经验来进行数学建模，同时还需要巧妙地设计优化目标和优化算法。此外，优化设计过程通常需要大量的时间来进行迭代计算。

1.1.2 建筑生成式设计

(1) 第一阶段—建筑场地设计

在场地设计阶段，Chen 等[30] 创建了一个住宅场地平面（ReCo）数据集，包含了 3.7 万条场地数据。同时，他们应用了两种基于生成对抗网络（Generative Adversarial Network，GAN）[31] 的生成器来实现自动化的场地生成。在另一项工作中，Jiang 等[32] 从纽约开放数据中收集了 86.6 万幅建筑物轮廓，用来训练他们提出的基于场地嵌入的 GAN 模型（Site-embedded GAN）。该生成器考虑了条件向量作为输入，生成的结果通过图像处理技术生成三维模型。Wang 等[33] 提出了一种考虑建筑能源需求、太阳光照以及太阳能利用的场地设计方法，此方法使用长短期记忆网络（Long-Short Term Memory，LSTM）[34] 作为生成模型。Huang 等[35] 使用 GAN 作为代理模型来实时预测通用普遍热气候指数、年累计太阳辐射等，然后将代理 GAN 模型与多目标遗传算法结合，实现场地的动态优化设计。从欣宇[36] 提出了基于条件对抗生成对抗网络（Conditional Generative Adversarial Network，CGAN）[37] 的居住区强排方案的生成式设计方法。

（2）第二阶段—建筑单体设计

在建筑单体设计阶段，相关的生成方法研究较少。这主要是因为相关数据集稀缺以及这一阶段被忽视，如图 1.1-1 所示。

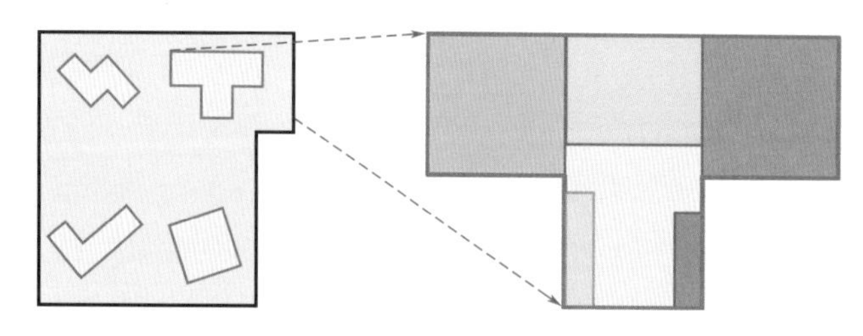

图 1.1-1　第二阶段—建筑单体设计

（3）第三阶段—建筑套型设计

在套型设计阶段，Wu 等[38] 构建了一个从实际住宅平面图中得到的套型数据集，数据集包含超过 8 万幅套型平面，名为 RPLAN[39]。利用此数据集，Luo 等[40] 对提出的 FloorplanGAN 进行了训练，并实现了套型平面的生成式设计。Huang 等[41] 应用基于 GAN 的 Pix2PixHD[42] 框架，通过用不同颜色标记房间制作数据集，同时使用此数据集来训练生成套型平面。Nauata 等[43] 引入了一种图（Graph）约束 GAN，通过将约束编码在输入图中实现套型平面的条件生成，此网络在 LIFULL[44] 数据集上进行了训练。LIFULL[44] 数据包含了 500 万条日本地区商业地产的套型设计信息。Nauata 等[45] 在另一项工作中结合了图约束 GAN 和条件 GAN，创建了可与专业设计师媲美的生成器。Chaillou[46] 训练了三种不同的生成网络，分别确定建筑边界、套型平面和家具布局。此三种网络都为基于 GAN 的 Pix2Pix[47] 架构。Rahbar 等[48] 提出了一种包含两个阶段的设计方法：首先采用提出的基于规则的算法将气泡图转换为热图；然后使用基于 Pix2Pix 的生成器将热图转换为套型平面。Hu 等[49] 提出了一种基于图神经网络（Graph Neural Network，GNN）[50] 的生成器，该生成器在 RPLAN 数据集进行训练，可以根据套型边界生成与输入气泡图相匹配的套型平面。Sun 等[51] 使用所提出的 WinNetw 预测窗户位置，然后结合 GraphNet 和 LabelNet 生成墙体位置。所有这些网络都在 RPLAN 数据集上训练。He 等[52] 提出了一个可以与设计师交互的设计框架。它将设计边界作为输入，使用神经网络将设计过程分解为以下步骤：获取房间类型、定位房间和确定房间隔断墙。这种方法在 RPLAN 和 LIFULL 数据集上都得到了验证。Ghannad 等[53] 提出了一种耦合 GAN 模型（Coupled GAN），用来生成套型平面，帮助设计师简化设计过程。Aalaei 等[54] 引入了一种图约束条件 GAN，通过分析输入的图关系来生成平面布局。Zheng 等[55] 将深度学习和优化技术相结合，实现了自动生成符合给定图关系的房间布置。

上述研究表明，生成设计方法能够有效地从数据中学习潜在知识，无需设计复杂的优化程序和目标。在第一和第三设计阶段，目前已经探索了较多的生成设计方法，特别是广泛应用了 GAN 模型。然而，关于第二阶段的设计，即建筑单体的生成式设计，目前的研究较少。

在建筑场地数据集方面，ReCo 是开源的场地数据集[56]，也是目前最大的场地数据集，包含约 3.7 万幅来自中国 60 座城市的场地平面。在建筑套型平面数据集方面，RP-

LAN 和 LIFULL 是两个大规模的套型数据集，分别包含约 8 万和 500 万幅平面，它们在相关研究中经常被使用。除这两个数据集外，还有如 Cubicasa5K[57]、ROBIN[58]、RFP[59]、HouseExpo[60] 等套型数据集。然而，它们在套型平面生成中的应用并不广泛。在建筑单体平面生成领域，目前仍未有可以使用的相关开源数据集。

1.2 建筑-结构数智化建模

目前，从建筑信息的读取到结构计算模型的建立仍依赖设计师的手动建模，此过程消耗了大量的人力且易出错。因此，实现基于建筑信息的结构自动建模具有重要意义。目前，多高层住宅设计过程中的信息载体主要仍为 Autodesk CAD（CAD）数据。因此，目前的研究主要基于 CAD 数据进行识别和三维建模[61]。根据 CAD 的数据形式可以将其分为两大类（图 1.2-1）：一类为光栅像素图[62]，是一种用于表示图像的数据结构。其由像素组成，每个像素有一个或多个数值表示颜色、亮度等属性。信息通常是以位图的形式存储的，如 PNG、JPG 格式。CAD 光栅像素图根据用途可分为标注像素图（图 1.2-1a）和渲染像素图（图 1.2-1b）。另一类则为矢量图[63]（图 1.2-1c），是一种用于表示图形的数据结构。其由点、线、曲线、多边形等基本元素组成，每个元素有一个或多个数值表示位置、方向、形状等属性。CAD 矢量图主要格式为 DWG 和 DXF。

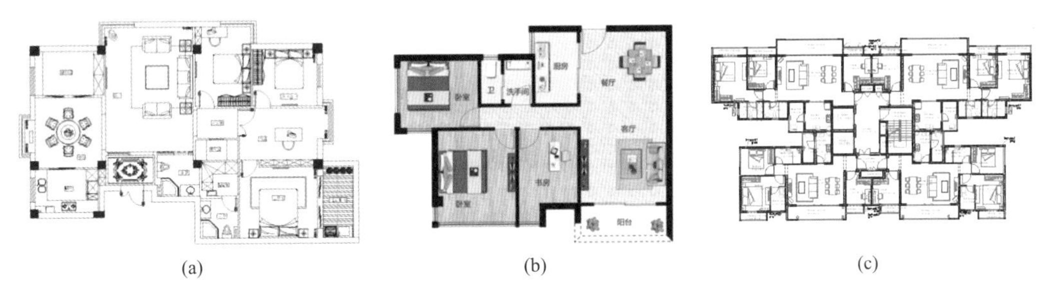

(a) (b) (c)

图 1.2-1 建筑信息 CAD 数据

(a) 标注像素图；(b) 渲染像素图；(c) CAD 矢量图

1.2.1 基于光栅像素图的数智化建模

对于光栅像素图，一般需要通过图像处理技术检测和识别其中的基本建筑元素（例如墙、门和窗）。Gimenez 等[64] 首先利用光学字符识别（Optical Character Recongnition，OCR）[65] 等技术将建筑图像元素分为了文字和几何两大类，然后通过制定一系列规则进行墙体和门窗的建模。Liu 等[66] 将布局估计问题转化为在马尔可夫随机场中的推理问题，并采用了基于积分几何学的高效推理算法。为了验证这种方法的有效性，此研究团队同时构建了一个包含 215 个套型的数据集（Rent3D）进行验证。在另一项研究中，Vidanapathirana 等[67] 使用 Rent3D 数据集通过三个步骤将一个套型平面图和一组相关的照片生成带有材质纹理的三维网格模型：1）使用深度学习将平面图生成为三维网格模型；2）根据输入的照片生成材质纹理；3）使用图神经网络（GNN）推断未观测到表面的材质纹理。Liu 等[68] 则主要通过两个步骤实现了建筑的三维重建。首先，训练并使用卷积神经网络（Convolutional Neural Network，CNN）[69] 来预测墙体角点的位置及其类型（即 L 型、T 型等共 13 种），同时通过此卷积网络获得两个语义分割特征图（一个特征图包含房间位置及其类型信息，另一个特征图包含门窗以及家具位置的信息）。然后，使用整数规划获得基元图像，即具体墙体信息等。此研究从 LIFULL 数据集随机选取了 870 条数据进行标注并进行了神经网络的训练。Zeng 等[70] 提出了一种使用房间边界注意力增强的多任务预测神经网络，实现了厚度不均匀墙壁以及不规则墙体的识别。此神经网络首先采用一个共享 VGG 网络[71]，生成的特征被共享分为两个任务，一个用于预测房间边界像素（墙壁、门和窗户），另一个用于预测房间类型像素（餐厅、卧室等）。最重要的是，这两个任务采用两个独立的 VGG 解码器。其中，提出的网络利用了房间边界引导的注意力机制帮助预测房间像素的类型。此研究采用研究［66］和研究［68］创建的数据集对提出的方法进行了验证。

为了更好地研究基于建筑图像的三维重建，Kalervo 等[57] 创建了一个建筑套型平面图像数据集 CubiCasa5K，该数据集由 5000 幅建筑套型平面光栅图像组成，且每幅照片具有丰富的真实标注信息。同时，此团队在研究［70］的基础上对多任务预测神经网络进行改进，输出为两个语义分割图（一个用于标记房间类型，另一个用于标记图标类型）和一组热图（精确定位墙体角点、门窗端点等）。基于 CubiCasa5K 数据集，Schönfelder 等[72] 提出了一种基于深度学习的目标检测模型和光学字符识别（OCR）方法的文本提取方法，并使用识别结果对此数据集进行了文本注释。Lyu 等[59] 利用深度分割和检测神经网络提取房间结构信息，利用关键点检测网络和聚类分析方法来计算房间尺度，同时通过迭代优化的方法对房间信息进行矢量化处理。此团队通过网络搜集了 7000 幅套型平面进行标注，并使用此数据集对提出的方法进行了验证。在另一项研究中，Fan 等[73] 建立了包含 10000 多幅矢量 CAD 的数据集 FloorPlanCAD。其涵盖范围从住宅到商业建筑各个类型，并且包含了 30 个物体类别的标注。基于此数据集，此团队将卷积网络（CNN）和图神经网络（GNN）结合进行全面的符号检测，即要求 CAD 图纸中的每个像素都分配到一个物体实例或一个物体语义上，从而实现对 CAD 图纸的完整理解。Urbieta 等[74] 则直接训练并使用 Mask R-CNN[75] 来识别 CAD 图像。值得注意的是，此研究不仅利用此网络识别建筑 CAD 图像，还同时实现了对结构 CAD 图像的识别。

为了实现梁柱结构的三维重建，Zhao 等[76] 将图像处理、深度学习和 OCR 等技术进行融合，将整个过程分为了四个阶段：1）从框架平面图中检测对象（柱、水平梁、垂直梁和倾斜梁等）；2）提取和分类图纸中的注释，并进行属性匹配；3）生成图纸坐标系，并将像素坐标转换为图纸坐标；4）根据提取的信息创建 IFC 文件。为了验证提出的方法，此研究团队创建了具有 500 个框架设计方案的数据集。为了实现基于建筑图像的结构拓扑建模，Zhang 等[77] 先使用 Pix2PixHD[78] 将建筑图像作为输入生成建筑墙体角点，然后使用对抗生成网络训练多层感知机（Multi-Layer Perceptron，MLP）[79] 来生成角点之间的连接关系，最后生成整个结构的拓扑关系。

1.2.2 基于 CAD 矢量图的数智化建模

对于 CAD 矢量图，基本建筑元素（如墙、门和窗）的信息可以读取 CAD 基本图形元素（如线段、弧线）获得。Yang 等[80] 利用 CAD 图层分类信息，生成梁、板和柱的几何模型。然后，将语义信息结构化并存储在相应的三维模型的元素中。Yin 等[81] 提出了一种图层自动识别方法，可以识别不同图层中的建筑元素，例如墙体、门窗洞口以及轴线文字等。此方法不仅可以识别平面图中的建筑元素，还可以识别立面图中的洞口以及符号。Domínguez 等[82] 为了实现基于 CAD 矢量图的三维重建，提出了墙体邻接图的概念。墙体邻接图是一种图结构，节点表示墙体、边表示这些墙体之间的关系，通过此种图结构可以快速获得完整连续的墙体。同时，此研究利用几何分析找出墙体与开口、墙体与墙体之间的交点。Bortoluzzi 等[83] 通过只保留房间边界、建筑外部边界、房间编号标签这三个图层来简化 CAD 文件，并使用此三个图层来建立三维模型。值得注意的是，此算法是通过 Revit 软件[84] 和 Dynamo 平台[85] 实现的。

根据以上研究可以发现，目前针对基于 CAD 矢量图的三维重建研究较少。同时，大多数方法实现了从建筑套型图纸到三维建筑信息的重建，但是缺少建筑单体的识别和三维重建，导致无法建立基本的结构计算模型。同时，缺少建筑语义的有效获取，如缺少套型的识别，缺少建筑公共区的识别。另外，目前的方法主要实现了构件层面的识别和建模，缺少结构荷载（如梁荷载和楼板荷载）的建模方法（图 1.2-2）。

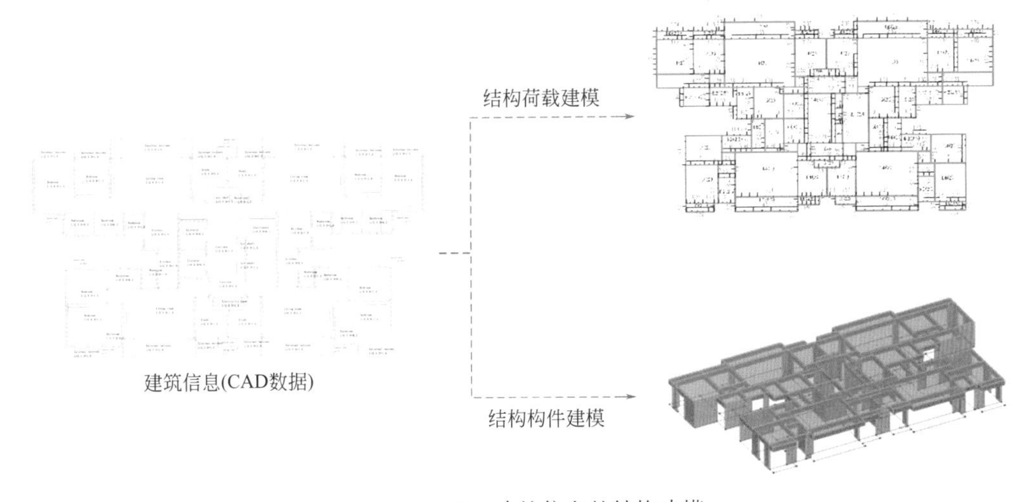

图 1.2-2 基于建筑信息的结构建模

1.3 结构数智化设计

目前，结构数智化设计方法主要分为两类，分别是基于智能优化算法的智能优化设计和基于深度学习的生成式设计。此两类方法可单独用于结构的智能设计，也可将生成式设计的结果作为智能优化设计的初始解，然后进行优化设计，如图 1.3-1 所示。本节将对这两类数智化设计方法在多高层住宅领域的研究和应用分别进行介绍。由于多高层住宅多采用剪力墙结构，因此本书介绍的结构数智化设计面向的对象为剪力墙结构。

1.3.1 结构智能优化设计

关于剪力墙结构智能优化设计，Zhang 等[86] 同时考虑建筑设计约束和结构设计约束，

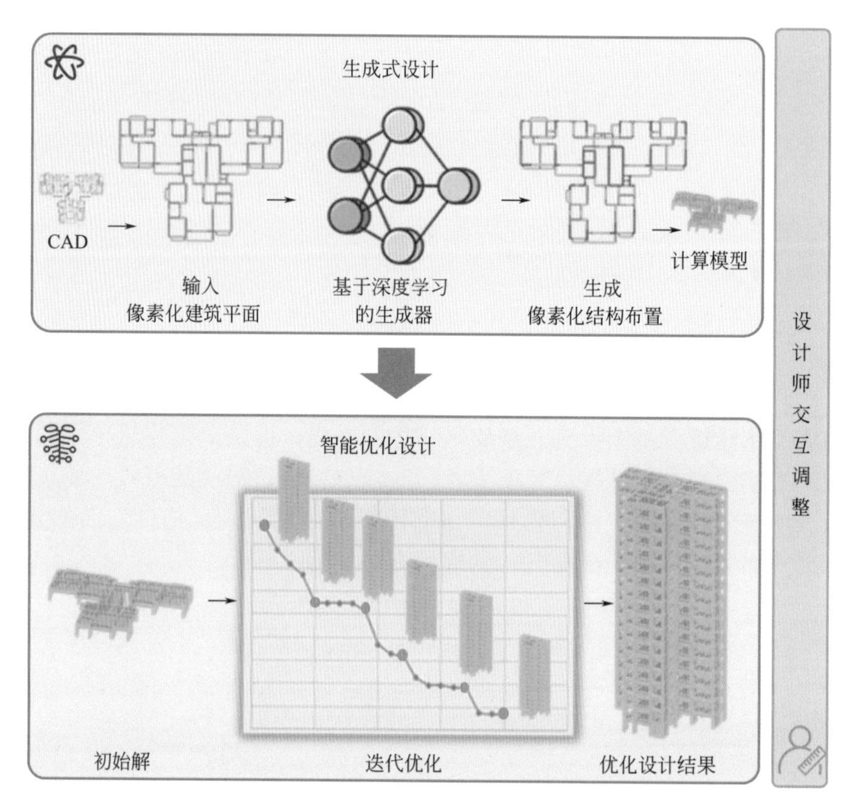

图 1.3-1 结构智能优化设计和生成式设计

使用遗传算法（Genetic Algorithm，GA）实现了剪力墙平面的优化设计。但由于设计的变量基于网格生成，同时结构性能指标的计算基于简要的力学公式，因此本研究适用于结构设计的概念设计阶段，不适用于结构设计的出图阶段。在另一项研究中，Gan 等[87] 首先通过建立不同构件之间的拓扑关系，然后利用改进的 GA 通过优化构件的尺寸来降低钢筋混凝土建筑中的固有碳和材料成本。Lou 等[88] 基于规范规定的约束，通过使用建筑平面对称性和垂直连续性来建立优化模型，实现了剪力墙的优化布置。在另一项研究中，Lou 等[89] 通过禁忌搜索算法（Tabu Search，TS）[90] 优化剪力墙的布置，同时使用支持向量机（Support Vector Machine，SVM）[91] 构建代理模型来模拟真实结构模型的性能指标。

在结构智能优化设计领域其他方面，Tafraout 等[92] 基于 GA 进行了钢筋混凝土墙板系统的智能设计。周婷等[93] 提出了基于两阶段模拟退火算法的村镇轻钢框架结构的智能优化方法。实际工程表明提出的智能设计方法优化速度较快，优化效果良好。在另一项研究中，陈圣格等[94] 提出一种基于参数化的钢结构模块建筑平面设计方法。其基于 Rhino 和 Grasshopper 平台，结合 Ladybug & Honeybee 建筑能耗模拟插件、Karamba 有限元结构设计插件，以及 Octopus 进化算法插件，探索钢结构模块建筑参数化平面的多目标优化和结构智能化设计。

综上研究可知，目前已有部分基于智能优化算法的结构优化设计方法，并取得了良好的设计效果。但是目前的设计仍存在优化设计时间长，优化目标单一，只能优化单个结构标准层，缺少与设计师先验知识融合等问题。

1.3.2 结构生成式设计

关于剪力墙结构生成式设计的研究首先由 Pizarro 等[95] 于 2021 年开展。此研究首先创建了一个包含 165 栋建筑的建筑和结构平面数据集，并使用此数据集训练了一个基于全连接神经网络的生成模型。此神经网络将墙体的 30 个特征作为输入，神经网络的输出为剪力墙的长度和厚度。紧接着的另一项研究工作中，Pizarro 等[96] 提出了基于卷积神经网络的生成器。此生成器不仅将 30 个特征作为输入，还将建筑图像作为卷积神经网络生成器的输入。此研究为剪力墙结构生成式设计提供了很好的启发。

基于生成对抗网络（Generative Adversarial Network，GAN）[31] 的高效生成能力，Liao 等[97] 采用 Pix2PixHD[42] 架构来训练剪力墙布置生成器。此生成器将像素化后的建筑平面作为输入，将剪力墙平面作为输出，其中不同的像素代表不同的元素（例如灰色像素代表建筑墙体，绿色像素代表门窗洞口，红色像素代表剪力墙）。为了验证提出的方法，此研究创建了一个拥有 250 对建筑-结构光栅图像对的数据集。实验结果表明提出的方法具有良好的生成效果，与设计师的设计结果相比有较强的竞争力。

Zhao 等[98] 使用注意力机制对研究［97］的生成器进行改进，并使用预训练网络解决训练数据量少的问题。实验结果表明提出的方法有更好的生成效果，且在关键区域（如电梯井等）有更合理的生成结果。

Lu 等[99] 则在 GAN 的判别器部分添加一个结构物理计算评估器来增强对生成器的训练。此结构物理评估器主要对结构的物理行为进行评估，由经过数据集训练的神经网络 ResNet[100] 代理。其中，训练物理评估器的数据集经由计算得到。

Fei 等[101] 则在 GAN 的判别器部分添加了一个领域知识的评估器来增强对生成器的训练。此领域知识的评估器包括：框架柱截面尺寸的对称性，同一方向的核心筒的外墙截面尺寸的一致性，同一直线上的核心筒内墙截面尺寸的一致性，以及较高标准层的垂直构件应小于或等于较低标准层的截面尺寸。

Liao 等[102] 同样基于 GAN 的原理和 Pix2PixHD[42] 架构进行结构平面生成，不同的是生成器对文本和图像同时进行了编码、提取和融合。其中，文本输入包括抗震设防烈度和楼栋高度分组。

Zhao 等[103] 使用 GAN 训练神经网络生成剪力墙结构中结构梁的布置，此生成器的输入为建筑元素图像（包括剪力墙、建筑墙、门窗）以及建筑空间语义分割图像。

考虑到图神经网络（Graph Neural Network，GNN）[50] 具有强大的拓扑表征能力，Zhao 等[104] 提出了基于 GNN 的剪力墙平面生成式设计方法。结果表明提出的设计方法的设计结果与经验丰富的设计师的设计结果有较高的相似度。

Zhao 等[105] 另一项研究工作中将设计条件（设计基准地震的峰值地面加速度、特征地面周期和建筑高度）嵌入 GNN 的输入中，GNN 不仅可以生成满足基本指标的规范限制，还可以学习到剪力墙布局和设计条件之间的关系。

Fei 等[106] 基于 CAD 开发等技术将 GAN 训练得到的生成器部署到云端，方便结构设计师使用。

在结构生成式设计的其他领域，Liao 等[107] 则基于 GAN 生成地震隔离支座的布局和参数。同时，在判别器部分则同时添加一个结构物理计算评估器和一个领域知识规则评估器来提高判别器的性能。Zhao 等[108] 则基于图神经网络（GNN）进行框架结构中梁的布置。Fu 等[109] 则通过 GAN 进行两阶段的框架支撑结构的生成式设计。第一个阶段 GAN 用于生成框架柱，第二阶段 GAN 用于生成框架支撑的位置。Chang 等[110] 首先将框架结构的梁柱都表示为图节点，然后基于 GraphNet[111] 构建并训练了建筑结构模拟器 NeuralSim 用于输出楼层位移比，同时基于 GraphNet 构建并训练了一个框架构件截面尺寸生成器 NeuralSizer 用于输出截面尺寸。此研究于 2020 年发表，是较早使用深度神经网络进行结构生成式设计的研究，为众多研究提供了启发。

综合上述研究可见，目前剪力墙结构生成式设计主要基于 GAN 和 GNN 实现了结构端到端的设计。然而，目前的生成式设计方法仍面临着三方面的挑战：1）生成器的训练需要大量数据；2）训练过程需要较多专业的机器学习知识；3）生成结果的多样性低。

1.4 本书主要内容

本书以多高层住宅的建筑设计、建筑信息到结构信息的建模、结构设计为对象，介绍使用数字化技术和人工智能技术进行多高层住宅数智化设计，具体内容如下：

（1）数智化设计基础篇

作为一门新兴的跨学科研究，数智化设计根据技术需求可主要分为两方面：数字化设计技术和人工智能技术。本书首先对此两方面进行介绍，为读者提供数智化设计的基础知识。其中数字化设计技术部分包括了对常见的数字化设计平台的介绍，如 Rhino 和 Grasshopper 等；同时也包括了对流行的图形用户界面框架的介绍，如 Streamlit、Gradio 等。人工智能技术的介绍包括了常见的智能优化算法、深度学习技术、图与图神经网络和目前流行的生成式 AI 架构。

（2）建筑数智化设计篇

多高层住宅建筑平面的数智化设计可分为建筑场地设计、建筑单体设计和建筑套型设计三个阶段进行介绍。由于目前关于建筑单体数智化设计的研究较少，本书将对此部分进行着重介绍。同时，将建筑单体的数智化设计根据结构和建造形式，分为现浇单体和模块化单体两大体系进行介绍。

（3）建筑-结构数智化建模篇

为实现建筑到结构的信息流通和转换，介绍两种基于建筑信息的结构数智化建模方法。首先，为了实现结构计算模型的快速建立，介绍基于连通域分析、图论算法等技术的结构自动参数化建模技术。此外，为了实现构件、荷载等信息的准确建模，介绍基于人工标注、深度优先搜索等技术的交互式结构参数化建模技术。

（4）结构数智化设计篇

为了实现多高层住宅剪力墙结构的快速设计，本书介绍了两种结构智能生成技术：基于强化学习的生成式设计、基于扩散模型的生成式设计。同时，为了实现剪力墙结构的优化设计，本书介绍了三种结构智能优化设计技术：基于先验经验和遗传算法的优化设计、基于提示线和禁忌搜索的优化设计，以及基于分步策略和遗传算法的多结构标准层的优化设计。

参考文献

[1] YÜKSEL N，BÖRKLÜ H R，SEZER H K，et al. Review of artificial intelligence applications in engineering design perspective [J]. Engineering Applications of Artificial Intelligence，2023，118：105697.

[2] LIAO W，LU X，FEI Y，et al. Generative AI design for building structures [J]. Automation in Construction，2024，157：105187.

[3] 周子骞，高雯，贺秋时，等．建筑设计领域人工智能探索——从生成式设计到智能决策 [J]. 工业建筑，2022，52（7）：159-172+47.

[4] LI W，WANG G G，GANDOMI A H. A survey of learning-based intelligent optimization algorithms [J]. Archives of Computational Methods in Engineering，2021，28（5）：3781-3799.

[5] REGENWETTER L，NOBARI A H，AHMED F. Deep generative models in engineering design：A review [J]. Journal of Mechanical Design，2022，144（7）：071704.

[6] 袁潮，郑豪．生成式人工智能影响下的建筑设计新模式 [J]. 建筑学报，2023（10）：29-35.

[7] WEBER R E，MUELLER C，REINHART C. Automated floorplan generation in architectural design：A review of methods and applications [J]. Automation in Construction，2022，140：104385.

[8] BAILEY E T，CALDAS L. Operative generative design using non-dominated sorting genetic algorithm II（NSGA-II）[J]. Automation in Construction，2023，155：105026.

[9] KO J，ENNEMOSER B，YOO W，et al. Architectural spatial layout planning using artificial intelligence [J]. Automation in Construction，2023，154：105019.

[10] SHI Y，SHANG M，QI Z. Intelligent layout generation based on deep generative models：A comprehensive survey [J]. Information Fusion，2023，100：101940.

[11] SUNG W，JEONG Y. Site planning automation of apartment complex through grid-based calculation in grasshopper [J]. Automation in Construction，2022，138：104216.

[12] EL ANSARY A M，SHALABY M F. Evolutionary optimization technique for site layout planning [J]. Sustainable Cities and Society，2014，11：48-55.

[13] PÉREZ-MARTÍNEZ I，MARTÍNEZ-ROJAS M，SOTO-HIDALGO J M. A preliminary approach to allocate categories of buildings into Lands based on generative design [C] //2020 IEEE International Conference on Fuzzy Systems（FUZZ-IEEE）.

[14] WU Y，ZHAN Q，QUAN S J，et al. A surrogate-assisted optimization framework for microclimate-sensitive urban design practice [J]. Building and Environment，2021，195：107661.

[15] WANG S，YI Y K，LIU N. Multi-objective optimization（MOO）for high-rise residential buildings' layout centered on daylight，visual，and outdoor thermal metrics in China [J]. Building and Environment，2021，205：108263.

[16] FATTAHI T S，RAFIZADEH H R，ANDAJI G A，et al. Optimizing urban layouts through computational generative design：Density distribution and shape optimization [J]. Architectural Engineering and Design Management，2023：1-21.

[17] GAN V J L，WONG H K，TSE K T，et al. Simulation-based evolutionary optimization for energy-efficient layout plan design of high-rise residential buildings [J]. Journal of Cleaner Production，2019，231：1375-1388.

[18] VERMA M，THAKUR M K. Architectural space planning using genetic algorithms [C] //2010 The 2nd International Conference on Computer and Automation Engineering（ICCAE）. IEEE，2010：268-275.

[19] SONG H，GHABOUSSI J，KWON T-H. Architectural design of apartment buildings using the implicit redundant representation genetic algorithm [J]. Automation in Construction，2016，72：166-173.

[20] LI Z，CHEN H，LIN B，et al. Fast bidirectional building performance optimization at the early design stage [J]. Building Simulation，2018，11 (4)：647-661.

[21] 张竞予，刘念雄，王珊珊，等. 节能性能导向住宅建筑智能生成设计方法与工具平台 [J]. 建筑学报，2022 (2)：22-27.

[22] GAN V J L. BIM-based graph data model for automatic generative design of modular buildings [J]. Automation in Construction，2022，134：104062.

[23] 常明媛，朱劭骏，陈韬，等. 模块化钢结构建筑平面布局方案智能生成式设计方法 [J]. 建筑钢结构进展，2024，26 (02)：83-89+103.

[24] LAIGNEL G，POZIN N，GEFFRIER X，et al. Floor plan generation through a mixed constraint programming-genetic optimization approach [J]. Automation in Construction，2021，123：103491.

[25] WANG X Y，ZHANG K. Generating layout designs from high-level specifications [J]. Automation in Construction，2020，119：103288.

[26] ZAWIDZKI M，SZKLARSKI J. Multi-objective optimization of the floor plan of a single story family house considering position and orientation [J]. Advances in Engineering Software，2020，141：102766.

[27] GRZESIAK-KOPEĆ K，STRUG B，ŚLUSARCZYK G. Evolutionary methods in house floor plan design [J]. Applied Sciences，2021，11 (17)：8229.

[28] WANG X Y，YANG Y，ZHANG K. Customization and generation of floor plans based on graph transformations [J]. Automation in Construction，2018，94：405-416.

[29] NISZTUK M，MYSZKOWSKI P B. Hybrid evolutionary algorithm applied to automated floor plan generation [J]. International Journal of Architectural Computing，2019，17 (3)：260-283.

[30] CHEN X，XIONG Y，WANG S，et al. ReCo：A dataset for residential community layout planning [C] //Proceedings of the 31st ACM International Conference on Multimedia. 2023：397-405.

[31] CRESWELL A，WHITE T，DUMOULIN V，et al. Generative adversarial networks：An overview [J]. IEEE Signal Processing Magazine，2018，35 (1)：53-65.

[32] JIANG F，MA J，WEBSTER C J，et al. Building layout generation using site-embedded GAN model [J]. Automation in Construction，2023，151：104888.

[33] WANG W，LIU K，ZHANG M，et al. From simulation to data-driven approach：A framework of integrating urban morphology to low-energy urban design [J]. Renewable Energy，2021，179：2016-2035.

[34] HOCHREITER S，SCHMIDHUBER J. Long short-term memory [J]. Neural Computation，1997，9 (8)：1735-1780.

[35] HUANG C，ZHANG G，YAO J，et al. Accelerated environmental performance-driven urban design with generative adversarial network [J]. Building and Environment，2022，224：109575.

[36] 丛欣宇. 基于CGAN的居住区强排方案生成设计方法研究 [D]. 哈尔滨：哈尔滨工业大学，2021.

[37] MIRZA M，OSINDERO S. Conditional generative adversarial nets [J]. arXiv：1411.1784，2014.

[38] WU W，FU X M，TANG R，et al. Data-driven interior plan generation for residential buildings [J]. ACM Transactions on Graphics，2019，38 (6)：1-12.

[39] Anonymous. Papers with Code - RPLAN Dataset [EB/OL]. [2024-01-08]. https：//paperswithcode. com/dataset/rplan.

[40] LUO Z, HUANG W. FloorplanGAN: Vector residential floorplan adversarial generation [J]. Automation in Construction, 2022, 142: 104470.

[41] HUANG W, ZHENG H. Architectural drawings recognition and generation through machine learning [C] //Proceedings of the 38th Annual Conference of the Association for Computer Aided Design in Architecture, Mexico City, Mexico. 2018: 18-20.

[42] WANG T C, LIU M Y, ZHU J Y, et al. High-resolution image synthesis and semantic manipulation with conditional GANs [C] //Proceedings of the IEEE Conference on Computer Vision and Pattern Recognition: 8798-8807.

[43] NAUATA N, CHANG K H, CHENG C Y, et al. House-GAN: Relational generative adversarial networks for graph-constrained house layout generation [C] //Computer Vision-ECCV 2020: 16th European Conference, Glasgow, UK, August 23-28, 2020, Proceedings, Part I 16. Springer, 2020: 162-177.

[44] KIYOTA Y. Promoting open innovations in real estate tech: Provision of the LIFULL HOME'S data set and collaborative studies [C] //Proceedings of the 2018 ACM on International Conference on Multimedia Retrieval.

[45] NAUATA N, HOSSEINI S, CHANG K H, et al. House-GAN++: Generative adversarial layout refinement networks [Z/OL]. (2021-03-03) [2022-10-14]. https://doi.org/10.48550/arXiv.2103.02574.

[46] CHAILLOU S. Archigan: Artificial intelligence x architecture [C] //Architectural Intelligence: Selected Papers from the 1st International Conference on Computational Design and Robotic Fabrication (CDRF 2019). Springer, 2020: 117-127.

[47] ISOLA P, ZHU J Y, ZHOU T, et al. Image-to-image translation with conditional adversarial networks [C] //Proceedings of the IEEE Conference on Computer Vision and Pattern Recognition: 1125-1134.

[48] RAHBAR M, MAHDAVINEJAD M, MARKAZI A H D, et al. Architectural layout design through deep learning and agent-based modeling: A hybrid approach [J]. Journal of Building Engineering, 2022, 47: 103822.

[49] HU R, HUANG Z, TANG Y, et al. Graph2Plan: learning floorplan generation from layout graphs [J]. ACM Transactions on Graphics (TOG), 39 (4): 118: 1-118: 14.

[50] WU Z, PAN S, CHEN F, et al. A comprehensive survey on graph neural networks [J]. IEEE Transactions on Neural Networks and Learning Systems, 2021, 32 (1): 4-24.

[51] SUN J, WU W, LIU L, et al. WallPlan: synthesizing floorplans by learning to generate wall graphs [J]. ACM Transactions on Graphics, 2022, 41 (4): 1-14.

[52] HE F, HUANG Y, WANG H. iPLAN: Interactive and procedural layout planning [C] //2022 IEEE/CVF Conference on Computer Vision and Pattern Recognition (CVPR). New Orleans, LA, USA: IEEE, 2022: 7783-7792.

[53] GHANNAD P, LEE Y C. Automated modular housing design using a module configuration algorithm and a coupled generative adversarial network (CoGAN) [J]. Automation in Construction, 2022, 139: 104234.

[54] AALAEI M, SAADI M, RAHBAR M, et al. Architectural layout generation using a graph-constrained conditional generative adversarial network (GAN) [J]. Automation in Construction, 2023, 155: 105053.

[55] ZHENG Z, PETZOLD F. Neural-guided room layout generation with bubble diagram constraints

[J]. Automation in Construction, 2023, 154: 104962.

[56] Anonymous. Papers with Code-ReCo Dataset [EB/OL]. [2024-01-08]. https://paperswithcode.com/dataset/reco.

[57] KALERVO A, YLIOINAS J, HÄIKIÖ M, et al. Cubicasa5k: A dataset and an improved multi-task model for floorplan image analysis [C] //Image Analysis: 21st Scandinavian Conference, SCIA 2019, Norrköping, Sweden, June 11-13, 2019, Proceedings 21. Springer, 2019: 28-40.

[58] SHARMA D, GUPTA N, CHATTOPADHYAY C, et al. Daniel: A deep architecture for automatic analysis and retrieval of building floor plans [C] //2017 14th IAPR International Conference on Document Analysis and Recognition (ICDAR). IEEE, 2017: 420-425.

[59] LYU X, ZHAO S, YU X, et al. Residential floor plan recognition and reconstruction [C] //2021 IEEE/CVF Conference on Computer Vision and Pattern Recognition (CVPR). Nashville, TN, USA: IEEE, 2021: 16712-16721.

[60] LI T, HO D, LI C, et al. Houseexpo: A large-scale 2d indoor layout dataset for learning-based algorithms on mobile robots [C] //2020 IEEE/RSJ International Conference on Intelligent Robots and Systems (IROS). IEEE, 2020: 5839-5846.

[61] GIMENEZ L, HIPPOLYTE J-L, ROBERT S, et al. Review: reconstruction of 3D building information models from 2D scanned plans [J]. Journal of Building Engineering, 2015, 2: 24-35.

[62] SLOAN R K, TANIMOTO L S. Progressive Refinement of Raster Images [J]. IEEE Transactions on Computers, 1979, C-28 (11): 871-874.

[63] JESCHKE S, CLINE D, WONKA P. Estimating color and texture parameters for vector graphics [C] //Computer Graphics Forum. Wiley Online Library, 2011: 523-532.

[64] GIMENEZ L, ROBERT S, SUARD F, et al. Automatic reconstruction of 3D building models from scanned 2D floor plans [J]. Automation in Construction, 2016, 63: 48-56.

[65] MEMON J, SAMI M, KHAN R A, et al. Handwritten optical character recognition (OCR): A comprehensive systematic literature review (SLR) [J]. IEEE Access, 2020, 8: 142642-142668.

[66] LIU C X, SCHWING A G, KUNDU K, et al. Rent3D: Floor-plan priors for monocular layout estimation [C] //2015 IEEE Conference on Computer Vision and Pattern Recognition (CVPR). Boston, MA, USA: IEEE, 2015: 3413-3421.

[67] VIDANAPATHIRANA M, WU Q, FURUKAWA Y, et al. Plan2Scene: Converting floorplans to 3D scenes [C] //2021 IEEE/CVF Conference on Computer Vision and Pattern Recognition (CVPR). Nashville, TN, USA: IEEE, 2021: 10728-10737.

[68] LIU C, WU J, KOHLI P, et al. Raster-to-vector: Revisiting floorplan transformation [C] //2017 IEEE International Conference on Computer Vision (ICCV). Venice: IEEE, 2017: 2214-2222.

[69] LI Z, LIU F, YANG W, et al. A survey of convolutional neural networks: analysis, applications, and prospects [J]. IEEE transactions on neural networks and learning systems, 2021, 33 (12): 6999-7019.

[70] ZENG Z, LI X, YU Y K, et al. Deep floor plan recognition using a multi-task network with room-boundary-guided attention [C] //2019 IEEE/CVF International Conference on Computer Vision (ICCV). Seoul, Korea: IEEE, 2019: 9095-9103.

[71] SIMONYAN K, ZISSERMAN A. Very deep convolutional networks for large-scale image recognition [J]. arXiv preprint arXiv: 1409.1556, 2014.

[72] SCHÖNFELDER P, STEBEL F, ANDREOU N, et al. Deep learning-based text detection and recognition on architectural floor plans [J]. Automation in Construction, 2024, 157: 105156.

[73] FAN Z, ZHU L, LI H, et al. FloorPlanCAD: A large-scale CAD drawing dataset for panoptic symbol spotting [C] //2021 IEEE/CVF International Conference on Computer Vision (ICCV). Montreal, QC, Canada: IEEE, 2021: 10108-10117.

[74] URBIETA M, URBIETA M, LABORDE T, et al. Generating BIM model from structural and architectural plans using Artificial Intelligence [J]. Journal of Building Engineering, 2023, 78: 107672.

[75] HE K, GKIOXARI G, DOLLÁR P, et al. Mask R-CNN [C] //2017 IEEE International Conference on Computer Vision (ICCV). Venice: IEEE, 2017: 2980-2988.

[76] ZHAO Y, DENG X, LAI H. Reconstructing BIM from 2D structural drawings for existing buildings [J]. Automation in Construction, 2021, 128: 103750.

[77] ZHANG C, TAO M X, WANG C, et al. End-to-end generation of structural topology for complex architectural layouts with graph neural networks [J]. Computer-Aided Civil and Infrastructure Engineering, 2024, 39 (5): 756-775.

[78] WANG T C, LIU M Y, ZHU J Y, et al. High-resolution image synthesis and semantic manipulation with conditional GANs [C] //2018 IEEE/CVF Conference on Computer Vision and Pattern Recognition. Salt Lake City, UT, USA: IEEE, 2018: 8798-8807.

[79] KRUSE R, MOSTAGHIM S, BORGELT C, et al. Multi-layer perceptrons [M] //Computational intelligence: a methodological introduction. Springer, 2022: 53-124.

[80] YANG B, LIU B, ZHU D, et al. Semiautomatic structural BIM-model generation methodology using CAD construction drawings [J]. Journal of Computing in Civil Engineering, 2020, 34 (3): 04020006.

[81] YIN M, TANG L, ZHOU T, et al. Automatic layer classification method-based elevation recognition in architectural drawings for reconstruction of 3D BIM models [J]. Automation in Construction, 2020, 113: 103082.

[82] DOMÍNGUEZ B, GARCÍA Á L, FEITO F R. Semiautomatic detection of floor topology from CAD architectural drawings [J]. Computer-Aided Design, 2012, 44(5): 367-378.

[83] BORTOLUZZI B, EFREMOV I, MEDINA C, et al. Automating the creation of building information models for existing buildings [J]. Automation in Construction, 2019, 105: 102838.

[84] Revit. Revit 功能 _ Revit 2024, 2023, 2022 功能 _ Autodesk 欧特克官网 [EB/OL]. [2023-10-26]. https: //www. autodesk. com. cn/products/revit/features.

[85] Dynamo. What is Dynamo? | The Dynamo Primer [EB/OL]. [2023-11-13]. https: //primer. dynamobim. org/en/01 _ Introduction/1-2 _ what _ is _ dynamo. html.

[86] ZHANG Y, MUELLER C. Shear wall layout optimization for conceptual design of tall buildings [J]. Engineering Structures, 2017, 140: 225-240.

[87] GAN V J L, WONG C L, TSE K T, et al. Parametric modelling and evolutionary optimization for cost-optimal and low-carbon design of high-rise reinforced concrete buildings [J]. Advanced Engineering Informatics, 2019, 42: 100962.

[88] LOU H P, YE J, JIN F L, et al. A practical shear wall layout optimization framework for the design of high-rise buildings [J]. Structures, 2021, 34: 3172-3195.

[89] LOU H, GAO B, JIN F, et al. Shear wall layout optimization strategy for high-rise buildings based on conceptual design and data-driven tabu search [J]. Computers & Structures, 2021, 250: 106546.

[90] PRAJAPATI V K, JAIN M, CHOUHAN L. Tabu search algorithm (TSA): A comprehensive survey [C] //2020 3rd International Conference on Emerging Technologies in Computer Engineering:

Machine Learning and Internet of Things (ICETCE). IEEE, 2020: 1-8.
[91] HEARST M A, DUMAIS S T, OSUNA E, et al. Support vector machines [J]. IEEE Intelligent Systems and Their Applications, 1998, 13 (4): 18-28.
[92] TAFRAOUT S, BOURAHLA N, BOURAHLA Y, et al. Automatic structural design of RC wall-slab buildings using a genetic algorithm with application in BIM environment [J]. Automation in Construction, 2019, 106: 102901.
[93] 周婷，孙克肇，陈志华，等．基于 BIM 技术与模拟退火算法的村镇轻钢框架结构智能设计方法[J]. 土木与环境工程学报（中英文），2024，46（1）：139-151.
[94] 陈圣格，周婷，陈志华，等．模块建筑参数化平面优化及智能化结构设计方法 [J]. 重庆大学学报，2021，44（9）：51-66.
[95] PIZARRO P N, MASSONE L M. Structural design of reinforced concrete buildings based on deep neural networks [J]. Engineering Structures, 2021, 241: 112377.
[96] PIZARRO P N, MASSONE L M, ROJAS F R, et al. Use of convolutional networks in the conceptual structural design of shear wall buildings layout [J]. Engineering Structures, 2021, 239: 112311.
[97] LIAO W, LU X, HUANG Y, et al. Automated structural design of shear wall residential buildings using generative adversarial networks [J]. Automation in Construction, 2021, 132: 103931.
[98] ZHAO P, LIAO W, HUANG Y, et al. Intelligent design of shear wall layout based on attention-enhanced generative adversarial network [J]. Engineering Structures, 2023, 274: 115170.
[99] LU X, LIAO W, ZHANG Y, et al. Intelligent structural design of shear wall residence using physics-enhanced generative adversarial networks [J]. Earthquake Engineering & Structural Dynamics, 2022, 51 (7): 1657-1676.
[100] HE K, ZHANG X, REN S, et al. Deep residual learning for image recognition [C] //2016 IEEE Conference on Computer Vision and Pattern Recognition (CVPR). Las Vegas, NV, USA: IEEE, 2016: 770-778.
[101] FEI Y, LIAO W, HUANG Y, et al. Knowledge-enhanced generative adversarial networks for schematic design of framed tube structures [J]. Automation in Construction, 2022, 144: 104619.
[102] LIAO W, HUANG Y, ZHENG Z, et al. Intelligent generative structural design method for shear wall building based on "fused-text-image-to-image" generative adversarial networks [J]. Expert Systems with Applications, 2022, 210: 118530.
[103] ZHAO P, LIAO W, XUE H, et al. Intelligent design method for beam and slab of shear wall structure based on deep learning [J]. Journal of Building Engineering, 2022, 57: 104838.
[104] ZHAO P, LIAO W, HUANG Y, et al. Intelligent design of shear wall layout based on graph neural networks [J]. Advanced Engineering Informatics, 2023, 55: 101886.
[105] ZHAO P, FEI Y, HUANG Y, et al. Design-condition-informed shear wall layout design based on graph neural networks [J]. Advanced Engineering Informatics, 2023, 58: 102190.
[106] FEI Y, LIAO W, ZHANG S, et al. Integrated schematic design method for shear wall structures: A practical application of generative adversarial networks [J]. Buildings, 2022, 12 (9): 1295.
[107] LIAO W, WANG X, FEI Y, et al. Base-isolation design of shear wall structures using physics-rule-co-guided self-supervised generative adversarial networks [J]. Earthquake Engineering & Structural Dynamics, 2023, 52 (11): 3281-3303.
[108] ZHAO P, LIAO W, HUANG Y, et al. Intelligent beam layout design for frame structure based on graph neural networks [J]. Journal of Building Engineering, 2023, 63: 105499.

［109］ FU B，GAO Y，WANG W. Dual generative adversarial networks for automated component layout design of steel frame-brace structures ［J］. Automation in Construction，2023，146：104661.
［110］ CHANG K H，CHENG C Y. Learning to simulate and design for structural engineering ［C］ //International Conference on Machine Learning. PMLR，2020：1426-1436.
［111］ BATTAGLIA P W，HAMRICK J B，BAPST V，et al. Relational inductive biases，deep learning，and graph networks ［J］. arXiv preprint arXiv：1806.01261，2018.

数智化设计基础篇

数智化设计是一门跨学科的新兴研究，探索如何利用数字化技术和人工智能技术来辅助或增强设计过程。建筑领域数智化设计的主要目标是提高设计的效率、质量和创新性。数智化设计根据技术需求可分为两个主要方面：数字化设计技术和人工智能技术。

数字化设计技术是指利用计算机等信息技术来实现设计过程中的数字化表达、控制等。数字化设计技术可以辅助设计人员便捷地建立和修改设计方案，以及帮助设计参与者进行高效的沟通与协作。

人工智能技术是指模拟或扩展人类智能的技术，包括智能优化、深度学习、生成式AI等技术。人工智能技术可以帮助设计人员获得最优或近似最优的设计方案。同时，还可以与设计人员进行交互和协作，提供设计灵感、建议和反馈等。

数字化设计技术和人工智能技术相辅相成，共同推动数智化设计的发展。数字化设计技术为人工智能技术提供了数据和平台的支持，而人工智能技术为数字化设计技术提供了智能和创造。因此，本篇分别对数字化设计技术和人工智能技术进行介绍。

第 2 章　数字化设计技术

建筑和结构的数字化设计是指利用数字工具辅助设计师进行分析、模拟等工作。数字化设计平台作为数字化设计的载体和工具可以给设计师提供辅助，提高设计的效率和质量。数字化设计平台也可以为设计团队提供同步表达和实时协作的条件。这些软件平台根据不同的功能和目的可分为四类：参数化设计平台、有限元分析平台、建筑信息模型管理平台和虚拟现实设计平台。此外，编程语言的使用可以实现更加自主的数字化。

参数化设计（Parametric design）平台：此类软件可以进行建筑的三维建模，以及优化设计程序的部署。同时，此类平台还可以控制和指导数字化的制造设备，如 3D 打印机、CNC 数控铣削、建造机器人等，以实现复杂和定制化的建筑构件的制作。一些常用的软件有 Rhinoceros 3D（Rhino）和 Grasshopper（GH）、Maya、3D3S 等。其中，Rhino 是基于非均匀有理 B 样条（Non-Uniform Rational B-Splines，NURBS）的几何建模系统，适合处理复杂的三维曲面和形状。GH 平台是基于 Rhino 的可视化编程平台，可以通过拖拽和连接不同的 GH 组件（组件在 GH 中也被称为电池）来创建和控制复杂的参数化模型，支持实时更新和交互，同时支持与其他软件和硬件的连接，如图 2.0-1 所示。同时，GH 用户社群基于 Rhino 开发了众多数字化设计插件，也开发了众多与其他设计平台进行数据传输的接口程序。因此，Rhino 和 GH 具有强大的数字化和参数化能力以及良好的可扩展性，被广泛应用于建筑数字化设计、智能化设计和建造中。更多关于 Rhino 和 Grasshopper 的介绍将在 2.1 节进行。

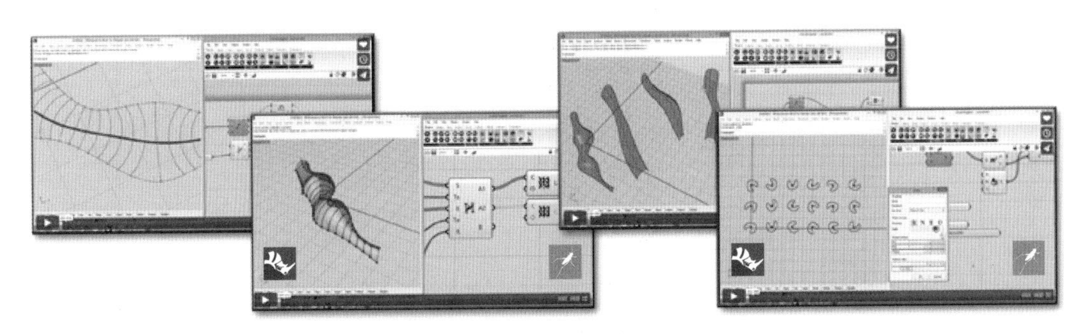

图 2.0-1　Rhino 和 Grasshopper 实时联动[1]

有限元分析（Finite Element Analysis，FEA）平台：此类软件可以对建筑结构的受力、变形、破坏等性能进行数值计算和模拟，以验证和优化设计方案。常用的 FEA 软件有 ANSYS、ABAQUS、SAP2000、Midas、PKPM、YJK 等。可根据分析对象大概分为两大类：以 ABAQUS 为代表的精细有限元分析，如钢结构节点受力分析（图 2.0-2a）、可更换钢梁段的推覆分析等；以 SAP2000 为代表的结构整体分析设计，如高层剪力墙结构的分析设计（图 2.0-2b）、框架结构的分析设计等。此外，基于 YJK 计算软件的可视化编程平台 Y-GAMA[37] 可以帮助设计师进行便捷的结构参数化设计。

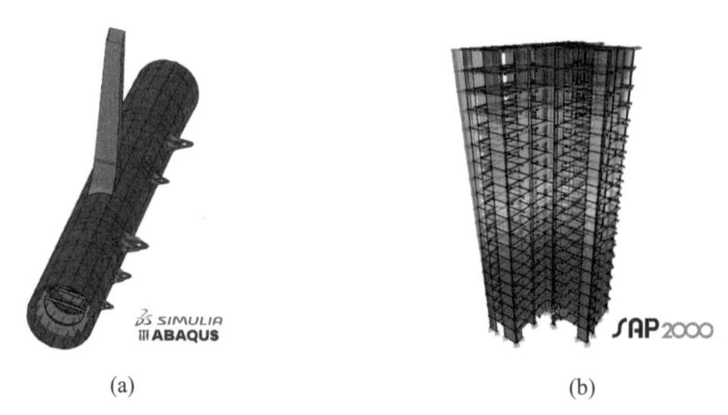

(a)　　(b)

图 2.0-2　有限元分析软件

(a) ABAQUS 模型；(b) SAP2000 模型

建筑信息模型（Building Information Modeling，BIM）管理平台：此类软件可以创建和管理建筑项目的三维数字模型，包含丰富的信息和参数，可以用于协调、模拟、估算和施工等各个阶段。目前已有较多的 BIM 软件，如 Revit 和 Dynamo、Tekla Structures、Bentley、ArchiCAD、PKPMBIM 和 HiBIM 等。其中，Revit 与 Dynamo（图 2.0-3）擅长建筑信息的处理和施工的细节设计，在施工管理中被广泛应用。更多关于 Revit 和 Dynamo 的介绍将在 2.2 节进行。

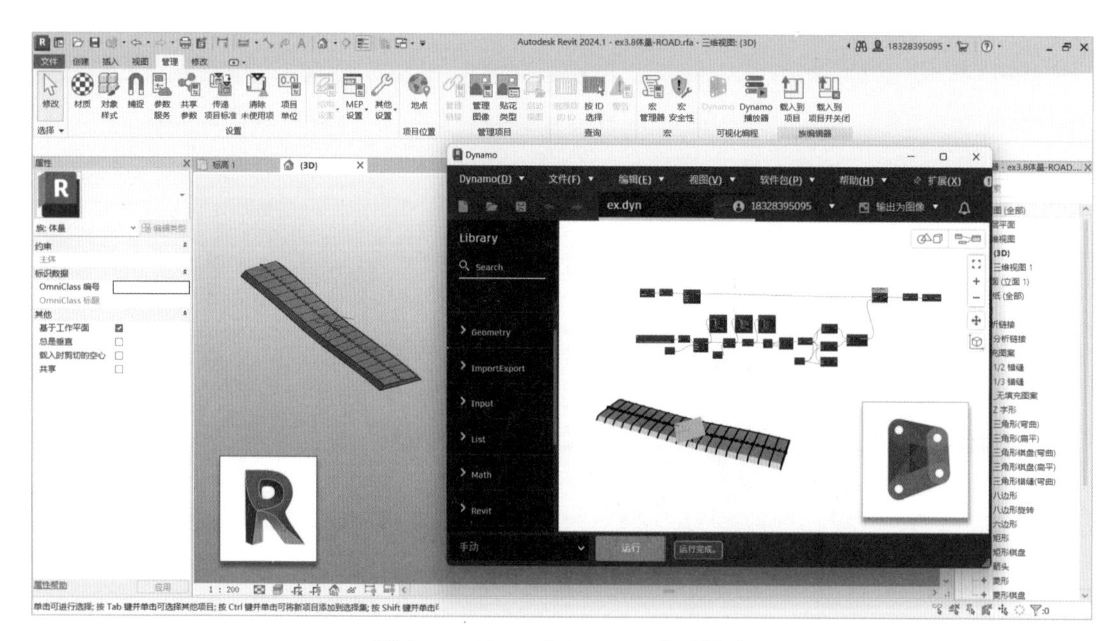

图 2.0-3　Revit 和 Dynamo 实时联动

虚拟现实（Virtual Reality，VR）设计平台：此类数字化技术平台可以用于制作高质量的建筑渲染动画，以展示设计方案的细节和效果，也可以用于创建沉浸式的虚拟现实和增强现实（Augmented Reality，AR）体验，实现在虚拟环境中对建筑空间进行探索和交互。常用的 VR 设计平台有 Unity、Unreal、Omniverse 等。其中 Omniverse 是英伟达基于 USD 开发的实时建模和模拟平台，可用于连接建筑领域不同的设计平台，实现实时协作和创作，如图 2.0-4 所示。

图 2.0-4　Omniverse 联动 Rhino 和 Grasshopper 进行实时渲染[2]

数字化设计不仅可以通过数字化设计平台来实现，还可以利用编程语言来自主地实现。随着人工智能的快速发展，Python 语言成为广受欢迎的编程语言之一。Python 是一种面向对象的解释型语言，它具有学习简单、易读易维护等优点，适合编程初学者、工程师等人群使用。此外，Python 还拥有丰富的标准库和第三方库，覆盖了数据分析、机器学习、图形用户界面等多个领域。表 2.0-1 为数字化设计常用的 Python 库，可以为数字化和智能化设计提供便捷的算法支持。

数字化设计常用 Python 第三方库　　　　**表 2.0-1**

功能	Python 库
多维数据运算	NumPy[3]
优化、积分等科学计算	SciPy[4]
分类、聚类等机器学习	scikit-learn[5]
计算机视觉处理	OpenCV[6]
图论基础算法	NetworkX[7]
平面几何分析	Shapely[8]
智能优化算法	pymoo[9]
深度学习框架	PyTorch[10]、OpenMMLab[36]
AutoCAD 交互	pyautocad[11]、ezdxf[12]
图形用户界面框架	Streamlit[13]、Gradio[14]

智能设计过程往往需要设计师或用户与程序进行交互，因此图形用户界面（Graphical User Interface，GUI）常被采用。GUI 使用图形元素，如窗口、按钮、图标、滑块等，让用户可以直观友好地操作应用程序。Streamlit[13] 和 Gradio[14] 是目前常用的两款 GUI 开源应用框架，均可用于将数据集和机器学习模型转换为交互式的网页用户界面（Web UI）或本地 GUI，如图 2.0-5 所示。两个框架均可以帮助开发者快速构建和部署数据应用和机器学习演示，且均可通过 Python 库进行安装和使用，简洁易用且功能全面。更多关于 Streamlit 和 Gradio 的应用将在第 2.3 节和 2.4 节分别进行介绍。

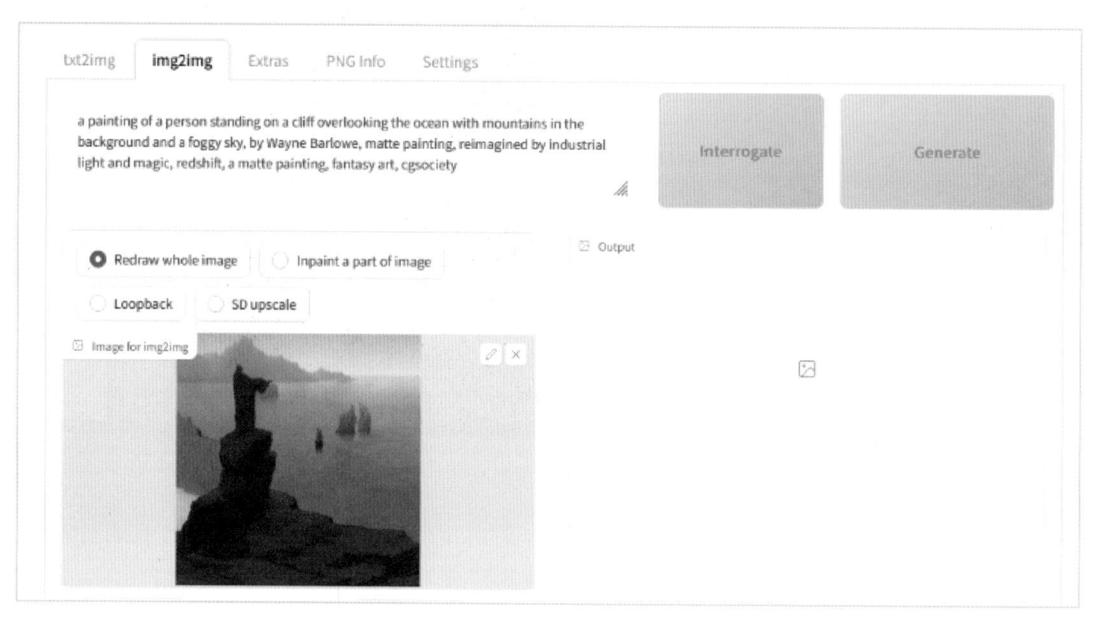

图 2.0-5　基于 Gradio 框架开发的 Stable Diffusion 网页用户界面[15]

2.1　Rhino 与 Grasshopper

Rhino 主要用于三维建模。它由 Robert McNeel & Associates 开发[16]，因其强大的建模能力、灵活性以及对复杂几何形状的支持而广受欢迎。Rhino 的核心是基于 NURBS 的几何建模系统，因此具有处理复杂曲面和复杂造型的强大能力。

GH 为 Rhino 内嵌的可视化编程平台，它将所有的 Rhino 操作封装为参数化的电池(Battery)，可以通过拖拽和连接不同的电池来实现模型的实时生成。其中，GH 电池可理解为封装完善的函数。同时，GH 拥有庞大的用户社区和开发社区[17]，开发了如建筑能耗分析插件 Ladybug[18]、结构分析插件 Kangaroo 3d[19]、结构拓扑优化插件 Ameba[20]、建筑结构联动计算插件 TigerKinForGrasshopper[21]、多目标优化算法插件 Wallacei[22]，以及建筑机器人控制插件 FURobot[23] 等插件。这些插件构成了 GH 丰富的设计-制造-建造的生态。当这些插件安装完成后会自动显示在菜单栏，如图 2.1-1 所示。通过使用这些插件，大众设计师也可以便捷地进行算法建模和参数化设计，实现动态设计和模拟。Rhino 和 GH 的组合可以处理复杂的几何形态，帮助设计师以数字化和智能化的方式探索和实现复杂的设计理念。同时，从图 2.1-1 可以看出，GH 只有两级菜单，即菜单栏（显示插件名字）和电池栏。简单明了的菜单分级极大地方便设计师通过鼠标点击获得目标电池。

以 Rhino 8 为例，GH 平台的原生电池有 11 组，包括了参数输入、数据运算、点线面体几何建模、网格划分、几何变换等功能，如图 2.1-1 所示。值得注意的是，Maths 电池组中的 Script 电池同时支持 Python3、IronPython2 以及 C#，极大地扩展了 GH 的功能。同时，Python3 丰富的第三方扩展库可以帮助设计师实现更加便捷和灵活的数智化设计。

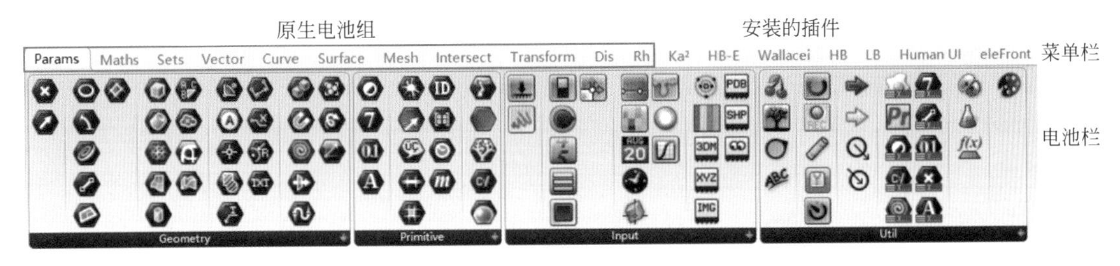

图 2.1-1　GH 功能界面

以 Construct Point 电池为例介绍 GH 电池的基本功能。GH 电池的基本组成如图 2.1-2a 所示，电池的左侧为输入，右侧为输出。不同的电池由于功能不同，因此具有不同的输入和输出。不同电池之间通过连线实现数据的流通。在电池上方点击鼠标中键，可以显示出电池的菜单图标，如图 2.1-2b 所示，其中包括了 Enable（是否冻结此节点的功能）、Preview（是否预览此电池生成的几何形状）和 Bake（将 GH 生成的几何体实例化到 Rhino 模型中）等选择项。在电池的左侧输入端，点击鼠标右键可以弹出如图 2.1-2c 所示的属性菜单，其中包括了 Flatten、Graft 等数据结构操作选项，以及设置输入默认值的 Set Number 选项。类似地，在电池的右侧输出端，点击鼠标右键可以弹出如图 2.1-2d 所示的属性菜单，同样包括了 Flatten、Graft 等数据结构操作选项，以及 Bake 等操作选项。关于 GH 的数据结构会在接下来的案例 2.1.1 进行介绍。

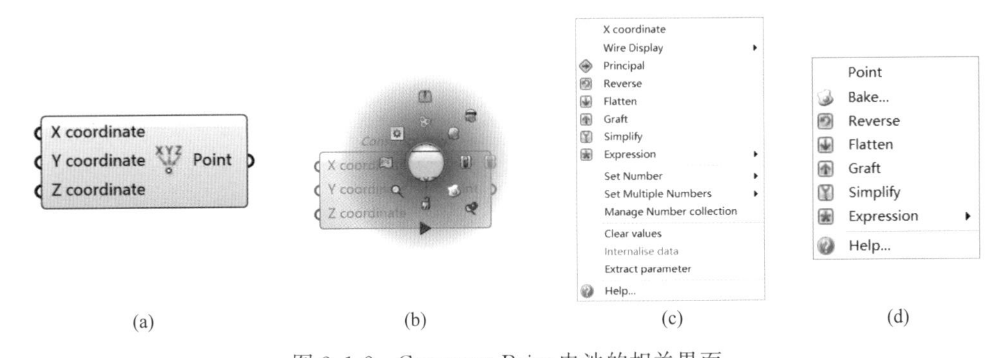

图 2.1-2　Construct Point 电池的相关界面

（a）电池；（b）电池菜单；（c）输入的属性菜单；（d）输出的属性菜单

以下为五个基于 Rhino 和 GH 的简单案例，分别介绍了 GH 自身的特性以及在不同方面的应用：案例 2.1.1 介绍了 GH 树形数据结构；案例 2.1.2 介绍了 GH 数据运算法则；案例 2.1.3 介绍在建筑景观概念设计中的应用；案例 2.1.4 介绍在钢结构参数化中的应用；案例 2.1.5 介绍在机械臂控制中的应用。

2.1.1 GH 树形数据结构

GH 操作的核心和难点在于对数据的操作。GH 的树形数据（Tree）本质上为多个并行的数据列表（List）。不同树形数据有不同的维度，或可理解为有不同数据等级（也可理解为路径）。

图 2.1-3 为一组数据（通过 Panel 面板显示）及其对应的数据结构（通过 Param Viewer 面板显示）。可以看出数据共有 5 个分杈（Data with 5 branches），每个分杈 6 组数据，默认从 0 开始，因此数据结构显示 N=5。在 Panel 面板以及 Param Viewer 面板可以看到 {0，0，0} 等数据符，其代表了数据的层级。图 2.1-4 为树形结构的示意图，同时以公司架构进行辅助说明。从示意图中可以看出，董事长为最高领导，数据层级为 {0}。依次降低级别，数据层级则不断增加，如经理为 {0，0}。在图示中，董事长、经理、主管都为管理层，代表了数据层级。直接进行劳动的是打工人，即直接参与数据运算的是数据列表，即 Panel 面板中左侧 0、1、2 等所索引的数据。树形数据中每增加一级树杈，数据结构就会增加一个层级，树枝的末端代表了最终的数据列表。为了灵活使用数据，GH 提供了一系列选项和电池对数据结构进行操作。

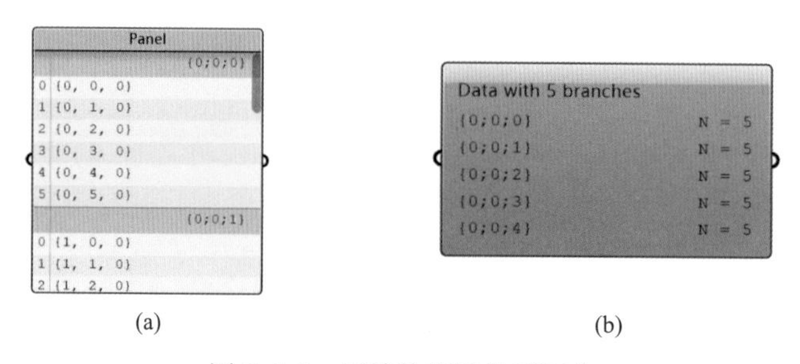

图 2.1-3 原始数据结构可视化

(a) 数据；(b) 数据结构

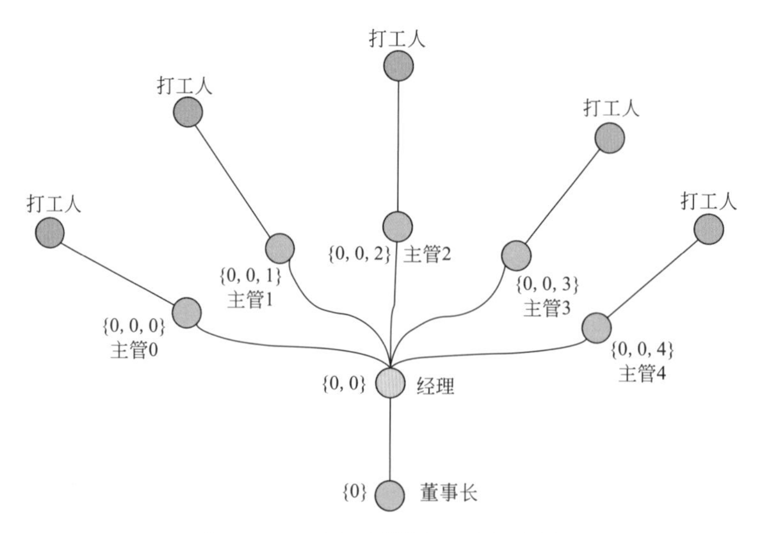

图 2.1-4 GH 树形数据结构示意图

本案例采取不同的数据结构转换方式对一组数据进行操作，并对生成的数据进行可视化，如图 2.1-5 所示。本案例的主要逻辑为：首先生成一组数据，然后对此组数据分别采取 Flatten、Graft、Simplify 三种不同的数据结构转换操作，并通过 Param Viewer 电池进行数据结构可视化。

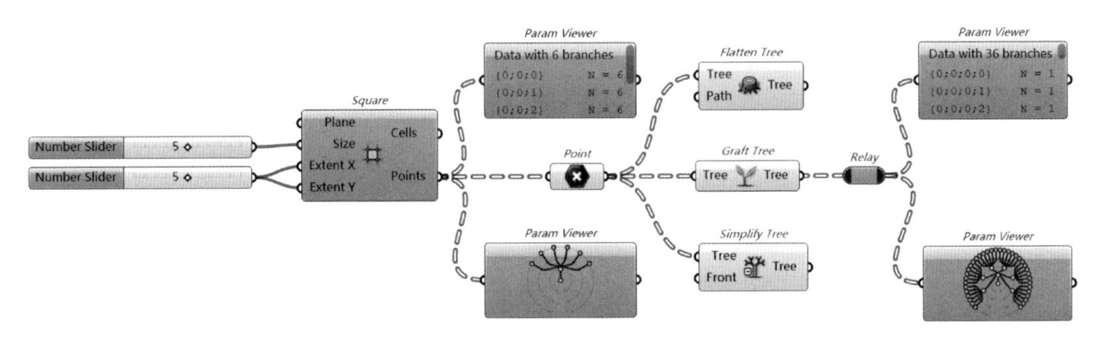

图 2.1-5　GH 树形数据结构图示程序

a. 如图 2.1-5 所示，通过 Number Slider 电池进行数值的输入，分别设置 Square 电池的 Size、Extent X 和 Extent Y。Square 电池生成与输入对应的数量和间距的坐标点。

b. 将生成的原始坐标点通过 Param Viewer 电池进行数据结构的文字模式可视化（图 2.1-6a），同时将生成的坐标点通过 Param Viewer 电池，并通过鼠标左键单击电池两次将文字模式转变为图示模式（图 2.1-6b）。

c. 将生成的原始坐标点再分别通过 Flatten Tree 电池、Graft Tree 电池、Simplify Tree 电池进行数据结构的转换。

d. 变换后的坐标点再分别通过文字模式的 Param Viewer 电池和图示模式的 Param Viewer 电池进行数据结构的可视化。

(a)　　(b)

图 2.1-6　原始数据的结构可视化

（a）文字模式；（b）图示模式

原始数据的结构如图 2.1-6a 所示，原始数据有 6 个分杈，每个分杈数据有 6 组数据，因此共有 36 组数据。同时，数据具有 3 个维度。经过数据结构转换后的树形数据结构如图 2.1-7 所示。

Flatten 的作用是将数据拍平（图 2.1-7a），即将所有的数据储存在 1 个维度上，树形只有 1 个分杈，此分杈储存了所有的数据。

Graft 则与 Flatten 相反，Graft 将每 1 个原始数据变为 1 个分杈（图 2.1-7b），因此共有 36 个分杈，使维度变为 4。

Simplify 的作用为简化维度，把多余的维度删除，如图 2.1-7c 所示。原始数据被转化后仍为 6 个分杈，每个分杈储存 6 组数据，但数据仅有 1 个维度。

GH 数据结构较为复杂，在实际使用过程中，可通过试验不同的数据结构转换方式来实现理想的设计效果。

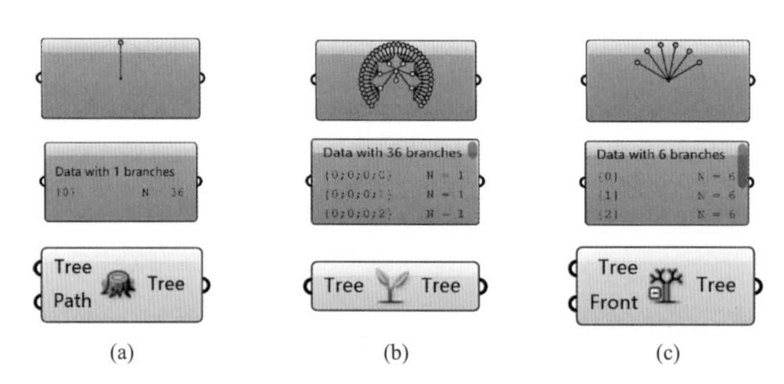

图 2.1-7　GH 树形数据结构的操作

(a) Flatten；(b) Graft；(c) Simplify

2.1.2　GH 数据运算法则

GH 数据的运算法则实质上是不同树形数据之间的匹配方式，可以理解为多个列表之间如何依次进行两两的数据运算。如图 2.1-8 所示，本案例通过两排坐标点之间的连线来实现 GH 数据运算法则的可视化。

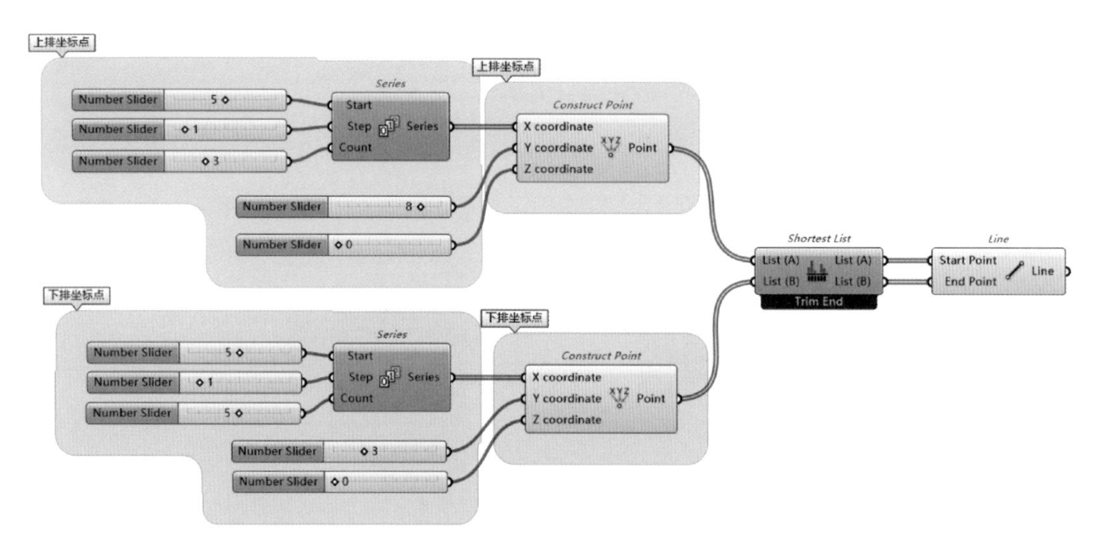

图 2.1-8　GH 数据运算法则图示程序

本案例的主要逻辑为：首先获得上下两排坐标点，然后通过 Shortest List 等电池调整上下排坐标点两两之间的匹配方式，最后对匹配后的上下两排坐标点进行连线实现可视化。

a. 如图 2.1-8 所示，为了生成上排坐标点，首先通过 Number Slider 电池输入数值作为参数，然后通过 Series 电池生成序列数据，作为 X 轴上的坐标。

b. 将上步生成的序列数据作为 Construct Point 电池 X coordinate 的输入。Y coordinate、Z coordinate 分别通过 Number Slider 电池输入数值。最终生成上排的坐标点。

c. 类似地，使用上述方法生成下排坐标点。

d. 将上排坐标点、下排坐标点作为数据匹配电池（Shortest List、Longest List、Cross Reference）的输入，进行数据匹配方式的操作。

e. 将匹配操作后的数据作为 Line 的输入，进行数据匹配方式的可视化。

最短（Shortest List）、最长（Longest List）、叉积（Cross Reference）三种数据匹配方式的结果如图 2.1-9 所示。如图 2.1-9a 所示，最短的数据匹配方式根据最短的列表长度进行一一对应匹配，较长列表中多余的数据不参与匹配。同时，图 2.1-9a 所示的匹配方式为最短中的 Trim End，意味着将末尾多余的数据剪切掉，不进行匹配。除此之外，最短的匹配方式中还有 Trim Start 和 Interpolate，意味着开始的数据不进行匹配等操作。

图 2.1-9b 所示为最长的数据匹配方式，即用短数据中的一个数据点匹配长数据中多余的数据点。图 2.1-9b 所示为最长中的 Repeat Last，意味着将短数据中的最后一个数据进行重复匹配。除此之外，最长的匹配方式中还有 Repeat First 和 Interpolate，意味着短数据中的第一个数据进行重复匹配等操作。

图 2.1-9c 所示为叉积的数据匹配方式，即两组数据进行一一匹配。图 2.1-9c 所示为叉积匹配方式中的 Holistic，意味着全部数据都进行匹配。除此之外，叉积的匹配方式中还有 Diagonal、Coincident、Lower Triangle 等方式，意味着斜线匹配（即两组中数据序号相同的不进行匹配）等操作。

需要注意的是，除了使用上述三种电池改变数据运算方式外，使用案例 2.1.1 所述方式进行数据结构的改变，也可以改变两两数据之间的运算方式。

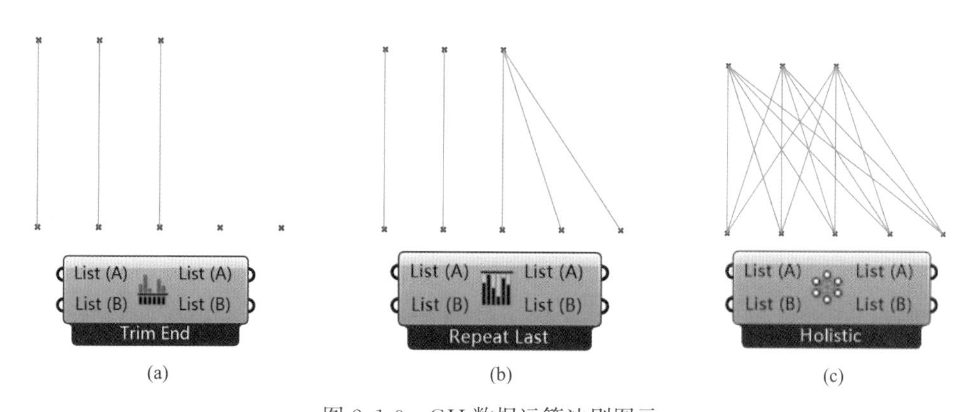

图 2.1-9　GH 数据运算法则图示

（a）最短-Trim End；（b）最长-Repeat Last；（c）叉积-Holistic

2.1.3　建筑景观概念设计

在建筑设计之初往往需要进行设计逻辑的推敲。图 2.1-10 为建筑景观概念设计的效果及其 GH 程序。设计采用正六边形为基本的几何单元，在正六边形中空较大的位置进行植物种植，中空较小则为道路，且可为游客提供休息观赏的位置。

本案例的主要逻辑为：首先生成正六边形几何矩阵，然后对每个正六边形的中间进行随机比例的挖空，同时向上进行随机高度的拉伸，形成错落有致的景观。

a. 如图 2.1-10b 所示，首先通过 Hexagonal 电池生成正六边形矩阵，生成结果如图 2.1-11a 所示。Hexagonal 电池有两个输出接口，一个为生成的正六边形网格线（Cells），

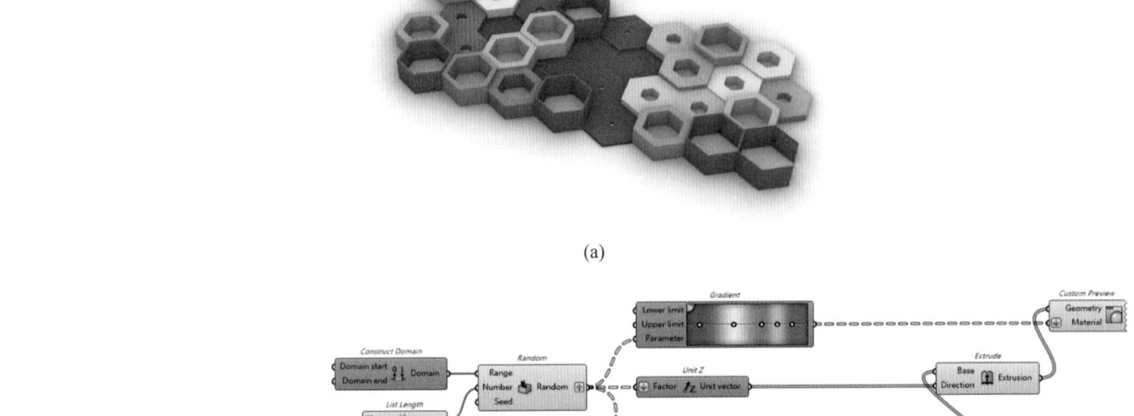

(a)

(b)

图 2.1-10 建筑景观概念设计案例

（a）正六边形景观矩阵模型；（b）正六边形景观矩阵生成程序

一个为生成的正六边形的几何中心（Points）。需要注意的是，两个数据输出接口，均通过 Graft 操作进行处理，使得每一组数据都在一个分权上。

b. 使用 List Length 电池进行生成正六边形个数的统计，此时在 List Length 电池的输入端使用 Flatten 电池将数据进行拍平，将所有的数据都存为一个树杈，便于统计。

c. 使用 Random 电池生成随机值，生成的范围（Range）通过 Construct Domain 电池进行确定，并使用 Construct Domain 电池的默认值［0，1］。生成的数量（Number）为步骤 b 统计得到的正六边形的个数。

d. 将得到的随机数值，分别通过 Gradient 电池、Unit Z 电池、Scale 电池。其作用分别为得到随机的渐变颜色、随机的向上（Z 轴）的拉伸以及几何体的缩尺。其中用于缩尺的 Scale 电池的 Geometry（几何形状）输入为 Hexagonal 电池生成的六边形，Center（缩尺几何中心）输入为 Hexagonal 电池生成的六边形的几何中心，Factor（缩尺比例）为上步得到的随机数值，得到的随机缩尺六边形如图 2.1-11b 所示。

e. 将初始生成得到的六边形和缩尺后的六边形通过 Merge 电池进行数据融合，拍平后通过 Boundary Surfaces 电池生成挖空的六边形，如图 2.1-11c 所示。

f. 将 Unit Z 得到的向上随机向量、生成的中间挖空的六边形分别通过 Extrude 电池的 Base、Direction 输入接口，实现向上的拉伸，生成结果如图 2.1-11d 所示。

g. 将得到的几何体和颜色分别通过 Custom Preview 电池的 Geometry、Material 输入接口进行渲染和最终生成结果的可视化，如图 2.1-10a 所示。

需要注意的是，GH 生成的几何体若要进行模型保存或需要使用 Rhino 中的几何操作，通过 Bake 操作即可将 GH 生成的模型实例化为 Rhino 模型。

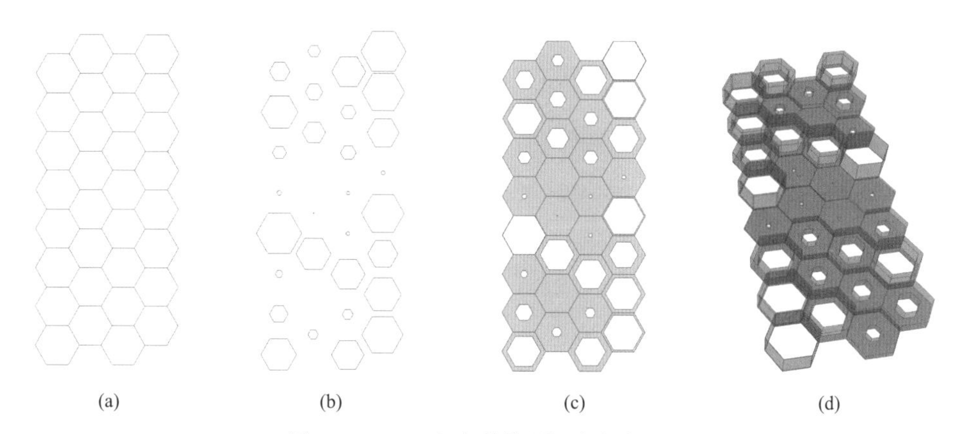

图 2.1-11　正六边形景观矩阵生成过程

（a）正六边形矩阵；（b）随机缩尺六边形；（c）六边形中间挖空；（d）随机向上拉伸

2.1.4　钢结构参数化

在结构设计中，尤其复杂钢结构的设计中，会涉及较多的参数。同时，为了获得最佳的结构性能，往往需要对部分参数进行调整。如图 2.1-12 所示，本案例介绍了使用 Grasshopper 提取钢结构圆环内径的参数，并使其参数化。

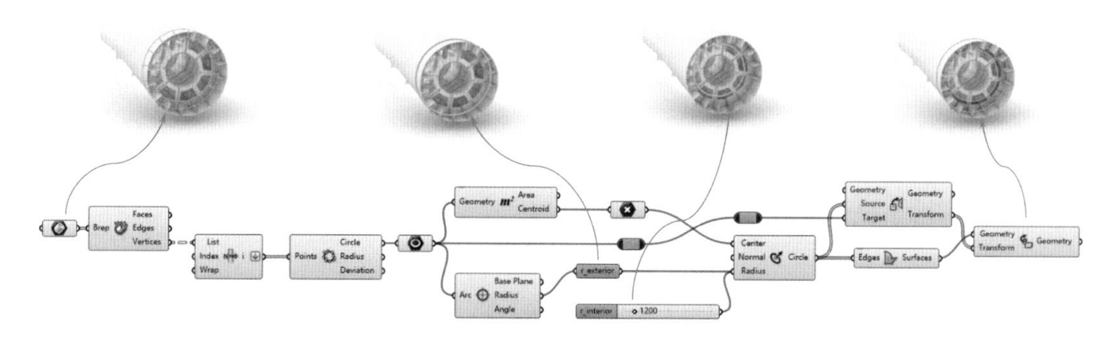

图 2.1-12　基于 Rhino 和 GH 的钢结构圆环内径参数化

该案例的主要逻辑为：首先获取需要参数化的目标圆环，然后分别得到内径圆和外径圆，参数化内径圆的半径，然后使用两个圆重新组成圆环。

a. 使用 Brep 电池获得要处理的圆环，并使用 Deconstruct Brep 电池获得圆环的内外圆上的点坐标，最后使用 List Item 电池获得外圆上的点。

b. 使用 Circle Fit 电池对外圆上的点进行拟合，得到外圆。然后分别使用 Area 电池和 Deconstruct Arc 电池得到外圆圆心（即圆环圆心）和外圆半径。

c. 使用 Circle CNR 电池，将圆环圆心作为圆心输入，将外圆半径作为一个半径输入。采用 Number Slider 电池的输出作为参数化的内圆半径值，并连接到 Circle CNR 电池。

d. 将原来圆环的平面作为目标平面，将新生成的圆环的平面作为源平面，使用 Orient 电池获得平面转换的信息。

e. 将得到的内外圆环通过 Boundary Surfaces 电池得到圆环面。使用上步得到的平面转换信息，通过 Transformer 电池将圆环面转换到目标平面。

2.1.5 机械臂控制

异形建筑的构件加工制造通常需要机械臂，如 3D 打印机、CNC 数控铣削等。目前，GH 已有多款用于机械臂控制的插件，如 FURobot[23]、KUKA[24] 等。本案例基于 FU-Robot 电池以一条样条曲线为指定的工作路径，机械臂末端按照此路径进行移动，如图 2.1-13 所示。

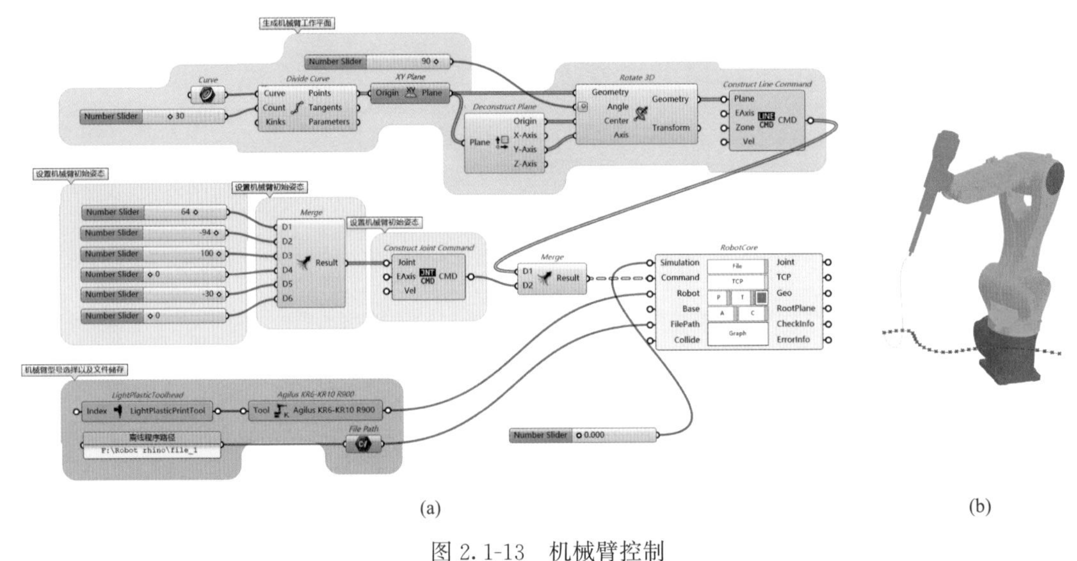

(a) (b)

图 2.1-13 机械臂控制

（a）GH 控制程序；（b）Rhino 模型

该案例的主要逻辑为：通过对拾取的路径进行分割，将分割点作为机械臂的工作点。将几何变换后的工作平面和机械臂型号等数据通过 FURobot 的 RobotCore 等电池，进行离线文件的生成。如图 2.1-13 所示，GH 程序共分为三部分：生成机械臂工作平面、设置机械臂初始姿态、机械臂型号选择以及文件储存。

a. 通过 Curve 电池拾取路径曲线，然后通过 Divide Curve 电池对路径曲线进行等比例分割。

b. 将等比例分割得到的分割点作为原点，通过 XY plane 电池得到在每个分割点的 XY 平面。

c. 将得到的 XY 平面通过 Deconstruct Plane 电池进行数据解析。将解析得到的坐标原点、Y 轴通过 Rotate 3D 电池的 Center、Axis 输入端口，并将 90°作为 Angle 输入。经过 Rotate 3D 电池的旋转，实现了目标坐标系和工具端坐标系重合。

d. 将上步得到的分割点的坐标系通过 Construct Line Command 电池生成命令。

e. 通过 Merge 电池实现机械臂初始姿态数据融合，并通过 Construct Joint Command 电池生成命令。将上步得到的命令和本步得到的命令通过 Merge 电池进行数据的融合。

f. 选取 LightPlasticToolhead 作为工具头，选取 Agilus KR6-KR10 R900Z 作为机械臂。

g. 将 Number Slider 作为 RobotCore 电池的 Simulation 的输入，将融合后的数据作为

Command 的输入。通过 RobotCore 电池生成机械臂的离线文件。

2.2 Revit 与 Dynamo

Autodesk Revit 是目前工程建设行业 BIM 解决方案中的主流软件，是 BIM 实施过程中的重要平台之一。Revit 适用于建筑三维信息模型搭建和多专业的协同，尤其在施工深化设计和统计管理中被广泛应用。与 Rhino 和 GH 类似，Dynamo 是内嵌于 Revit 的可视化编程平台，通过连结预先内置的节点（Node）来表达数据处理逻辑。用户可以通过 Dynamo 实现与 Revit 中 BIM 模型的实时联动，实现数据的链接和工作流程的自动化等。Dynamo 以其简单易行的可视化编程的工作方式，提高了 Revit 的使用效率，拓展了 Revit 的可操作性。

本节以 Revit2022 为例对 Revit 和 Dynamo 进行介绍。如图 2.2-1a 所示，Dynamo 的节点库共有十个大类。此外，可以通过添加外部库（Add-ons）来扩展 Dynamo 的功能。Dynamo 每个大类又可分为三个类别，如图 2.2-1b 所示。左侧符号表明了类别属性，加号表示创建，闪电符号表示操作，问号表示查询。同时，可以看出 Dynamo 通过树状层级结构来对节点进行分类，拥有多级菜单。

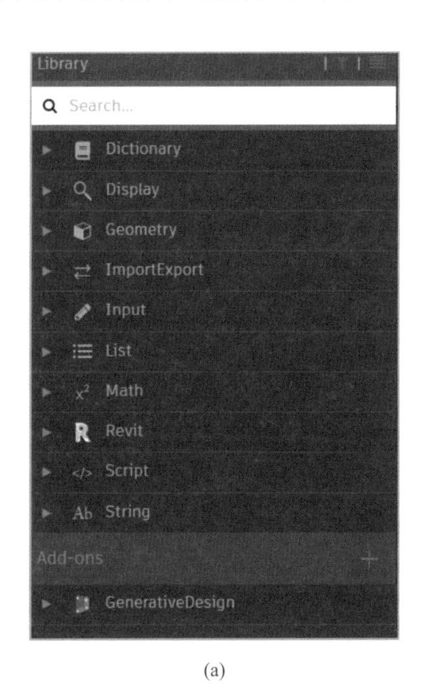

(a)

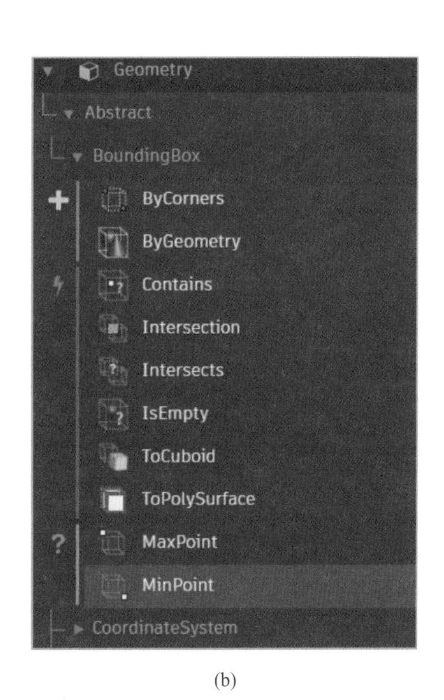

(b)

图 2.2-1 Dynamo 节点分类

（a）节点大类；（b）节点功能分类

如图 2.2-2 所示，以节点“Point. ByCoordinates”为例介绍 Dynamo 节点的基本功能。A 为节点名称；B 为节点的输入端口；C 为节点的输出端口；D 为节点的面板，鼠标右键点击此区域即可弹出菜单，如图 2.2-2b 所示，其中，“连缀”为节点的数据运算方式，将在接下来的案例 2.2.1 中进行介绍，“冻结”决定是否将此节点的功能关闭，“预览”决定是否将此节点生成的几何体显示出来；E显示了节点的连缀状态。

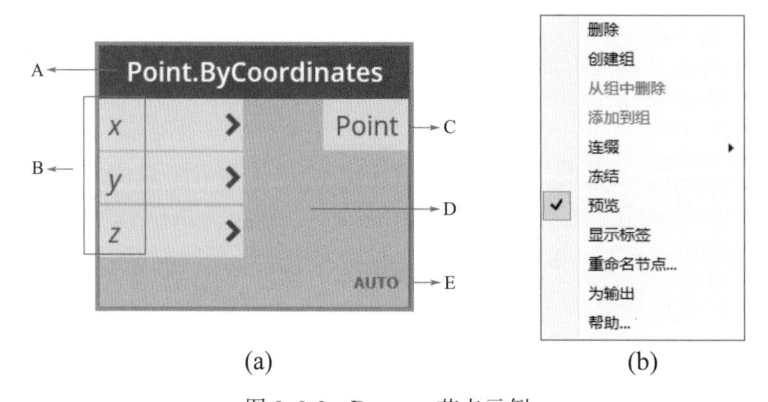

图 2.2-2 Dynamo 节点示例

(a)"Point. ByCoordinates"节点；(b) 节点右键菜单

为了更加灵活便捷地进行数字化和智能化，Dynamo 同样提供了可编程的脚本节点"Script"。编程脚本支持 Autodesk 的"DesignScript"编程语言，同时支持目前流行的"Python Script"，并且从 Dynamo 2.7 版本开始支持 CPython3。基于 CPython3 丰富的第三方扩展库，用户可以极大地扩展 Dynamo 的功能。

不同于 Rhino 和 GH 使用相同的工作空间，Dynamo 拥有自己的工作空间（图 2.2-3）。Dynamo 与 Revit 工作空间的交互主要通过"Revit"类中的相关节点实现。例如，从 Revit 空间中拾取（"Selection"）物件到 Dynamo 空间，以及将 Dynamo 生成的几何作为实例输入（"ImportInstance"）到 Revit 空间。从另一个角度理解，Rhino 和 GH 也具有不同的操作空间。Rhino 拥有的是实物空间，而 GH 生成的几何是在"红线"构成的空间中，需要通过"Bake"操作将 GH 几何体实例化到 Rhino 空间中。

此外，由于族的使用，Revit 和 Dynamo 可以便捷地批量修改族的参数以及实例的属性，便于工程量的统计和管理。图 2.2-3 为 Dynamo 中节点与族类别、族、族类型、族实例的对应关系。

以下为四个基于 Revit 和 Dynamo 的简单案例：案例 2.2.1 首先介绍了 Dynamo 数据运算法则（即连缀方式）；案例 2.2.2 介绍在几何造型中的应用；案例 2.2.3 介绍在深化设计中的应用；案例 2.2.4 介绍在信息管理中的应用。

2.2.1 Dynamo 数据运算法则

与 GH 类似，Dynamo 节点的运算方式也存在三种，即最短、最长和笛卡尔积（叉积），分别表示了数据之间不同的匹配方式。每个节点的连缀方式可单独调整，即通过点击节点鼠标面板弹出的菜单进行连缀方式的选择。

数据运算试验程序的主要逻辑与 GH 类似：生成上下两排坐标点，调整不同的连缀方式，通过上下两排坐标点之间的连线来可视化 Dynamo 数据匹配方式。

a. 如图 2.2-4 所示，首先通过 Number 节点输入相关的参数，然后输入 Range 节点，即可生成上排坐标点的 X 方向上的值。

b. 通过 Number 节点设置参数值，设置为 Y 轴方向上的值。然后通过 Point. ByCoordi-

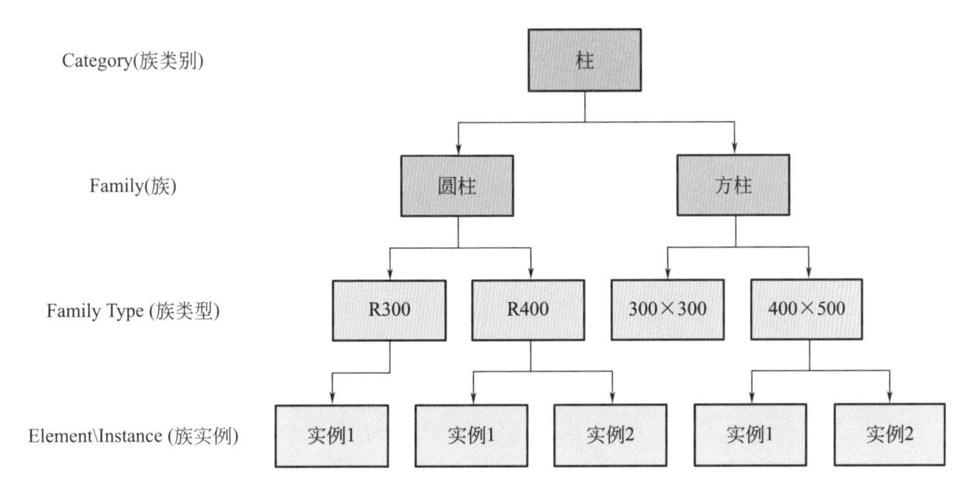

图 2.2-3 Dynamo 中的族关系

nates 节点将 X 轴坐标、Y 轴坐标进行组合形成坐标点，即上排坐标点。

c. 类似地，下排坐标点也用上述的方式生成。

d. 将上下两排的坐标点分别作为 Line. ByStartPointEndPoint 节点的 startPoint 输入和 endPoint 输入，通过改变此节点的连缀方式来进行匹配方式的可视化。

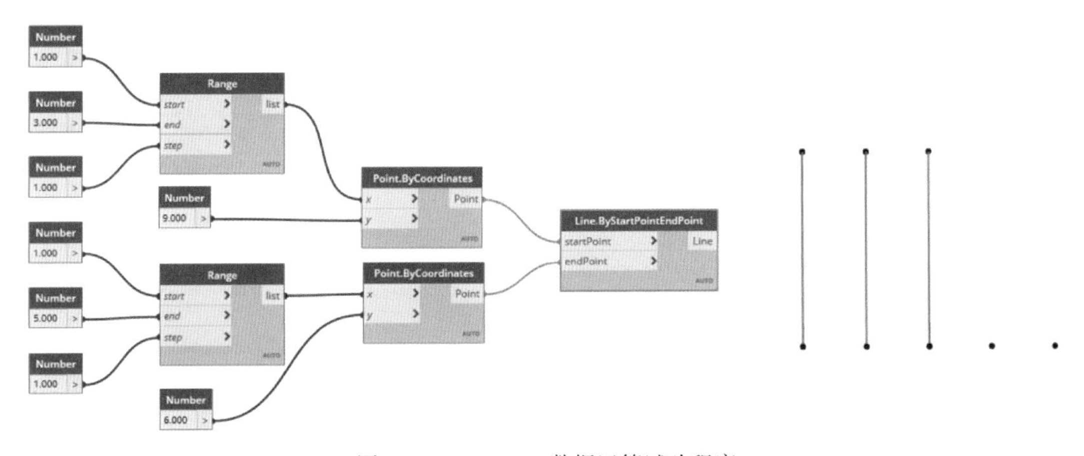

图 2.2-4 Dynamo 数据运算试验程序

如图 2.2-5 所示为三种不同连缀方式的可视化结果，每个节点的右下角简要示意了不同的连缀方式。当连缀方式为“最短”时，下排坐标点相较于上排坐标点多出来的两个点不被连接；当连缀方式为“最长”时，下排坐标点相较于上排坐标点多出来的两个点均与上排的最后一个点相连；当连缀方式为“笛卡尔积”时，上排的每个点与下排的每个点相连。在实际设计时，不同的匹配方式会有不同的结果，往往需要设计师根据需求进行尝试。

2.2.2 曲面创建

实现复杂曲面的创建是参数化设计的重要突破之一。虽然 Rhino 和 GH 在设计中常用作三维造型设计和概念推敲的工具，但 Revit 和 Dynamo 同样具有强大的造型能力。如图

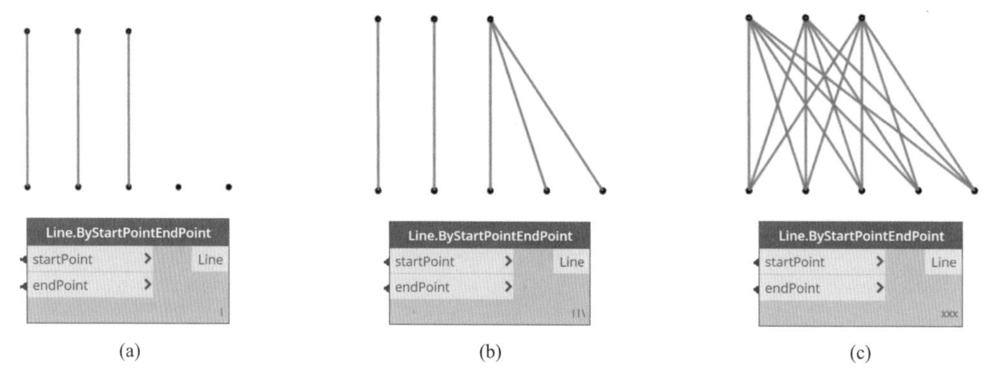

(a) (b) (c)

图 2.2-5 Dynamo 的数据运算（连缀）

（a）最短；（b）最长；（c）笛卡尔积

2.2-6 所示，本案例主要介绍 Dynamo 在三维曲面参数化生成上的应用。

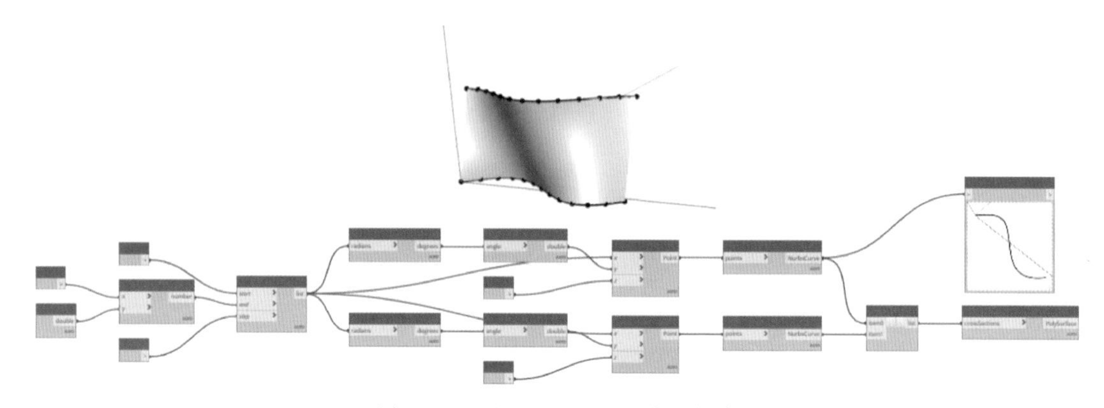

图 2.2-6 基于 Dynamo 的曲面创建

本案例的主要逻辑为：首先在 X 轴设置一定的放样范围，然后将曲面的下部样条线设置为 sin 函数曲线，曲面的上部样条线设置为 cos 函数曲线，通过上下样条曲线构成曲面。

a. 如图 2.2-7 所示，首先通过 Number 节点分别设置放样范围的起点和步长。同时，使用 * 节点将 Number 节点和 Math. PI 节点的值进行相乘，获得 X 放样范围的终点。

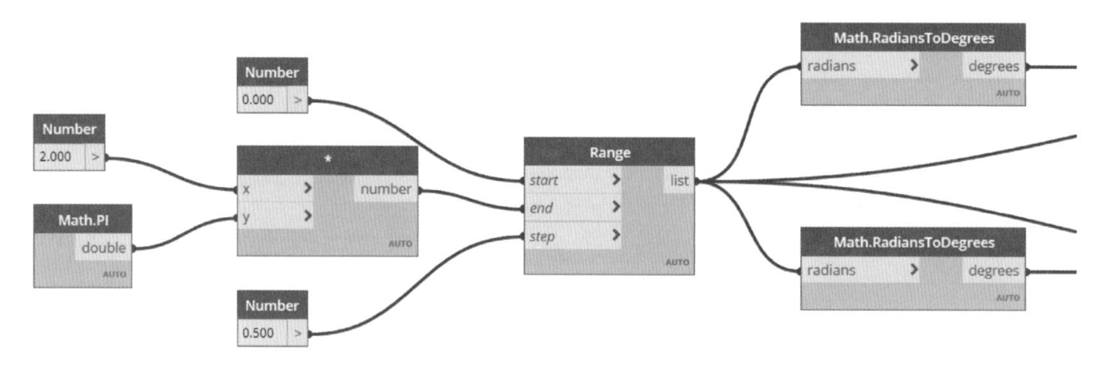

图 2.2-7 基于 Dynamo 的曲面创建 I

b. 根据上一步得到的数值，使用 Range 节点得到放样范围。

c. 通过 Math. RadiansToDegrees 节点将 X 轴放样范围由弧度制转换为角度制。

d. 如图 2. 2-8 所示，将转化后的角度分别通过 Math. Sin、Math. Cos 节点生成下样条曲线和上样条曲线的 Y 值，分别输入 Point. ByCoordinates 节点。同时，将 X 放样范围的值作为 Point. ByCoordinates 节点 X 值。将下样条曲线的 Z 值通过 Number 节点设置为 0，将上样条曲线的 Z 值通过 Number 节点设置为 3，分别生成上下样条曲线的离散坐标点。

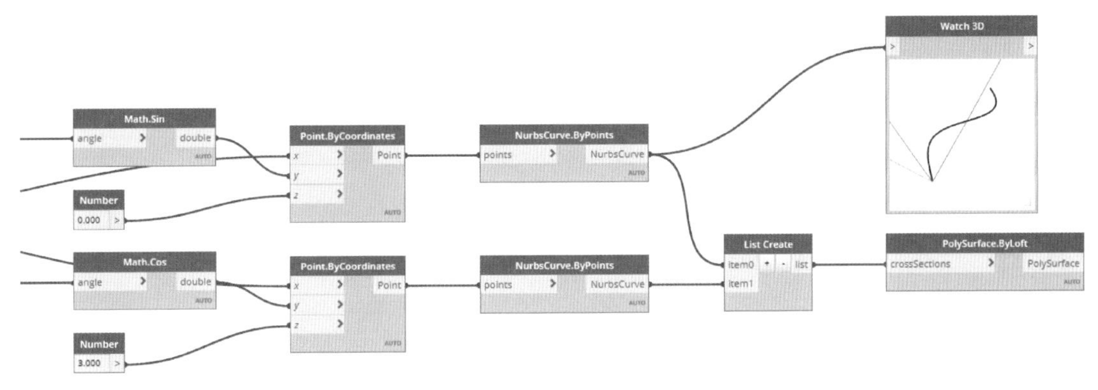

图 2. 2-8 基于 Dynamo 的曲面创建Ⅱ

e. 将上步得到的坐标点，分别通过 NurbsCurve. ByPoints 节点生成上下样条曲线，使用 Watch 3D 节点可对得到的结果进行可视化，如图 2. 2-8 所示。

f. 将得到的上下样条曲线通过 List Create 节点进行相加，并通过 PolySurface. ByLoft 节点可得到最终的曲面。最终得到的曲面如图 2. 2-6 所示。

2.2.3 车位自动布置

停车位的设计往往需要设计师重复地放置车位族，针对这种情况，使用 Dynamo 将极大地减少重复工作。如图 2. 2-9 所示，本案例主要介绍 Revit 和 Dynamo 在车位自动布置中的应用。

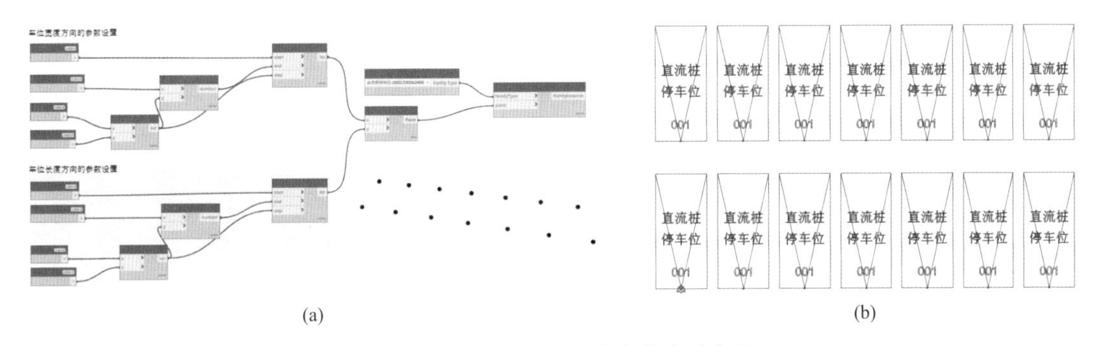

图 2. 2-9 基于 Dynamo 的车位自动布置

（a）Dynamo 程序及其工作空间结果显示；（b）Revit 设计空间结果显示

本案例的主要逻辑为：首先根据车位的长和宽，设计车位的间距。根据 X、Y 两个方向车位数量的需要，计算得到一定间距的放样点。然后将指定的车位族放置在各个放样点上，在 Revit 中即可得到车库布置平面。

a. 如图 2.2-10 所示，以车位宽度方向为例（即 X 轴方向）。首先使用 Number 节点，将车位起点 X 坐标、宽度方向的车位数、车位宽度、宽度方向间距作为用户的参数输入。

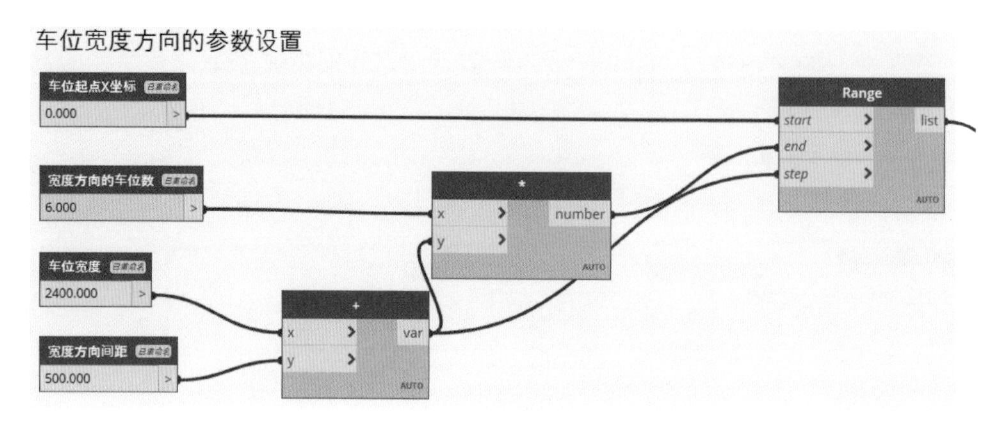

图 2.2-10　车位宽度方向的参数设置

b. 车位宽度和宽度方向间距通过“+”节点相加，得到两个放样点之间的间距。

c. 放样点的间距与宽度方向的车位数通过“*”节点相乘，得到宽度方向的车位总长度。

d. 将车位起点 X 坐标作为 Range 节点的 *start*，将上步计算得到的宽度方向的车位总长度作为 Range 节点的 *end*，同时将放样点之间的间距作为 Range 节点的 *step*。通过 Range 节点可以得到 X 方向的数值列表。

e. 车位长度方向也进行上述参数输入和计算（图 2.2-9a）。

f. 将得到的 X 方向的数值列表、Y 方向的数值列表分别作为 Point.ByCoordinates 节点的 x、y 坐标的输入，如图 2.2-11 所示。需要注意的是，此节点的连缀方式设置为“笛卡尔积”，表示 x 列表和 y 列表中的值通过两两交叉匹配的方式形成点阵效果。

g. 为了可以在 Revit 中创建停车位，首先将需要的车位族载入 Revit 中，然后使用 Family Types 节点将其选中，如图 2.2-11 所示。

h. 将选中的车位族和生成的放样点分别作 FamilyInstance.ByPoint 节点的 family-Type 和 point 的输入。最终得到的车位布置如图 2.2-9b 所示。

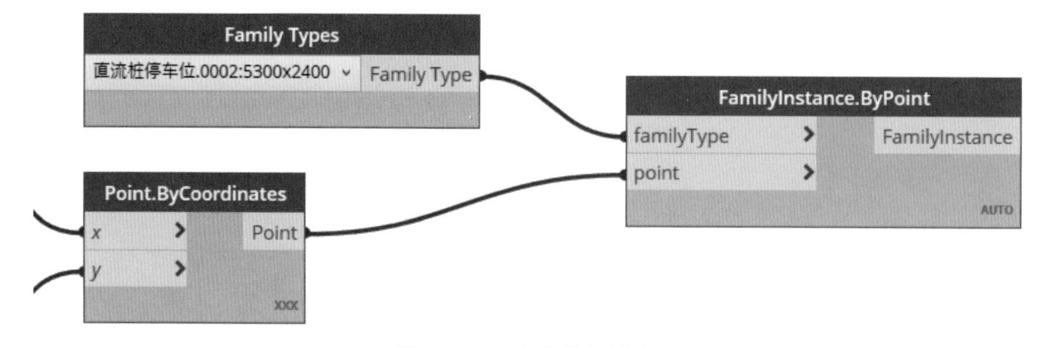

图 2.2-11　车位族的插入

2.2.4 车位自动编码

案例 2.2.3 实现了车位的自动布置，为方便管理，往往需要对每个车位进行编码。手工编码浪费人力，同时车位编码可能根据行车流线进行改变。因此，采用 Dynamo 根据行车流线进行自动编码将使得工作更加高效，如图 2.2-12 所示。

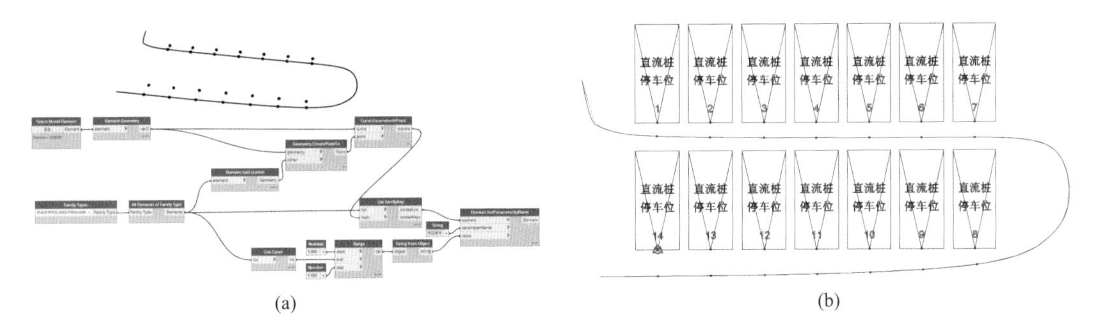

图 2.2-12　基于 Dynamo 的车位自动编码

（a）Dynamo 程序及其工作空间结果显示；（b）Revit 工作空间结果显示

本案例的主要逻辑为：根据设计师绘制的行车流线的方向依次对车位进行编码。首先获得车位族的插入点在行车流线上的最近点，然后将流线上的最近点进行排序，最后对最近点对应的车位进行编码。

a. 如图 2.2-13 所示，通过 Select Model Element 节点选取代表行车流线的样条曲线。通过 Element. Geometry 节点获得行车流线的几何体。

b. 通过 Family Types 节点选取车位的族，并通过 All Elements of Family Type 节点获得此族中的所有实例，即所有的车位实例。

c. 将获得的车位实例通过 Element. GetLocation 节点获得插入点的位置。

d. 将行车流线的曲线几何、车位实例的插入点都通过 Geometry. ClosestPointTo 获得在流线上距离车位插入点最近的点，如图 2.2-13 中的蓝色的点所示。

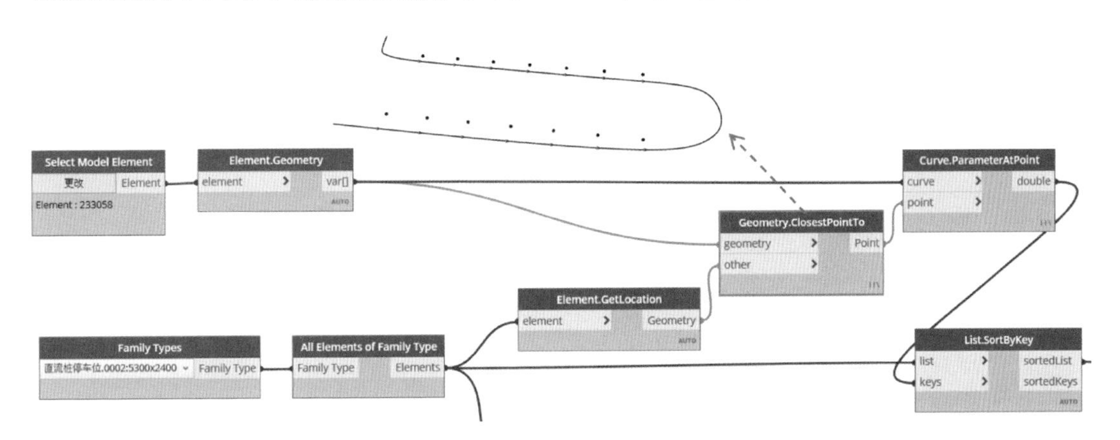

图 2.2-13　车位在行车流线上的最近点

e. 将流线和获得的流线上的点通过 Curve. ParameterAtPoint 节点，得到点在流线上的位置。Curve. ParameterAtPoint 节点的功能为计算得到点在曲线上的位置，其值在 0 到

1 之间。若输出的参数为 0.5 则表示这个点在曲线的中间位置。

f. 将车位实例作为 list、将上步得到的位置列表作为 keys（关键字），通过 List.SortByKey 节点对 keys 进行从小到大的排序，并获得对应排序后的 list，即排序后的车位实例。

g. 如图 2.2-14 所示，使用 List.Count 节点统计车位实例的个数，并使用 Range 节点生成从 1 到车位个数的列表。同时，通过 String from Object 将列表从数字转化为字符。

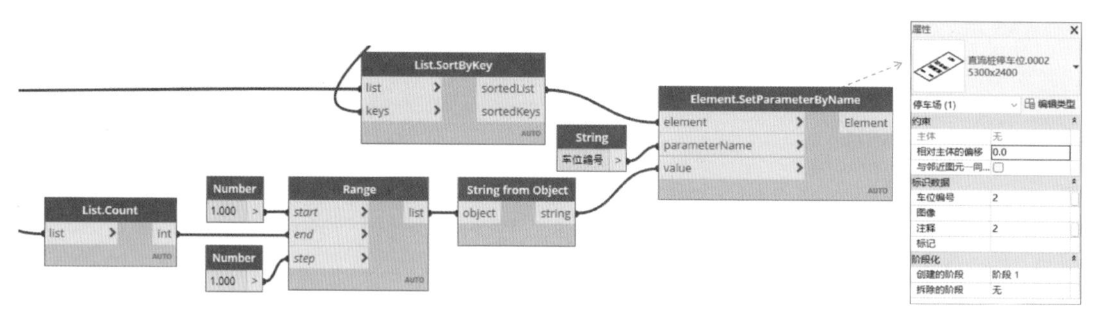

图 2.2-14　车位编码

h. 通过 Element.SetParameterByName 节点修改所有车位实例的“车位编号”的属性。最终的车位编号如图 2.2-12b 所示。

2.3　Streamlit GUI 应用框架

Streamlit[13] 是一款面向机器学习和数据科学团队的图形用户界面 GUI 开源应用框架，能够快速创建数据应用。这个框架仅通过 Python 代码即可构建和分享数据应用，无需编写前端代码或使用复杂的部署工具。Streamlit 提供了丰富的数据可视化和交互组件，支持自定义主题和多页面应用功能。用户可以通过 PyPI 下载 Streamlit 的最新版本[25]。此外，Streamlit 拥有一个庞大的用户社区[26]，提供了丰富的应用示例。用户可以基于应用示例对代码进行修改，从而快速建立自己的应用程序。Streamlit 的优点在于能轻松构建仪表板和交互式机器学习模型，但不足之处在于其布局难以自定义，并且每次交互后都需要重新运行整个脚本。

图 2.3-1 为基于 Streamlit 和 ChatLaw 开发的法律问答应用程序。其中，ChatLaw[27,28] 是由壹万卷公司与北大深研院联合研发的法律行业大模型，可以实现法律问答、法条检索等需求。百度智能云千帆大模型平台[29] 不仅提供了百度文心大模型的应用程序接口（Application programming interface，API），还提供了第三方大模型 API，如 ChatGLM[30]、RWKV[31]、ChatLaw 等。本案例通过调用百度千帆平台 ChatLaw 的 API[32] 来实现法律相关知识的智能问答，如图 2.3-1 所示。

从图 2.3-1 所示的 Streamlit 交互界面可以看出，Streamlit 的交互风格简洁友好。Streamlit 界面一般分为两栏，边栏（左侧）一般会显示提示信息，用户可根据提示信息通过输入框进行输入。在本例中，用户根据提示输入百度千帆平台的 API Key 和 Secret Key。如果用户没有 API，则可点击本例提供的链接进入网站进行申请。主界面（右侧）则主要显示用户与程序交互的信息。在本例中，主界面的上部为本程序的名字和说明。主

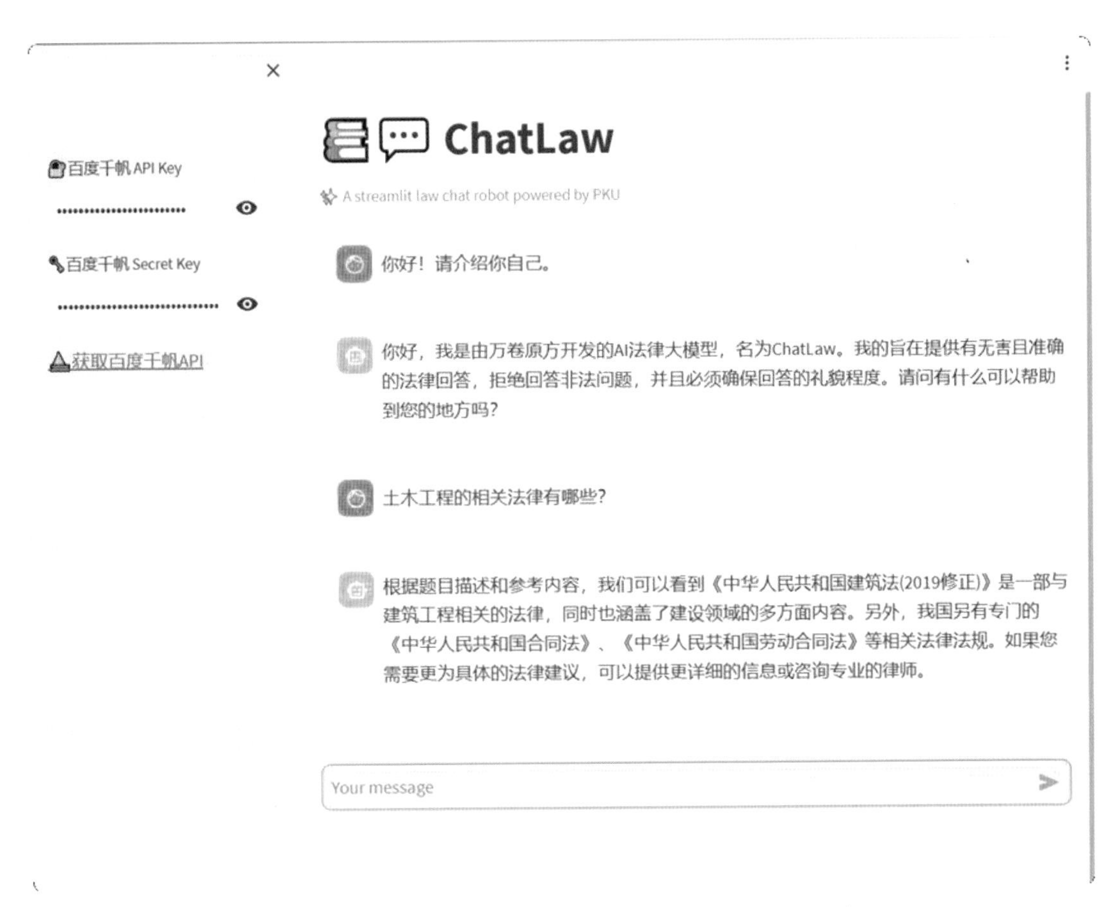

图 2.3-1　基于 Streamlit 和 ChatLaw 的法律问答应用程序

界面的中部显示用户与 ChatLaw 大模型的历史对话。用户在主界面下部的输入框输入自己的对话内容，然后点击输入框右侧的确认键，即可将内容发送给 ChatLaw 模型。同时，用户输入内容也会显示在主界面的中部。根据历史对话和用户的输入，ChatLaw 进行内容的生成且显示在主界面的中部。同时，表情符号（Emoji）的使用使得交互和对话更加生动形象。

Streamlit 建立的交互界面简洁生动，同时 Streamlit 建立交互界面的代码也简洁高效，如图 2.3-2 所示。本案例的全部代码可分为两部分：ChatLaw 调用代码和 ChatLaw GUI 代码。

ChatLaw 调用代码如图 2.3-2a 所示，功能函数 1 的主要作用是获得百度千帆平台的访问令牌（access token），功能函数 2 的主要作用是通过 ChatLaw 的 API 进行对话，其中 list _ message（图 2.3-2a 第 16 行）为历史对话内容。上述调用 ChatLaw 大模型 API 的代码可通过查阅 ChatLaw 的 API 用户文档[32] 进行编写。用户文档提供了详细的参数说明。

ChatLaw GUI 代码如图 2.3-2b 所示。可以看出，Streamlit 提供了高度封装的函数，通过直接调用即可快速构建 GUI。例如，通过使用 st. text _ input（）函数即可实现一个输入框的建立（图 2.3-2b 第 5 行），通过使用 st. title（）函数即可实现程序名字的显示（图 2.3-2b 第 10 行）。本例中，首先判断是否有历史会话（图 2.3-2b 第 13 行），如果没有

```
1 # 功能函数1
2 def get_access_token():
3     """获得百度千帆的 Access token"""
4     url = f"https://aip.baidubce.com/oauth/2.0/token?client_id={client_id}" \
5           f"&client_secret={client_secret}" \
6           f"&grant_type=client_credentials"
7     payload = json.dumps("")
8     headers = {
9         'Content-Type': 'application/json',
10        'Accept': 'application/json'}
11    response = requests.request("POST", url, headers=headers, data=payload)
12
13    return response.json().get("access_token")
14
15 # 功能函数2
16 def get_response(list_message):
17     """通过 chatLaw API获得回复"""
18     url = "https://aip.baidubce.com/rpc/2.0/ai_custom/v1/wenxinworkshop/chat/chatlaw?access_token=" \
19           + get_access_token()
20     payload = json.dumps(
21         {"messages": list_message, "extra_parameters": {"use_keyword": True, "use_reference": True}})
22     headers = {'Content-Type': 'application/json'}
23     response_get = requests.request("POST", url, headers=headers, data=payload, stream=True)
24     response_txt = response_get.json()  # 转换回复格式
25     response_msg = response_txt['result']  # 提取回复结果
26     return response_msg
```

(a)

```
1 import streamlit as st
2
3 # Streamlit GUI
4 with st.sidebar:
5     client_id = st.text_input("🔑百度千帆 API Key", key="chatbot_api_key", type="password")
6     client_secret = st.text_input("🔧百度千帆 Secret Key", key="chatbot_secret_key", type="password")
7     "[⚠获取百度千帆API](https://cloud.baidu.com/product/wenxinworkshop?" \
8     "track=developer_qianfan_tanchuang)"
9
10 st.title("📒💬 ChatLaw ")  # GUI 标题
11 st.caption("🚀 A streamlit law chat robot powered by PKU")
12
13 if "messages" not in st.session_state:  # 如果没有历史对话则创建对话
14     st.session_state["messages"] = []
15
16 for msg in st.session_state.messages:  # 写入历史对话
17     st.chat_message(msg["role"]).write(msg["content"])
18
19 if prompt := st.chat_input():  # 赋值表达式
20     st.session_state.messages.append({"role": "user", "content": prompt})  # 将用户输入添加到对话历史
21     st.chat_message("user").write(prompt)  # GUI 显示用户输入
22     response_msg = get_response(st.session_state.messages)  # 从百度千帆ChatLaw API获得回复
23     st.session_state.messages.append({"role": "assistant", "content": response_msg})  # 回复添加到对话历史
24     st.chat_message("assistant").write(response_msg)  # GUI显示ChatLaw回复
```

(b)

图 2.3-2 基于 Streamlit 的 ChatLaw 程序代码

(a) ChatLaw 调用代码；(b) ChatLaw GUI 代码

历史会话则建立一个会话列表（图 2.3-2b 第 14 行），如果存在历史会话则将内容显示在 GUI 界面中部（图 2.3-2b 第 16、17 行）。需要注意的是每条会话均包含两条信息，即角色（role）和内容（content）。如果主界面下部存在用户输入，则将用户输入的内容赋值给大模型作为提示（prompt）并进行对话（图 2.3-2b 第 19 行）。首先，将提示存入历史会话（图 2.3-2b 第 20 行），角色（role）被设定为用户（user）。然后，将用户输入内容展示在 GUI 界面中部（图 2.3-2b 第 21 行）。接着，使用历史会话通过功能函数获得 ChatLaw 回复内容（图 2.3-2b 第 22 行）。最后，将 ChatLaw 的回复存进历史会话，其角色设定为助手（assistant），同时将回复内容展示在 GUI 界面中部（图 2.3-2b 第 23、24 行）。用户和 ChatLaw 的对话将不断地被存进会话历史，便于 ChatLaw 在生成新回复时将上述历史会话作为参考。

2.4 Gradio GUI 应用框架

随着语言和图像大模型的突破性发展，Gradio 开源应用框架[14] 因其快速构建应用的能力而被广泛应用。例如，基于 Gradio 框架开发的 Stable Diffusion 网页用户界面[15]（图 2.0-5）。Gradio 是一款面向机器学习和数据科学团队的开源框架，允许通过 Python 代码迅速创建应用界面，无需前端代码或复杂的部署工具。创建完成后，这些界面可以在 Hugging Face[33] 平台上托管。Hugging Face 是一个构建机器学习应用的平台，支持用户分享模型和数据集。Gradio 的优势在于其组件高度封装，适用于自然语言处理、计算机视觉等领域的模型，并能快速创建共享链接，便于用户访问演示。然而，它的局限性在于组件的扩展性较差，不易添加自定义组件，不适合用于复杂的数据图表展示。

图 2.4-1 为基于 Gradio 和 Stable Diffusion XL[34] 开发的文生图（Text 2 Image）应

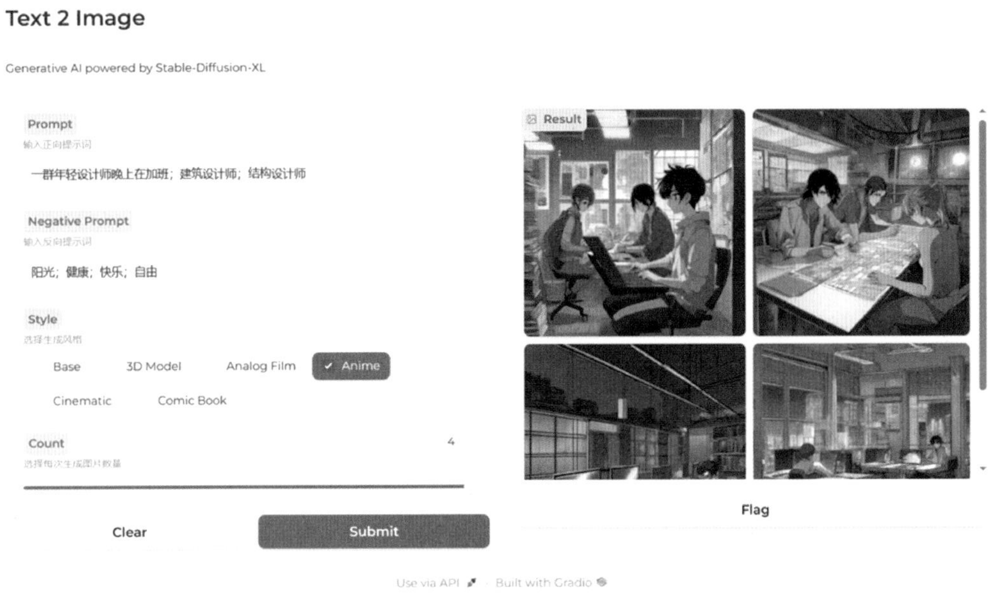

图 2.4-1 基于 Gradio 和 Stable Diffusion XL 的文生图应用程序

用程序。其中，Stable Diffusion XL 由 Stability AI 研发，是广为使用的跨模态的图像生成大模型。本案例同样通过百度千帆平台使用 Stable Diffusion XL 的 API[35]。

从图 2.4-1 可以看出，Gradio 交互界面主要分为两栏，左侧为参数的输入，右侧为生成结果。简洁直接的布局可以让用户便捷地部署自己的程序，让算法快速得到直观应用。在本例中，左侧的输入为文生图的几个经典参数，例如正向提示词（Prompt）、反向提示词（Negative Prompt）等。每个参数下方的提示信息可以帮助用户理解参数的意义。右侧为 Stable Diffusion XL 生成结果，用户可点击查看图片并进行保存。

图 2.4-2 为本例的文生图程序代码。图 2.4-2a 展示了 Stable-Diffusion-XL 的调用代码。与调用 ChatLaw 的 API 类似，功能函数 1 用来获取百度千帆云智能平台访问令牌，函数 2 使用传入的一系列参数通过调用 Stable-Diffusion-XL API 进行图像生成。

图 2.4-2b 展示了文生图 GUI 代码。可出看出基于 Gradio 的 GUI 代码具有简洁高效

```
1 import base64
2 import requests
3 import json
4 import numpy as np
5 import cv2
6
7 # 功能函数1
8 def get_access_token():
9     """获得百度千帆的 Access token"""
10     url = f"https://aip.baidubce.com/oauth/2.0/token?client_id={client_id}" \
11           f"&client_secret={client_secret}&grant_type=client_credentials"
12     payload = json.dumps("")
13     headers = {'Content-Type': 'application/json', 'Accept': 'application/json'}
14     response = requests.request("POST", url, headers=headers, data=payload)
15     return response.json().get("access_token")
16
17 # 功能函数2
18 def generate_image(Prompt, Negative_prompt, style_pic, num_pic):
19     """通过 Stable-Diffusion-XL API获得回复"""
20     url = "https://aip.baidubce.com/rpc/2.0/ai_custom/v1/wenxinworkshop/" \
21           "text2image/sd_xl?access_token=" + get_access_token()
22     dict_param = {
23         "prompt": Prompt,
24         "negative_prompt": Negative_prompt,
25         "size": "768×768",
26         "style": style_pic[0],
27         "steps": 20,
28         "n": num_pic,
29         "sampler_index": "DPM++ SDE Karras"
30     }
31     payload = json.dumps(dict_param)
32     headers = {'Content-Type': 'application/json'}
33     response = requests.request("POST", url, headers=headers, data=payload)
34     response_get = response.json()  # 转换回复格式
35     response_data = response_get['data']  # 转换回复格式
36     list_image = []
37     for index_img in range(len(response_data)):
38         image_base64 = response_data[index_img]['b64_image']
39         imgdata = base64.b64decode(image_base64)
40         image_np = np.frombuffer(imgdata, dtype=np.uint8)
41         image_np2 = cv2.imdecode(image_np, cv2.IMREAD_COLOR)
42         list_image.append(image_np2)
43
44     return list_image
```

(a)

图 2.4-2 基于 Gradio 和 Stable Diffusion XL 的文生图程序代码（一）

（a）Stable-Diffusion-XL 调用代码

```
1 import gradio as gr
2
3 # Gradio GUI
4 interface = gr.Interface(fn=generate_image,
5                          inputs=[
6                              gr.Textbox(label="Prompt", info="输入正向提示词"),
7                              gr.Textbox(label="Negative Prompt", info="输入反向提示词"),
8                              gr.CheckboxGroup(["Base", "3D Model", "Analog Film", "Anime",
9                                                "Cinematic", "Comic Book"],
10                                              label="Style",
11                                              info="选择生成风格"),
12                             gr.Slider(1, 4,
13                                       value=1,
14                                       step=1,
15                                       label="Count",
16                                       info="选择每次生成图片数量")
17                         ],
18                         outputs=[gr.Gallery(label="Result")],
19                         title="Text 2 Image",
20                         description="Generative AI powered by Stable-Diffusion-XL",
21                         theme=gr.themes.Soft()
22                         )
23
24 interface.launch(share=True)
```

(b)

图 2.4-2　基于 Gradio 和 Stable Diffusion XL 的文生图程序代码（二）
（b）文生图 GUI 代码

的特性，通过 24 行代码即可构建一个文生图 GUI。本例所有图形界面的内容均在 gr. Interface（）函数中（图 2.4-2b 第 4 行）。此函数的参数可以分为四大类：输入到输出的生成函数（图 2.4-2b 第 4 行）、输入的参数（图 2.4-2b 第 5～17 行）、输出的参数（图 2.4-2b 第 18 行）、界面设置参数（图 2.4-2b 第 19～21 行）。其中，生成函数为功能函数（图 2.4-2a）。输入参数和输出参数通过调用文本框（图 2.4-2b 第 6 行）、复选框组（图 2.4-2b 第 8～11 行）等组件实现 GUI 快速构建。

2.5　本章小结

数字化是实现建筑领域数智化设计的基础，本章介绍了目前常用的数字化技术。在参数化设计方面，Rhino 与 Grasshopper 由于其强大的空间造型能力和丰富的插件生态，被广泛应用于几何造型设计中。本章介绍了 Grasshopper 的树形数据结构以及运算法则，并通过三个案例分别介绍了 Grasshopper 在建筑、结构和机器人建造中的应用。在深化设计和建筑信息管理方面，Revit 和 Dynamo 被广泛应用。本章介绍了 Dynamo 的数据结构和运算法则，同时介绍了 Revit 和 Dynamo 在具体工程案例中的应用。数智化设计程序的使用往往需要用户与程序进行交互，本章介绍的 Streamlit 和 Gradio 为目前流行的图形用户交互框架，在与图像大模型以及语言大模型的交互中被广泛应用。本章通过两个案例，分别介绍了两个图形用户交互框架的特点和基本使用方法。

参考文献

[1] Network S D. Grasshopper [EB/OL]. [2023-08-22]. https://www.grasshopper3d.com/.
[2] NVIDIA Omniverse. Building Autonomous Rail Networks in NVIDIA Omniverse with Digitale Schiene

Deutschland [EB/OL] //NVIDIA. [2024-01-09]. https://resources.nvidia.com/en-us-general-aec/omniverse-enterprise-video.

[3] HARRIS C R, MILLMAN K J, WALT S J, et al. Array programming with NumPy [J]. Nature, 2020, 585 (7825): 357-362.

[4] VIRTANEN P, GOMMERS R, OLIPHANT T E, et al. SciPy 1.0: fundamental algorithms for scientific computing in Python [J]. Nat Methods, 2020, 17: 261-272.

[5] PEDREGOSA F, VAROQUAUX G, GRAMFORT A, et al. Scikit-learn: Machine learning in Python [J]. Journal of Machine Learning Research, 2011, 12: 2825-2830.

[6] OpenCV. Home [EB/OL]. [2023-09-11]. https://opencv.org/.

[7] NetworkX. NetworkX documentation [EB/OL]. [2024-03-12]. https://networkx.org/.

[8] Shapely. Manipulation and analysis of geometric objects [CP].

[9] pymoo. Multi-objective optimization in Python [EB/OL]. [2024-03-12]. https://pymoo.org/.

[10] PyTorch [EB/OL]. [2024-03-12]. https://pytorch.org/.

[11] pyautocad. Pyautocad 0.2.0 documentation [EB/OL]. [2024-03-12]. https://pyautocad.readthedocs.io/en/latest/#.

[12] ezdxf. PyPI [EB/OL]. [2024-03-12]. https://pypi.org/project/ezdxf/.

[13] Streamlit. A faster way to build and share data apps [EB/OL]. (2021-01-14) [2023-11-13]. https://streamlit.io/.

[14] Gradio [EB/OL]. [2023-11-13]. https://www.gradio.app/.

[15] AUTOMATIC1111. Stable Diffusion Web UI[CP/OL]. (2022-08)[2023-11-13]. https://github.com/AUTOMATIC1111/stable-diffusion-webui.

[16] Rhino. Rhinoceros 3D [EB/OL]. [2023-12-12]. https://www.rhino3d.com/.

[17] Food4Rhino [EB/OL]. [2024-01-17]. https://www.food4rhino.com/en.

[18] Ladybug Tools | Ladybug [EB/OL]. [2024-03-12]. https://www.ladybug.tools/ladybug.html.

[19] Kangaroo3d [EB/OL]. [2024-03-12]. http://kangaroo3d.com/.

[20] Ameba: Topology optimization software [EB/OL]. [2024-03-12]. https://ameba.xieym.com/.

[21] 知乎．结构参数化设计系统 TigerKinForGrasshopper [EB/OL] //知乎专栏．[2024-03-12]. https://zhuanlan.zhihu.com/p/608659875.

[22] Wallacei [EB/OL]. [2024-03-12]. https://www.wallacei.com/.

[23] FURobot. FURobot GH Document [EB/OL]. [2024-01-18]. https://fabunion.github.io/zh/.

[24] Association for Robots in Architecture. making robots accessible to the creative industry [EB/OL]. [2024-01-18]. https://robotsinarchitecture.org/.

[25] Streamlit. PyPI [EB/OL]. [2023-11-13]. https://pypi.org/project/streamlit/.

[26] Join the Streamlit Community • Streamlit [EB/OL]. [2023-11-13]. https://streamlit.io/community.

[27] ChatLaw. 面向未来的法律人工智能 [EB/OL]. [2024-01-22]. https://chatlaw.cloud/.

[28] PKU-YUAN's Group. PKU-YuanGroup/ChatLaw [CP], 2024.

[29] 百度智能云千帆大模型[EB/OL]. [2024-01-22]. https://cloud.baidu.com/product/wenxinworkshop?track=daohang.

[30] 智谱清言 [EB/OL]. [2024-01-22]. https://chatglm.cn.

[31] PENG B. RWKV-LM [CP/OL]. (2021-08) [2024-01-22]. https://github.com/BlinkDL/RWKV-LM.

[32] ChatLaw 千帆大模型平台．百度智能云文档 [EB/OL]. [2024-01-22]. https://cloud.baidu.com/doc/WENXINWORKSHOP/s/Qlphtigbf.

[33] Hugging Face. The AI community building the future. [EB/OL]. [2023-11-13]. https：//hugging-face. co/.
[34] Stable Diffusion XL 1. 0 GPU [EB/OL]. [2024-01-22]. https：//gradio. app/.
[35] Stable-Diffusion-XL 千帆大模型平台．百度智能云文档 [EB/OL]. [2024-01-22]. https://cloud. baidu. com/doc/WENXINWORKSHOP/s/Klkqubb9w.
[36] OpenMMLab [EB/OL]. [2024-01-22]. https：//openmmlab. com/.
[37] Y-GAMA [EB/OL]. [2024-01-22]. https：//www. yjk. cn/article/836/.

第3章　人工智能技术

随着现代计算机技术的发展和人工智能技术的探索，智能设计方法已经被广泛研究[1-3]。在基于深度学习的人工智能时代之前（以深度神经网络 AlexNet[4] 的出现为界限)[5]，启发式智能优化算法在建筑设计领域已得到广泛应用[6,7]。随着基于深度学习的人工智能技术的进步和神经网络大模型的突破性发展，基于深度学习的生成式 AI 设计算法不断涌现[8,9]，并取得了令人瞩目的效果。本章分四部分对数智化设计中常用的人工智能技术进行简要介绍：智能优化算法、深度学习基础、图与图神经网络、生成式 AI 架构。

3.1　智能优化算法

智能优化算法是一类以模拟自然现象或生物行为的方式来解决复杂组合优化问题的启发式算法[10]。这些算法通常用于寻找在给定约束条件下最优或近似最优的解。它们可以处理复杂、非线性、约束性、多目标等优化问题，且不需要借助问题的特征信息，具有通用性和鲁棒性。

常见的智能优化算法可分为以下四类：1）基于进化机制的算法，如遗传算法、差分进化算法、免疫算法等。它们模拟自然界生物的遗传和进化过程，通过群体搜索、选择、变异和交叉等操作，实现全局优化。2）基于群体智能的算法，如蚁群算法、粒子群算法、鱼群算法等。它们模拟社会昆虫或群居动物的行为，通过信息交流、协作竞争、自组织等机制，实现平衡优化。3）基于物理原理的算法，如模拟退火算法、禁忌搜索算法等。它们模拟物理现象的规律，通过温度控制、记忆机制等实现优化。4）其他算法：如烟花算法、回溯搜索算法等。本节主要介绍遗传算法、粒子群算法、模拟退火算法和禁忌搜索算法四种经典智能优化算法。

3.1.1　遗传算法

遗传算法（Genetic Algorithm，GA）是一种启发于自然进化理论的搜索和优化方法[11]。它通过模拟自然选择和遗传中的复制、交叉、变异等过程，从初始候选解集出发，不断产生和评估新解，使解集朝着更优方向进化，直至收敛至满意解。

GA 的基本步骤如图 3.1-1 所示，主要包括以下步骤：1）编码：将解空间映射至搜索空间，用二进制串或其他符号串表示候选解，即染色体或个体；2）初始种群：随机生成初始解，组成种群；3）适应度评估：根据目标函数计算种群内个体适应度，反映其适应环境的程度；4）选择：根据适应度值，选定优良个体进入下一代，保留优秀基因；5）交叉：对选中个体进行随机配对，交换部分基因，增加多样性；6）变异：在交叉后的个体中，随机改变某些基因，引入新变化，避免局部最优；7）终止条件：达到最大进化代数或适应度阈值时终止算法，输出最优解，否则返回第 3 步继续优化。标准遗传算法

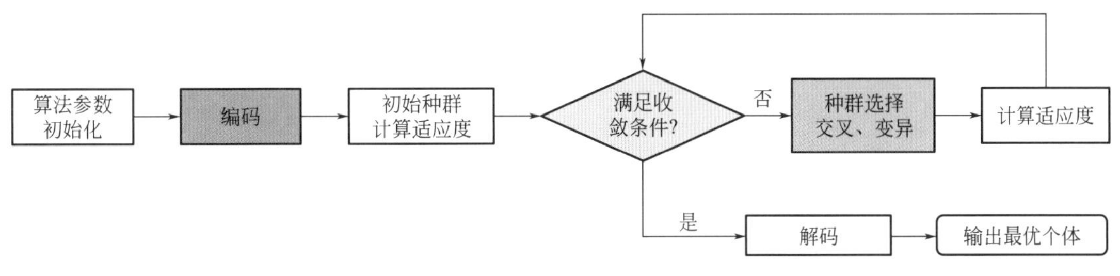

图 3.1-1 遗传算法

(Simple Genetic Algorithm，SGA) 可以用式 (3.1-1) 进行表达，其中 C 表示编码方案，E 表示适应度评价函数，P_0 表示初始种群，M 表示种群大小，ϕ 表示选择算子，Γ 表示交叉算子，ψ 表示变异算子，T 表示算法终止收敛条件。

$$SGA=(C,\ E,\ P_0,\ M,\ \phi,\ \Gamma,\ \psi,\ T) \tag{3.1-1}$$

GA 在全局搜索方面表现出色，能处理复杂非线性、多约束多目标等优化问题，具有通用性和鲁棒性[12]。GA 可以实现并行化和分布式，易于在实际工程中应用，且易于与其他方法结合。然而，遗传算法需调整多参数，如种群大小、交叉概率、变异概率等。同时，GA 可能出现早熟或不收敛现象，需采取措施维持种群多样性和平衡。此外，编码方法和适应度函数的设计需针对具体问题进行具体设计。

3.1.2 粒子群算法

粒子群算法 (Particle Swarm Optimization，PSO)[13] 是一种基于群体智能的优化算法，它模拟了鸟群或鱼群等自然界生物的觅食行为，通过个体之间的信息交流和协作，实现对问题的全局搜索和优化。PSO 在 1995 年由 Kennedy 和 Eberhart 提出[14]。1998 年由 Shi Yuhui 等人提出带有权重惯性的改进粒子群算法[15]。由于此算法有较好的收敛效果，因此被默认为标准粒子群算法。

PSO 将问题的候选解看作粒子，将问题的目标函数看作粒子的适应度，将问题的解空间看作粒子的搜索空间，如图 3.1-2 所示。初始化一定数量的粒子，随机分布在搜索空间中，每个粒子有自己的位置和速度，分别表示解和搜索方向。计算每个粒子的适应度值，记录每个粒子的历史最优位置（个体最优）和全体粒子的历史最优位置（群体最优）。根据每个粒子的历史最优位置、群体最优位置和当前位置，更新每个粒子的速度和位置，使其向更优的区域移动。重复上述步骤，直到达到预设的终止条件，如最大迭代次数或最小误差，输出最优解。粒子速度更新公式如式 (3.1-2) 所示，其中，第一项表示惯性项，由惯性权重和粒子自身速度组成，表示粒子延续先前自身运动状态；第二项表示自身认知项，是从当前点指向粒子自身最好点的矢量，表示粒子从自身经验进行学习；第三项表示群体认知项，是从当前点指向种群最好点的矢量，反映了粒子间的协同和共享机制。粒子就是通过自身经验和种群的经验而不断更新自己的速度和位置。式中，k 表示迭代次数，i 表示粒子序号，d 表示粒子的速度维度序号，w 表示惯性权重，c_1 表示个体学习因子，c_2 表示群体学习因子，r_1 和 r_2 表示区间 [0，1] 之间的随机数，v 表示粒子的速度，x 表示粒子的位置，p_{best} 表示个体最优，g_{best} 表示种群最优。

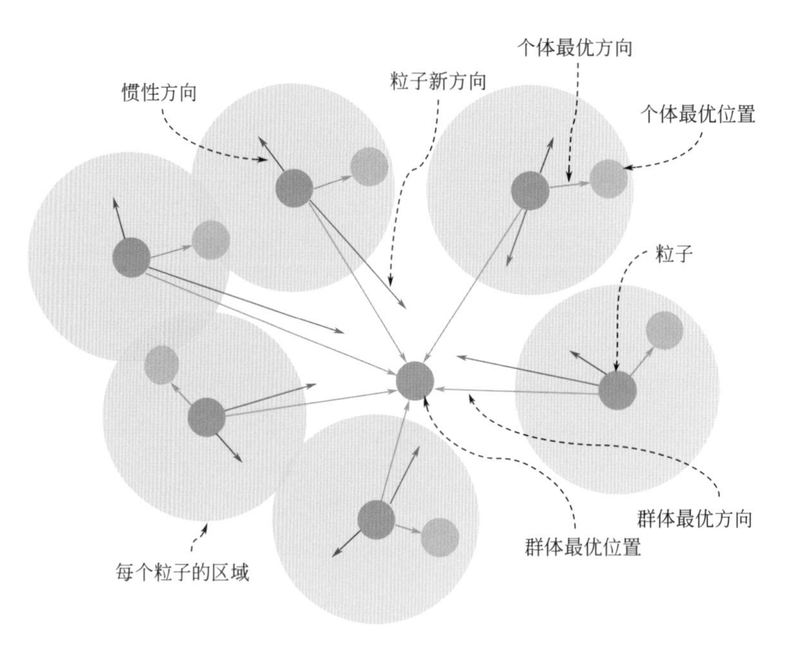

图 3.1-2　粒子群算法（PSO）

$$v_{id}^{k+1}=wv_{id}^{k}+c_{1}r_{1}(p_{id,p_{\text{best}}}^{k}-x_{id}^{k})+c_{2}r_{2}(p_{d,g_{\text{best}}}^{k}-x_{id}^{k}) \tag{3.1-2}$$

由于群体智能的特性，PSO 在全局搜索方面表现出较高的效率，尤其在寻找全局最优解的问题上[16]。相比于其他优化算法，PSO 的参数较少，主要是粒子速度、粒子位置和全局最优位置，这使得算法的调试和应用更为简便。然而，PSO 在面对复杂的多峰值（多个局部最优解）问题时，容易陷入局部最优解，尤其是当粒子早期就聚集在局部最优区域时。

3.1.3　模拟退火算法

模拟退火（Simulated Annealing，SA）[17] 算法是一种基于物理中固体退火过程的随机寻优算法，用于解决组合优化问题。从一个较高的初始温度开始，逐渐降低温度，每个温度下进行多次随机扰动和判断新解是否被接受，算法以一定概率跳出局部最优解，最终达到全局最优解。

模拟退火算法的流程如图 3.1-3 所示，主要包括以下步骤：1）初始化：设定一个足够大的初始温度和一个终止温度，选择初始解，计算其目标函数值。2）在当前温度下，重复以下操作：从当前解的邻域中随机产生一个新解，计算其目标函数值和与当前解的差值。如果差值小于零，说明新解更优，接受新解作为当前解；否则，按照 Metropolis 准则接受新解作为当前解，如式（3.1-3）所示。其中，k 是一个常数，T 是当前温度，E 是系统能量（即目标函数值），x_t 表示当前解，x_{t+1} 表示新解。重复上述操作直到达到一定的迭代次数或者当前解不再变化。3）降低温度：按照一定的冷却进度表，更新当前温度，通常是乘以一个小于 1 的系数。4）判断是否满足终止条件，即如果当前温度低于终止温度或者当前解已经稳定，停止算法，输出当前解；否则，返回步骤 2）。

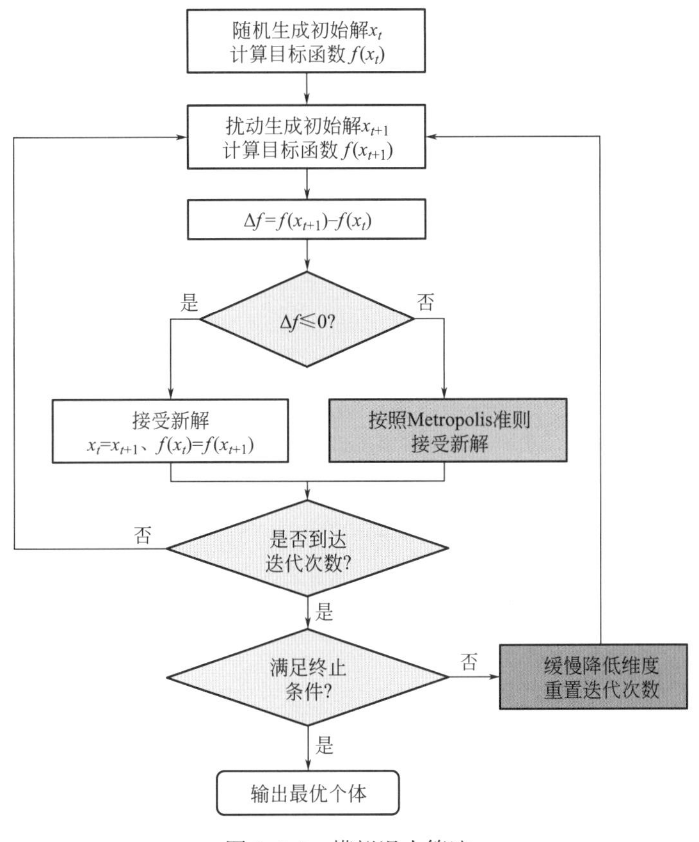

图 3.1-3　模拟退火算法

$$P=\begin{cases}1 & E_{x_{t+1}}<E_{x_t}\\ e^{\frac{-(E_{x_{t+1}}-E_{x_t})}{kT}} & E_{x_{t+1}}\geqslant E_{x_t}\end{cases}\tag{3.1-3}$$

模拟退火算法的优点是能够以一定的概率接受劣解，达到跳出局部最优解逼近全局最优解的目的，而且算法实现相对简单。模拟退火算法的性能和效率取决于一些参数的选择，如初始温度、终止温度、冷却进度表、邻域结构等。这些参数需要根据具体的问题和实验结果进行调整。模拟退火算法收敛速度较慢，需要较长的计算时间，而且参数的选择没有统一的标准，需要根据经验进行调节。

3.1.4　禁忌搜索算法

智能优化算法的性能通常可以从全局搜索能力和局部搜索能力这两个方面进行评价。全局搜索能力是指寻找到全局最优解所在大致位置的能力，局部搜索能力是指能够无限接近最优解的能力。其中，局部搜索（Local Search）是一种具有极高局部搜索能力的算法，局部搜索从一个初始解出发，然后搜索解的邻域，若有更优的解则移动至该解并继续执行搜索，否则就停止算法获得局部最优解。因此，局部搜索容易陷入局部最优。禁忌搜索算法便是对此算法的改进。

禁忌搜索（Tabu Search，TS）是一种模拟人类智能的优化算法，最早由 Glover 教授于 1986 年提出[18]。其主要思想是用一个禁忌表记录下已经到达过的局部最优点或达到局部最优的一些过程，在接下来的搜索中，不再或有选择地搜索这些点或过程，以此来跳出局部最优点[19]。与局部搜索的主要不同在于禁忌搜索可以接受劣解作为当前解，因此可以获得更多可能的邻域情况。以下为禁忌搜索的一些重要概念：

（1）禁忌表。用来存放（记忆）禁忌对象的表。

（2）禁忌对象。禁忌表中被禁的对象。禁忌对象需要根据具体问题来制定。如解的变化，或者目标的变化等。

（3）禁忌长度。被禁对象不允许选取的迭代次数。

（4）邻域解。指在当前解的附近，通过某种动作（如交换、插入、反转等算子）产生的一组新的解。邻域的大小和结构取决于变换的方式和范围。邻域的选择对禁忌搜索算法的性能有很大的影响，因为它决定了搜索的方向和速度。

（5）候选解。指在当前的邻域解中，根据评价函数选择一些优良的解作为下一步的搜索对象。

（6）特赦准则。在禁忌搜索中，会出现候选集中的全部对象都被禁忌，导致没有可以选择的解。或者某一被禁的解，其若被解禁将会对目标值的优化有很高效的作用。在这些情况下，为了达到全局最优，将会对一些禁忌对象重新选择。常用的特赦准则有：1）基于评价值的规则：若此解的目标值优于历史最优解，可特赦；2）基于最小错误的原则：若所有对象都被禁忌，特赦一个目前禁忌表中评价值最小的解。

禁忌搜索算法流程如图 3.1-4 所示，其核心步骤为邻域解的生成，以及特赦准则的使用。同时，当前解可为劣解是禁忌搜索可以跳出局部最优解的重要措施。但是，禁忌搜索也存在一些不足，如迭代优化流程为串行搜索，而不是并行搜索。同时，禁忌搜索对初始解有较强的依赖性，好的初始解可以加快寻优的速度。因此，禁忌搜索常和遗传算法相结合，使用遗传算法的最优解作为禁忌搜索的初始解。

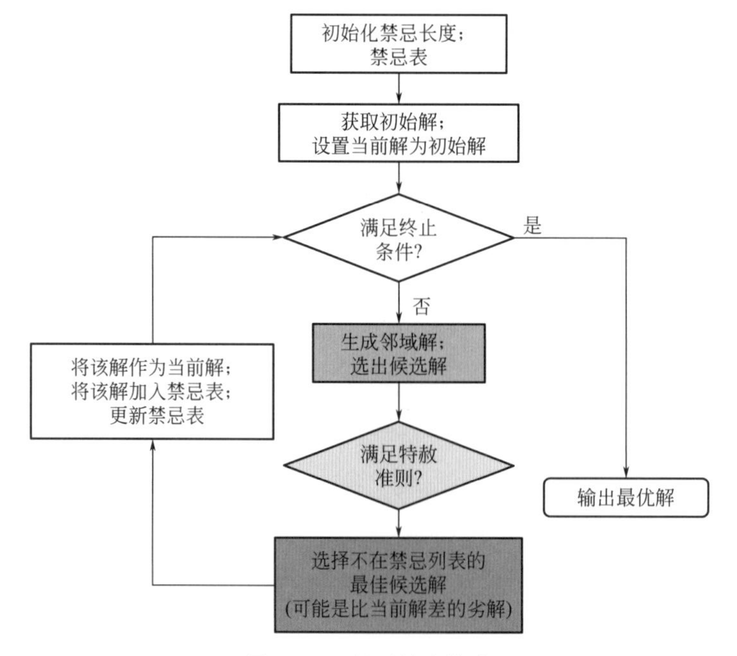

图 3.1-4　禁忌搜索算法

3.2 深度学习基础

深度学习（Deep Learning）让计算机从大量的数据中学习复杂的模式和特征，从而实现人类的一些智能任务，如图像识别、自然语言处理、语音识别等。深度学习的发展受益于大数据、算力和算法的进步，已经在众多领域取得了突破性的发展，引领了人工智能的新浪潮。深度学习的核心是使用多层的人工神经网络（Artificial Neural Network，ANN）模仿生物神经细胞的结构和功能，进行端到端的学习和推理。以下内容将介绍神经元、多层感知机等深度学习基础知识以及在各种任务中被广泛应用的注意力机制等。

3.2.1 人工神经元与感知机

启发于生物神经元，当前深度学习依赖的深度神经网络最基本的单元即为经过抽象表示的人工神经元。图 3.2-1 所示为一个简单的神经元，可用式（3.2-1）和式（3.2-2）表达。该神经元有三个输入，模拟三个神经元通过树突同时向该神经元传递神经冲动（x_1，x_2，x_3）；通过对输入神经元进行加权（w_1x_1，w_2x_2，w_3x_3）求和来模拟对神经信号的积累，其中不同的权重（w_1，w_2，w_3）代表着树突不同的强度；对输入之和添加一个额外的标量 b，可以视为每个神经元信号的阈值，同时相当于为每个神经元增加一个参数，增强神经元信息表达能力，此标量被称为偏置（Bias）。将带有偏置项的输入之和 s 使用激活函数［$\sigma(\cdot)$］计算活性值 O 来模拟该神经元产生兴奋或者抑制；最终将神经冲动传递给下一组相连的神经元。

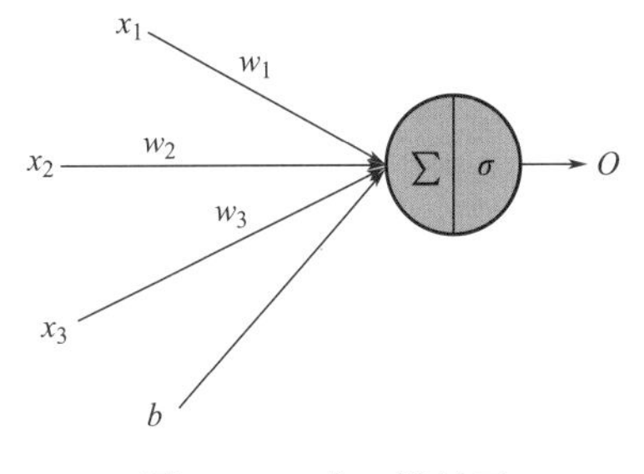

图 3.2-1 人工神经元

值得注意的是，单个神经元的数学表达式 s 为线性回归模型。同时，如图 3.2-1 所示的只有一层的神经网络结构被称为单层神经网络，也被称为感知机（Perceptron）。

$$s = x_1w_1 + x_2w_2 + x_3w_3 + b \tag{3.2-1}$$

$$O = \sigma(s) \tag{3.2-2}$$

3.2.2 多层感知机

神经网络中每个输入与每个输出均连接的层被称为全连接层（Fully-Connected Layer），如图 3.2-2a 所示。多层感知机（Multi-Layer Perceptron，MLP）是由多个全连接层组成的网络，如图 3.2-2b 所示。其中在输入层和输出层之间的网络层也被称为隐藏层（Hidden Layer）。基于上节的数学符号，多层感知机可用式（3.2-3）和式（3.2-4）表达，其中 $\boldsymbol{H}$ 为隐藏层变量。与只有一个全连接层相连的网络相比，多层感知机架构通过每层线性模型的仿射变换和激活函数的非线性变换，将获得的特征进行交叉，可以更高效地提取原始数据的高维特征。相比于单层更宽的网络，多层更深的网络的计算成本更小，效率更高且泛化能力更强[20]。

$$\boldsymbol{H} = \sigma^{(1)}(\boldsymbol{X}\boldsymbol{W}^{(1)} + \boldsymbol{b}^{(1)}) \tag{3.2-3}$$

$$\boldsymbol{O} = \sigma^{(2)}(\boldsymbol{H}\boldsymbol{W}^{(2)} + \boldsymbol{b}^{(2)}) \tag{3.2-4}$$

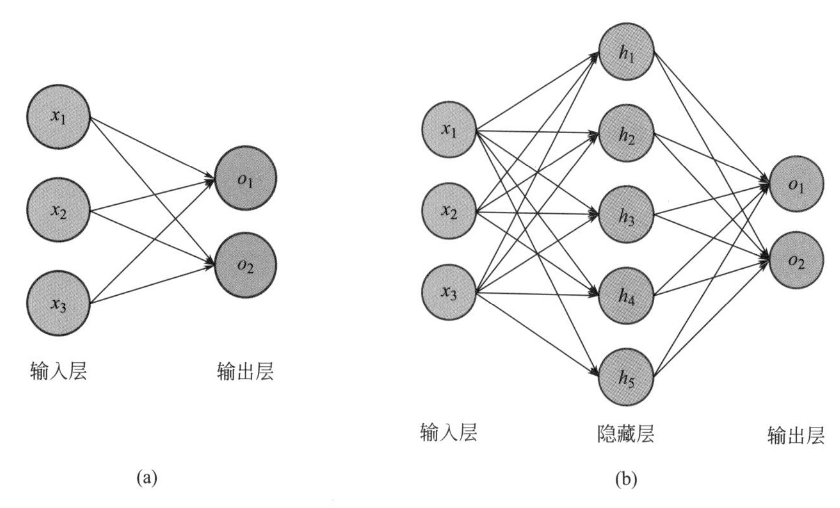

图 3.2-2 基础神经网络

(a) 全连接层；(b) 多层感知机

3.2.3 激活函数

由上两节内容可知，仅包含线性单元的神经网络学习能力相对有限，激活函数的引入使得深度学习具有了非线性。在不同的任务中，不同的激活函数具有不同的效果。本节主要介绍目前常用的激活函数：Sigmoid、Tanh、Softmax、ReLU。

逻辑函数 Sigmoid 的定义为式（3.2-5）。函数图像如图 3.2-3a 所示，此激活函数的输出值被映射到 0 到 1 之间，常被用作概率进行分类任务等。

双曲正切函数 Tanh 的定义为式（3.2-6）。函数图像如图 3.2-3a 所示，此激活函数的输出值被映射到−1 到 1 之间，常用在神经网络隐藏层等。

Softmax 的定义为式（3.2-7）。函数图像如图 3.2-3b 所示，此激活函数首先计算所有 x 的指数函数 e^x，然后使用此值进行归一化。在实际任务中，此函数常用在输出层来归一化输出，可作为概率向量，常用于分类任务。

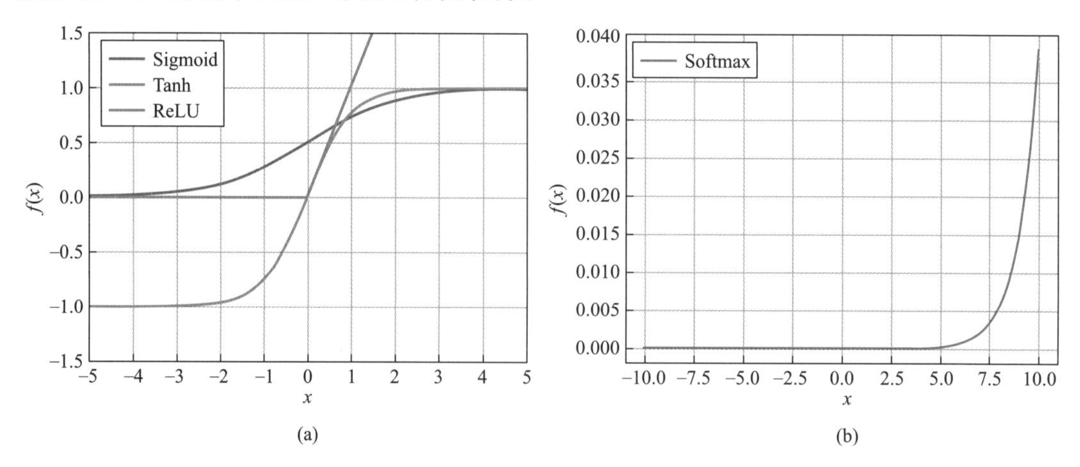

图 3.2-3 常见激活函数

(a) Sigmoid、Tanh 和 ReLU 激活函数；(b) Softmax 激活函数

整流线性单元函数 ReLU（Rectified Linear Unit）的定义为式（3.2-8）。函数图像如图 3.2-3a 所示，原点左侧部分的斜率为 0，右侧部分是斜率为 1 的直线，即当 x 值小于 0 时输出值为 0，当 x 值大于 0 时输出值为 x。ReLU 容易计算，由于其接近线性，同时更容易被优化，常被用在卷积神经网络中。卷积神经网络将在 3.2.7 节中进行介绍。

由于 ReLU 函数把负数变为 0，造成信息的丢失。因此带泄露的 ReLU 函数（Leaky ReLU）被提出，如式（3.2-9）所示。其中，α 为较小的正数。α 的使用使得负值的反向传播也具有了梯度，方便计算。关于反向传播的内容将在 3.2.5 节中进行介绍。

$$f_{\text{Sigmoid}}(x)=\frac{1}{1+\mathrm{e}^{-x}} \tag{3.2-5}$$

$$f_{\text{Tanh}}(x)=\frac{\mathrm{e}^{x}-\mathrm{e}^{-x}}{\mathrm{e}^{x}+\mathrm{e}^{-x}} \tag{3.2-6}$$

$$f_{\text{Softmax}}(x_k)=\frac{\mathrm{e}^{x_k}}{\sum_{k=1}^{K}\mathrm{e}^{x_k}} \tag{3.2-7}$$

$$f_{\text{ReLU}}(x)=\max(0,\ x) \tag{3.2-8}$$

$$f_{\text{LeakyReLU}}(x)=\begin{cases}x & x>0\\ \alpha x & x\leqslant 0\end{cases} \tag{3.2-9}$$

3.2.4 损失函数

神经网络的最终预测值与真实值之间往往存在差距，损失函数（Loss Function）被用来量化这种差距。在不同的神经网络模型和任务中，需要设计不同的损失函数。本节主要介绍三种基础的损失函数：均方误差、平均绝对误差、交叉熵。

均方误差（Mean Squared Error，MSE）如式（3.2-10）所示，为所有误差的平方的平均值。其中 y_i 为第 i 个数据点的真实值，$f(x_i)$ 是第 i 个数据点的预测值，N 是数据点的总数。均方误差对大的误差值具有放大效应，因此更关注较大的误差，但易受到异常值的影响。均方误差的优点为计算简单、梯度容易求解，缺点是对异常值敏感。均方误差常用于图像像素误差的量化计算。

平均绝对误差（Mean Absolute Error，MAE）如式（3.2-11）所示，为所有误差的绝对值的平均值。平均绝对误差对于异常值比较不敏感，因为绝对值不会放大误差，这使得它能够更好地处理含有噪声（Noise）的数据。平均绝对误差在零点处不可微，这可能导致反向传播的不稳定。平均绝对误差适用于回归问题，且更适合处理含有噪声或异常值的数据，例如预测天气、交通流量等。

交叉熵（Cross Entropy，CE）如式（3.2-12）所示，其中 y 为真实的概率分布，通常是一个独热（one-hot）向量用于表示类别。独热向量是指使用 N 位 0 或 1 来对 N 个状态进行编码，每个状态都有它独立的表示形式，并且其中只有一位为 1，其他位都为 0。例如，现在要编码 ABCD 这四个单词，可用四位向量来进行编码：A 为 [1 0 0 0]、B 为 [0 1 0 0]、C 为 [0 0 1 0]、D 为 [0 0 0 1]；$f(x)$ 为神经网络预测的概率，通常使用 Softmax 函数进行激活，表示对每个类别的概率。当预测概率分布与真实概率分布越接近时，交叉熵越小，反之就越大。

以二分类任务为例，每个样本 x_i 对应一个真实标签 y_i，标签值为0或1。神经网络的任务为预测标签为0或者1的概率。当一个类别的概率为 $f(x_i)$ 时，则另一个类别的概率为 $1-f(x_i)$。根据交叉熵定义（式3.2-12），可得二分类交叉熵（Binary Cross Entropy，BCE）损失函数（式3.2-13）。二分类交叉熵损失最经典的应用为生成对抗网络，被用来判断生成结果的真假（1或0）。关于生成对抗网络将在3.4.1节中进行详细介绍。

$$L_{\mathrm{MSE}}=\frac{1}{N}\sum_{i=1}^{N}(y_i-f(x_i))^2 \tag{3.2-10}$$

$$L_{\mathrm{MAE}}=\frac{1}{N}\sum_{i=1}^{N}|y_i-f(x_i)| \tag{3.2-11}$$

$$L_{\mathrm{CE}}=\sum_{i=1}^{N}y_i\log f(x_i) \tag{3.2-12}$$

$$L_{\mathrm{BCE}}=-\frac{1}{N}\sum_{i=1}^{N}(y_i\log f(x_i)+(1-y_i)\log(1-f(x_i))) \tag{3.2-13}$$

3.2.5 优化方法

神经网络中存在大量的参数 θ（即每个神经元中的权重 w，偏置 b）需要确定。确定参数的过程就是神经网络不断学习的过程。损失函数可以引导神经网络进行学习，从而减小预测值与目标值之间的差距。在神经网络中，采用梯度下降（Gradient Descent）的方法来减小预测值与目标值之间的差距。梯度下降过程中参数 θ 通过偏导数$\partial L/\partial\theta$ 进行逐步优化。优化的过程为 $\theta=\theta-\alpha\partial L/\partial\theta$,其中 α 为学习率，用于控制参数更新的幅度。L 为损失值，且随参数的更新而不断减小。

在神经网络在前向传播（Forward Propagation）过程中，初始数据 x 依次经过各层神经网络，最后输出结果 f（x）；反向传播（Back Propagation，BP）则通过导数链式法则计算损失函数对各参数的梯度，并根据梯度进行参数的更新。链式法则如式（3.2-14）所示，其中 y 是变量 x_1，x_2，…，x_n 的函数，y 有变量 u_1，u_2，…，u_m，同时每个可微函数 u_i 都有变量 x_1，x_2，…，x_n。从式（3.2-14）可以看出链式法则可对任何复合函数求微分。

$$\frac{\mathrm{d}y}{\mathrm{d}x_i}=\frac{\mathrm{d}y}{\mathrm{d}u_1}\frac{\mathrm{d}u_1}{\mathrm{d}x_i}+\frac{\mathrm{d}y}{\mathrm{d}u_2}\frac{\mathrm{d}u_2}{\mathrm{d}x_i}+\cdots+\frac{\mathrm{d}y}{\mathrm{d}u_m}\frac{\mathrm{d}u_m}{\mathrm{d}x_i} \tag{3.2-14}$$

在神经网络的训练过程中，可以多次根据从原始数据中随机抽取一小部分训练样本进行神经网络参数的优化，此算法被称为随机梯度下降（Stochastic Gradient Descent，SGD）。抽取的一小部分样本被称为小批量（Mini-batch）。根据原始数据的分布抽取确保了小批量数据保持独立同分布。

在神经网络训练过程中，学习率 α 是控制参数更新幅度的一个因子。学习率 α 太大，可能导致参数在最优值附近震荡，甚至发散；学习率 α 太小，可能导致参数收敛速度过慢，甚至陷入局部最优。自适应学习率算法是一类能够根据参数的梯度历史信息，动态调整每个参数的学习率的优化算法。它们可以有效地解决普通随机梯度下降（SGD）算法中学习率过大或过小的问题，提高模型的收敛性和性能。常见的自适应学习率算法有AdaGrad[21]、RMSProp[22] 和Adam[23]。

3.2.6 正则化

正则化是指那些可以使模型在训练集和测试集上效果都有提升的方法。神经网络的学习中容易出现两种情况：欠拟合（Underfitting）和过拟合（Overfitting）。欠拟合是指神经网络模型在训练集和测试集上都有较大的误差。在实际任务中，欠拟合可以通过加深神经网络的层数解决。过拟合是指模型在训练集上有较好的很小的误差，而在测试集有很大的误差。在实际任务中，过拟合较难处理，一些正则化方法被用来解决此问题，如权重衰减、Dropout、批标准化、早停法、数据增强等。

权重衰减（Weight Decay）的基本原理是使用一个正则项作为损失函数的惩罚，使得参数 θ 具有更小的绝对值。在深度神经网络中，模型参数的 2 范数的平方 $\|W\|^2$ 常作为损失函数的惩罚项，如式（3.2-15）所示。其中，L_0 是原来的损失；λ 负责权重衰减的强度，为一个超参数。假设模型有 n 个参数，则 $\|W\|^2$ 可根据式（3.2-16）进行计算。其中，w_i 为不同的权重值。通过对带有惩罚的损失函数进行梯度下降，可以获得绝对值更小的神经网络参数，降低模型的复杂度，降低过拟合的风险。

$$L = L_0 + \frac{\lambda}{2}\|W\|^2 \tag{3.2-15}$$

$$\|W\|^2 = (\sqrt{w_1^2 + w_2^2 + \cdots + w_n^2})^2 = w_1^2 + w_2^2 + \cdots + w_n^2 \tag{3.2-16}$$

Dropout 的基本思想是在训练过程中，随机地将一些隐藏层神经元的输出设置为零。当神经元输出为 0，则对应的偏导数也为 0，因此相关参数不会被更新。Dropout 的比例是指每一层中被设置为零的神经元的比例，一般在 0.2～0.5 之间。Dropout 相当于同时训练了多个不同结构的小神经网络，减少了相互依赖，且共用部分参数。在测试时，模型不再使用 Dropout，即使用所有的小神经网络进行预测。

批标准化（Batch Normalization）基本思想是对每一批数据的每一层输入进行归一化处理，使其均值为 0，方差为 1，达到标准化。批标准化可以防止梯度消失或爆炸，加快收敛速度，提高模型的泛化能力和鲁棒性。

早停法（Early Stopping）原理为在训练过程中，监测模型在验证集上的表现，当验证集上的误差不再下降或开始上升时，停止训练，保存当前的模型参数。这样可以避免模型在训练集上过度拟合，提高模型的泛化能力。

数据增强（Data Augumentation）是一种用于扩展原始数据集的技术，它通过对现有数据进行一些变换，生成新的、多样的训练数据。数据增强可以有效地增加训练数据的数量并提高质量，防止模型过拟合，提高模型的鲁棒性和泛化能力。针对图像数据，增强的方法主要有两类：几何变换和颜色变换。几何变换包括对图像的方向、位置、大小等进行操作，如翻转、旋转、裁剪等。颜色变换包括对图像的亮度、对比度、色调、饱和度等进行操作。

值得注意的是，避免过拟合最直接有效的方法是增大数据样本的数量，然而在实际的任务中大量的样本数据往往比较难以获得。此外，采用较小的批次大小（Batch Size）进行训练，如 1 或 2，在很多任务上也可以避免过拟合。

3.2.7 卷积神经网络

卷积（Convolution）的数学定义如式（3.2-17）和式（3.2-18）所示。式（3.2-17）

为连续形式，式（3.2-18）为离散形式。根据上两式可以看出，卷积首先对 $g(\tau)$ 函数进行翻转，可理解为“卷”，即 $g(-\tau)$。然后，将其平移到 n，即 $g(n-\tau)$。在此位置上两个函数进行对应点相乘，即 $f(\tau)g(n-\tau)$。最后，将对应点相乘的结果进行相加，可理解为“积”，即 $\int(\cdot)$ 和 $\sum(\cdot)$。

$$(f*g)(n)=\int_{-\infty}^{\infty}f(\tau)g(n-\tau) \tag{3.2-17}$$

$$(f*g)(n)=\sum_{\tau=-\infty}^{\infty}f(\tau)g(n-\tau) \tag{3.2-18}$$

图 3.2-4 为二维卷积的计算示例。本例中输入是高度为 3、宽度为 3 的二维张量（即形状 3×3）。卷积核为 2×2 的二维张量。在卷积运算中，卷积核（卷积窗口）从左上角开始，依次进行从左到右、从上到下的滑动。计算过程如式（3.2-19）～式（3.2-22）所示，首先将卷积核和输入进行对位相乘，然后将相乘的结果进行相加，得到输出张量在这一位置上的值。可以看到，输出张量的形状小于输入张量的形状，可认为卷积操作抽取获得了输入数据的更高维度的特征，用更少的数值表达了更为抽象的特征。若输入张量的形状为 $n_h \times n_w$，卷积核的形状为 $k_h \times k_w$，可计算得到输出张量的形状为 $(n_h-k_h+1)\times(n_w-k_w+1)$。

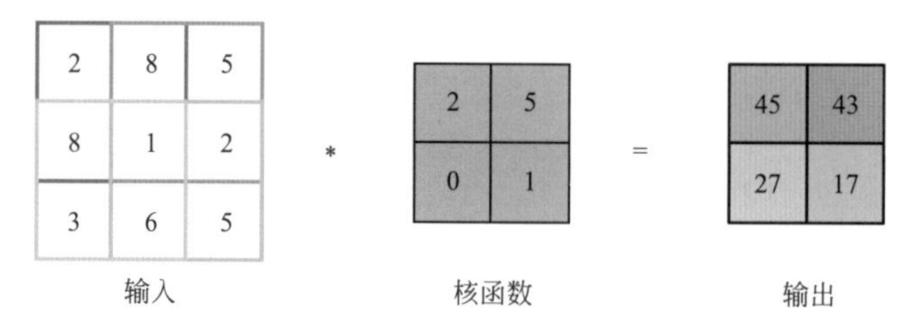

图 3.2-4　二维卷积运算

$$2\times2+5\times8+0\times8+1\times1=45 \tag{3.2-19}$$

$$2\times8+5\times5+0\times1+1\times2=43 \tag{3.2-20}$$

$$2\times8+5\times1+0\times3+1\times6=27 \tag{3.2-21}$$

$$2\times1+5\times2+0\times6+1\times5=17 \tag{3.2-22}$$

由上述卷积操作可以看出，输入的边缘像素信息常被丢失，未被充分使用。如图 3.2-4 中输入张量的四个角部（数值 2、5、3、5）只被计算了两次，而位于中部的数值 1 被计算了 4 次。经过多次的卷积操作，边缘信息丢失会更加严重。为了缓解此问题，填充（Padding）的方法经常被采用，即在像素边缘填充 0 元素，如图 3.2-5 所示。通过在输入向量的周围填充 0，可以使得卷积核有更大的滑动空间进行卷积操作。同时通过填充，使得输出张量的形状将会变大。若填充为 p_h 行（一般为上下各一半），p_w 列（一般为左右各一半），可计算得到输出张量的形状为 $(n_h+p_h-k_h-1)\times(n_w+p_w-k_w-1)$。

通过填充操作，边缘信息得以充分利用，但输出张量的形状变大，导致参数数目变大，计算量也增大。在上述卷积操作上，卷积核每次移动默认为一个元素。为了高效计算，卷积核每次可以滑动多个元素。每次滑动元素的数量被称为步幅（Stride）。若水平方向的步幅为 s_w，竖直方向的步幅为 s_h，可计算得到输出张量的形状为$\lfloor (n_h+p_h-k_h-$

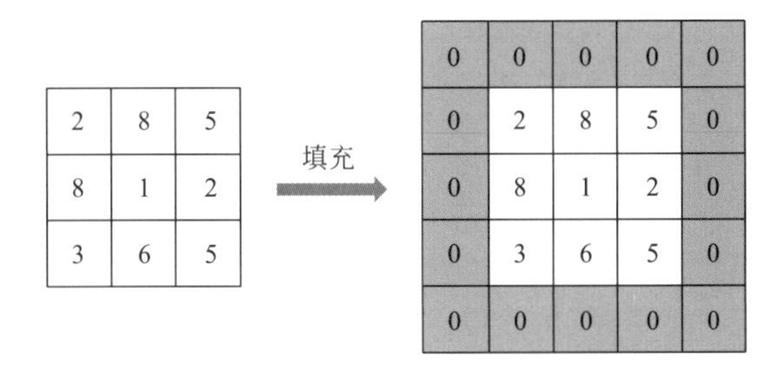

图 3.2-5 填充操作

1) $/s_h\rfloor \times \lfloor (n_w+p_w-k_w-1)/s_w\rfloor$。$\lfloor \cdot \rfloor$表示若不能整除步幅，则向下取整。

在卷积神经网络中，除了使用卷积核形成卷积层，还经常使用池化层（Pooling layer），也被称为汇聚层，进行数据运算。与卷积层计算方法类似，池化层中的池化窗口也逐元素遍历每一个输入。不同于卷积层的卷积核存在需要学习的参数，池化层没有需要学习的参数。常用的池化方法有最大池化和平均池化两种。如图 3.2-6a 所示，最大池化层取输入张量在滑动窗口内的最大值。如图 3.2-6b 所示，平均池化层取输入张量在滑动窗口内的平均值。输出张量的形状计算方法和卷积核的计算方法相同。

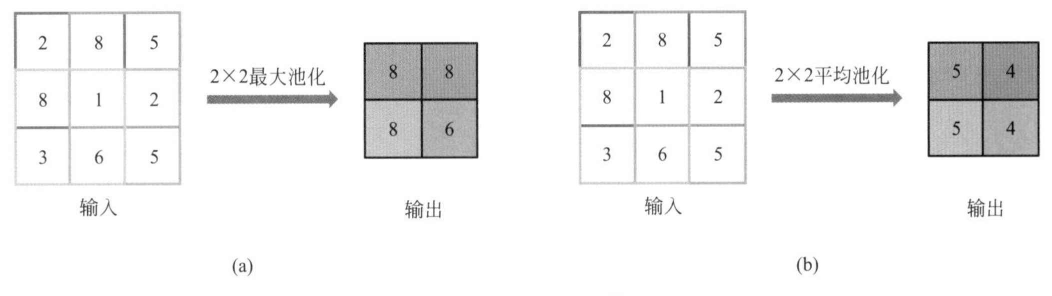

图 3.2-6 池化操作
（a）最大池化；（b）平均池化

图像往往有多个通道，如红绿蓝三个通道。在上述内容介绍中，只介绍了单个通道的卷积操作方法，多通道的卷积操作方法如图 3.2-7 所示。当输入张量有多个通道时，卷积核需要有同样通道数，以便每个通道对应进行卷积操作。在本例中，输入张量有两个通道，卷积核 K_1 也具有两个通道。两个通道分别进行卷积操作后，得到张量 A_1 和 B_1，将张量 A_1 和 B_1 在对应位置相加得到张量 C_1，此为一个卷积核的计算结果。

在本例中具有 2 个卷积核（K_1，K_2）。在卷积操作中，两个卷积核分别对输入张量进行卷积操作，最后将两个卷积核计算得到的张量（C_1，C_2）在维度方向进行拼接得到最后的输出张量。可以看出，卷积核的个数决定了输出张量的通道数。图像多通道可以为神经网络提供更多的信息，同时多核可以提取数据的不同特征，从而增强模型的表达能力和泛化能力。

LeNet 是最早的卷积神经网络之一，由 Yann LeCun 于 1989 年提出，用于识别图像中的手写数字，被广泛应用于手写数字的识别。在介绍此网络的研究论文中[24]，首次阐述了通过反向传播成功训练神经网络的相关内容。如图 3.2-8 所示，LeNet 主要通过卷积层、池化层和全连接层组成。可以看出，此时神经网络的层数还比较浅。

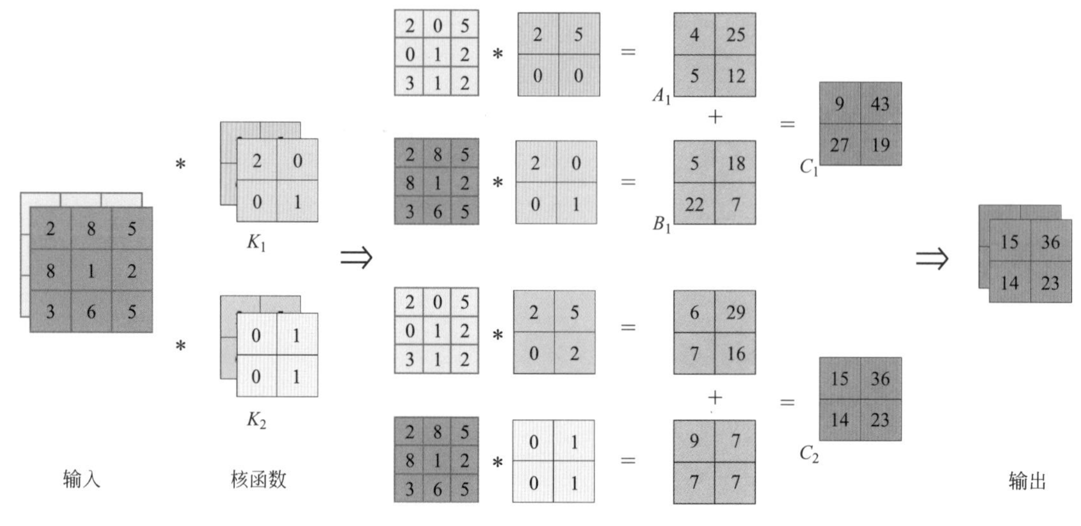

图 3.2-7　多通道多核函数卷积操作

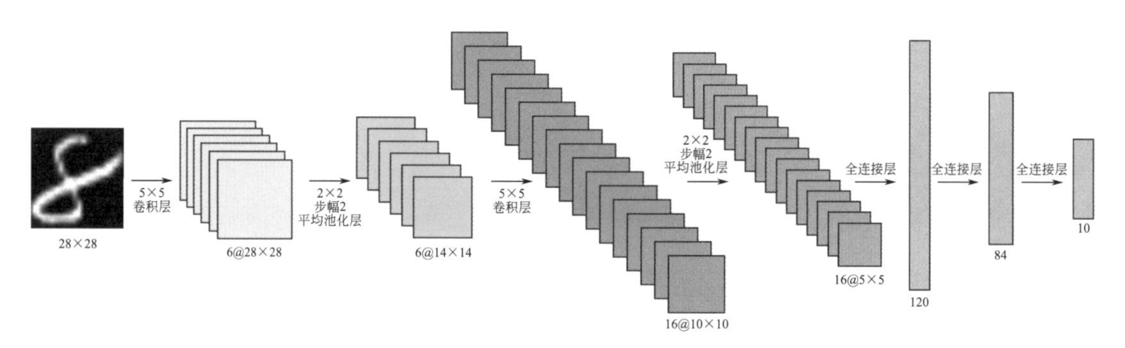

图 3.2-8　LeNet 架构

3.2.8　现代卷积神经网络

虽然卷积神经网络在 1989 年已经被提出并被应用于手写字体识别，但真正的突破却在 2012 年随着 AlexNet 的发布到来。它在 ImageNet 大规模视觉识别挑战赛中取得了突破性的成绩，将 Top-5 错误率降低到 15.3%，比第二名低了 10.8 个百分点。深度神经网络的突破主要有以下几个方面的因素：1）科学家的坚持探索。以 Yoshua Bengio、Geoffrey Hinton、Yann LeCun 为代表的科学家群体为深度学习的发展和应用奠定了基础。2）数据集的建立。2009 年斯坦福大学李飞飞教授团队发布了 ImageNet 数据集，并发起 ImageNet 挑战赛。目前，ImageNet 数据集已包含约 1500 万张图片，涵盖了 2.2 万个图像类别[25]，为神经网络的训练提供了海量的数据。3）计算机硬件的发展。图形处理器（Graphics Processing Unit，GPU）具有并行计算、高内存带宽、高浮点性能等特点，使得它可以更高效地处理深度学习中的大量数据和运算。

如图 3.2-9 所示，现代卷积神经网络向着越来越深的方向进行发展。VGG 网络[26] 提出了神经网络块的概念。原始 VGG 网络中有 5 个 VGG 块，其中前 2 个块各包含了一个卷积层，后 3 个块各包含了两个卷积层。由于该网络使用了 8 个卷积层和 3 个全连接层，

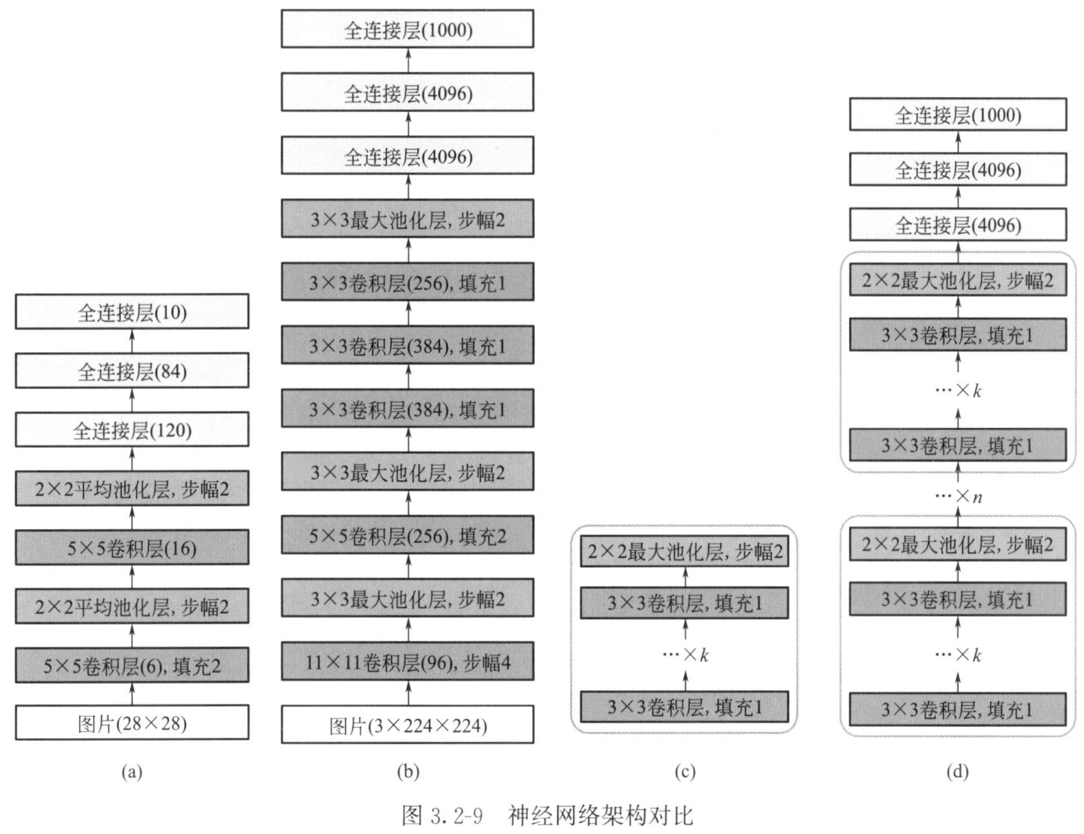

图 3.2-9 神经网络架构对比

(a) LeNet；(b) AlexNet；(c) VGG 块；(d) VGG

因此通常被称为 VGG-11。除此之外，根据 VGG 块中卷积层数目的不同，和 VGG 网络中 VGG 块的不同，还发展出了 VGG-16、VGG-19 等。此外，GoogLeNet[27] 等网络还发展出了具有并行连接的 Inception 块。可以看出神经网络经历了从神经元，到层，到块的发展过程，使得神经网络更深更加复杂。

2015 年，何凯明等人提出 ResNet[28]。通过引入残差块（Residual block）的概念，使用跳跃连接将某些层的输出直接传递到后面的层，从而使得网络可以更好地学习到输入和输出之间的映射关系，如图 3.2-10 所示。此法可以避免梯度消失问题，使得网络可以更深、更准确地学习到输入和输出之间的映射关系。残差块的提出对后来神经网络的设计产生了深远的影响。

作为经典的图像分割网络，UNet[29] 在医疗图像分割、结构损伤识别等领域得到了广泛应用。UNet 的网络结构由两部分组成：编码器（左半部分）和解码器（右半部分），如图 3.2-11 所示。编码器负责从输入图像中提取特征，解码器负责从特征中恢复图像的分割结果。编码器和解码器之间有跳跃连接，用于将编码器的低层特征和解码器的高层特征进行拼接，以增强分割的精度和鲁棒性。

编码器由多个卷积块组成，每个卷积块包含两个 3×3 的卷积层（带有 ReLU 激活函数和批量归一化层）和一个 2×2 的最大池化层。卷积层用于提取图像的局部特征，最大池化层用于降低特征图的尺寸和增加感受野。编码器的输出是一个高维的特征向量，包含

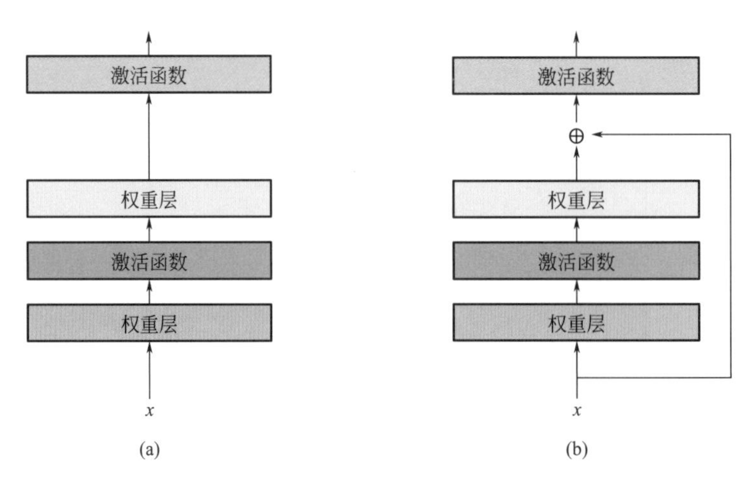

图 3.2-10 ResNet 残差块

(a) 正常块；(b) 残差块

了图像的全局信息。

解码器由多个上采样块组成，每个上采样块包含一个 2×2 的反卷积层，一个特征拼接层和两个 3×3 的卷积层（带有 ReLU 激活函数和批量归一化层）。反卷积层用于将特征图的尺寸放大，特征拼接层用于将解码器的特征和编码器的对应层的特征进行拼接，卷积层用于提取图像的语义信息。解码器的输出是一个与输入图像尺寸相同的特征图，每个像素对应一个类别的概率。

UNet 的最后一层是一个 1×1 的卷积层，用于将特征图转换为分割结果。激活函数为 Sigmoid，将概率进行归一化。

UNet 的浅层网络关注纹理等局部特征，深层网络更多地关注全局特征，同时使用跳跃连接实现了特征的融合。其在医学图像分割领域被广泛使用。UNet 的编码器-解码器的基本架构被很多图像网络采用，并在其基础上进行修改和设计，例如进行图生图的 Pix2Pix[30] 的生成网络便是基于 UNet 网络。

3.2.9 注意力机制与 Transformer

注意力机制是一种模仿人类视觉和认知系统的方法，它能够让神经网络在处理输入数据时集中注意力于关键内容。注意力机制可以表述为式（3.2-23）[31]，其中 $g(x)$ 表示生成注意力，即注意到关键区域并生成信息。$f(g(x), x)$ 表示基于注意力 $g(x)$ 来处理输入 x。

$$\text{Attention} = f(g(x), x) \tag{3.2-23}$$

卷积神经网络中常用的注意力机制主要有两种：空间注意力（Spatial attention）、通道注意力（Channel attention）。图 3.2-12 所示为 SENet（Squeeze-and-Excitation Network）中 SE 模块的网络架构，是经典的通道注意力机制。首先是 Squeeze 操作，使用全局平均池化（GLP）在空间维度进行特征压缩，将每个通道变成一个实数，这个实数某种程度上具有通道的全局特征，并且输出的维度和输入的特征通道数保持了一致。将得到的一维通道特征经过多层感知机（MLP）进行特征交叉和转换。然后是 Excitation 操作，通过 Sigmoid 函数为每个特征通道生成权重 w。最后是 Scale 操作，将 Excitation 输出的权

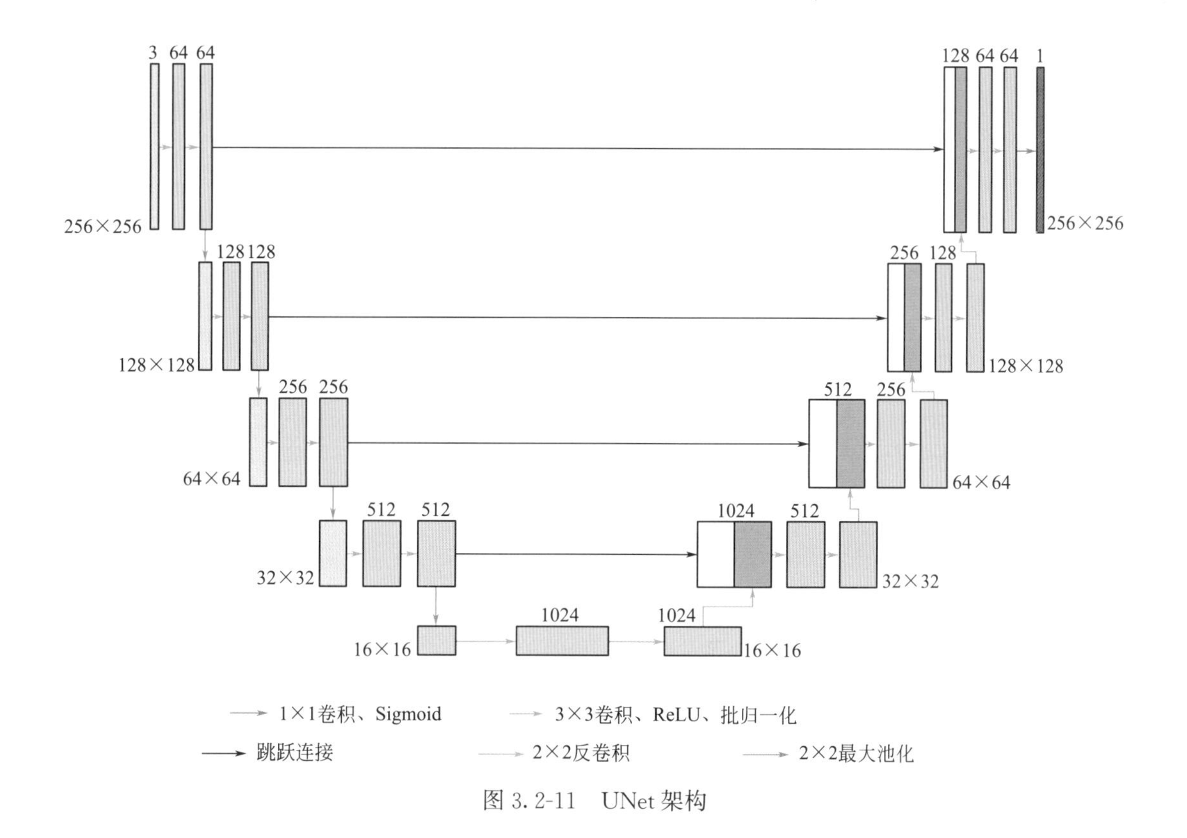

图 3.2-11 UNet 架构

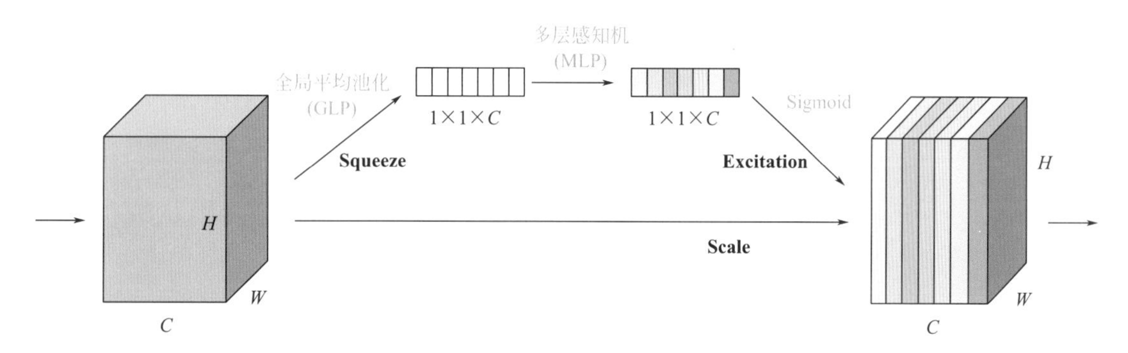

图 3.2-12 SE 模块架构

重 w 作为每个特征通道的放大因子，然后通过乘法逐通道加权到先前的特征图上，完成在通道维度上的对原始特征图的注意力计算。基于式（3.2-23），可将 SE 注意力机制表达为式（3.2-24）和式（3.2-25）。

$$g(x)=\mathrm{Sigmoid}(\mathrm{MLP}(\mathrm{GLP}(x))) \tag{3.2-24}$$

$$\mathrm{AttentionSE}=f(g(x), x)=g(x)x \tag{3.2-25}$$

Transformer 是经典的注意力机制。图 3.2-13 所示为 Stable Diffusion（更多关于 Stable Diffusion 的介绍将在 3.4.3 节中进行）中的 Transformer 架构。它接受两个输入：图像潜在特征 X_{fe} 和嵌入的上下文 V_{re}。两个输入通过交叉注意力进行融合，即缩放点积注意力，如式（3.2-26）所示，其中 Q 表示查询，为图像特征矩阵 X_{fe}。K 和 V 表示键和值，它们

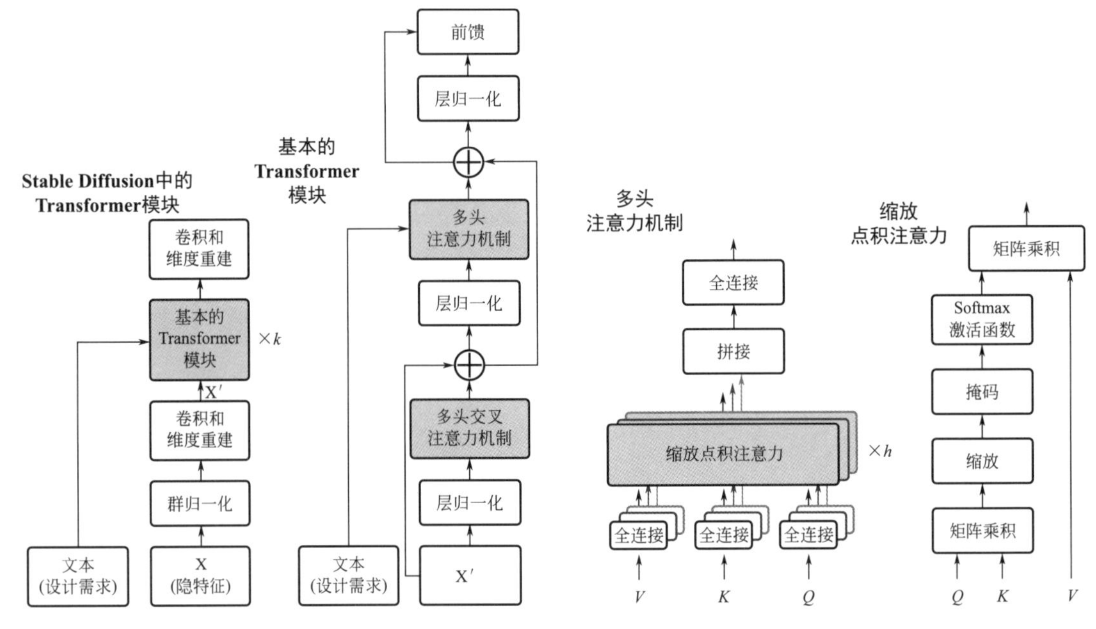

图 3.2-13 Stable Diffusion 中的 Transformer 架构

都是向量化的设计需求 V_{re}，d_k 是键向量的维度大小，除以$\sqrt{d_k}$可以缩放点积结果并使其更稳定。多头交叉注意力使模型能够同时关注不同的表示子空间，从而提高模型的表达能力和性能，如式（3.2-27）和式（3.2-28）所示。在式（3.2-27）中，W 是一个权重矩阵，它将 Q、K、V 映射到不同的表示子空间。W 的三个上标分别对应 Q、K、V 的线性变换。W 还有一个下标 i，表示第 i 个头的权重矩阵。在式（3.2-28）中，Concat（·）将多个头的结果拼接起来，并通过一个线性变换 W^0 得到最终输出。

$$\mathrm{Attention}(Q, K, V)=\mathrm{Softmax}\left(\frac{QK^{\mathrm{T}}}{\sqrt{d_k}}\right)V \tag{3.2-26}$$

$$head_i=\mathrm{Attention}(QW_i^Q, QW_i^K, QW_i^V) \tag{3.2-27}$$

$$\mathrm{MultiHead}(Q, K, V)=\mathrm{Concat}(head_1, \cdots, head_k)W^0 \tag{3.2-28}$$

3.3 图与图神经网络

上节的深度学习基础主要以图像数据的处理为例进行了介绍。图像数据为序列或者网格数据，然而非结构化的关系在真实世界同样大量存在，如社交网络、道路连通性、房间相邻关系等。此类非结构化的关系都可以通过图（Graph）进行表达。图作为一种数据结构，可以用来表示元素之间多对多的关系。同样，随着深度学习的不断发展，图神经网络（Graph Neural Network，GNN）在推荐系统、生化分析以及建筑生成等方面都有广泛的应用。以下内容将围绕图和图神经网络的基础知识进行介绍。

3.3.1 图的基本概念

图是由顶点集合和顶点间的二元关系集合（边或弧的集合）组成的数学模型，可用

$G(V, E)$ 表示。顶点集合 $V(G)$ 中的元素被称为顶点（Vertex）或节点（Node），常用符号 v，v_1，v_2 表示。边集合 $E(G)$ 中的元素被称为边（Edge），常用符号 e，e_1，e_2 表示。图 3.3-1a 所示的图可以表示为 $G_1(V, E)$。其中，顶点集合 $V(G_1)=\{0, 1, 2, 3\}$；边集合 $E(G_1)=\{(0, 1), (0, 2), (0, 3), (1, 2), (1, 3)\}$。同时，由于连接所有顶点的边没有特定的方向（即无向边），这种图为无向图。图 3.3-1b 所示的图可以表示为 $G_2(V, E)$。其中，顶点集合 $V(G_2)=\{0, 1, 2, 3\}$；边集合 $E(G_2)=\{(0, 1), (0, 2), (0, 3), (1, 2), (1, 3)\}$。边集合中的元素（$u$，$v$）表示从顶点 u 到 v 的有向边。同时，由于连接所有顶点的边都有特定的方向，这种图为有向图。有向图中的边也可以被称为弧（Arc）。有向图也可以表示为 $D(V, A)$，其中 A 表示弧的集合。忽略有向图的所有边的方向，可以得到无向图，即基图（Ground graph）。若一个图的所有边都具有权值，则称其为加权图（Weighted graph）或称为网络（Net）。如果无向图中任意两个顶点都是连通的，则称此图为连通图（Connected graph）。若两个图的区别仅在于图的画法或（与）顶点的标号方式，则称它们是同构的（Isomorphism）。图 3.3-1c 和图 3.3-1a 即为同构。若存在两个图 $G(V, E)$ 和 $G_S(V_S, E_S)$，$V_S \subseteq V$ 且 $E_S \subseteq E$，则称图 G_S 为图 G 的子图（Subgraph），如图 3.3-1d 所示。

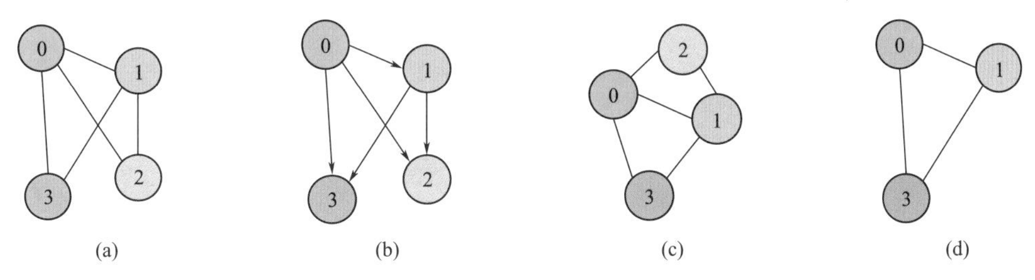

图 3.3-1 图的类型

（a）无向图 G_1；（b）有向图 G_2；（c）G_1 的同构图；（d）G_1 的子图

在图 $G(V, E)$ 中，从顶点 v_s 出发，沿着一些边经过一些顶点 v_1，v_2，v_3，…，v_k 达到顶点 v_e，则称顶点序列（v_s，v_1，v_2，v_3，…，v_k，v_e）为从顶点 v_s 到顶点 v_e 的一条路径（Path）。其中，（（v_s，v_1），（v_1，v_2），…，（v_k，v_e））为图 G 的边。路径中边的数目被称为路径的长度（Length）。若路径上各边均不重复，则这样的路径被称为迹（Trace）。若路径上各个顶点均不重复，这样的路径被称为简单路径（Simple path）。若路径的第一个顶点和最后一个顶点重合，这样的路径被称为回路（Circuit）或环（Loop）。在无向图中，若从顶点 u 到顶点 v 有路径，则称顶点 u 和 v 是连通的（Connected）。图中所有最短路径中经过该节点的路径的数目占最短路径数的比例被称为节点介数（Node betweenness）。图中所有最短路径中经过该边的路径的数目占最短路径数的比例被称为边介数（Edge betweenness）。

在无向图中，一个顶点与它相关联的边的数目被称为度（Degree）。在有向图中，从一个顶点出发的有向边的数目被称为此顶点的出度（Outdegree）；进入一个顶点的有向边的数目被称为此顶点的入度（Indegree）；顶点的度数等于该顶点的出度和入度之和。使用对角阵，并将对角阵上的元素确定为各个顶点的度，可以得到度矩阵（Degree matrix）。

图的储存主要有两种方式，分别为邻接列表（Adjacency list）和邻接矩阵（Adjacency matrix）。以图 3.3-1a 中 G_1 为例，邻接列表如图 3.3-2a 所示。图的邻接矩阵为一个$n \times n$ 的矩阵，其中 n 为图的顶点个数。邻接矩阵 M_e 中元素值的定义如式（3.3-1）所示，即若顶点 i 和顶点 j 之间有相连的边则在邻接矩阵中用 1 表示，其中 E 为边几何。邻接矩阵如图 3.3-2b 所示。

$$M_e[i][j]=\begin{cases}1 & (i, j) \in E \text{ 或} (j, i) \in E \\ 0 & \text{其他}\end{cases} \tag{3.3-1}$$

[[1, 2],
[1, 3],
[1, 0],
[2, 0],
[3, 0]]

(a)

$$\begin{bmatrix} 0 & 1 & 1 & 1 \\ 1 & 0 & 1 & 1 \\ 1 & 1 & 0 & 0 \\ 1 & 1 & 0 & 0 \end{bmatrix}$$

(b)

图 3.3-2　图的储存

（a）邻接列表；（b）邻接矩阵

3.3.2　深度优先搜索

在路径规划等应用中，图的搜索算法被广泛研究。本节和下节主要介绍两种针对无权图的基本图搜索算法：深度优先搜索（Depth First Search，DFS）、广度优先搜索（Breadth First Search，BFS）。

DFS 是一个递归过程，存在回退。DFS 算法的基本思想是：对一个无向连通图，由起始顶点 v 出发访问它的某一邻接顶点 p_1；再从此邻接顶点 p_1 出发，访问与其邻接但还没有访问过的顶点 q_1；然后再从 q_1 出发，进行类似的访问（$Process_1$），如此进行下去，到达顶点 u（表明此节点没有其他未被访问的相邻节点）。接着回退一步，回到前一步查看是否有未被访问的顶点，若存在未被访问的顶点则进行 $Process_1$，否则继续回退一步，直到所有的顶点都被访问或者找到目标顶点。以图 3.3-3a 为例，图 3.3-3b 为 DFS 的搜索顺序。

3.3.3　广度优先搜索

BFS 是一个分层搜索过程，非递归且没有回退。BFS 算法的基本思想是：对一个无向连通图，选择图中某顶点 v 作为起始顶点，为第 0 层；然后由 v 出发，依次访问 v 的所有未访问过的邻接顶点 w_1，w_2，…，w_t，即从 v 出发走一步能达到的顶点，这是第 1 层；然后依次从第 1 层的每个顶点出发，再访问它们的所有还未访问过的邻接顶点，即从第 1 层的顶点出发走一步能到达的未访过的顶点，这是第 2 层。重复操作，直到所有的顶点都被访问或者找到目标顶点。以图 3.3-3a 为例，图 3.3-3c 为 BFS 的搜索顺序。

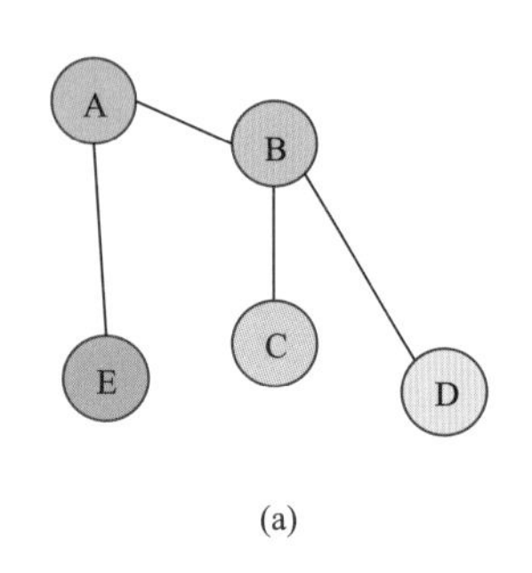

(a)

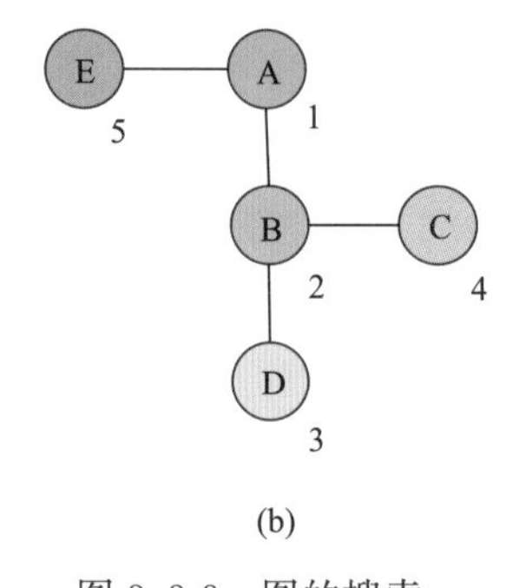

(b)

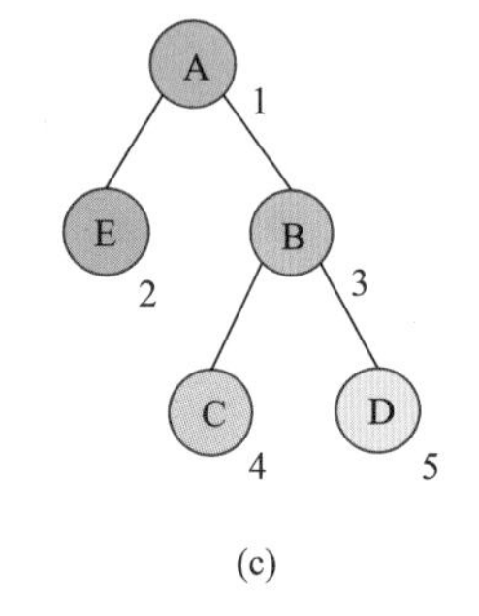

(c)

图 3.3-3　图的搜索

（a）示例；（b）DFS 搜索；（c）BFS 搜索

3.3.4 图神经网络的一般架构

GNN 是对图上属性（Attribute）进行优化变换的过程，但不改变图的连接属性[32]。图上的属性包括了上文中提到的节点（**V**）、边（**E**）和全局属性（**U**）。由之前内容可知，图的邻接矩阵为稀疏矩阵，表示稀疏矩阵的一种高效且节省内存的方法为邻接列表。图 3.3-4 左侧为一个简单的图，圆圈内的数字为节点的索引编号。图 3.3-4 右侧为此图的邻接列表和进行变换的属性，可以看出图的属性可以通过向量进行表示。

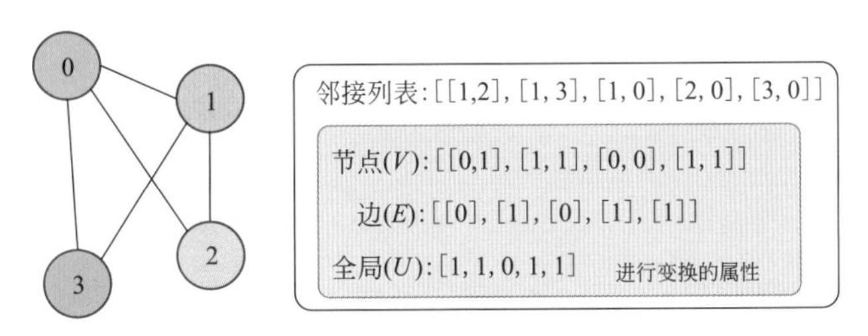

图 3.3-4 图的属性

最简单的 GNN 如图 3.3-5 所示，将图的三类属性分别通过多层感知机（MLP）进行属性特征的变换。可以看出，这样分别进行属性变换并没有充分利用图的全部信息，例如节点属性变换没有用到相邻边的信息，也没有用到全局信息。因此，对图节点相邻信息进行有效的聚合是构建图神经网络的重要步骤。

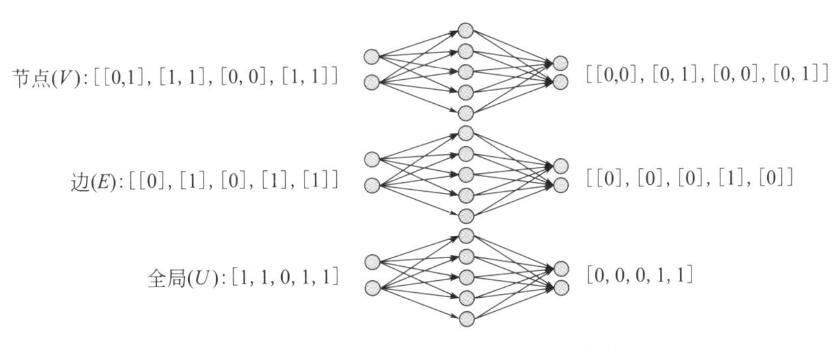

图 3.3-5 最简单的 GNN 的示意图

在机器学习领域，表征（Represent）学习（或表示学习）是一种将原始数据转换成为更容易被机器学习应用的数据的过程。对于输入数据，对其进行学习得到新的数据或者对原始数据进行选择得到新的数据都称为表征学习。图神经网络的基本思想即是通过结合邻居节点的表征和节点自身的表征来迭代更新节点的表征[33]。为方便理解，可类比于在图像卷积神经网络中，卷积核抽取使用了目标像素周围的像素信息。而由于图是非结构化的，因此在考虑邻居节点信息时有很大的灵活性，因此也有众多的方法。为了简洁地表明图神经网络中的关键步骤，Xu 等[34] 提出了图神经网络的一般架构。式（3.3-2）和式（3.3-3）为每层神经网络中的两个重要函数，分别为聚合（Aggregate）函数和组合（Combine）函数。其中，a_v^k 表示节点 v 在第 k 层的邻居节点表征，H_u^{k-1} 表示节点 u 在 $k-1$ 层的节点表征，$N(v)$ 表示节点 v 的邻居节点的集合。初始时，$H^0=X$，即初始表征为节点属性矩阵 X。经过 K 层神经网络后，最后一层的节点表征 H^K 为最终表征。当有最后表征后，可以通过 Softmax、ReLU 等激活函数完成指定任务。

$$a_v^k = \text{Aggregate}^k\{H_u^{k-1}: u \in N(v)\} \tag{3.3-2}$$

$$H_v^k = \text{Combine}^k\{H_v^{k-1}, a_v^k\} \tag{3.3-3}$$

在另一项研究工作中，Gilmer 等[35] 提出了基于消息传递的图神经网络（Message Passing Neural Network，MPNN）一般架构。同样地，MPNN 中也有两个重要函数，如式（3.3-4）和式（3.3-5）所示，分别为消息函数 M_k 和更新函数 U_k。其中，e_{uv} 表示节点 u 和 v 之间的关系强度。消息函数 M_k 定义了神经网络第 k 层中节点 v 和邻居节点 u 之间的消息传递，主要受两个节点的表征以及边信息影响。更新函数 U_k 结合节点 v 在 $k-1$ 层的表征以及邻居节点的表征，对节点 v 在 k 层进行表征的更新。

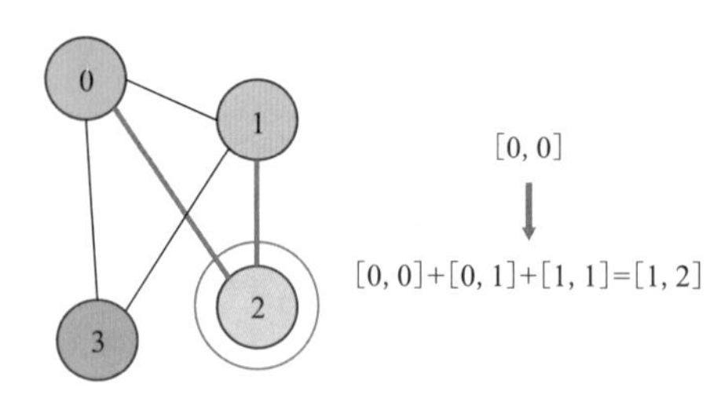

图 3.3-6 使用求和池化的特征聚合

$$m_v^k = \sum_{u \in N(v)} M_k(H_v^{k-1}, H_u^{k-1}, e_{uv}) \tag{3.3-4}$$

$$H_v^k = U_k(H_v^{k-1}, m_v^k) \tag{3.3-5}$$

简单的 GNN 的聚合方式或者消息传递方式可采取对邻居节点采取求和（图 3.3-6）、求均值、求极大值等池化操作。随着研究和应用的不断深入，出现了多种特征聚合和组合方式。

3.3.5 图卷积网络

图卷积网络（Graph Convolution Network，GCN）由于其简单高效的特点被广泛应用，同时 GCN 的提出也引起了图神经网络的广泛研究。GCN 的表征更新公式如式（3.3-6）所示。其中，$\widetilde{A}=A+I$ 表示无向图带自连接的邻接矩阵。$\widetilde{D}$ 为 $\widetilde{A}$ 的度矩阵，其中 $\widetilde{D_{vv}} = \sum_u \widetilde{A_{uv}}$。同时，$\widetilde{D}^{-\frac{1}{2}}\widetilde{A}\widetilde{D}^{-\frac{1}{2}}$ 为 $\widetilde{A}$ 的对称归一化矩阵。W^k 为线性变换矩阵，是神经网络的全连接层，在神经网络训练期间其参数被优化。$\sigma(\cdot)$ 为神经网络的激活函数。将式（3.3-6）在节点 v 处进行展开可以得到式（3.3-7），可以看出邻居节点 u 的第 k 层神经网络提取的表征 H_u^k 的权重 $(\widetilde{A_{uv}})/(\sqrt{D_{vv}\widetilde{D_{uu}}})$ 不仅考虑了自身节点的度 $\widetilde{D_{uu}}$，还考虑了邻居节点的度 $\widetilde{D_{vv}}$，且邻居节点度越大其权重越小，可理解为邻居节点的重要程度越低。可以看出 GCN 使用边的权重信息来进行邻居信息的聚合，并通过相加的方式与节点表征本身进行组合。

$$H^{k+1} = \sigma(\widetilde{D}^{-\frac{1}{2}}\widetilde{A}\widetilde{D}^{-\frac{1}{2}} H^k W^k) \tag{3.3-6}$$

$$H_v^{k+1} = \sigma\left(\sum_{u \in \{N(v) \cup v\}} \frac{\widetilde{A_{uv}}}{\sqrt{\widetilde{D_{vv}}\widetilde{D_{uu}}}} H_u^k W^k\right) \tag{3.3-7}$$

3.3.6 图注意力网络

在一些任务中，边的权重可能存在噪声，无法真实反映节点之间的关系强度。因此，需要自动学习邻居节点的重要性。图注意力网络（Graph Attention Network，GAT）[36] 通过使用注意力机制实现了上述需求，即通过一个共享的注意力机制计算节点间的关系强度。如式（3.3-8）所示，其中，e_{vu} 表示了节点 u 相对于节点 v 的重要程度，Attention 表示注意力机制，W 为所有节点的共享权重。在 Velickovic 等人[36] 的研究中，注意力机制被定义为一个单层前馈神经网络和一个 LeakyReLU 激活函数，如式（3.3-9）所示。其中，a 为一个向量参数，‖表示向量的拼接。

$$e_{vu}=\text{Attention}(WH_v, WH_u) \tag{3.3-8}$$

$$e_{vu}=\text{LeakyReLU}(a(WH_v \| WH_u)) \tag{3.3-9}$$

为了充分利用输入图的邻接信息，同时使得节点系数具有可比性，使用 Softmax 函数将注意力系数归一化，如式（3.3-10）所示。根据此注意力系数，融合所有相邻节点的信息，可得到更新后新的节点表征，如式（3.3-11）所示。

$$\alpha_{vu}=\text{Softmax}_u(\{e_{vu}\})=\frac{\exp(e_{vu})}{\sum_{q\in N(v)}\exp(e_{vq})} \tag{3.3-10}$$

$$H_v^{k+1}=\sigma\Big(\sum_{u\in N(v)}\alpha_{vu}WH_u^k\Big) \tag{3.3-11}$$

类似 Transformer 中的多头注意力机制，也可将通过多个不同的 W^t 得到的不同注意力进行拼接，如式（3.3-12）所示。在 Velickovic 等人[36] 的研究中，其他层使用拼接进行多头注意力机制的融合，最后一层使用求平均的方法来融合注意力机制，如式（3.3-13）所示。

$$H_v^{k+1}=\|_{t=1}^{T}\sigma\Big(\sum_{u\in N(v)}\alpha_{vu}^{t}W^tH_u^k\Big) \tag{3.3-12}$$

$$H_v^{k+1}=\sigma\Big(\frac{1}{T}\sum_{t=1}^{T}\sum_{u\in N(v)}\alpha_{vu}^{t}W^tH_u^k\Big) \tag{3.3-13}$$

3.3.7 GraphSAGE

GraphSAGE（Graph Sample and Aggregate）是一种基于图的归纳式（Inductive）学习方法。它学习一种聚合函数，通过聚合邻居节点的表征信息来学习目标节点本身的嵌入（Embedding）表达。区别于直推式（Transductive）学习（例如 GCN）要求在一个确定的图中去学习，无法直接泛化到未知节点，GraphSAGE 在训练时只需要得到聚合函数，就可以泛化到在训练中没有出现过的节点。

GraphSAGE 核心步骤为邻居采样以及特征聚合，如图 3.3-7 所示。GraphSAGE 的邻居采样对节点 v 的邻居节点集合 N（v）进行均匀采样，得到固定数量的邻居节点。如图 3.3-7a 所示，该节点的 1 阶邻居采样 3 个，2 阶邻居采样 5 个。将获得的邻居节点，进行逐阶的聚合，如图 3.3-7b 所示。

考虑到要保证输出的结果与输入节点的顺序无关（即聚合函数是对称的），GraphSAGE 给出了三种可以选择的聚合函数，分别为均值聚合（Mean aggregator）、池化聚合（Pooling aggregator）和 LSTM 聚合（LSTM aggregator）。均值聚合将目标节点和邻居节点的 k 层表示向量的每个维度取均值，然后将得到的结果做一次非线性变换（即通过神经网络中的一个全连接层），最终产生目标节点的 $k+1$ 层的向量表示，如式（3.3-14）所示。池化聚合先对目标节点的邻接点表示向量进行一次非线性变换，之后进行一次池化操作（最大池化或均值池化），如式（3.3-15）所示。LSTM 相比上述两者拥有更强的表达

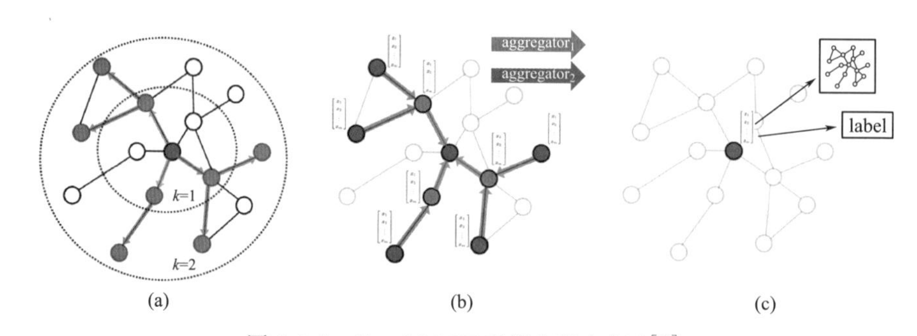

图 3.3-7 GraphSAGE 采样和聚合方法[37]

(a) 采样过程；(b) 邻居节点的信息聚合；(c) 用得到的节点嵌入预测标签

能力，但由于其不对称，因此在每次迭代时先随机打乱邻居节点的顺序。

$$H_v^{k+1}=\sigma(W\cdot \mathrm{Mean}(\{H_v^k\}\cup\{H_u^k,\ \forall u\in N(v)\})) \tag{3.1-14}$$

$$\mathrm{Aggregate}_k^{\mathrm{pool}}=\max(\{W_{\mathrm{pool}}H_u^k+b,\ \forall u\in N(v)\}) \tag{3.3-15}$$

GraphSAGE 的损失函数如式（3.3-16）所示。其中，z_u 是节点 u 通过 GraphSAGE 生成的嵌入；v 是节点 u 随机游走可到达的邻居节点；$v_n \sim P_n(v)$ 表示 v_n 是从负采样点 $P_n(v)$ 的采样，负采样是指不是 u 的邻居节点；Q 为采样样本数目；嵌入的相似度为向量的点积；σ 为 Sigmoid 函数。从损失函数的第一项可以看出，当节点 u 和节点 v 相邻较近时，其嵌入向量 z_u 也应该较近，因此两者内积为较大的正值，经过 Sigmoid 函数后数值接近 1，取对数后接近 0。类似地，损失函数的第二项当节点 u 和节点 v 相邻较远时，其嵌入向量 z_u 也应该较远，因此两者内积为很大的负值，与 −1 相乘后变为很大的正值，经过 Sigmoid 函数后数值接近 1，取对数后接近 0。

$$L(z_u)=-\log(\sigma(z_u^{\mathrm{T}}z_v)+\varepsilon)-Q*E_{v_n\sim P_n(v)}\log(\sigma(-z_u^{\mathrm{T}}z_v)+\varepsilon) \tag{3.3-16}$$

GraphSAGE 提出的归纳式学习方法让图神经网络更容易被泛化；邻居采样方法启发了大量的大规模图学习研究。同时，GraphSAGE 提出了图神经网络的无监督学习的训练方式。

3.3.8 Conv-MPN

上述介绍的内容均将图关系处理为列表数据并通过全连接神经网络（MLP）进行处理，其过程可用式（3.3-17）进行表示。其中，H_v 表示节点 v 的表征向量，N（v）为 v 的邻居节点集合，“;”表示向量的拼接。在一项建筑轮廓提取的研究中，作者提出了 Conv-MPN[38]，其首先将图关系初始化为三维像素矩阵，然后采用池化操作（Pool）进行邻接特征的聚合，并采用卷积神经网络（CNN）进行特征的组合，如式（3.3-18）所示。具体的应用见第 5.4 节。

$$H_v^{k+1}=\mathrm{MLP}\Big(H_v^k;\ \sum_{w\in N(v)}\mathrm{MLP}(H_v^k;\ H_w^k)\Big) \tag{3.3-17}$$

$$H_v^{k+1}=\mathrm{CNN}(H_v^k;\ \mathop{\mathrm{Pool}}_{w\in N(v)}H_w^k) \tag{3.3-18}$$

3.4 生成式 AI 架构

目前，在建筑设计领域和结构设计领域最常用的生成式设计算法可分为以下四类：

1）基于生成对抗网络（Generative Adversarial Network，GAN）[39] 的方法：GAN 是一种由两个神经网络组成的模型，一个是生成器，一个是判别器。生成器的目标是生成尽可能逼真的数据，判别器的目标是区分真实数据和生成数据。通过不断的对抗学习，生成器可以学习到数据的分布和特征，从而生成新的数据。GAN 可以用于生成图像、视频、音频等多种类型的数据。2）基于强化学习（Reinforcement Learning，RL）[40] 的方法：RL 是一种让模型通过与环境的交互，学习最优策略的技术，它可以提高模型的自适应能力和探索能力。3）基于变分自编码器（Variational Auto Encoder，VAE）[41] 的方法：VAE 是一种由编码器和解码器组成的模型，编码器的目的是将数据映射到一个潜空间，解码器的目的是从潜空间重构数据。VAE 可以用于生成具有连续变化和多样性的数据。4）基于扩散模型（Diffusion Model，DM）[42] 的方法：DM 从一个简单的分布（如高斯分布）经过一系列的扩散操作（加噪声）然后通过逆向的扩散操作（去噪声）来重构数据。DM 可以生成高质量和多样性的数据，同时保持数据的结构和语义。目前被广泛使用的 Stable Diffusion 是 DM 的改进和应用。以下内容为对生成对抗网络、强化学习、扩散模型和 Stable Diffusion 的具体介绍。

3.4.1 生成对抗网络

生成对抗网络（GAN）是 Goodfellow 等[39] 提出的一种采用对抗性训练的生成式 AI 模型。GAN 由两部分组成：生成器和判别器（图 3.4-1）。生成器 G 用于模拟真实数据分布 P_{data}。通常生成器 G 根据先验噪声分布 P_z 从噪声样本 z 通过生成器生成样本（假数据）$G(z)$；而判别器 D 通常是一个二元分类器，通过使用如 Sigmoid 等激活函数生成评分来区分假数据和真实样本。

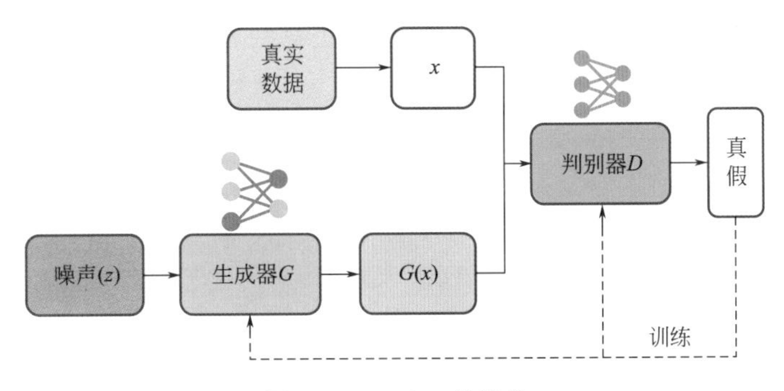

图 3.4-1 GAN 的架构

GAN 的对抗性训练过程基于零和博弈的思想，其中生成器 G 和判别器 D 具有矛盾的目标。一方面，生成器 G 的目标是让判别器 D 正确判别的概率降到最低。另一方面，判别器 D 的目标是最大限度地识别出生成器 G 生成的虚假数据。学习过程的最终目标是使判别器 D 不再能够区分真实数据和虚假数据，从而获得一个有很强生成能力的生成器 G。该过程可以表述为式（3.4-1）和式（3.4-2）。其中，argmin 是生成器 G 的目标函数取得最小值的参数；argmax 是判别器 D 的目标函数中取得最大值的参数；* 表示最优。

GAN 的生成器 G 和判别器 D 的神经网络架构可以采用任意深度学习模型，通过利用这些模型的特性，在不同任务中实现更好的性能。例如，可以用图神经网络构成生成器 G

来表示剪力墙墙体之间的关系[43]。

此外，为 GAN 提供条件信息 y（例如图像）有助于提高 GAN 的性能。CGAN (Conditional GAN)[44] 就是基于此思想进行的经典改进。同时，Pix2Pix[30] 是 CGAN 最经典的应用。CGAN 的生成器和判别器都受到条件信息的约束，降低了生成数据的随机性，从而生成符合输入条件的结果。CGAN 的目标函数由式（3.4-3）表示。

$$G^* = \arg\min_G \max_D L_{GAN}(G, D) \tag{3.4-1}$$

$$L_{GAN}(G, D) = E_{x\sim P_{data}} \log D(x) + E_{z\sim P_z} \log(1 - D(G(z))) \tag{3.4-2}$$

$$L_{CGAN}(G, D) = E_{x\sim P_{data}}[\log D(x \mid y)] + E_{z\sim P_z}[\log(1 - D(G(z \mid y) \mid y))] \tag{3.4-3}$$

3.4.2 强化学习

强化学习通过智能体（Agent）与环境（Environment）的不断交互来学习经验以达成回报最大化。图 3.4-2 所示为 t 时刻的智能体和环境。智能体首先观察当前环境的状态（State）和当前对应的奖励（Reward），然后根据观察到的状态信息和奖励信息，根据策略（Policy）做出动作（Action）选择。同时，在强化学习中，一系列的状态、动作和奖励被定义为轨迹（Trajectory），如式（3.4-4）所示。

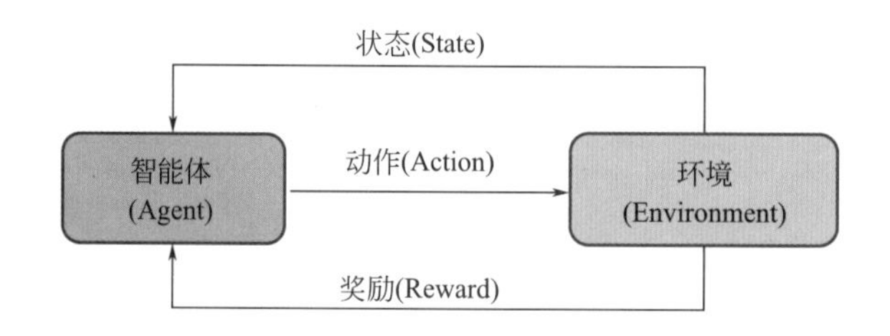

图 3.4-2　t 时刻的智能体与环境

在强化学习中，将智能体与环境的交互过程视为马尔可夫过程（Markov Process）。马尔可夫过程是一个具备马尔可夫性质的离散随机过程。马尔可夫性质可概述为下一状态 S_{t+1} 只取决于当前状态 S_t，而与之前的状态无关。这一性质描述了马尔可夫过程的“无记忆性”。基于此性质，一个状态到下一状态可以表示为式（3.4-5）。

$$\tau = (S_0, A_0, R_0, S_1, A_1, R_1, \cdots) \tag{3.4-4}$$

$$p(S_{t+1} \mid S_t) = p(S_{t+1} \mid S_0, S_1, S_2, \cdots, S_t) \tag{3.4-5}$$

强化学习的目的是学习一个最优化策略 π^*。其中，π 表示策略（Policy），即智能体通过观察环境来生成指定的动作；* 表示“最优”。给定一个轨迹 τ 上每个时间步的立即奖励 r，同时根据时间步越远的奖励对当前的影响越小，因此可用式（3.4-6）定义折扣回报 G。其中，γ 为奖励折扣因子。为了评估最优策略的期望回报，需定义两个价值函数：状态价值函数 $V_\pi(s)$ 和动作价值函数 $Q_\pi(s, a)$。状态价值函数 $V_\pi(s)$ 可定义为式（3.4-7），表示在策略 π 下，状态 s 处的回报期望值。动作价值函数 $Q_\pi(s, a)$ 可定义为式（3.4-8），表示在策略 π 下，智能体处于当前状态 s 并执行动作 a 时回报的期望值。将状态价值函数进行如式（3.4-9）递归变换，得到最后的方程为在线状态值函数（On-Policy State-Value Function）的贝尔曼方程。其中，“在线”是指使用当前策略搜集的数据进行学习，即价值函数是用当前策略进行估计的。从式（3.4-9）可以看出，当前状态值由立即获得奖励

（短期奖励）和下一状态值的折扣（长期回报）两部分组成。将动作价值函数展开，也可得到动作值函数的贝尔曼方程，如式（3.4-10）所示。

$$\begin{aligned} G_t &= R_{t+1} + \gamma R_{t+2} + \gamma^2 R_{t+3} + \cdots \\ &= R_{t+1} + \gamma(R_{t+2} + \gamma R_{t+3} + \cdots) \\ &= R_{t+1} + \gamma G_{t+1} \end{aligned} \tag{3.4-6}$$

$$V_\pi(s) = E_\pi[G_t | S_t = s] \tag{3.4-7}$$

$$Q_\pi(s, a) = E_\pi[G_t | S_t = s, A_t = a] \tag{3.4-8}$$

$$\begin{aligned} V_\pi(s) &= E_\pi[G_t | S_t = s] \\ &= E_\pi[R_{t+1} + \gamma G_{t+1} | S_t = s] \\ &= E_\pi[R_{t+1} + \gamma V_\pi(s_{t+1}) | S_t = s] \end{aligned} \tag{3.4-9}$$

$$Q_\pi(s, a) = E_\pi[R_{t+1} + \gamma Q_\pi(s_{t+1}, a_{t+1}) | S_t = s, A_t = a] \tag{3.4-10}$$

强化学习算法一般可分为有模型和无模型两大类。有模型即知道求解问题的全部信息，例如奖励机制、状态转移机制等。无模型则相反，奖励机制和状态转移机制都不确定。动态规划常用于有模型的强化学习，而蒙特卡罗和时序差分常用于无模型的强化学习。其中，时序差分学习是在每轮学习中，当每几个状态转移完成后便进行值函数的更新。Q 学习算法是将时序差分学习用于控制问题的经典算法，其动作值函数更新定义如式（3.4-11）所示，其中动作 a 通过ϵ-贪心方法进行选择，α 表示学习率。

$$Q(S_t, A_t) \leftarrow Q(S_t, A_t) + \alpha[R_{t+1} + \gamma \max_a Q(S_{t+1}, a) - Q(S_t, A_t)] \tag{3.4-11}$$

最近大语言模型（Large Language Model，LLM）在生成式 AI 领域取得了令人瞩目的突破。在 ChatGPT 系列训练中，一种基于人类反馈的强化学习（Reinforcement Learning from Human Feedback，RLHF）被提出和使用，并取得了不错的效果。RLHF 可大概分为三步：1）预训练一个语言模型；2）使用数据训练一个奖励模型；3）使用步骤 2）的奖励模型通过强化学习来微调步骤 1）得到的语言模型。

与监督学习（如使用数据集训练神经网络进行建筑平面生成）相比，强化学习不需要大量带有标注的数据集。与无监督学习（如像素的聚类、降维）相比，强化学习又需要通过与环境不断交互积累经验数据。同时，与遗传算法等进化算法相比，强化学习的重要特征在于选择动作时考虑了长期的经验。因此，在数智化设计探索中，适用于进化算法解决的问题也可尝试使用强化学习进行解决。

3.4.3 扩散模型和 Stable Diffusion

扩散模型是一种深度生成模型，它可以从噪声中恢复出原始数据的分布。公认最早的扩散模型（Diffusion Model，DM）是由 Ho 等[45] 提出的 DDPM（Denoising Diffusion Probabilistic Model）。DM 假设扩散过程为马尔可夫过程[46]，即每个时间步状态的概率状态仅由上一时间步状态的概率分布加上当前时间步高斯噪声得到。同时，DM 假设扩散过程的逆过程是高斯分布的。

DDPM 利用扩散和反扩散过程来重建图像。扩散过程从原始图像 x_0 开始，持续地添加高斯噪声，逐渐使图像模糊和随机，直到 x_t 达到标准高斯分布 x_T，如图 3.4-3 所示，这个过程可用式（3.4-12）和式（3.4-13）表示。其中，α_t 是一个衰减系数，控制了噪声强度；ε_t 是一个标准正态分布的随机变量；$\mathbf{1}$ 是单位矩阵。DDPM 的反扩散过程从标准高

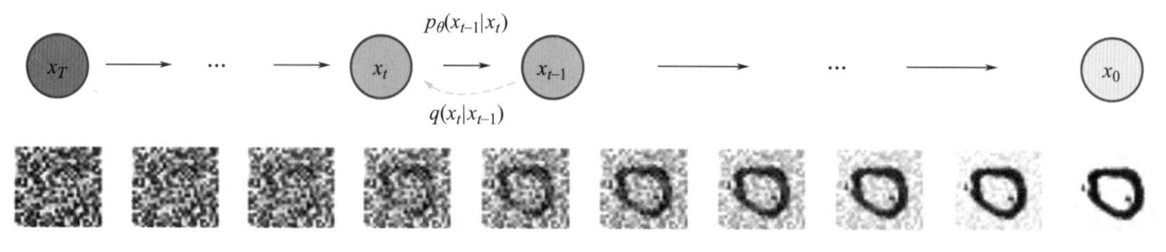

图 3.4-3 扩散模型

斯分布 x_T 开始，持续地移除噪声，并使图像清晰和锐利，直到它恢复到原始图像 x_0，如式（3.4-14）和式（3.4-15）所示。在这个过程中，去噪条件概率 p_θ 由一个神经网络进行估计。

$$x_t = \sqrt{\alpha_t}\, x_{t-1} + \sqrt{1-\alpha_t}\,\varepsilon_t \tag{3.4-12}$$

$$\varepsilon_t \sim N(\mathbf{0},\ \mathbf{1}) \tag{3.4-13}$$

$$x_{t-1} = \frac{1}{\sqrt{\alpha_t}}(x_t + \sqrt{1-\alpha_t}\,\varepsilon_t) \tag{3.4-14}$$

$$\varepsilon_t \sim p_\theta(\varepsilon_t \mid x_t) \tag{3.4-15}$$

DDPM 优化目标是最小化反扩散过程中的噪声分布与前向扩散过程中应用的噪声部分之间的差距，即在扩散和反扩散过程中最小化 KL（Kullback-Leibler）散度，以及最大化重建的对数似然值，如式（3.4-16）～式（3.4-19）所示。其中，q 是扩散过程的真实分布；p_θ 是反扩散过程的模型分布。KL 散度是衡量两个概率分布相似性的指标，广泛用作参数估计等任务中的经典损失函数。从采样角度来看，KL 散度描述了使用一个分布来估计数据的真实分布所产生的损失。以两个概率分布 P 和 Q 为例，连续情况下从 P 到 Q 的 KL 距离公式如方程（3.4-20）所示，离散情况下如式（3.4-21）所示。

$$L = L_T + L_{T-1} + \cdots + L_0 \tag{3.4-16}$$

$$L_T = D_{\mathrm{KL}}(q(x_T \mid x_0) \,\|\, p_\theta(x_T)) \tag{3.4-17}$$

$$L_t = D_{\mathrm{KL}}(q(x_t \mid x_{t+1},\ x_0) \,\|\, p_\theta(x_t \mid x_{t+1})) \quad 1 \leqslant t \leqslant T-1 \tag{3.4-18}$$

$$L_0 = -\log p_\theta(x_0 \mid x_1) \tag{3.4-19}$$

$$D_{\mathrm{KL}}(P \,\|\, Q) = \int_{-\infty}^{+\infty} p(x) \ln\left(\frac{p(x)}{q(x)}\right) \mathrm{d}x \tag{3.4-20}$$

$$D_{\mathrm{KL}}(P \,\|\, Q) = \sum_i P(i) \ln\left(\frac{P(i)}{Q(i)}\right) \tag{3.4-21}$$

扩散模型的一个重要优点是其生成过程的灵活性。它们可以被训练来生成特定风格或类型的数据，并且能够在生成过程中融入各种条件。例如，通过引入特定的文本描述作为条件，扩散模型能够生成与描述相匹配的图像。扩散模型的应用案例包括 DALL-E[47]、Stable Diffusion（SD）[48] 等。其中，SD 主要由变分自编码器（Variational AutoEncoder，VAE）[52]、UNet[29] 和一个 CLIP 文本编码器[49] 三部分组成，于 2022 年由 Stability AI 公司开发和开源[50]。Stable Diffusion 的开源推动了文生图的技术发展和推广。由于 SD 具有活跃的开源社区，使得其应用十分广泛。同时，ControlNet[51] 等技术和 SD 的结合使得生成结果更加可控。

3.5 本章小结

随着深度学习的不断发展和神经网络大模型的突破，人工智能技术蓬勃发展。使用人工智能技术提升建筑领域设计水平的探索方兴未艾。本章首先介绍了常用于解决组合优化问题的启发式智能优化算法，此类算法被广泛应用于智能优化设计。为了更好地理解和使用深度学习的相关技术，本章以图像处理为对象介绍了深度学习的基础知识。同时，为了使用非结构化数据来表征现实世界中的复杂关系，本章介绍了图与图神经网络的相关内容。基于上述神经网络的介绍，本章最后介绍了生成对抗网络等目前流行的生成式 AI 架构。

参考文献

[1] 刘界鹏，周绪红，程国忠，等．智能建造基础算法教程［M］. 2 版．北京：中国建筑工业出版社，2023.

[2] 陆新征，廖文杰，顾栋炼，等．从基于模拟到基于人工智能的建筑结构设计方法研究进展［J］. 工程力学，2023，40：1-17.

[3] 袁烽，许心慧，王月阳．走向生成式人工智能增强设计时代［J］. 建筑学报，2023（10）：14-20.

[4] KRIZHEVSKY A，SUTSKEVER I，HINTON G E. ImageNet classification with deep convolutional neural networks［J］. Communications of the ACM，2017，60（6）：84-90.

[5] YÜKSEL N，BÖRKLÜ H R，SEZER H K，et al. Review of artificial intelligence applications in engineering design perspective［J］. Engineering Applications of Artificial Intelligence，2023，118：105697.

[6] CASTRO PENA M L，CARBALLAL A，RODRÍGUEZ-FERNÁNDEZ N，et al. Artificial intelligence applied to conceptual design. A review of its use in architecture［J］. Automation in Construction，2021，124：103550.

[7] 孙澄，韩昀松，任惠．面向人工智能的建筑计算性设计研究［J］. 建筑学报，2018（9）：98-104.

[8] NEWTON D. Generative deep learning in architectural design［J］. Technology | Architecture + Design，2019，3（2）：176-189.

[9] 何宛余，杨良崧．生成式人工智能在建筑设计领域的探索——以小库 AI 云为例［J］. 建筑学报，2023（10）：36-41.

[10] 包子阳，余继周．智能优化算法及其 MATLAB 实例［M］. 北京：电子工业出版社，2016.

[11] LAMBORA A，GUPTA K，CHOPRA K. Genetic algorithm-A literature review［C］//2019 International Conference on Machine Learning，Big Data，Cloud and Parallel Computing（COMITCon）. IEEE，2019：380-384.

[12] 马永杰，云文霞．遗传算法研究进展［J］. 计算机应用研究，2012，29（4）：1201-1206+1210.

[13] POLI R，KENNEDY J，BLACKWELL T. Particle swarm optimization［J］. Swarm Intelligence，2007，1（1）：33-57.

[14] KENNEDY J，EBERHART R. Particle swarm optimization［C］//Proceedings of ICNN'95-International Conference on Neural Networks. IEEE，1995，4：1942-1948.

[15] SHI Y H，EBERHART R C. Empirical study of particle swarm optimization［C］//Proceedings of the 1999 Congress on Evolutionary Computation-CEC99（Cat. No. 99TH8406）. IEEE，1999，3：1945-1950.

[16] 徐鹤鸣．多目标粒子群优化算法的研究 [D]. 上海：上海交通大学，2013.
[17] BERTSIMAS D，TSITSIKLIS J. Simulated annealing [J]. Statistical Science，1993，8 (1)：10-15.
[18] GLOVER F. Tabu search：A tutorial [J]. Interfaces，1990，20 (4)：74-94.
[19] 邹晔，刘利枚，周鲜成，等．启发式优化算法理论及应用 [M]. 北京：清华大学出版社，2023.
[20] NGUYEN T，RAGHU M，KORNBLITH S. Do wide and deep networks learn the same things? uncovering how neural network representations vary with width and depth [J]. arXiv preprint arXiv：2010.15327，2020.
[21] WARD R，WU X，BOTTOU L. AdaGrad stepsizes：sharp convergence over nonconvex landscapes [J]. The Journal of Machine Learning Research，2020，21 (1)：219：9047-219：9076.
[22] ZOU F，SHEN L，JIE Z，et al. A sufficient condition for convergences of Adam and RMSProp [C] //Proceedings of the IEEE/CVF Conference on Computer Vision and Pattern Recognition，2019：11127-11135.
[23] KINGMA D P，BA J. Adam：A method for stochastic optimization [J]. arXiv preprint arXiv：1412.6980，2014.
[24] LECUN Y，BOTTOU L，BENGIO Y，et al. Gradient-based learning applied to document recognition [J]. Proceedings of the IEEE，1998，86 (11)：2278-2324.
[25] ImageNet [EB/OL]. [2024-01-26]. https：//image-net. org/.
[26] SIMONYAN K，ZISSERMAN A. Very deep convolutional networks for large-scale image recognition [J]. arXiv preprint arXiv：1409.1556，2014.
[27] SZEGEDY C，LIU W，JIA Y，et al. Going deeper with convolutions [C] //Proceedings of the IEEE Conference on Computer Vision and Pattern Recognition，2015：1-9.
[28] HE K，ZHANG X，REN S，et al. Deep residual learning for image recognition [C] //Proceedings of the IEEE Conference on Computer Vision and Pattern Recognition. 2016：770-778.
[29] RONNEBERGER O，FISCHER P，BROX T. UNet：Convolutional networks for biomedical image segmentation [C] //Medical Image Computing and Computer-assisted Intervention-MICCAI 2015：18th International Conference，Munich，Germany，October 5-9，2015，proceedings，part III 18. Springer International Publishing，2015：234-241.
[30] ISOLA P，ZHU J-Y，ZHOU T，et al. Image-to-image translation with conditional adversarial networks [C] //Proceedings of the IEEE Conference on Computer Vision and Pattern Recognition，2017：1125-1134.
[31] GUO M H，XU T X，LIU J J，et al. Attention mechanisms in computer vision：A survey [J]. Computational Visual Media，2022，8 (3)：331-368.
[32] SANCHEZ-LENGELING B，REIF E，PEARCE A，et al. A gentle introduction to graph neural networks [J]. Distill，2021，6 (9)：e33.
[33] 吴凌飞，崔鹏，赵亮．图神经网络：基础，前沿与应用 [M]. 北京：人民邮电出版社，2022.
[34] XU K，HU W，LESKOVEC J，et al. How powerful are graph neural networks? [J]. arXiv preprint arXiv：1810.00826，2018.
[35] GILMER J，SCHOENHOLZ S S，RILEY P F，et al. Neural message passing for quantum chemistry [C] //International Conference on Machine Learning. PMLR，2017：1263-1272.
[36] VELICKOVIC P，CUCURULL G，CASANOVA A，et al. Graph attention networks [J]. arXiv preprint arXiv：1710.10903，2017.
[37] HAMILTON W L，YING R，LESKOVEC J. Inductive representation learning on large graphs [J]. Advances in Neural Information Processing Systems，2017，30.

[38] ZHANG F, NAUATA N, FURUKAWA Y. Conv-MPN: Convolutional message passing neural network for structured outdoor architecture reconstruction [C] //2020 IEEE/CVF Conference on Computer Vision and Pattern Recognition (CVPR). Seattle, WA, USA: IEEE, 2020: 2795-2804.

[39] GOODFELLOW I, POUGET-ABADIE J, MIRZA M, et al. Generative adversarial networks [J]. Communications of the ACM, 2020, 63 (11): 139-144.

[40] ARULKUMARAN K, DEISENROTH M P, BRUNDAGE M, et al. Deep reinforcement learning: A brief survey [J]. IEEE Signal Processing Magazine, 2017, 34 (6): 26-38.

[41] KINGMA D P, WELLING M. An introduction to variational autoencoders [J]. Foundations and Trends® in Machine Learning, 2019, 12 (4): 307-392.

[42] CROITORU F A, HONDRU V, IONESCU R T, et al. Diffusion models in vision: A survey [J]. IEEE Transactions on Pattern Analysis and Machine Intelligence, 2023.

[43] ZHAO P, LIAO W, HUANG Y, et al. Intelligent design of shear wall layout based on graph neural networks [J]. Advanced Engineering Informatics, 2023, 55: 101886.

[44] WANG T C, LIU M Y, ZHU J Y, et al. High-resolution image synthesis and semantic manipulation with conditional GANs [C] //Proceedings of the IEEE Conference on Computer Vision and Pattern Recognition, 2018: 8798-8807.

[45] HO J, JAIN A, ABBEEL P. Denoising diffusion probabilistic models [J]. Advances in Neural Information Processing Systems, 2020, 33: 6840-6851.

[46] STROOCK D W. An introduction to Markov processes [M]. Berlin: Springer Science & Business Media, 2013.

[47] RAMESH A, PAVLOV M, GOH G, et al. Zero-shot text-to-image generation [C] //International Conference on Machine Learning. Pmlr, 2021: 8821-8831.

[48] ROMBACH R, BLATTMANN A, LORENZ D, et al. High-resolution image synthesis with latent diffusion models [C] //Proceedings of the IEEE/CVF Conference on Computer Vision and Pattern Recognition, 2022: 10684-10695.

[49] RADFORD A, KIM J W, HALLACY C, et al. Learning transferable visual models from natural language supervision [C] //International Conference on Machine Learning. PMLR, 2021: 8748-8763.

[50] TABILITY AI. Stable Diffusion Version 2 [Z/OL]. [2023-11-14]. https: //huggingface. co/stabilityai/stable-diffusion-2.

[51] ZHANG L, RAO A, AGRAWALA M. Adding conditional control to text-to-image diffusion models [C] //Proceedings of the IEEE/CVF International Conference on Computer Vision, 2023: 3836-3847.

[52] DOERSCH C. Tutorial on variational autoencoders [J]. arXiv preprint arXiv: 1606. 05908, 2016.

建筑数智化设计篇

多高层住宅的建筑设计，包括了场地设计、建筑单体设计和套型设计，如下图所示。建筑设计往往需要设计师多年的专业知识学习以及设计项目的不断训练。在实际设计过程中往往又需要反复手动调整和优化。设计过程中需要同时考虑多种设计因素和设计目标，如建筑面积、套型面积等。针对这些设计约束和设计目标，设计师的手动调整优化往往无法得到最优解或者近似最优解。随着个人计算机的发展，建筑的计算设计和数字化设计在不同方面都取得了不错的效果。随着深度学习的不断发展和计算机算力的不断提高，对抗生成网络和 GPT 等生成式 AI 在近几年取得了令人瞩目的成就。由于建筑设计为兼具艺术性和工程性的创作任务，因此常常作为生成式 AI 的研究对象。基于生成式 AI 算法框架，本篇分别介绍多高层住宅建筑设计三个阶段的数智化设计方法。相较于建筑立面的主观性设计，建筑平面往往具有更多的约束，因此本篇主要介绍建筑平面的设计。同时，由于目前关于建筑单体的设计方法和研究较少，因此本篇重点介绍建筑单体的数智化设计方法。

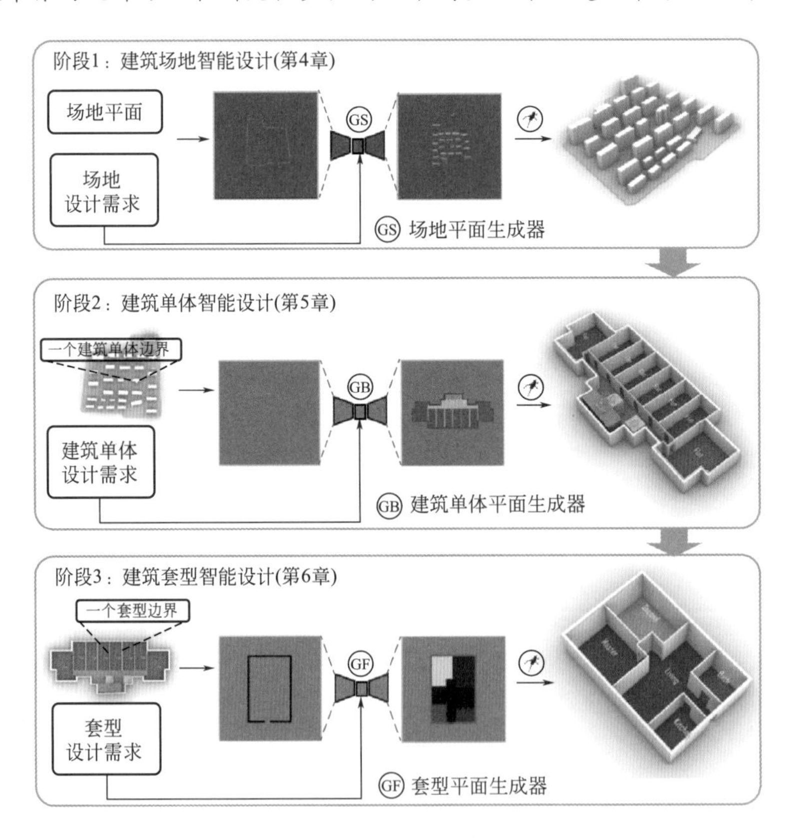

多高层住宅建筑智能设计三个阶段

第 4 章　建筑场地智能设计

为了实现多高层住宅建筑平面的生成式设计，同时考虑建筑设计边界和设计条件，本章提出一种基于生成对抗网络（Generative Adversarial Network，GAN）的建筑平面生成式设计网络 TranSD-GAN，并使用建筑场地开源数据集 ReCo 对提出的网络进行验证。

4.1　建筑平面生成对抗网络 TranSD-GAN

为了实现建筑生成式设计可以同时考虑图像设计信息和文本设计信息，本章提出了一种增强生成对抗网络 TranSD-GAN。TranSD-GAN 基于 GAN 模型架构，并使用 Stable Diffusion 中的 Transformer（TranSD）进行增强。TranSD 采用经典的 Transformer 结构，通过使用交叉注意力机制，有效地融合了文本信息和图像信息。本章提出的生成对抗模型包括两个部分：生成器和判别器。生成器以 UNet 为骨干网络，并将 TranSD 作为条件输入的嵌入模块的一部分。本节中的判别器由两个部分组成：真实性判别器 D_{real}，它评估整个图像的真实性；需求判别器 D_{req}，它评估设计需求的满足程度。通过生成器和判别器之间的不断博弈和自我学习，两者的能力不断提高，直到生成器能够生成符合设计需求的逼真的平面布置图像。

4.1.1　生成器

生成器 G 同时将图像设计信息 I_{in} 和文本设计信息 C_{in} 作为输入。所提出的生成器架构由一个基于 UNet 的骨干网络和一个需求嵌入模块组成，如图 4.1-1 所示。由于 Pix2Pix 能够有效地实现图像到图像的生成，本章采用了其作者提供的生成器架构[1] 作为骨干网络。本章提出的网络是一个改进后的 UNet 网络，主要包括四个部分：编码器模块 B_{en}、中间模块 B_{md}、解码器模块 B_{de} 和输出模块 B_{out}。编码器模块 B_{en} 负责提取图像的潜在特征，解码器模块 B_{de} 负责恢复图像的细节信息。编码器和解码器模块通过跳跃连接在对应位置相连，实现了编码和解码阶段的特征图融合。改进后的 UNet 共有 7 层，即 $N_{\mathrm{layer}}=7$。

此外，由于 UNet 网络的颈部（即编码器和解码器之间的最深层）包含了图像的高维语义信息，所以将 UNet 网络的颈部（即中间模块）替换为所提出的需求嵌入模块 B_{re}，如图 4.1-1 所示。通过在这里嵌入文本信息，可以有效地融合图像和文本的高维信息。

以下是每个模块的介绍，x 表示每个公式的输入，但具有不同的含义：

• 编码器模块 B_{en}：输入首先经过一个卷积层，从输入矩阵中提取特征，并通过式(4.1-1) 缩小特征图的大小。在此式中，x_{ti*} 是样本 t 的通道 i 的输入矩阵；w_{j*} 是卷积核 j 的权重矩阵；b_j 是卷积核 j 的偏置值；y_{tijk} 是样本 t 的卷积核 j 的第 i 行第 k 列的输出值；$*$ 是卷积运算符。卷积层的输出进入归一化层 Normal(・)，它可以对每个通道的

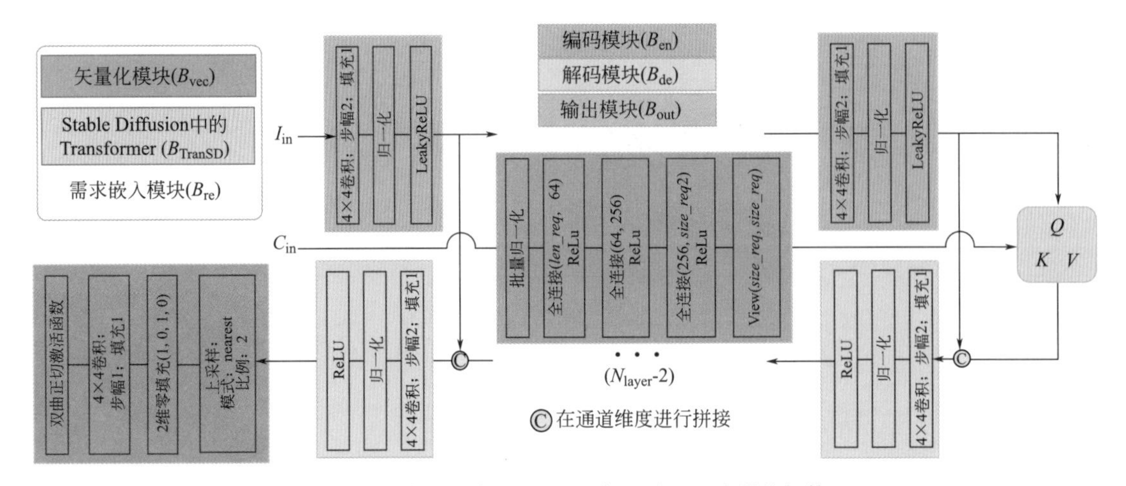

图 4.1-1　提出的场地平面和套型平面生成器的架构

数据进行归一化，提高模型的训练速度和效果[2]。接着，使用 LeakyReLU(·) 激活函数为网络引入非线性，如式 (4.1-2) 所示。此激活函数允许一些负值通过，防止由于激活值低而导致神经元参数停滞。式 (4.1-2) 中的参数 α 在这个模块中设置为 0.01。因此，编码器模块 $B_{en}(\cdot)$ 可由式 (4.1-3) 表示，其中 Conv(·) 表示一个卷积层，k 是卷积核大小，s 是步长大小，p 是填充大小。在此模块中，$k=4$，$s=2$，$p=1$。

$$y_{tijk}=x_{ti^*}*w_{j^*}+b_j \tag{4.1-1}$$

$$\text{LeakyReLU}(x)=\max(x)+\alpha\times\min(0,\ x) \tag{4.1-2}$$

$$B_{en}(x)=\text{LeakyReLU}(\text{Normal}(\text{Conv}_{(k,s,p)}(x))) \tag{4.1-3}$$

• 解码器模块 B_{de}：解码器模块与编码器模块类似，只是将最后的激活函数改为 ReLU(·)，如式 (4.1-4) 所示。模块 $B_{de}(\cdot)$ 的计算可由式 (4.1-5) 表示。

$$\text{ReLU}(x)=\max(0,\ x) \tag{4.1-4}$$

$$B_{de}(x)=\text{ReLU}(\text{Normal}(\text{Conv}_{(k,s,p)}(x))) \tag{4.1-5}$$

• 输出模块 B_{out}：输出模块首先使用最近邻插值和放大倍数为 2 的上采样 $\text{UpSample}_{nearest}(\cdot)$，它复制每个像素周围最近邻像素的值并填充到输出特征图中。然后，在输出特征图的左侧和顶部添加一个维度，并使用零填充 ZeroPad(·) 保持位置不变。接下来，使用一个卷积核大小为 4×4、步长为 1、填充为 1 的卷积层提取特征。最后，使用一个双曲正切激活函数 Tanh(·) 根据式 (4.1-6) 将实数区间映射到 [−1, 1] 区间内，其中 e 是自然对数底。输出模块 $B_{out}(\cdot)$ 由式 (4.1-7) 表示。

$$\text{Tanh}(x)=\frac{e^x-e^{-x}}{e^x+e^{-x}} \tag{4.1-6}$$

$$B_{out}(x)=\text{Tanh}(\text{Conv}_{(4,2,4)}(\text{ZeroPad}(\text{UpSample}_{nearest}(x)))) \tag{4.1-7}$$

• 需求嵌入模块 B_{req}：需求嵌入模块由两个模块组成：向量化模块 B_{vec} 和 Stable Diffusion 中的 Transformer 组成的 B_{TranSD} (TranSD)。输入的设计需求 D_{re} 在 B_{vec} 中进行向量化。批量归一化层 BN(·) 对每一层的输入数据进行重新中心化和重新缩放。接下来，一个全连接层 Linear(·) 和 ReLU(·) 执行线性变换 LT(·)，如式 (4.1-8) 和式 (4.1-9) 所示，其中 x，W，b 分别表示输入数据、权重矩阵和偏置向量。这些线性变换重复三次。然后，将长度为 $size\_req^2$ 的一维数据使用View(·)重组为一个 $size\_req \times size\_req$ 的矩阵，作为 B_{TranSD} 的输入。其中，$size\_req$ 是设计需求的长度。向量化模块 $B_{\text{vec}}(\cdot)$ 可由式（4.1-10）表示。TranSD（B_{TranSD}）是一个经典的Transformer架构[3]，它接受两个输入：图像潜在特征 X_{fe} 和嵌入的上下文 V_{re}。在本节中，潜在特征 X_{fe} 指的是从七个连续的编码器模块 $B_{\text{en}}(\cdot)$ 得到的图像的高维特征矩阵，上下文 V_{re} 指的是由向量化模块 $B_{\text{vec}}(\cdot)$ 向量化的设计需求 D_{re}。关于Transformer的具体介绍见3.2.9节。

$$\text{Linear}(x)=xW^{\text{T}}+b \tag{4.1-8}$$

$$\text{LT}(x)=\text{ReLU}(\text{Linear}(x)) \tag{4.1-9}$$

$$B_{\text{vec}}(x)=\text{View}(\text{LT}(\text{LT}(\text{LT}(\text{BN}(x))))) \tag{4.1-10}$$

4.1.2 判别器

判别器的作用为对输入样本进行评估。本研究提出的判别器由两部分组成：真实性判别器 D_{real}，用来评估生成的布置的真实性；需求判别器 D_{req}，用来验证它是否满足设计需求。这两部分共享一个特征提取网络 N_{fe}。图4.1-2为判别器的整体架构，以下是每个模块的介绍：

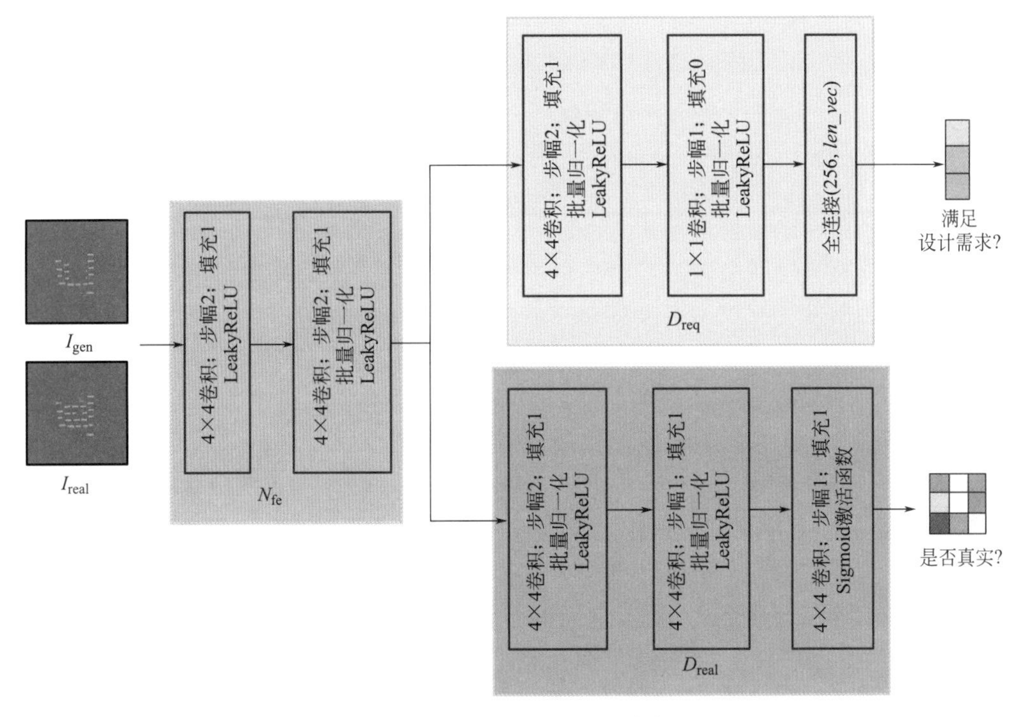

图4.1-2 提出的判别器的架构

• 特征提取网络 N_{fe}：此网络模块从生成的图像 I_{gen} 或真实图像 I_{real} 中提取高维特征。网络架构包括卷积层、批量归一化和LeakyReLU(·)。式（4.1-11）～式（4.1-13）表示 $N_{\text{fe}}(\cdot)$。

$$P_{\text{L}4\times2\times1}=\text{LeakyReLU}(\text{Conv}_{(4,2,1)}(x)) \tag{4.1-11}$$

$$P_{\text{BL}4\times2\times1}=\text{LeakyReLU}(\text{BN}(\text{Conv}_{(4,2,1)}(x))) \tag{4.1-12}$$

$$N_{fe}(x)=P_{L4\times2\times1}(P_{BL4\times2\times1}(x)) \tag{4.1-13}$$

• 真实性判别器 D_{real}：由 N_{fe} 生成的高维特征图作为此判别器的输入。真实性判别器 D_{real} 确定图像的真实性，采用经典的 PathGAN[4]，即将图像的一部分作为判别区域。这样可以在大型图像数据集上进行高效的训练。这个判别器的输出表示每个区域是真实的概率（即 0 表示假数据，1 表示真数据），并通过相关损失函数引导生成器生成更真实的布置图像。式（4.1-14）～式（4.1-16）定义了 $D_{real}(\cdot)$。其中，Sigmoid(·) 将一个实数映射到（0，1）区间，如式（4.1-17）所示。

$$P_{BL4\times1\times1}=\mathrm{LeakyReLU}(\mathrm{BN}(\mathrm{Conv}_{(4,1,1)}(x))) \tag{4.1-14}$$

$$P_{Sigmoid}=\mathrm{Sigmoid}(\mathrm{Conv}_{(4,1,1)}(x)) \tag{4.1-15}$$

$$D_{real}(x)=P_{Sigmoid}(P_{BL4\times1\times1}(P_{BL4\times2\times1}(x))) \tag{4.1-16}$$

$$\mathrm{Sigmoid}(x)=\frac{1}{1+\mathrm{e}^{-x}} \tag{4.1-17}$$

• 需求判别器 D_{req}：同样采用由 N_{fe} 生成的高维特征图作为此判别器的输入。这个判别器的输出表示设计需求向量，它在生成的不同阶段有不同的设计含义，但都均由三个值组成。这个判别器的输出通过相关损失函数来引导生成器生成满足设计需求的平面。$D_{req}(\cdot)$ 的计算公式为式（4.1-18）和式（4.1-19）。

$$P_{BL1\times1\times1}=\mathrm{LeakyReLU}(\mathrm{BN}(\mathrm{Conv}_{(1,1,1)}(x))) \tag{4.1-18}$$

$$D_{req}(x)=\mathrm{Linear}(P_{BL1\times1\times1}(P_{BL4\times2\times1}(x))) \tag{4.1-19}$$

4.1.3 损失函数

损失函数衡量输出与真实标签之间的误差。通过在训练过程不断的梯度下降来减小误差，不断优化调整神经网络参数，提高网络的生成能力。本研究提出的 TranSD-GAN 的损失函数主要由两部分组成：生成器损失函数 $\mathcal{L}_G$（式 4.1-20）和判别器损失函数 $\mathcal{L}_D$（式 4.1-26）。

生成器损失函数 $\mathcal{L}_G$（式 4.1-20）由三部分组成。经典的对抗损失 $\mathcal{L}_{adv}^{G}$（式 4.1-21）引导生成高频图像部分，它影响平面图像的整体结构；像素级重建损失 $\mathcal{L}_{L1}$（式 4.1-22）引导生成低频部分，并使输出 $G(I_{in}, C_{in})$ 在细节上类似于目标布置图像；设计需求损失 $\mathcal{L}_{req}^{G}$（式 4.1-23）引导生成满足设计需求的建筑平面布置。为了评估设计需求和最终设计结果之间的相似性，采用余弦相似度 cosin(·) 进行度量。它通过计算多维空间中两个非零向量之间的夹角的余弦来衡量相似性[5,6]，如式（4.1-24）所示。其中，A 和 B 是两个向量，结果的范围是−1 到 1。结果−1 表示完全不相似，1 表示完全相似。为了方便神经网络的梯度下降，将 cosin(·) 的结果加 1，并应用 Tanh(·) 激活函数，如式（4.1-25）所示。受经典对抗损失 $\mathcal{L}_{adv}^{G}$ 的启发，设计需求损失 $\mathcal{L}_{req}^{G}$ 采用二元交叉熵，因为它可以自动调整损失函数中不同样本的权重，并在上界附近保持高梯度[7]。最终的设计需求损失 $\mathcal{L}_{req}^{G}$ 由式（4.1-23）给出。

判别器损失函数 $\mathcal{L}_D$（式 4.1-26）由两个部分组成：经典对抗损失 $\mathcal{L}_{adv}^{D_{real}}$（式 4.1-27）和设计需求损失 $\mathcal{L}_{req}^{D_{req}}$（式 4.1-28）。此外，$\lambda_{adv}$、$\lambda_{L1}$ 和 λ_{req} 是不同损失函数的权重系数，通过参考其他研究和重复实验确定的。

$$\mathcal{L}_{\mathrm{G}}=\lambda_{\mathrm{adv}}\mathcal{L}_{\mathrm{adv}}^{\mathrm{G}}+\lambda_{\mathrm{L1}}\mathcal{L}_{\mathrm{L1}}+\lambda_{\mathrm{req}}\mathcal{L}_{\mathrm{req}}^{\mathrm{G}} \tag{4.1-20}$$

$$\mathcal{L}_{\mathrm{adv}}^{\mathrm{G}}=E_{I_{\mathrm{in}},C_{\mathrm{in}}}[\log(1-D_{\mathrm{real}}(G(I_{\mathrm{in}}, C_{\mathrm{in}})))] \tag{4.1-21}$$

$$\mathcal{L}_{\mathrm{L1}}=E_{I_{\mathrm{in}},C_{\mathrm{in}}}\| I_{\mathrm{tru}}-G(I_{\mathrm{in}}, C_{\mathrm{in}})\|_1 \tag{4.1-22}$$

$$\mathcal{L}_{\mathrm{req}}^{\mathrm{G}}=E_{I_{\mathrm{in}},C_{\mathrm{in}}}[\log(1-\mathrm{cosinSim}(C_{\mathrm{in}}, D_{\mathrm{req}}(G(I_{\mathrm{in}}, C_{\mathrm{in}}))))] \tag{4.1-23}$$

$$\mathrm{cosin}(A, B)=\frac{A\cdot B}{\|A\|\cdot\|B\|} \tag{4.1-24}$$

$$\mathrm{consinSim}(A, B)=\mathrm{Tanh}(\mathrm{cosin}(A, B)+1) \tag{4.1-25}$$

$$\mathcal{L}_{\mathrm{D}}=\lambda_{\mathrm{adv}}\mathcal{L}_{\mathrm{adv}}^{D_{\mathrm{real}}}+\lambda_{\mathrm{req}}\mathcal{L}_{\mathrm{req}}^{D_{\mathrm{req}}} \tag{4.1-26}$$

$$\mathcal{L}_{\mathrm{adv}}^{D_{\mathrm{real}}}=E_{I_{\mathrm{tru}}}[\log(D_{\mathrm{real}}(I_{\mathrm{tru}}))]+E_{I_{\mathrm{in}},C_{\mathrm{in}}}[\log(1-D_{\mathrm{real}}(G(I_{\mathrm{in}},C_{\mathrm{in}})))] \tag{4.1-27}$$

$$\begin{aligned}\mathcal{L}_{\mathrm{req}}^{D_{\mathrm{req}}}=&E_{I_{\mathrm{tru}},C_{\mathrm{tru}}}[\log(\mathrm{consinSim}(C_{\mathrm{tru}}, D_{\mathrm{req}}(I_{\mathrm{tru}}, C_{\mathrm{tru}})))]\\&+E_{I_{\mathrm{in}},C_{\mathrm{in}}}[\log(1-\mathrm{consinSim}(C_{\mathrm{tru}}, D_{\mathrm{req}}(I_{\mathrm{in}}, C_{\mathrm{in}})))]\end{aligned} \tag{4.1-28}$$

4.1.4 评价指标

生成网络的结果通常从两个角度进行评估：定性和定量[8-10]。在本研究中，定性评估是通过多位设计师根据设计经验对设计合理性进行综合判断。定量评估使用以下指标。

为了评估图像细节的重建，使用 MAE（平均绝对误差）[11] 和 MSE（均方误差）[12]。MAE 是真实图像 I_{real} 和重建图像 I_{gen} 之间像素差异的绝对值的平均值，如式（4.1-29）所示。MSE 是 I_{real} 和 I_{gen} 之间像素差异的平方的平均值，如式（4.1-30）所示。在这些方程中，m 和 n 是图像的行数和列数。MAE 和 MSE 越低，I_{real} 和 I_{gen} 越相似。

$$\mathrm{MAE}=\frac{1}{mn}\sum_{i=1}^{m}\sum_{j=1}^{n}|I_{\mathrm{real}}(i, j)-I_{\mathrm{gen}}(i, j)| \tag{4.1-29}$$

$$\mathrm{MSE}=\frac{1}{mn}\sum_{i=1}^{m}\sum_{j=1}^{n}[I_{\mathrm{real}}(i, j)-I_{\mathrm{gen}}(i, j)]^2 \tag{4.1-30}$$

考虑到图像的结构信息和整体信息，使用 PSNR（峰值信噪比）[13] 和 SSIM（结构相似性指数）[14] 作为评价标准。PSNR 是原始图像 I_{real} 和重建图像 I_{gen} 之间信号与噪声的比值，如式（4.1-31）所示。它通常用于评估有损压缩编码的重建质量。$\mathrm{MAX}_{I_{\mathrm{real}}}^2$ 是 I_{real} 中的最大像素值。SSIM 测量 I_{real} 和 I_{gen} 之间的结构相似性。它考虑了图像的三个方面：亮度、对比度和结构，它们可以更好地反映人类视觉感知质量。SSIM 的范围是−1 到 1，其中接近 1 的值表示更高的相似性。SSIM 的计算如式（4.1-32）所示，其中，$\mu_{I_{\mathrm{real}}}$ 和 $\mu_{I_{\mathrm{gen}}}$ 分别是 I_{real} 和 I_{gen} 的均值；$\sigma_{I_{\mathrm{real}}}$ 和 $\sigma_{I_{\mathrm{gen}}}$ 分别是它们的标准差；σ 是它们的协方差；C_1 和 C_2 是两个常数，避免了分母为零。

$$\mathrm{PSNR}=10\log_{10}\frac{\mathrm{MAX}_{I_{\mathrm{real}}}^2}{\mathrm{MSE}} \tag{4.1-31}$$

$$\mathrm{SSIM}=\frac{(2\mu_{I_{\mathrm{real}}}\mu_{I_{\mathrm{gen}}}+C_1)(2\sigma+C_2)}{(\mu_{I_{\mathrm{real}}}^2+\mu_{I_{\mathrm{gen}}}^2)(\sigma_{I_{\mathrm{real}}}^2+\sigma_{I_{\mathrm{gen}}}^2+C_2)} \tag{4.1-32}$$

GAN 模式崩溃会导致生成图像缺乏多样性，因此使用 FID（Fréchet Inception Distance）[15] 进行评估。FID 是特征空间中原始图像和生成图像之间的距离。FID 使用一个预训练的 Inception 网络[16] 来提取图像特征，并计算两个特征分布之间的 Fréchet 距离，如式（4.1-33）所示。其中，$\mu_{I_{real}}$ 和 $\mu_{I_{gen}}$ 分别表示原始图像和生成图像的特征均值向量；$\Sigma_{I_{real}}$ 和 $\Sigma_{I_{gen}}$ 分别表示原始图像和生成图像的特征协方差矩阵，tr 表示矩阵的迹。FID 越小，两个分布越接近，即两组图像越相似。

$$\mathrm{FID}=\|\mu_{I_{real}}-\mu_{I_{gen}}\|^2+\mathrm{tr}(\Sigma_{I_{real}}+\Sigma_{I_{gen}}-2(\Sigma_{I_{real}}\Sigma_{I_{gen}})^{1/2}) \tag{4.1-33}$$

4.2 ReCo 数据集处理

ReCo 采用字典的数据结构[17] 来存储一个建筑场地的信息。整个 JSON 数据库包含约 3.7 万条场地信息的数据条目，即约 3.7 万个字典。每个字典主要存储四条数据信息：场地边界、场地内建筑信息（建筑单体外轮廓坐标及其高度）、场地所在城市代码和场地代码。本研究根据设计师在实际设计过程中所考虑的问题，以场地边界 $I_{boundary}^{site}$ 和设计需求 V_{req}^{site} 作为输入，其中设计需求包括城市位置 C_{city}、总建筑面积 A_{builds} 和建筑物数量 N_{builds}。同时，设计结果为建筑单体的布置及其高度 I_{layout}^{site}。

ReCo 数据处理过程如图 4.2-1 所示。首先，从 ReCo 中读取一条场地信息。采用 FillPoly 操作[18] 将场地边界几何信息转化为单通道 256×256 的像素图像信息。然后，采用 FindContours 操作[19] 获取整个场地的像素化边界，其中空白图像区域的像素值为 255，边界的像素值为 127。最终的设计边界图像 $I_{boundary}^{site}$ 如图 4.2-2a 所示。接下来，遍历所有建筑单体的信息，并且类似地将所有建筑单体信息转化为像素图像。其中，每个建筑单体区

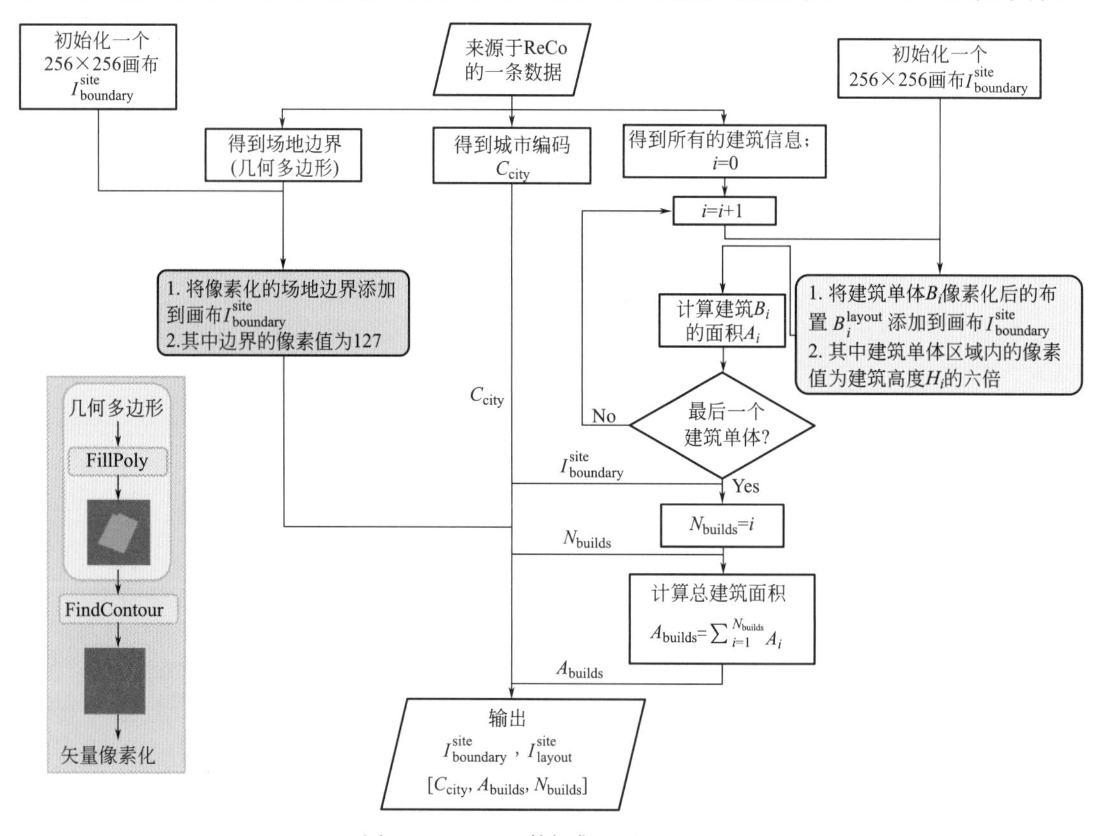

图 4.2-1　ReCo 数据集预处理流程图

域内的像素值设置为建筑单体高度的6倍，使得不同高度之间有较大的像素值差异。最终布置图像 I_{layout}^{site} 如图4.2-2b所示。在遍历建筑单体信息时，还可获得城市位置 C_{city}、总建筑面积 A_{builds} 和建筑物数量 N_{builds}，如图4.2-2c所示。需要注意的是图像的比例是"4m/像素"，这意味着一个像素代表实际距离中的4m。

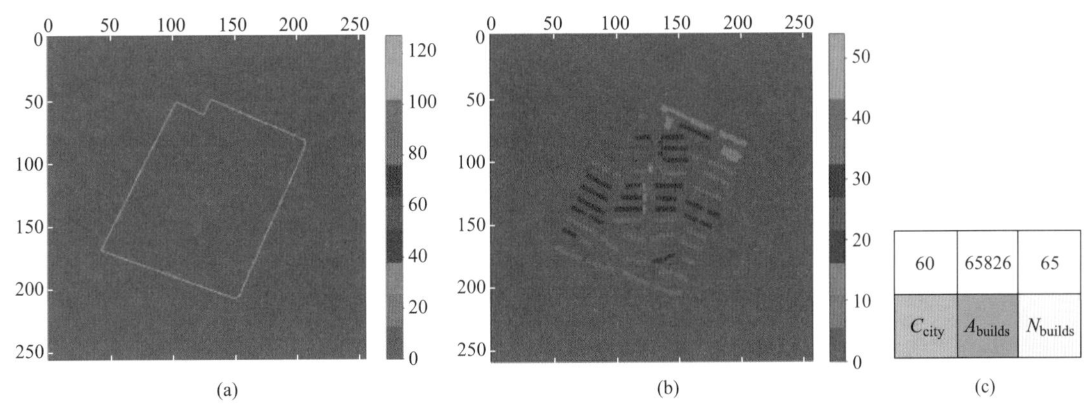

图4.2-2 来源于ReCo数据集用于训练场地平面（SL）生成器的数据对

（a）边界图像 $I_{boundary}^{site}$；（b）场地图像 I_{layout}^{site}；（c）需求向量 V_{req}^{site}

4.3 实验分析

4.3.1 定量评价

为了验证所提出的TranSD-GAN的有效性，本研究以DCGAN[20] 和Pix2Pix[21] 为基线进行了实验。实验结果如表4.3-1所示。所提出的TranSD-GAN在图像细节重建（即MSE，MAE）、图像结构信息（即PSNR，SSIM）和生成图像多样性（即FID）方面都有所提高。其中，与DCGAN相比，Pix2Pix在所有指标上都有较大的提升，这是因为Pix2Pix的输入是一幅显示设计边界的图像作为条件，而不是一个随机噪声向量。此外，Pix2Pix的生成器采用了UNet结构，由编码器-解码器结构组成，并使用跳跃连接来保留底层特征信息。与Pix2Pix相比，所提出的TranSD-GAN在各种指标上都有所改进。其中，在ReCo数据集上的MSE提高了约28%，PSNR有约4%的提升。这是因为本方法的生成器在UNet网络的颈部添加了TranSD架构，使得生成器集成了文本条件设计要求和高维图像信息，并且所提出的设计要求判别器 D_{req} 可以引导生成器生成满足设计需求的建筑平面。

不同模型定量比较 **表4.3-1**

模型	MSE↓	MAE↓	PSNR↑	SSIM↑	FID↓
DCGAN	0.0019	0.0058	33.2650	0.9006	3.5012
Pix2Pix	0.0006	0.0026	37.9409	0.9340	1.5972
Pix2Pix+TranSD	0.0005	0.0023	39.0269	0.9479	1.2504
Pix2Pix+D_{req}	0.0005	0.0023	39.1304	0.9498	1.2452
TranSD-GAN	0.0004	0.0022	39.5138	0.9535	1.0358

为了研究 TranSD-GAN（Pix2Pix+TranSD+Dreq）的每个组件的影响，进行了两组消融实验，即 Pix2Pix 和 TranSD 的组合（Pix2Pix+TranSD），以及 Pix2Pix 和所提出的设计需求判别器 D_{req} 的组合（Pix2Pix+D_{req}）。实验结果如表 4.3-1 所示。结果表明，提出的两个组件与 Pix2Pix 相比，在各种指标上都有所改进。在图像细节重建（即 MSE，MAE）方面，两者改进效果相同。而在图像结构信息（即 PSNR，SSIM）方面，Pix2Pix+D_{req} 有更明显的提升效果，这可以归因于需求判别器对生成器提供了有效的指导。

4.3.2 定性评价

为了进行定性评估，不同的生成器生成了五种不同类型的案例，如图 4.3-1 所示。从主观视觉比较来看，DCGAN 只能生成连续的像素块信息，Pix2Pix 可以定位建筑物的位置。此外，TranSD-GAN 可以很好地确定建筑物区域内的像素，即建筑物的区域和高度。这是因为设计需求的输入和需求判别器的应用使得生成更加明确。然而从计算结果可以看出场地边界仍然存在噪声像素，这是因为场地具有较大的尺度，即一个像素单位代表 4m，导致在场地像素边界处出现明显的锯齿状边缘，使得学习变得困难。本研究提出的一系列图像操作可以使得边界规则化。同时，为了评估生成结果的整体合理性，三位建筑设计专家对其进行了评分，如图 4.3-2 所示。五个场地设计的平均分数均在 6 分以上，表明其可

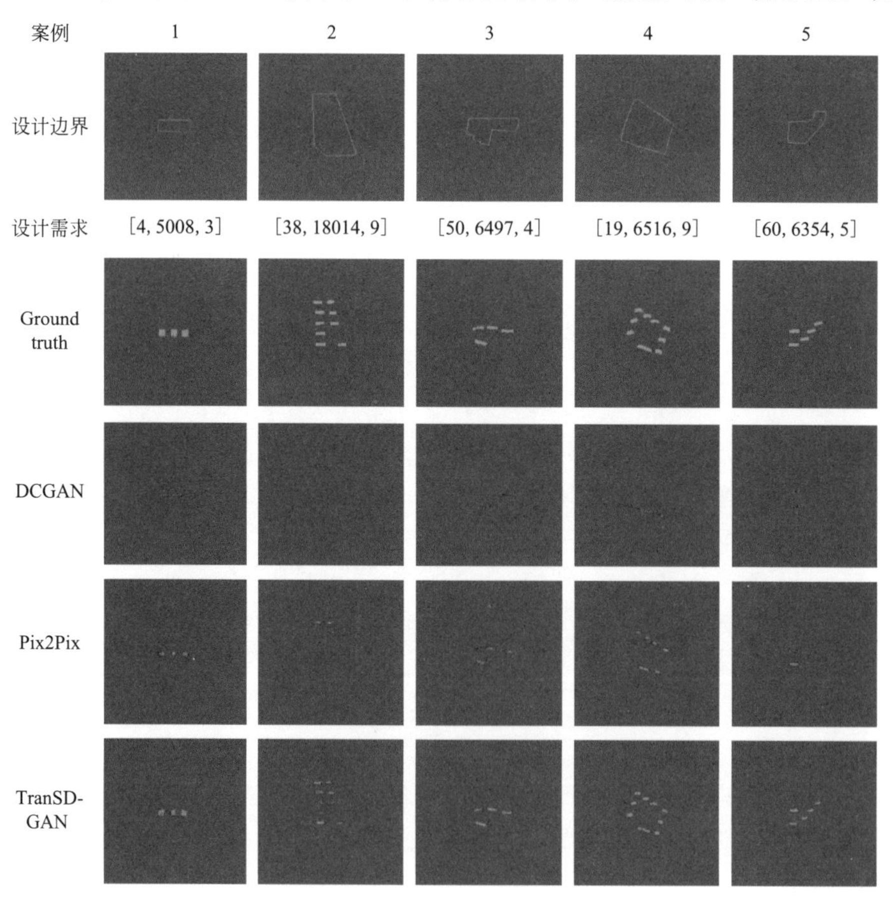

图 4.3-1 生成的场地布置和 BIM 模型

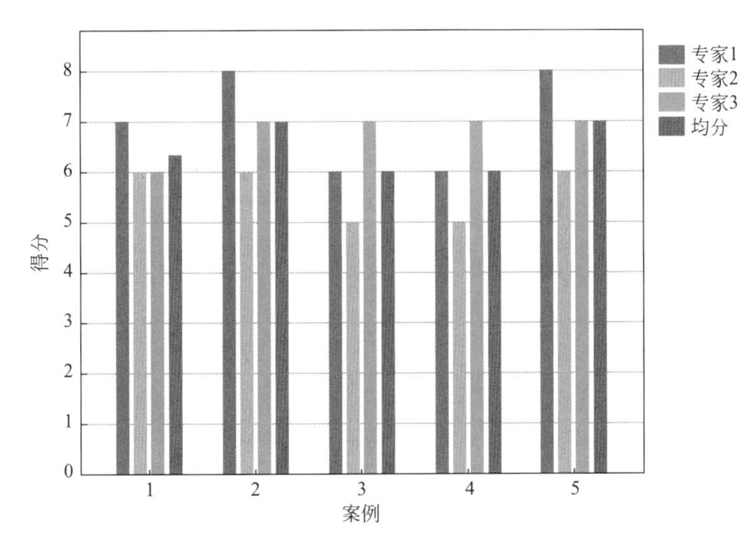

图 4.3-2 生成场地平面的专家评分

以为设计师提供方案参考，起到了辅助设计的作用。对于设计结果 3 和 4，专家 2 给出了低于 6 分的分数，因为专家 2 认为建筑物边界转角太多，导致不能在实际设计中使用。然而专家 1 和专家 3 认为它们给出了合适的建筑物位置并且是合理的，所以给出了 6 分以上的分数。

4.4 本章小结

针对建筑平面数智化设计的需求，本章提出了将生成对抗网络和与 Transformer 相结合的 TranSD-GAN。所提出的 TranSD-GAN 在设计过程中实现了设计边界和设计要求的同时输入。同时，提出的需求判别器可以有效地指导生成器。实验结果表明，所提出的 TranSD-GAN 在各种指标上均优于传统的生成方法。此外，通过使用 ReCo 数据集进行训练，TranSD-GAN 的生成器可以生成满足设计需求的建筑场地平面，达到了辅助设计的目的。

参考文献

[1] PHILLIPI. Pix2Pix：Image-to-image translation with conditional adversarial nets [EB/OL]. [2023-08-31]. https：//github. com/phillipi/pix2pix.

[2] ULYANOV D，VEDALDI A，LEMPITSKY V. Instance normalization：The missing ingredient for fast stylization [J]. arXiv preprint arXiv：1607. 08022，2016.

[3] ROMBACH R，BLATTMANN A，LORENZ D，et al. High-resolution image synthesis with latent diffusion models [C/OL] //2022 IEEE/CVF Conference on Computer Vision and Pattern Recognition (CVPR). New Orleans，LA，USA：IEEE，2022：10674-10685.

[4] ASSENS M，GIRO-I-NIETO X，MCGUINNESS K，et al. PathGAN：Visual scanpath prediction with generative adversarial networks [C]. LEAL-TAIXÉ L，ROTH S，eds. //Computer Vision-EC-

CV 2018 Workshops. Cham：Springer International Publishing，2019：406-422.

[5] YE J. Cosine similarity measures for intuitionistic fuzzy sets and their applications [J]. Mathematical and Computer Modelling，2011，53 (1-2)：91-97.

[6] LIAO W，HUANG Y，ZHENG Z，et al. Intelligent generative structural design method for shear wall building based on "fused-text-image-to-image" generative adversarial networks [J]. Expert Systems with Applications，2022，210：118530.

[7] DE BOER P T，KROESE D P，MANNOR S，et al. A tutorial on the cross-entropy method [J]. Annals of Operations Research，2005，134 (1)：19-67.

[8] JIANG F，MA J，WEBSTER C J，et al. Building layout generation using site-embedded GAN model [J]. Automation in Construction，2023，151：104888.

[9] QIAO T，ZHANG J，XU D，et al. MirrorGAN：Learning text-to-image generation by redescription [C/OL] //2019 IEEE/CVF Conference on Computer Vision and Pattern Recognition (CVPR). Long Beach，CA，USA：IEEE，2019：1505-1514.

[10] LI Q，ZHENG H. Prediction of summer daytime land surface temperature in urban environments based on machine learning [J]. Sustainable Cities and Society，2023，97：104732.

[11] WILLMOTT C，MATSUURA K. Advantages of the mean absolute error (MAE) over the root mean square error (RMSE) in assessing average model performance [J]. Climate Research，2005，30：79-82.

[12] KÖKSOY O. Multiresponse robust design：Mean square error (MSE) criterion [J]. Applied Mathematics and Computation，2006，175 (2)：1716-1729.

[13] HUYNH-THU Q，GHANBARI M. Scope of validity of PSNR in image/video quality assessment [J]. Electronics Letters，2008，44 (13)：800.

[14] HORE A，ZIOU D. Image quality metrics：PSNR vs. SSIM [C] //2010 20th International Conference on Pattern Recognition. IEEE，2010：2366-2369.

[15] BUZUTI L F，THOMAZ C E. Fréchet AutoEncoder Distance：A new approach for evaluation of generative adversarial networks [J]. Computer Vision and Image Understanding，2023，235：103768.

[16] SZEGEDY C，IOFFE S，VANHOUCKE V，et al. Inception-v4，Inception-ResNet and the impact of residual connections on learning [C] //Proceedings of the AAAI Conference on Artificial Intelligence，2017，31 (1).

[17] BRADLEY N. MILLER，DAVID L. RANUM. Python 数据结构与算法分析 [M]. 2 版 . 北京：中国工信出版社，人民邮电出版社，2019.

[18] OpenCV. OpenCV：Drawing Functions [EB/OL]. [2024-01-12]. https：//docs. opencv. org/4. x/d6/d6e/group _ imgproc _ draw. html.

[19] OpenCV. OpenCV：Finding contours in your image [EB/OL]. [2023-09-18]. https：//docs. opencv. org/3. 4/df/d0d/tutorial _ find _ contours. html.

[20] RADFORD A，METZ L，CHINTALA S. Unsupervised Representation Learning with Deep Convolutional Generative Adversarial Networks [EB/OL]. (2015-11-19) [2023-09-28]. https：//arxiv. org/abs/1511. 06434.

[21] ISOLA P，ZHU J Y，ZHOU T，et al. Image-to-Image Translation with Conditional Adversarial Networks [Z/OL]. (2018-11-26) [2023-06-14]. https：//arxiv. org/abs/1611. 07004.

第 5 章　建筑单体智能设计

建筑单体的设计是多高层住宅建筑平面设计的一个重要环节，同时也是结构整体分析的基本单元。然而，目前关于建筑单体智能设计的研究较少，且在建筑设计领域往往被忽视。为了弥补此类研究的空白，本章介绍了四种建筑单体智能设计方法。根据建筑单体的结构形式，可分为现浇建筑单体智能设计（第 5.2 节和第 5.3 节）和装配式模块化建筑单体智能设计（第 5.4 节和第 5.5 节）。按照采用的人工智能技术，可以分为基于深度学习的生成式设计（第 5.2 节、第 5.3 节和第 5.4 节）和基于智能优化算法的优化设计（第 5.5 节）。为了实现基于深度学习的建筑单体生成式设计，本章首先介绍了一种制作建筑单体数据集的方法（第 5.1 节）。

5.1　建筑单体数据集 GeLayout 制作

5.1.1　信息获取

建筑单体数据集 GeLayout 的制作流程如图 5.1-1 所示。整个过程只需要少量的人工标注，即在 CAD 图纸上人工描摹出电梯、楼梯、走廊和套型的轮廓，并用一个图层储存这些信息即可。由于人工标注没有标记出空间的功能，因此本研究提出了基于空间邻接关系和空间模数的自动化识别程序来处理 DXF 文件，如图 5.1-1 所示。首先，通过读取 DXF 数据，得到所有多边形。由于楼梯和电梯有固定的建筑模数（例如，电梯的宽度通常是 2.4m，且在平面中是一个正方形），所以可以分别确定出楼梯和电梯。同时，公共区域的走廊连接所有的套型，根据此邻接关系可以找到走廊，最终剩余的多边形即为套型空间。

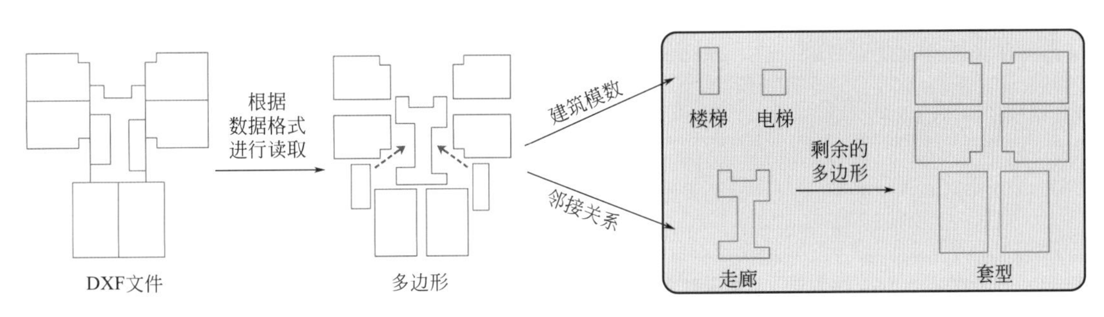

图 5.1-1　制作数据集的流程图

5.1.2　标签制作

处理 DXF 文件后可得到所需的空间信息。受到研究 [1] 的启发，将每个建筑单体平面储存为一个四通道 256×256 的图像，如图 5.1-2a 所示。在图像中，通道 1 用于储存建筑单体的边界信息，边界的掩码值为 127，其他区域为 0；通道 2 存储空间类别，不同的空间类别有不同的掩码值（例如，0 表示套型，1 表示电梯）。通道 3 则索引不同的空间，同一类别的空间从 1 开始索引（即掩码值等于 1），其中 0 表示超出边界的区域；通道 4 则储存建筑单体的区域信息，建筑区域内的像素的掩码值为 244，其他区域为 0。

为了更直观体现不同空间的邻接关系，同时建立了表示建筑空间关系的图（图 5.1-2b），并存储在 GeLayout 数据集中。图节点表示建筑空间，而边表示建筑空间的邻接关系。为了区分不同的空间（图节点），提出了一个基于通道的编码方法（式 5.1-1）。其中，*MaskValue* 表示掩码，下标 2 和 3 分别代表通道 2 和通道 3。在 *SpaceID* 中，百位数是类别掩码，十位数和个位数表示索引掩码。同时，将每个建筑空间的平面质心作为几何特征储存在每个图节点中。

$$SpaceID = MaskValue_2 \times 100 + MaskValue_3 \tag{5.1-1}$$

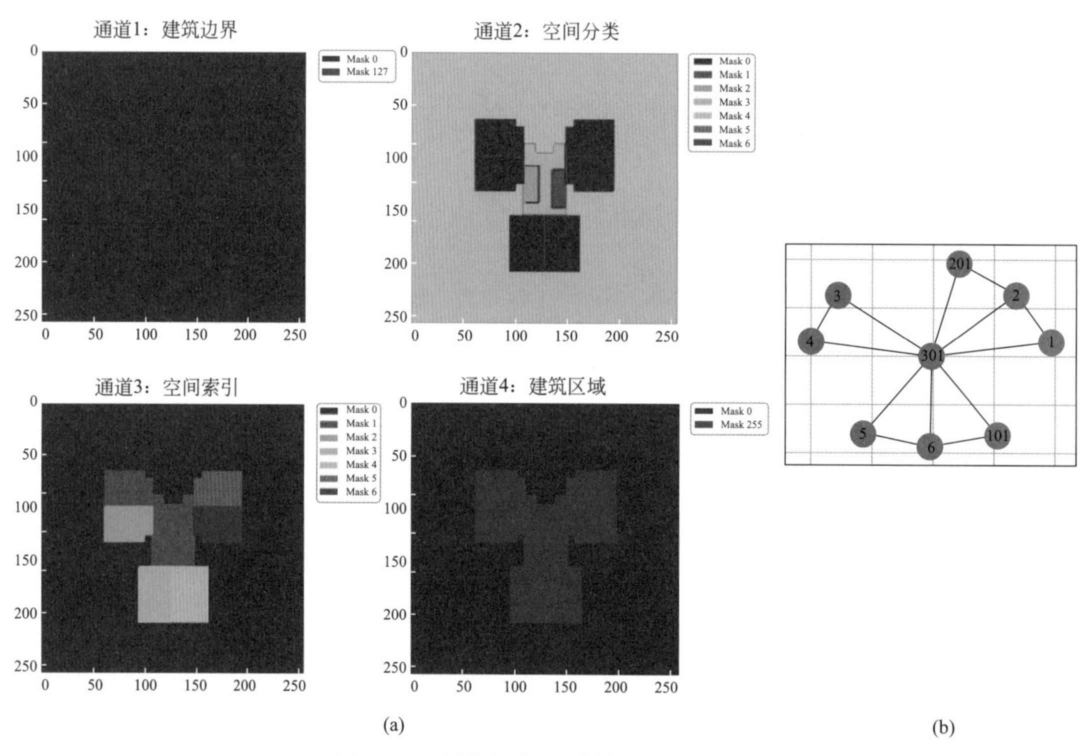

图 5.1-2 建筑单体平面数据集 GeLayout
（a）四通道图像储存的信息；（b）空间图关系

5.2 基于 UNet 网络和图算法的建筑单体生成

为了实现建筑单体的生成式设计，本节介绍了一种基于深度学习和图算法的生成式设计方法，如图 5.2-1 所示。首先，使用欧氏距离、Dice 系数和力导向图算法来匹配相似的建筑平面并进行微调。同时，本章提出了输入控制的空间注意力 UNet 模型（Input Controlled Spatial Attention UNet，ICSA-UNet）用于建筑平面的分割。最后通过图像操作将生成的像素平面进行规则化，并通过 Grasshopper 生成 BIM 模型。

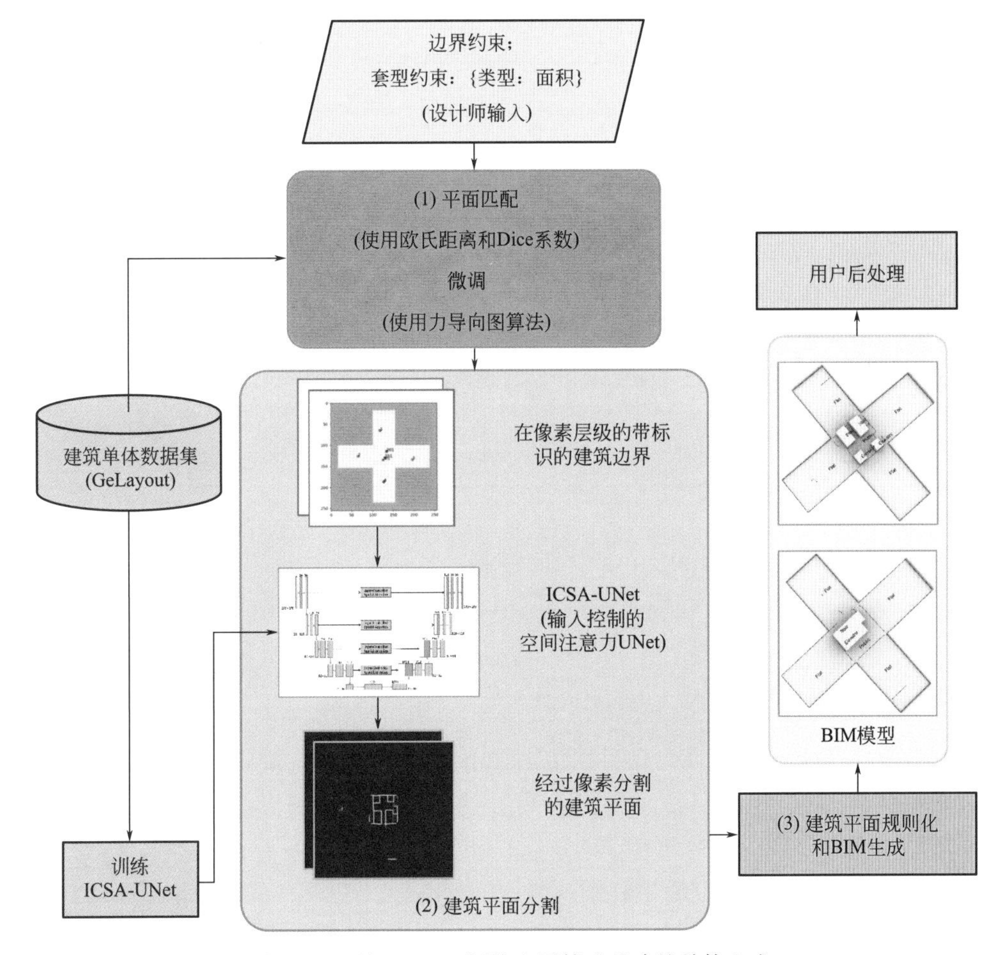

图 5.2-1 基于 UNet 网络和图算法的建筑单体生成

5.2.1 图的匹配和微调

（1）图的匹配

根据用户的输入条件，即设计师需要的建筑边界和约束条件（电梯数量、建筑套型面积及其对应的数量），本节提出了一种从 GeLayout 数据集中匹配合适的空间关系图的方法（图 5.2-2）。首先，选择满足设计师输入的公寓数量和电梯数量的建筑平面图。然后，使用欧氏距离[2] 对建筑平面中的公寓面积进行排序和比较，如式（5.2-1）所示。欧氏距离是衡量两点之间距离的常用方法，在本方法中用于衡量公寓面积的相似性。所有欧氏距离的值从小到大排序，选出前十进入下一步。在平面设计任务中，可设计区域是一个重要的约束。因此，第三步使用 Dice 系数[3] 来衡量输入建筑区域和候选平面的建筑区域之间的相似性。在机器学习中，Dice 系数是用来衡量两个样本相似度的统计量，如式（5.2-2）所示，其中 X 和 Y 都是单通道图像矩阵，分别代表设计师引入的建筑区域和前一步选定的建筑区域。同时，我们将两个图像矩阵（X 和 Y）的建筑区域的像素值设为 1，其他区

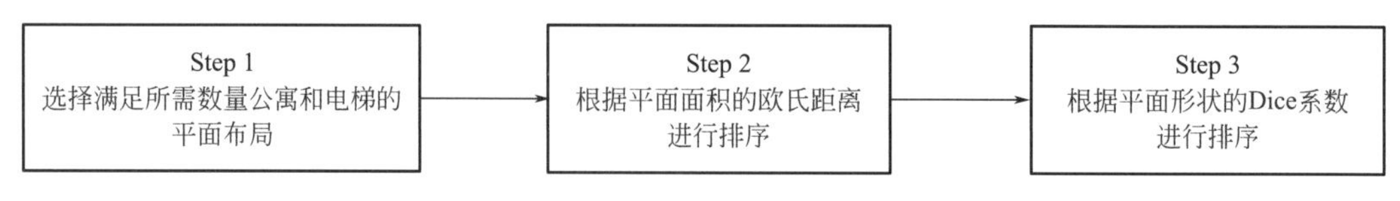

图 5.2-2　匹配建筑图的流程图

域设为 0；$|X \cap Y|$ 表示两个样本的交集。为了计算这个交集，执行两个矩阵的点积，并将结果矩阵中的所有值相加，以获得样本 X 和 Y 之间的交集，如式（5.2-3）所示；$|X|$ 和 $|Y|$ 分别指 X 和 Y 中所有元素的总和，分别如式（5.2-4）和式（5.2-5）所示。最后，将不同建筑区域的 Dice 系数从大到小排序，选出前五个。同时，从数据集 GeLayout 中获取它们对应的空间关系图。

$$score = \sqrt{\sum_{i}^{n} (\mathrm{sort}(AreaRequired)_i - \mathrm{sort}(AreaSelected)_i)^2} \tag{5.2-1}$$

$$s = \frac{2|X \cap Y|}{|X| + |Y|} \tag{5.2-2}$$

$$|X \cap Y| = \mathrm{SUM}(X \cdot Y) \tag{5.2-3}$$

$$|X| = \mathrm{SUM}(X) \tag{5.2-4}$$

$$|Y| = \mathrm{SUM}(Y) \tag{5.2-5}$$

（2）图的微调

经过上节描述的空间关系图匹配之后，发现选定的建筑平面的部分空间（由图节点表示）超出了设计者输入的边界，如图 5.2-3a 所示。为了微调空间图关系，本节提出了一种基于 Fruchterman-Reingold 力导向算法[4] 的方法。这一经典算法模拟弹簧系统，常用来实现关系图的调整，以求实现图形的美观布局[5]，如图 5.2-3c 所示。在本节中，只有代表超出边界的图节点才会被调整，且调整的先后顺序为：走廊、楼梯、电梯和套型。一次移动一个节点。例如，对于图节点 4，与图节点 4 相连的边被视为弹簧，将图节点 4 拉向其邻近的图节点。引力由式（5.2-6）定义，其中 d 代表移动图节点与其他图节点之间的几何距离；k 指的是经过反复测试确定的节点之间的最佳距离 0.5；w 为两个图节点所代表的面积的乘积。

为了保持图节点之间适当的距离，斥力由式（5.2-7）定义。其中，k 和 d 与之前定义相同。图节点 4 的斥力不仅来自其他图节点，还来自以图节点为中心的正方形感兴趣区域（Regions of Interest，ROI）内的一些边界像素。正方形 ROI 定义为 $n \times n$ 像素区域，类似于卷积核的概念，因此 n 被设置为核大小，如图 5.2-3c 所示。核大小（n）在重复实验后确定为 5。微调后的图节点如图 5.2-3b 所示，可见其保留了原始建筑布局的特点。此外，当图节点的位置被确定时，该位置的像素值将被替换为相应图节点的像素值，如图 5.2-3b 所示。这个过程被称为图节点的像素化。

$$F_{\mathrm{a}} = w \frac{d^2}{k} \tag{5.2-6}$$

$$F_{\mathrm{r}} = -\frac{k^2}{d} \tag{5.2-7}$$

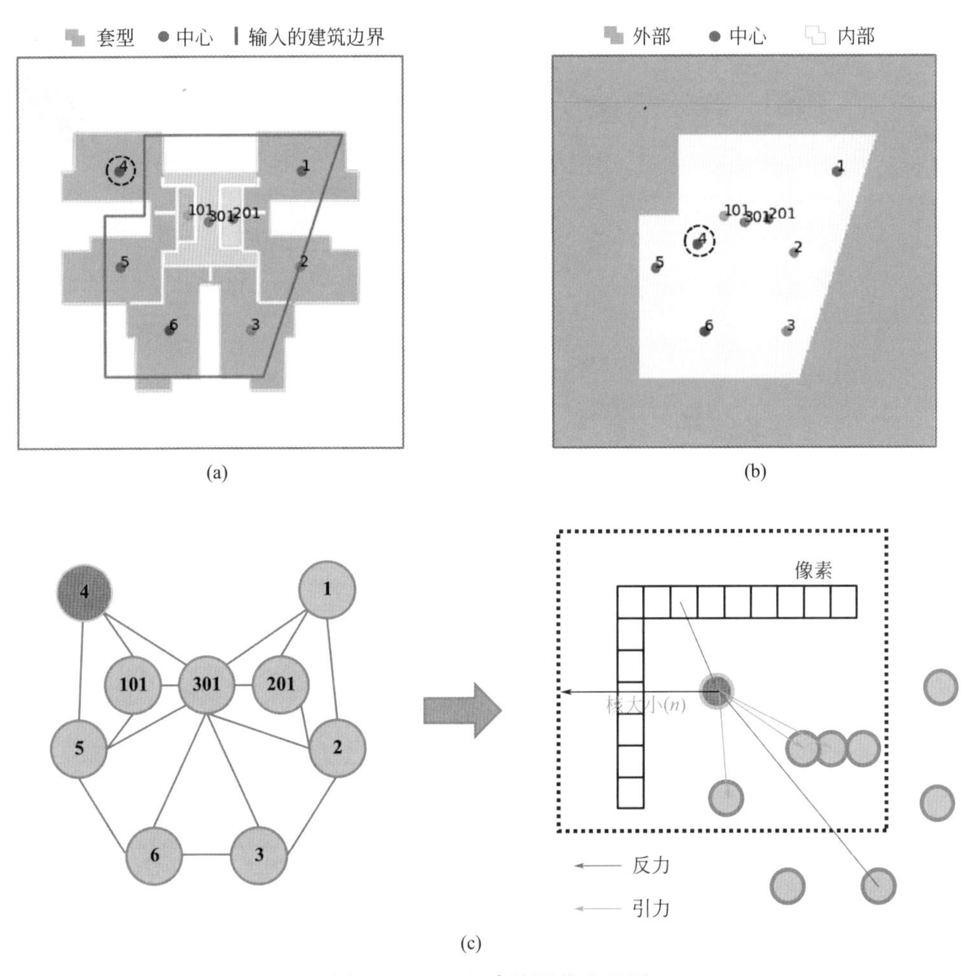

图 5.2-3 匹配建筑图的流程图

（a）微调前图节点的位置；（b）微调后图节点的位置；（c）基于 Fruchterman-Reingold 力导向算法的方法

5.2.2 基于 ICSA-UNet 的建筑平面分割

（1）ICSA-UNet 的架构

为了使用 5.2.1 节生成的图节点来分割建筑区域，本节提出了基于 UNet 网络[6] 的 ICSA-UNet 的网络架构，如图 5.2-4 所示。该模型的输入图像是带有像素化图节点的像素化建筑区域。模型生成的输出图像是灰度图，像素值范围从 0 到 1。在这个输出图像中，像素值表示内墙的概率，白色像素（像素值为 1）表示内墙的存在。

提出的架构采用 UNet[6] 作为骨干架构，具有编码器-解码器结构。编码器和解码器的每个步骤都包含两个结构化卷积块（Structured Convolution Blocks，SCBs），由卷积层、ReLU 激活函数和批量归一化层组成。此外，在解码器中的两个 SCBs 之后应用 2×2 最大池化操作，以减小特征图的尺寸。在解码器中的两个 SCBs 之前，使用双线性插值、卷积、批量归一化和 ReLU 激活函数来减半特征通道的数量并加倍特征图的大小。最后，在最后一层使用 1×1 Conv 和 Sigmoid 函数来获取分割图像。此外，在每个跳跃连接中添加了输入控制的空间注意力模块。

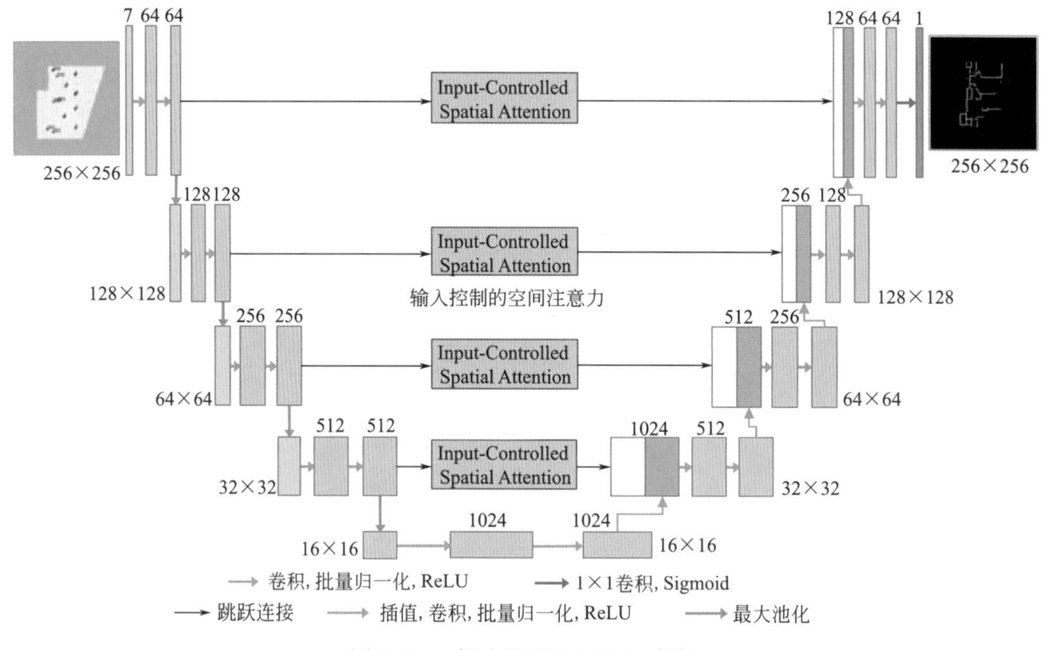

图 5.2-4　提出的 ICSA-UNet 架构

（2）输入控制的空间注意力模块

受到卷积块注意力模块（Convolutional Block Attention Module）中空间注意力机制[7] 和 ResNet 中的跳跃连接[8] 的启发，本节提出了输入控制的空间注意力（Input-Controlled Spatial Attention，ICSA）模块，使上采样阶段更加聚焦于输入图像的特征，如图 5.2-5 所示。首先，分别应用最大池化和平均池化将输入图像调整为 $H_x \times W_x$（编码器中特征图 x 的大小）。随后，将这些特征图合并，然后使用 1×1 卷积层沿着通道轴进行特征提取。接着利用 Sigmoid 激活函数生成编码器特征图的空间注意力矩阵。此外，使用跳跃连接直接映射和简化神经网络的传播。跳跃连接中的 ICSA 模块可以通过式（5.2-8）和式（5.2-9）来计算。其中，F_{de} 是编码器中的特征图，F_{en} 代表通过 ICSA 模块获得的输出特征图，A 表示注意力图，$f^{1\times1}$ 指的是大小为 1×1 的卷积操作，σ 代表 Sigmoid 函数。

如图 5.2-4 所示，在 UNet 中的每个跳跃连接中都使用了 ICSA 模块。需要注意的是，因为输入图像包含了所有关键信息而没有冗余信息，所以输入图像（Image_{input}）在不同的跳跃连接中被聚焦并生成注意力矩阵（式 5.2-9）。

$$F_{de} = F_{en} + F_{en} \otimes A \tag{5.2-8}$$

$$A = \sigma(f^{1\times1}[\mathrm{MaxPool}(\mathrm{Image}_{input});\ \mathrm{AvgPool}(\mathrm{Image}_{input})]) \tag{5.2-9}$$

（3）数据增强和损失函数

为了验证提出的神经网络的有效性，数据集 GeLayout 被用于训练神经网络。为了增强网络模型的鲁棒性，对数据进行增强，即采取水平翻转，顺时针旋转 90°、180°和 270°等操作。

在本研究中，采用二元交叉熵（Binary Cross-Entropy，BCE）作为损失函数，如式（5.2-10）所示。其中，y 是真实标签（0 或 1），$\hat{y}$ 是预测概率。在训练过程中，BCE 损失是在单个批次所有样本上的平均值。

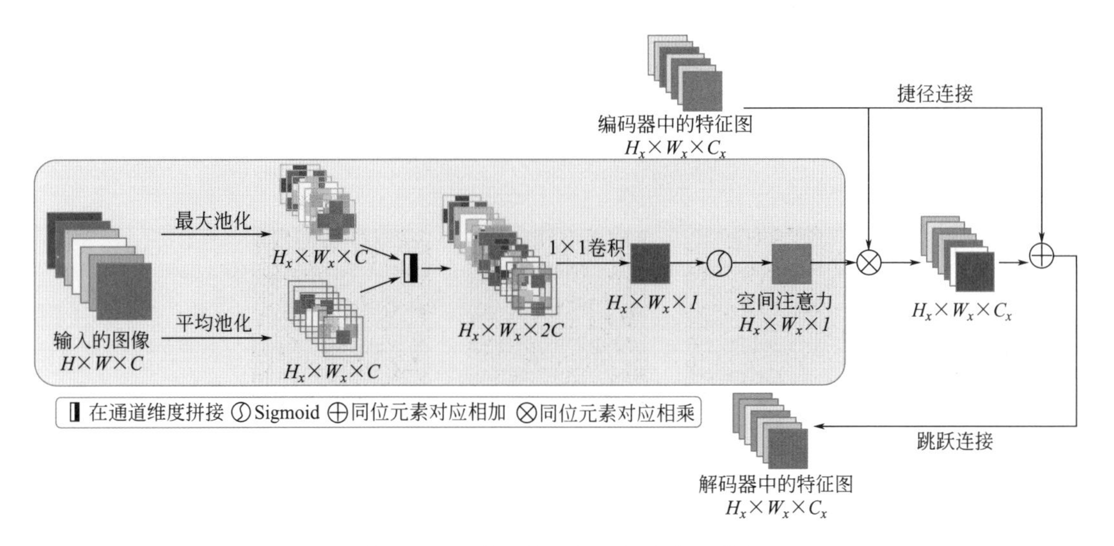

图 5.2-5 输入控制的空间注意力模块

$$\text{BCE Loss}(y, \hat{y}) = -(y \times \log(\hat{y})) + (1-y) \times \log(1-\hat{y}) \tag{5.2-10}$$

(4) 评价标准

在本研究中，输出的灰度图像中的白色像素被视为正例，代表内部墙体。混淆矩阵[9]通常用来评估网络的能力，其中 TP、FP、TN 和 FN 分别表示真正例、假正例、真负例和假负例像素的数量。精确度代表预测为正例的样本中预测正确的比例（式 5.2-11），而召回率是指预测正确的正例占实际正例样本的比例（式 5.2-12）。在本项研究中，采用 F1 分数（式 5.2-13）作为一个评价指标，即精确度和召回率的调和平均值。此外，还使用了精确度-召回曲线下面积的平均值（mAP）作为第二个评价指标。为了评估整体的分割性能，采用 mIoU、作为第三个评价指标，如式（5.2-14）、式（5.2-15）所示。其中，i 代表第 i 个标签，N 在这项研究中为 2。

$$\text{Precision} = \frac{\text{TP}}{\text{TP} + \text{FP}} \tag{5.2-11}$$

$$\text{Recall} = \frac{\text{TP}}{\text{TP} + \text{FN}} \tag{5.2-12}$$

$$\text{F1 score} = \frac{2 \times \text{Recall} \times \text{Precison}}{\text{Recall} + \text{Precison}} \tag{5.2-13}$$

$$\text{IoU}_i = \frac{\text{TP}_i}{\text{TP}_i + \text{FP}_i + \text{FN}_i} \tag{5.2-14}$$

$$\text{mIoU} = \frac{\sum_{i}^{N} \text{IoU}_i}{\text{TP}_i + \text{FP}_i + \text{FN}_i} \tag{5.2-15}$$

5.2.3 建筑平面规则化和 BIM 生成

在上节中获得的分割结果是像素图像，需要将其转换为矢量数据。为了实现这一目标，本节提出了一系列图像操作方法，如图 5.2-6 所示。首先，将灰度图像二值化，以简化图像并增强对比度。接着，执行形态学闭操作，以填补小裂缝或去除小孔洞。最后，提取像素骨架并找到轮廓。这些操作基于 OpenCV 库[10]，该库被广泛应用在图像处理中。

为实现 BIM 模型的建立，编写了一个基于 Rhino. Python[11] 的 Python 脚本，根据像素对应的实际距离（即每个像素对应 192mm）进行矢量化并自动建立建筑平面的三维 BIM 模型（图 5. 2-7a）。使用生成的 BIM 模型，设计师可以根据设计偏好进行后处理（图 5. 2-7b）。

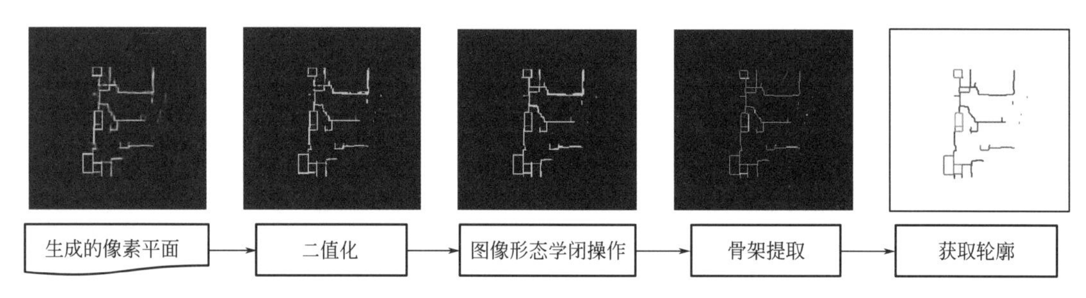

图 5. 2-6　建筑平面规则化

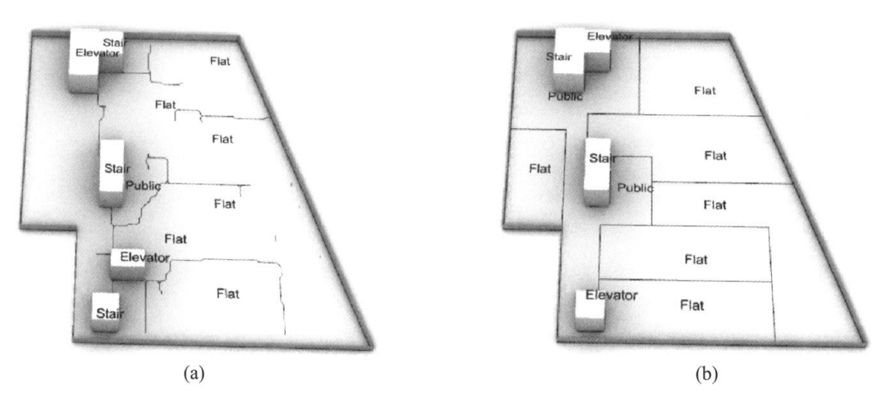

图 5. 2-7　BIM 模型

（a）生成的 BIM 模型；（b）经过后处理的 BIM 模型

5. 2. 4　实验分析

为了验证提出的 ICSA-UNet 网络，将 GeLayout 数据集分为训练集和测试集，比例为 4∶1。采用 Adam 优化器[12] 作为神经网络参数优化器，模型训练的批量大小为 8。训练时使用了 Python 3. 9 和 PyTorch 1. 13，并且所有实验都在配备 10GB 内存的 NVIDIA GeForce RTX 3080 上运行。

为了验证提出的利用深度学习和图算法自动生成建筑单体布置的方法的有效性，采用两种类型案例进行验证：常规类型和异形类型。每种类型包括三个案例，如图 5. 2-8 所示。其中，“套型”包括套型面积及其对应的数量（{面积（m^2）：数量}）和所需的电梯数量。根据设计师的设计经验，矩形是最常见的建筑边界，因此常规类型包括三个不同长度、宽度和纵横比的矩形。此外，通过三个异形案例，分别为 T 形、Z 形和十字形，验证提出的方法的生成能力。

基于所提供的案例，第（1）节验证了图匹配和微调的有效性。第（2）节验证了提出的 ICSA-UNet 的有效性。此外，第（3）节验证了生成模型和处理后模型的实用性。另外，为了验证提出的输入控制空间注意力 UNet（ICSA-UNet）的有效性，第（2）节还展示了 ICSA-UNet 与基线模型（UNet，Attention UNet[13]）之间的对比实验。

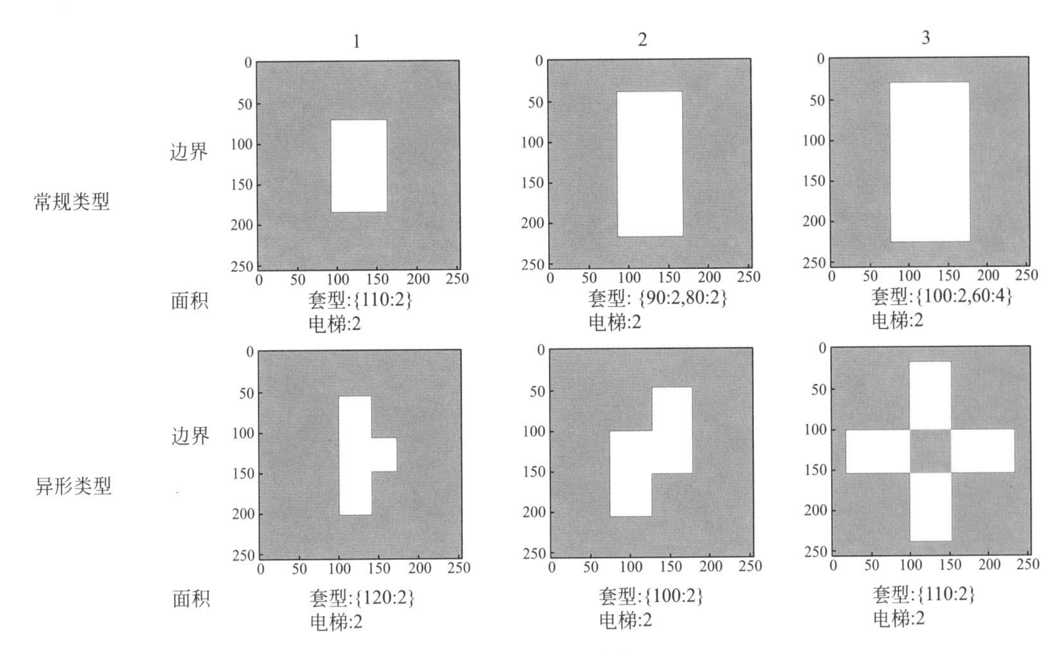

图 5.2-8 验证案例

（1）建筑平面匹配和微调的有效性

图 5.2-9 为空间图关系匹配结果和微调结果，使用 A-B-C 来表示案例标签：A 代表类型，B 表示案例索引，C 指的是布局索引。结果显示，匹配的图节点满足公寓数量要求和电梯数量需求，且建筑边界与输入的边界在常规和异形的类型下均相似。需要指出的是，在异形-2-1 和异形-2-2 案例中选择的建筑边界并不特别合理，选中的建筑边界倾向于矩形而非 Z 形。这是因为数据集中带有 Z 形建筑边界的布局较少，因此它们没有匹配到任何 Z 形边界，而是匹配了相似的矩形边界。采用提出的基于力导向的图算法对匹配的图节点进行微调，结果显示在图 5.2-9 的“微调”栏中。如图 5.2-9 所示，在常规和异形类型中，所有图节点都在最大程度保持原始布局特征，并重新定位于建筑边界内。

（2）提出的 ICSA-UNet 的有效性

图 5.2-10 显示了三个模型在训练和验证阶段的损失值。训练阶段的曲线显示，ICSA-UNet 比 UNet 收敛得更快、更稳定，并且具有更小的损失值。同样，验证阶段的曲线也显示 ICSA-UNet 具有更小的损失值。最终的分割结果如表 5.2-1 所示。就精确度而言，三个模型表现出相对类似的性能。然而，在 F1 分数、mAP 和 mIoU 方面，所提出的 ICSA-UNet 优于 UNet 和 Attention UNet，实现了更高的分割精度。

通过使用这三个训练好的模型，像素化的建筑区域和图节点被分割，如图 5.2-11 所示。由于电梯和楼梯具有固定的矩形形状，这三个神经网络模型可以准确地学习这些特征。相反，公寓的分割线是不规则的，并且在不同的建筑平面中有所不同，使得它们在分割结果中的确定性不如电梯或楼梯。此外，由 UNet 生成的大多数布局通常看起来模糊不清，并且展示了许多多余的、不明确的分割线。相比之下，ICSA-UNet 生成的布局要更加简洁明了。Attention UNet 的性能介于上述两个模型之间。这种区别在常规案例 3 中尤为明显。

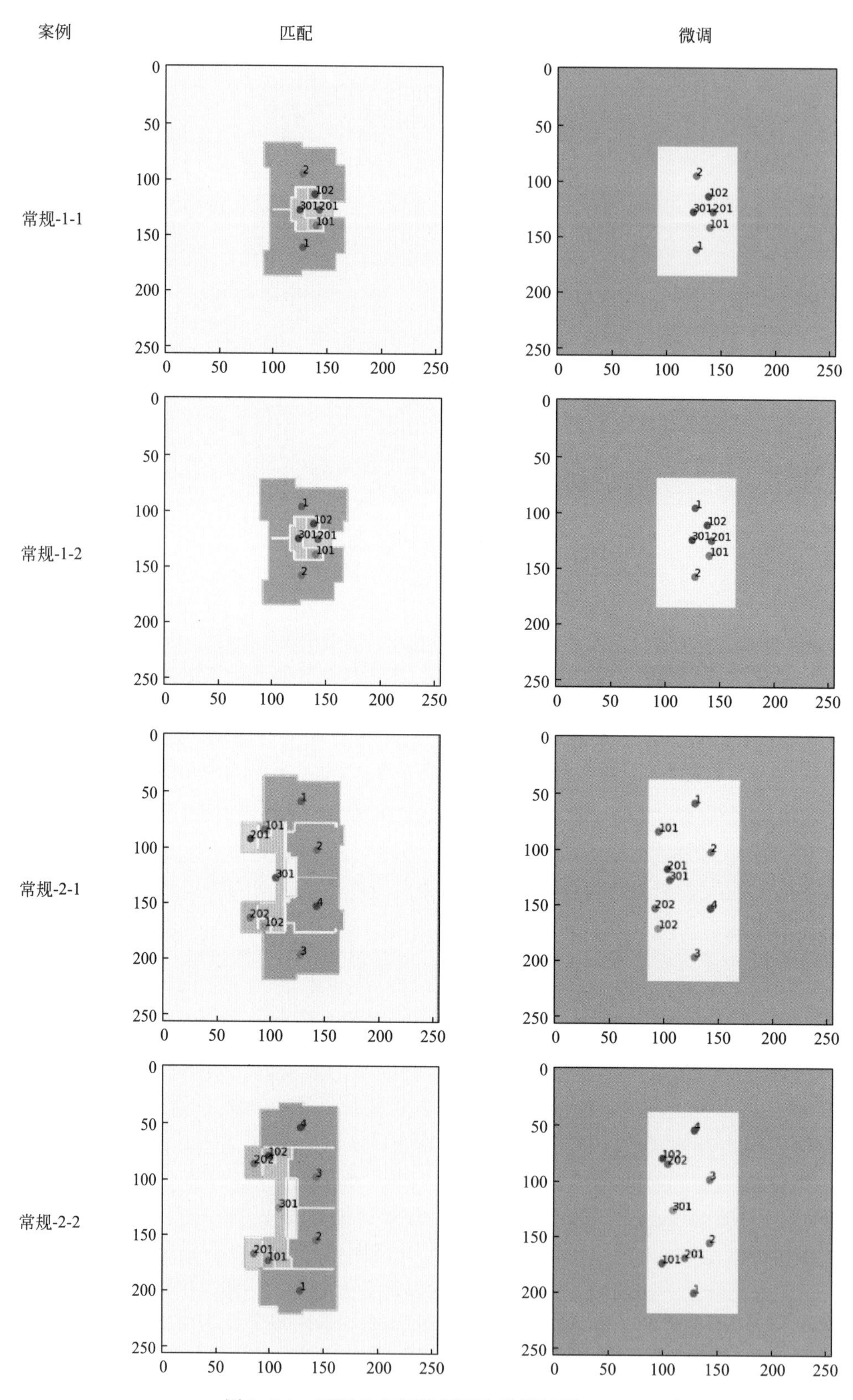

图 5.2-9　匹配的空间关系图和微调结果（一）

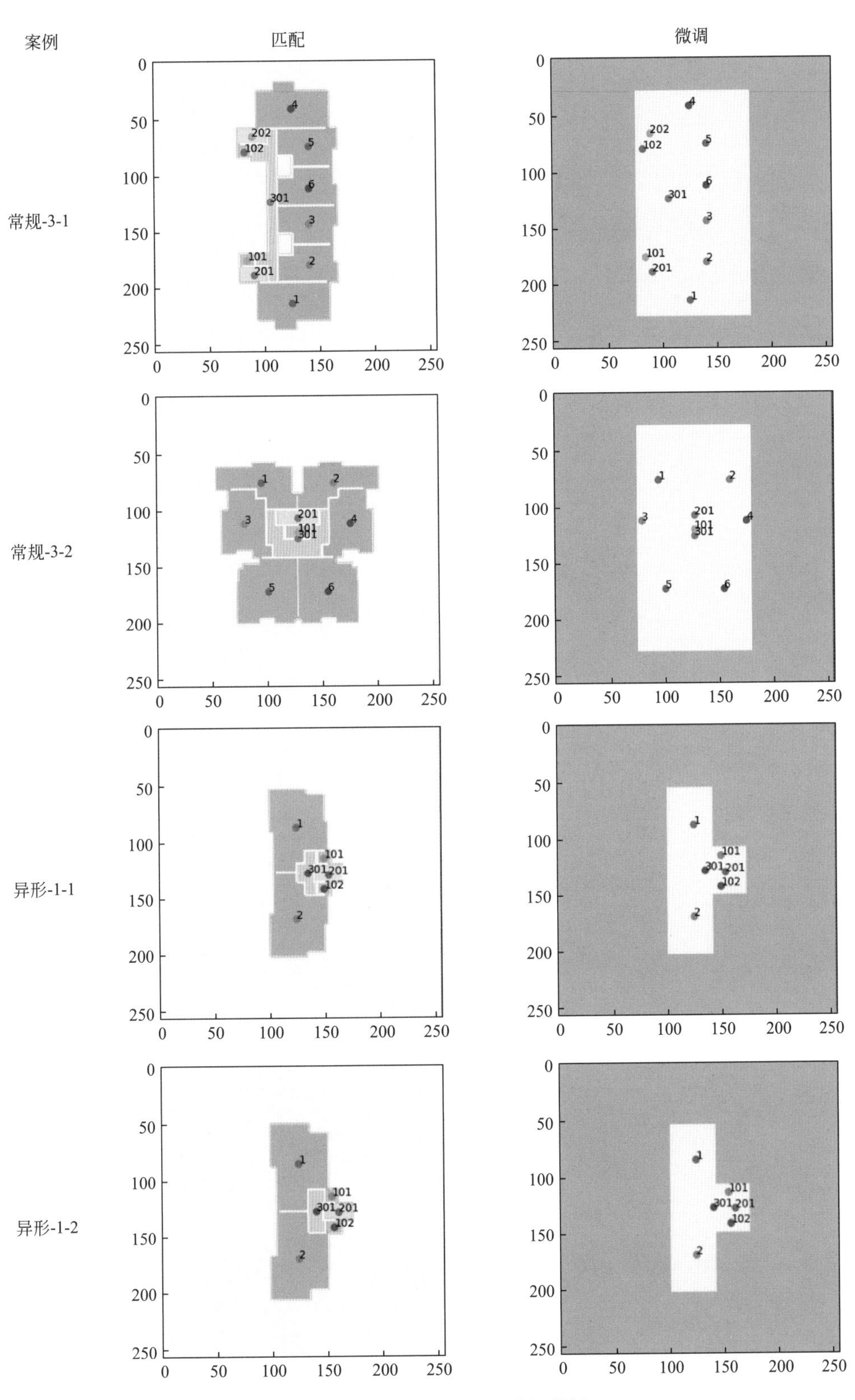

图 5.2-9 匹配的空间关系图和微调结果（二）

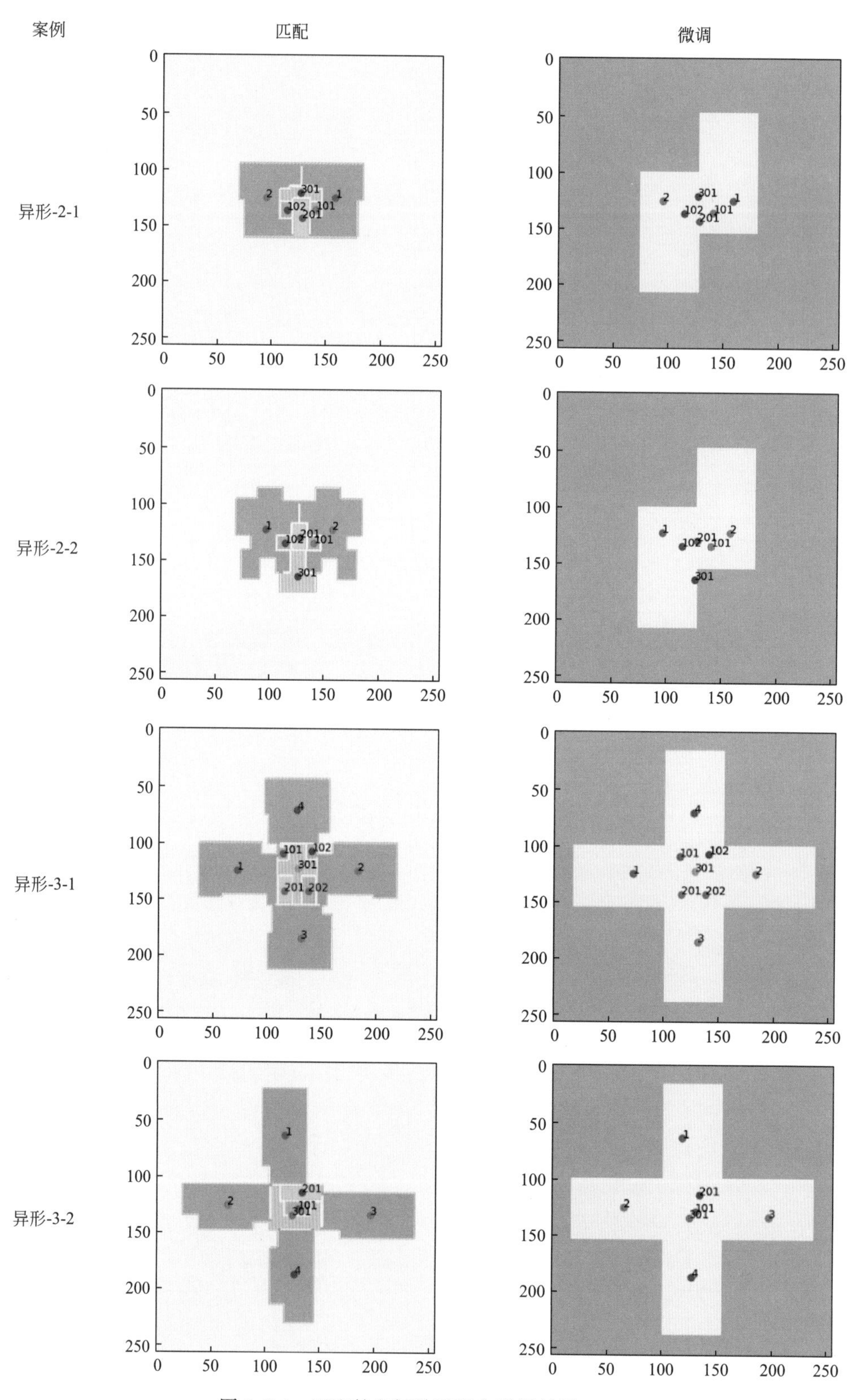

图 5.2-9　匹配的空间关系图和微调结果（三）

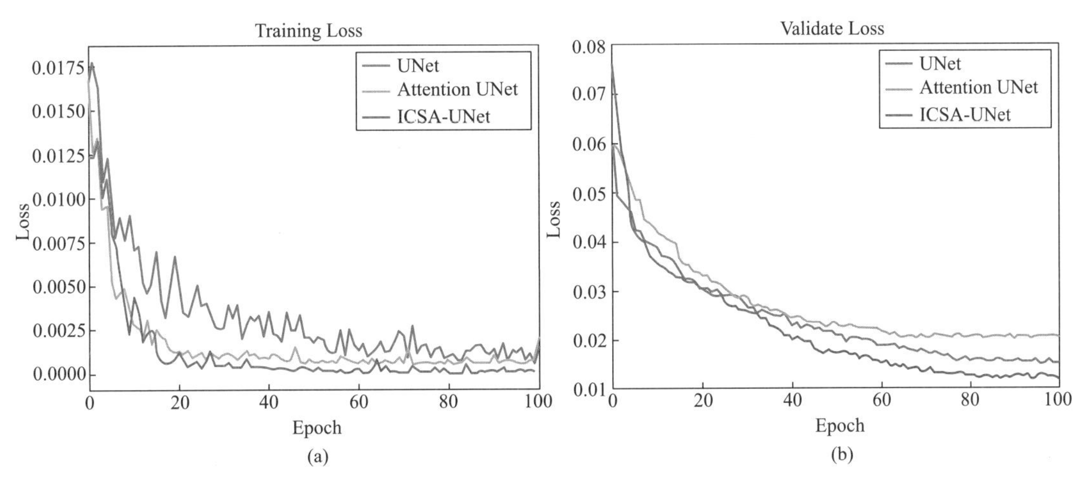

图 5.2-10 三个模型的损失函数

(a) Training Loss；(b) Validate Loss

不同模型的分割精度 表 5.2-1

模型	精度	F1 分数	mAP	mIoU
UNet	0.995	0.647	0.838	0.783
Attention UNet	0.996	0.727	0.867	0.810
ICSA-UNet	0.996	0.765	0.875	0.825

图 5.2-12 展示了三个模型在不同训练时期生成的典型案例 3 布局 2 的图像。最初，ICSA-UNet 生成的图像也展示了许多多余的、明显的分割线，与另外两个模型类似。然而，随着模型的训练，ICSA-UNet 学会专注于线条的生成，生成了定义清晰、简洁的分割线。此外，ICSA-UNet 更快地学会了电梯和楼梯的矩形形状特征，在最初的几个时期内就掌握了其特征。最终，ICSA-UNet 生成的图像比其他两个模型具有更少的不确定模糊区域和更明确的线条。

(3) BIM 模型的生成和后处理

图 5.2-13 中"生成结果"栏为生成的 BIM 模型。生成的图像可以准确地转换成具有空间功能标记的 BIM 模型。为了验证生成的建筑布局的合理性，本研究提出了评估指标，如表 5.2-2 所示。这些指标包括楼梯、电梯和套型布置的分隔线的规则性和合理性，以及整个建筑布局的总体合理性。同时，为了定量描述各个方面的性能，为每个评估指标分配了 0 到 10 的分值，并邀请三位经验丰富的设计专家进行评估并给出分数。

在常规和异形类型下生成的模型的分数分别如表 5.2-3 和表 5.2-4 所示。除了第二个指标（套型边界的几何规则性）外，其他所有指标在两种情况下的平均分都超过了 7.5，波动较小，表现出令人满意的设计能力。套型边界的几何不规则性主要归因于分割线样式的多样性和缺乏明显特征。在整个布局的合理性方面，常规情况下模型的平均分数为 37.06，方差为 1.58，为理论最高分（50）的 74.12%，而异形情况下为 38.22，方差为 2.62，为理论最高分（50）的 76.44%。总体而言，这些结果表明，在两种情况下生成的模型有效地满足了设计师在初步设计阶段的基本设计要求，并实现了高稳定性的设计辅助。

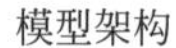

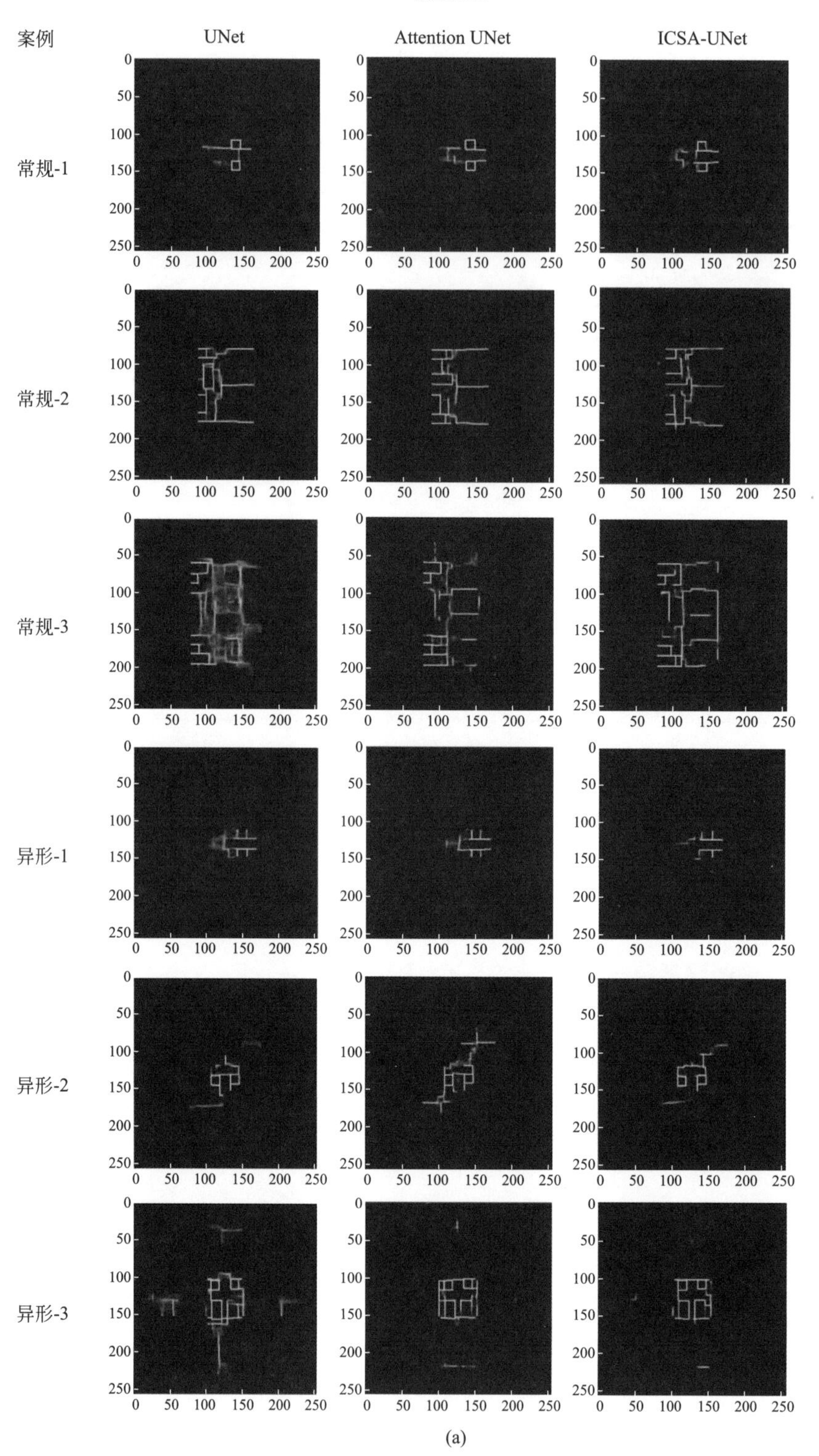

图 5.2-11　建筑单体平面图像分割（一）

（a）布局平面 1

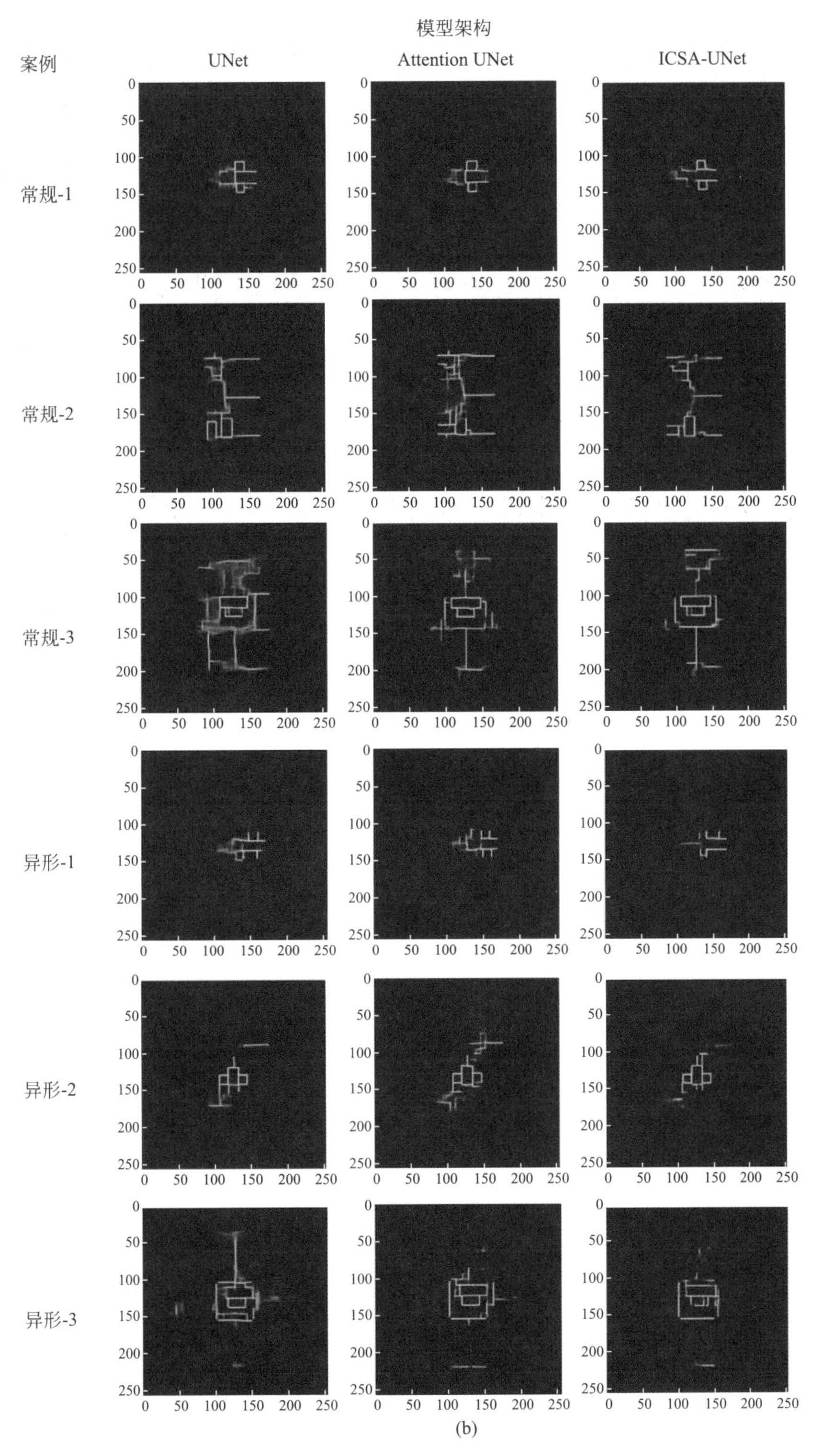

图 5.2-11 建筑单体平面图像分割（二）

(b) 布局平面 2

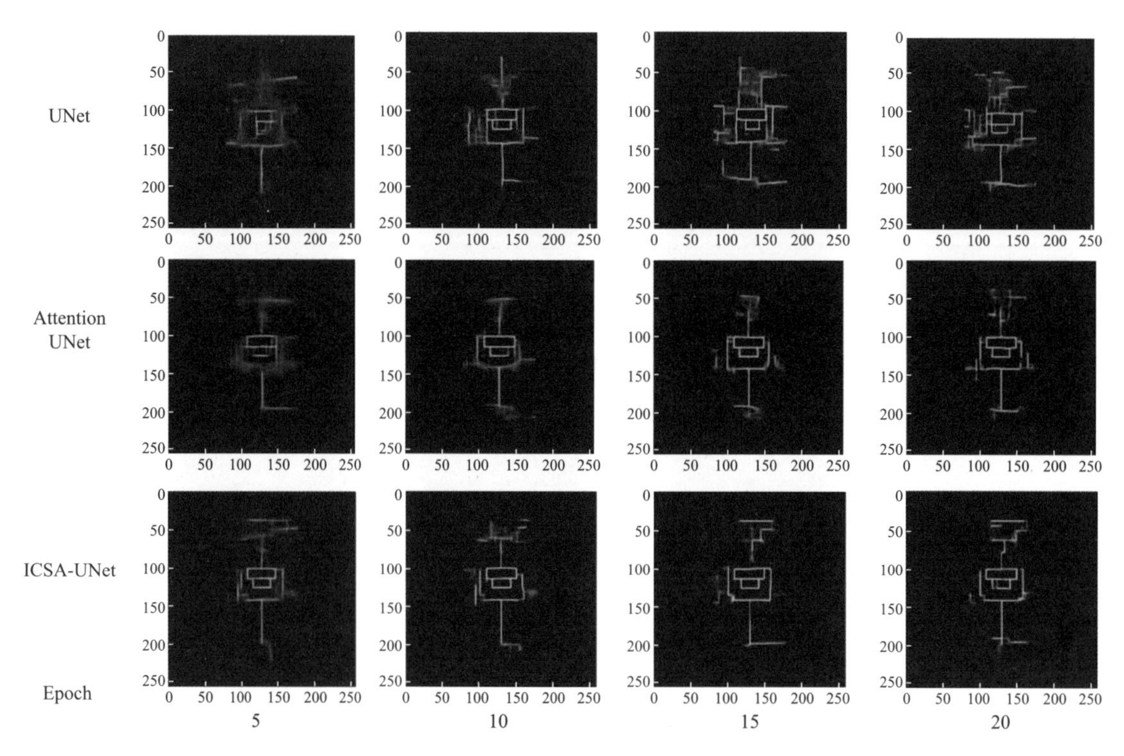

图 5.2-12 常规案例 3 布局 2 的注意力机制可视化

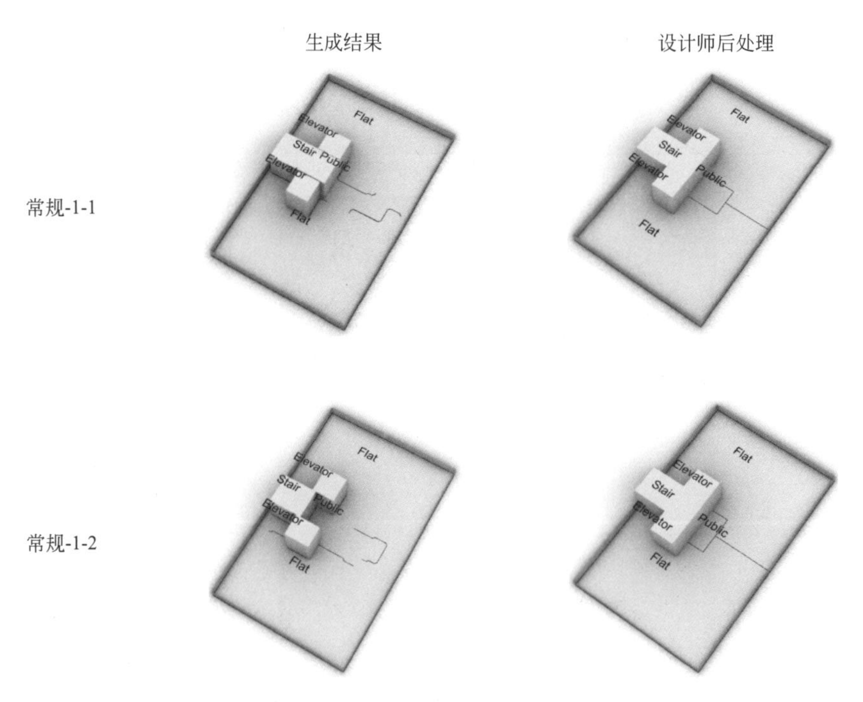

图 5.2-13 生成的 BIM 模型（一）

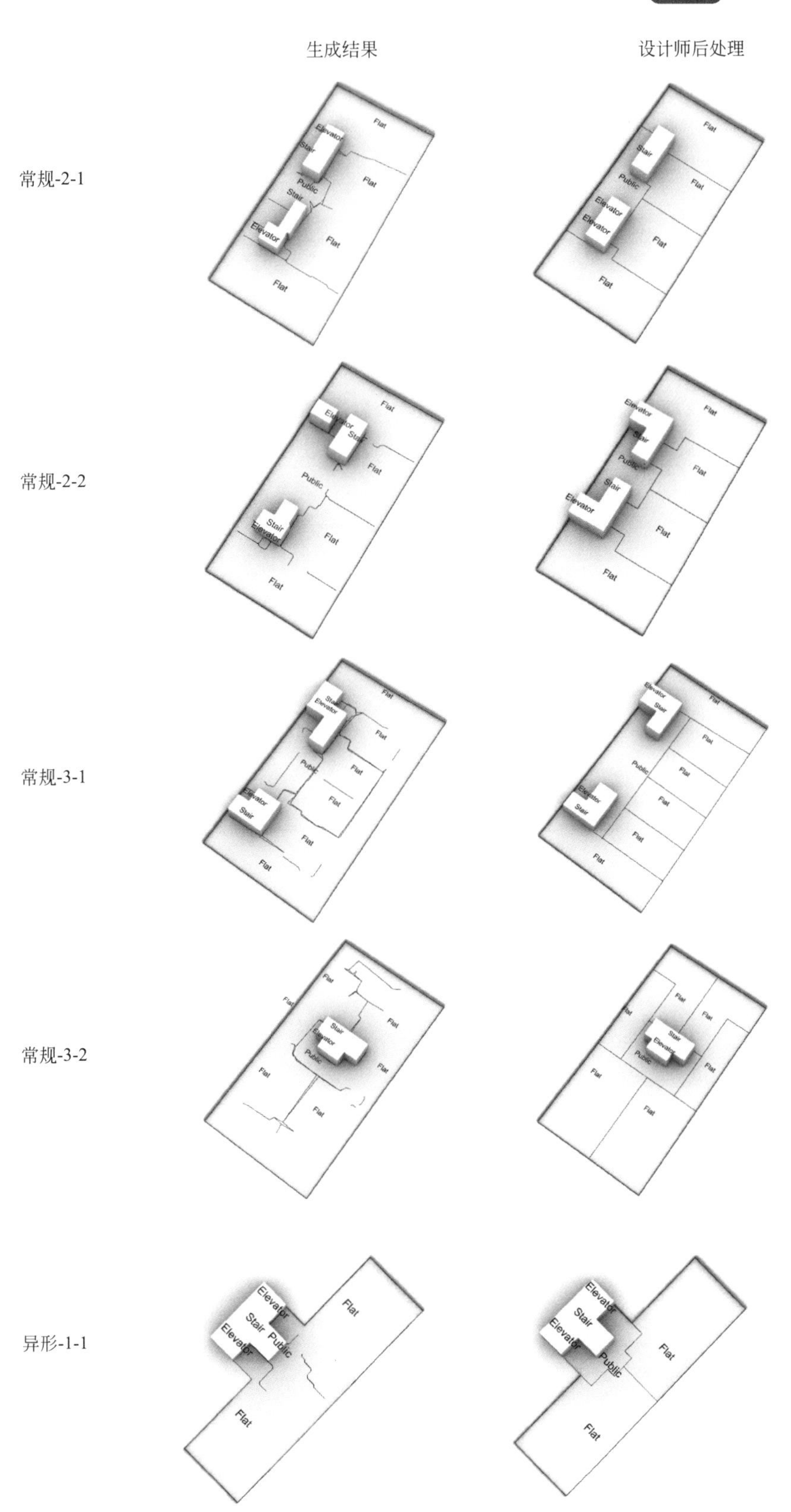

图 5.2-13 生成的 BIM 模型（二）

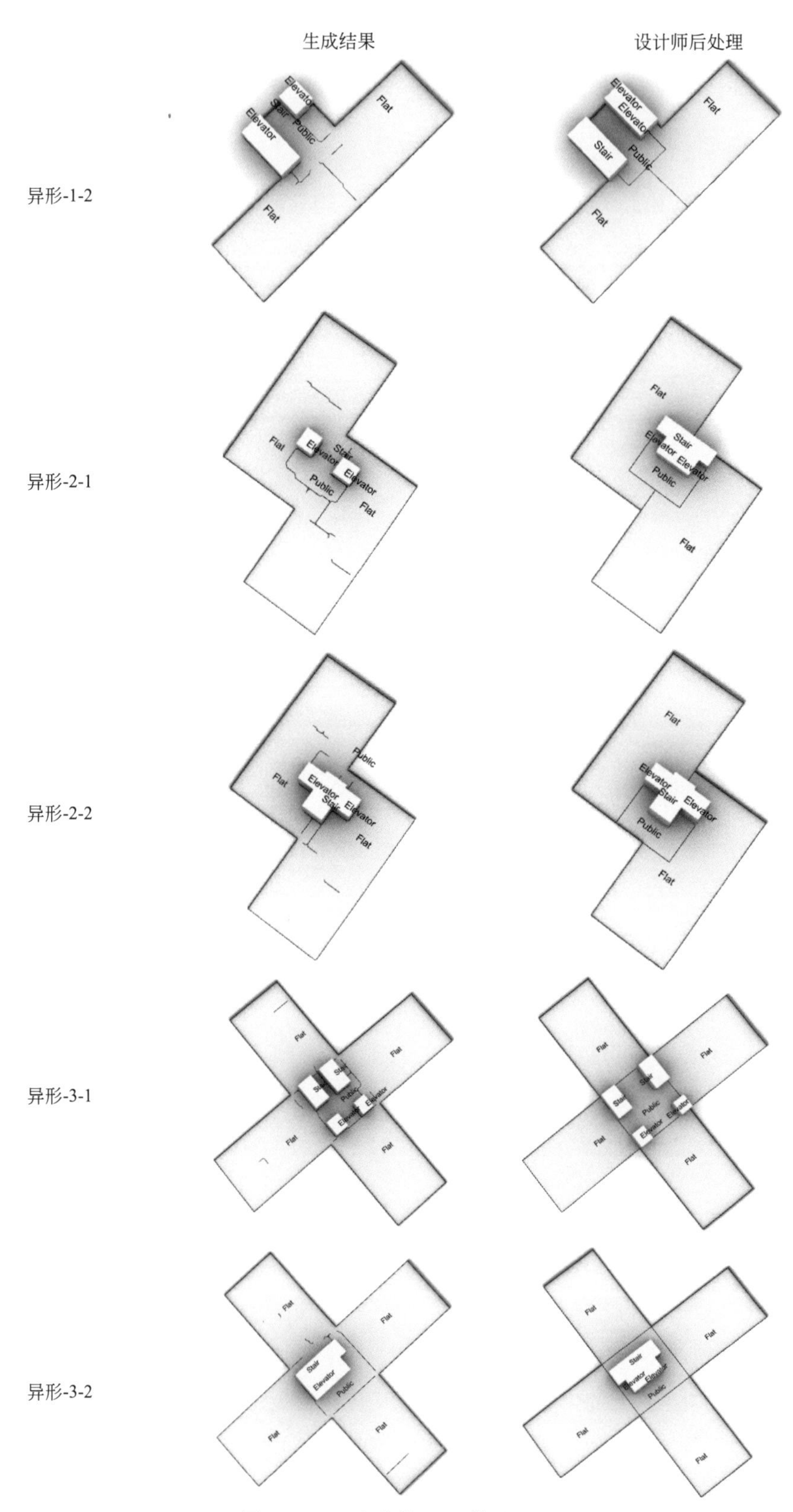

图 5.2-13　生成的 BIM 模型（三）

生成的模型的评估指标 **表 5.2-2**

项目	名称	描述	分值范围
1	Re-EL	电梯和楼梯的几何边界的规则性	[0,10]
2	Re-F	套型几何边界的规则性	[0,10]
3	Ra-EL	电梯和楼梯位置的合理性	[0,10]
4	Ra-F	套型位置的合理性	[0,10]
5	Ra-La	整个平面的合理性	[0,10]

常规类型案例的分数分析 **表 5.2-3**

类型	案例	布局	专家	标准					和	均值
				1	2	3	4	5		
常规	1	1	1	8	6	8	8	9	39	38.33
			2	8	7	8	8	9	40	
			3	8	5	8	8	7	36	
		2	1	8	6	8	8	9	39	38.33
			2	8	6	8	8	8	38	
			3	8	6	8	8	8	38	
	2	1	1	8	7	7	8	8	38	38.00
			2	7	7	8	8	8	38	
			3	7	7	7	9	8	38	
		2	1	8	8	7	8	8	39	37.67
			2	8	8	7	8	8	39	
			3	7	7	6	8	7	35	
	3	1	1	8	5	8	8	7	36	36.00
			2	8	6	7	7	7	35	
			3	8	6	8	8	7	37	
		2	1	8	6	8	5	8	35	34.00
			2	8	6	7	6	7	34	
			3	7	5	8	6	7	33	
均值				7.78	6.33	7.56	7.61	7.78	37.06	37.06
方差				0.42	0.88	0.60	0.95	0.71	1.96	1.58

异形类型案例的分数分析 **表 5.2-4**

类型	案例	布局	专家	标准					和	均值
				1	2	3	4	5		
异形	1	1	1	9	7	9	8	8	41	40.67
			2	8	7	8	8	8	39	
			3	9	7	9	8	9	42	
		2	1	7	8	6	8	7	36	37.33
			2	8	7	9	8	9	41	
			3	7	8	5	8	7	35	

续表

类型	案例	布局	专家	标准					和	均值
				1	2	3	4	5		
异形	2	1	1	5	6	7	8	7	33	33.33
			2	7	6	8	8	7	36	
			3	5	7	7	6	6	31	
		2	1	8	6	8	6	8	36	37.33
			2	8	7	8	8	8	39	
			3	8	6	9	6	8	37	
	3	1	1	8	8	8	8	9	41	41.00
			2	8	7	8	9	8	40	
			3	8	8	9	8	9	42	
		2	1	8	8	8	8	9	41	39.67
			2	8	7	7	8	8	38	
			3	7	8	8	9	8	40	
均值				7.56	7.11	7.83	7.78	7.94	38.22	38.22
方差				1.07	0.73	1.07	0.85	0.85	3.10	2.62

两种情况下的分数比较如图 5.2-14 所示。除了第一个指标（电梯和楼梯几何边界的规则性）外，异形情况下模型的分数略高于常规情况下的分数，无论是单个指标还是总体评估。然而，在大多数指标和总体评估中，常规情况下生成的模型显示出更小的方差。这可能归因于异形情况下更复杂的建筑边界，它们为整个设计过程提供了额外的设计信息，但也引入了不稳定性。

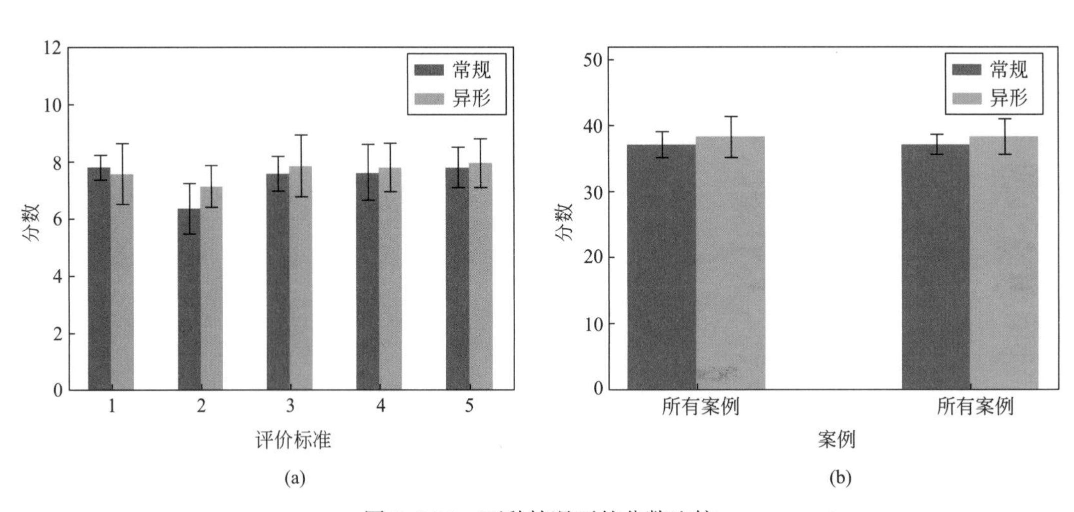

图 5.2-14　两种情况下的分数比较

（a）不同指标相对应的分数；（b）不同类型下的分数

受生成的 BIM 模型的启发，设计师调整出了不同的建筑单体布置，如图 5.2-13 中的“设计师后处理”栏所示。大多数操作是根据分割曲线和设计经验，将曲线转换成直线。根据对设计师操作时间的统计，这些模型的平均后处理时间不超过一分钟，很好地提高了设计效率。

5.3 基于堆叠迁移学习的建筑单体生成

本章 5.1 节介绍的 GeLayout 数据集为建筑单体平面数据集，然而却面临着数据量不足的挑战。为了实现从小规模数据集进行学习，本节介绍的生成式设计方法将迁移学习和集成学习结合，提出了堆叠迁移学习方法。

5.3.1 堆叠迁移学习网络架构

训练建筑单体平面生成器的一个重要挑战是数据的稀缺性。同时，有限数据和少样本学习也是数据科学和机器学习中的基础问题[14,15]。迁移学习可以利用现有的知识或模型来加速新任务的学习并提高新模型的性能，已被广泛应用于建筑领域[16-18]。此外，堆叠集成学习[14] 也是一种重要的机器学习方法，它可以实现小规模数据集的数据挖掘和模型构建[19-21]。堆叠集成学习通常将整个架构分为两层，如图 5.3-1 所示。在第一层中，训练多个基本模型并生成预测结果，这些结果提供给第二层的元学习器，元学习器被训练生成最终的结果。

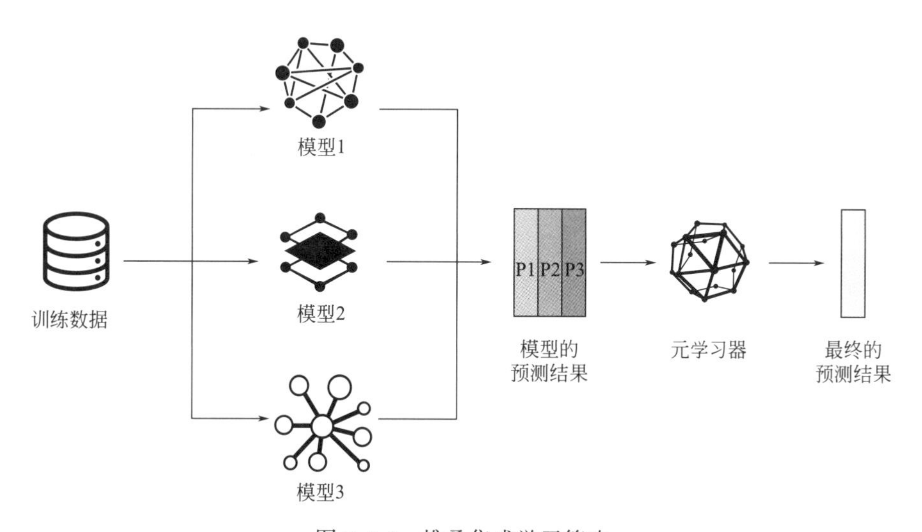

图 5.3-1 堆叠集成学习策略

在建筑平面设计中，场地平面、单体平面和套型平面之间存在联系，同时三者之间的设计方法存在相似性。受此启发，迁移学习被用来将场地平面生成和套型平面生成中的知识迁移到建筑单体生成中。此外，集成学习也可以从小规模数据集中有效地学习。本研究提出了一种基于堆叠迁移学习的建筑单体平面生成方法。堆叠迁移学习的架构如图 5.3-2 所示。第一层堆叠的两个预训练的基本模型分别为使用 ReCo 训练的场地平面生成器（第 4 章）和使用 RPLAN 数据集训练的套型平面生成器（第 6 章）。同时，对这些生成器的最后一个神经网络模块（即第 4.1.1 节介绍的输出模块）进行微调，并冻结其他神经网络参数。

此外，本节还提出了一个用于集成学习的元学习器（图 5.3-2），元学习器的架构也采用了 Pix2Pix 中的 UNet。编码器块 B_{en} 的架构与第 4.1.1 节描述的类似，但是中间模块 B_{mid} 中的卷积层核大小改为 3×3，步长为 1，填充为 1。中间模块 B_{mid}（·）表示为式（5.3-1）。场地平面生成器产生的特征矩阵 $\boldsymbol{P}_{SLG}$ 和套型平面生成器产生的特征矩阵 $\boldsymbol{P}_{FLG}$ 都是元学习器的输入。元学习器首先沿着通道维度将两个输入拼接起来，然后将它们输入元学习器中。

$$B_{mid}(x)=\mathrm{LeakyReLU}(\mathrm{Normal}(\mathrm{Conv}_{(3,1,1)}(x))) \tag{5.3-1}$$

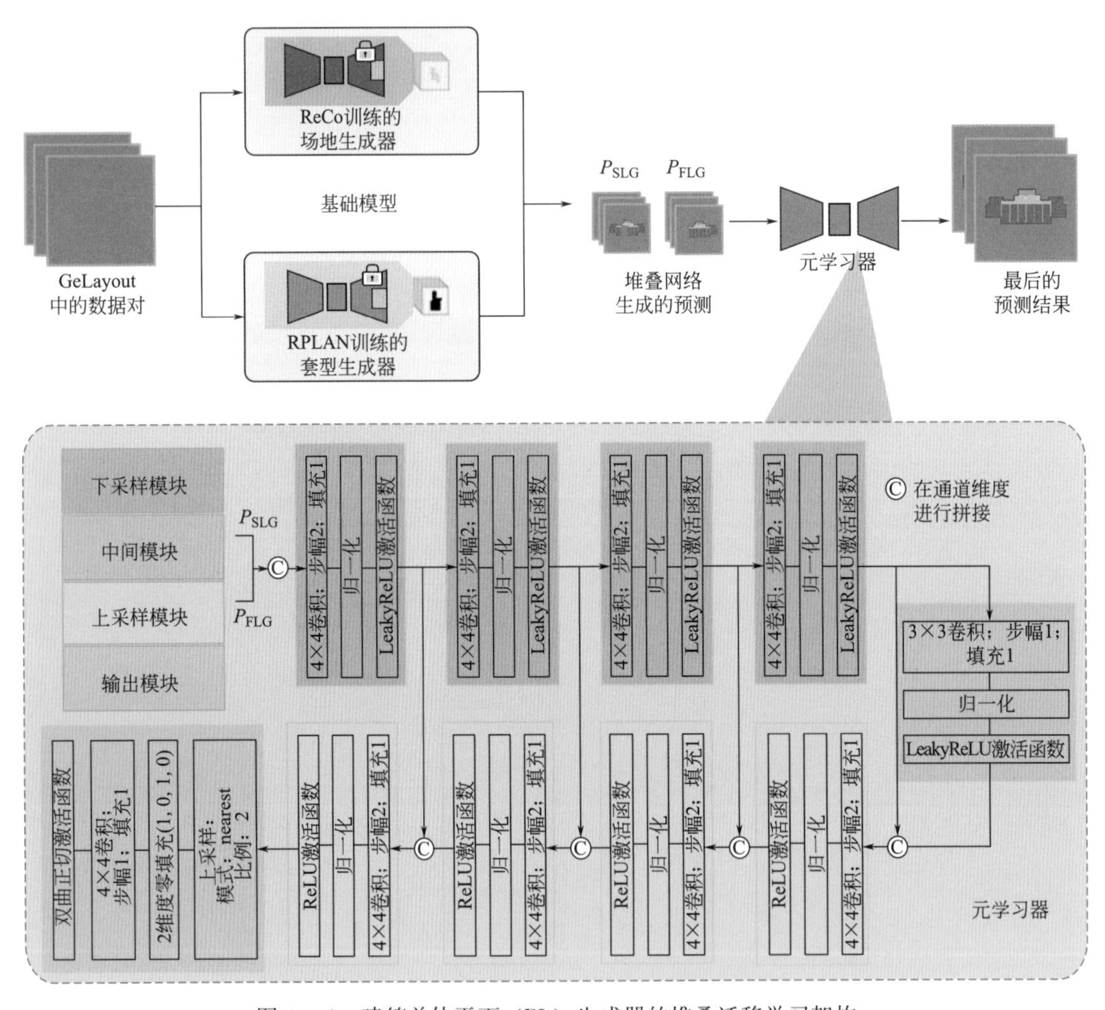

图 5.3-2　建筑单体平面（BL）生成器的堆叠迁移学习架构

需要注意的是，微调预训练网络的输出模块和训练元学习器是同时进行的。与场地平面生成器和套型平面生成器的训练相同，基于堆叠迁移学习的建筑单体平面生成器也使用 TranSD-GAN 进行训练，如第 4.1 节所述，评价标准也相同。

5.3.2 实验分析

(1) 定量评价

为了验证所提出的堆叠迁移学习的有效性，本研究以 Pix2Pix[22] 和所提出的 TranSD-GAN 为基准进行比较。所有实验都在 GeLayout 数据集上进行，结果如表 5.3-1 所示。与 ReCo 和 RPLAN 数据集一样，TranSD-GAN 在所有指标上都较 Pix2Pix 有所提高。同样，所提出的堆叠迁移学习在所有指标上都比 TranSD-GAN 有所提高，其中在图像细节重建（即 MSE，MAE）方面的提高最大，分别为 51%和 33%，其次是图像结构信息指标（即 PSNR，SSIM），分别为 10%和 2%。实验结果表明，所提出的堆叠迁移学习可以利用场地布置预训练网络和套型布置预训练网络进行初步特征提取，然后使用迁移学习技术和集成学习技术进行特征融合和最终图像输出。

为了研究不同组件对所提出的堆叠迁移学习的影响，进行了两组消融实验：迁移学习只对最后两个预训练网络模型的输出块进行微调；集成学习冻结了两个预训练模型，只训练元学习器。最终的实验结果如表 5.3-1 所示。结果表明，与 TranSD-GAN 相比，迁移学习和集成学习都有所改进，证明了迁移学习和集成学习在小数据集上的有效性。此外，集成学习在所有指标上的提高略高于迁移学习，表现出更好的学习能力，但不能忽视的是，集成学习需要比迁移学习更多的参数来学习。当迁移学习和集成学习结合起来（堆叠迁移学习）时，所有评价指标相比各自的组件都有更明显的改进，证明了所提出的堆叠迁移学习的有效性。

第三阶段不同模型的定量比较 **表 5.3-1**

数据集	模型	MSE↓	MAE↓	PSNR↑	SSIM↑	FID↓
GeLayout	Pix2Pix	0.0058	0.0233	28.3480	0.9237	1.6539
	TranSD-GAN	0.0035	0.0166	30.5729	0.9552	1.1490
	迁移学习	0.0025	0.0141	32.0902	0.9639	1.0836
	集成学习	0.0024	0.0125	32.1339	0.9682	1.0502
	堆叠迁移学习	0.0017	0.0111	33.6380	0.9776	1.0374

(2) 定性评价

为了评估不同的建筑单体平面生成器的生成效果，本研究通过生成五种不同类型的设计案例进行比较分析，如图 5.3-3 所示。Pix2Pix 可以很好地生成套型的位置，但公共区域的设计，即楼梯和电梯，比较粗糙。TranSD-GAN 提高了公共区域的设计能力，有大致的电梯和楼梯的位置，但电梯和楼梯的边界往往模糊不清和不规则。堆叠迁移学习生成的公共区域更加明确，减少了电梯和楼梯内部的噪声，并且可以很好地确定它们的边界轮廓。

三位建筑平面设计专家对生成结果进行了评分，如图 5.3-4 所示。每个案例的平均分数都达到了 7 分或以上，证明了设计可以很好地辅助设计师。此外，五个设计案例中都有部分设计结果得到了专家 8 分的评价，说明每个案例的设计结果在某些方面会给不同的设计师带来启发。

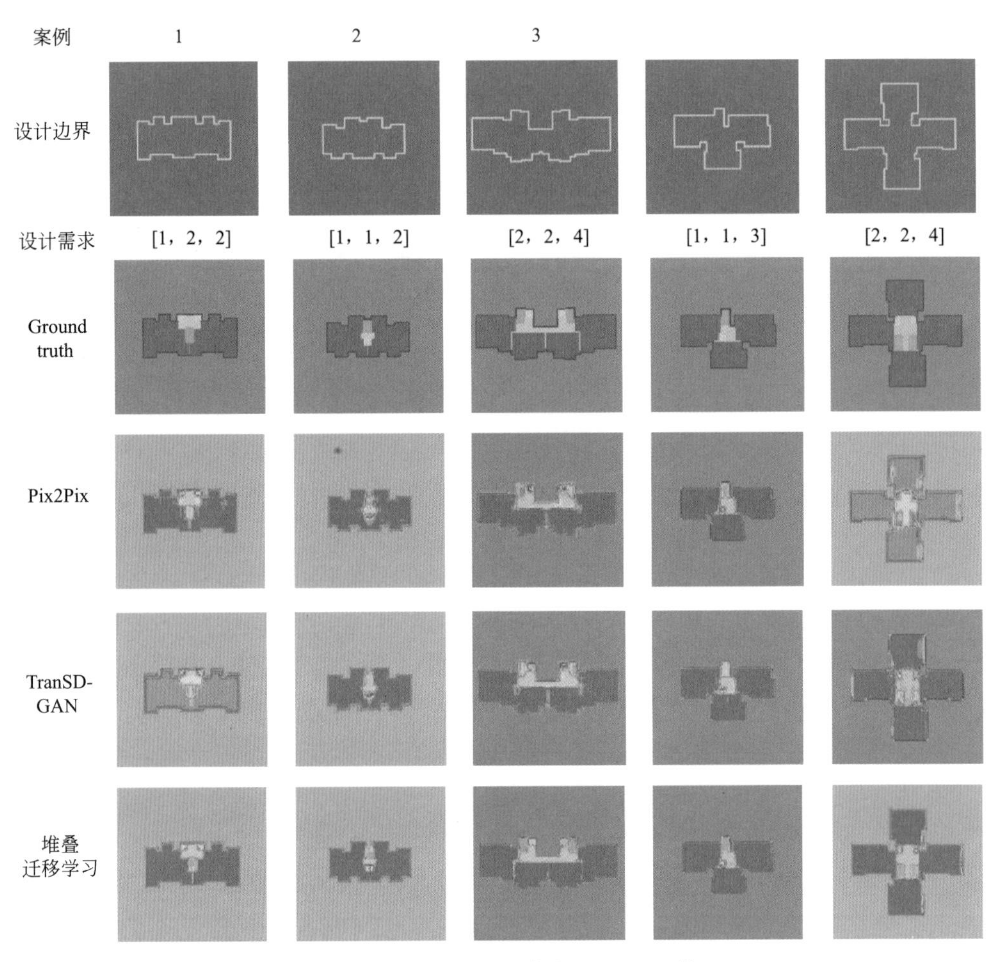

图 5.3-3 生成的建筑单体布置和 BIM 模型

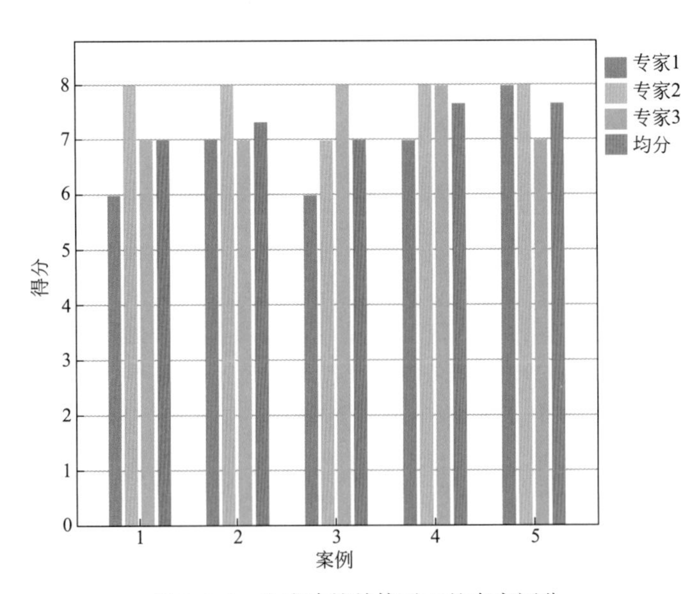

图 5.3-4 生成建筑单体平面的专家评分

5.4 基于图约束 GAN 的模块化建筑单体生成

模块化多高层住宅（Modular Multi-high-rise Residential Buildings，MMRBs）建筑单体的设计需要遵守众多设计规范和建造限制，是一个复杂的设计过程。为了解决这个问题，本节介绍了一个基于图约束生成对抗网络（Graph-Constrained Generative Adversarial Network，GC-GAN）的框架用于生成 MMRBs 建筑单体平面。同时，将提出的 GC-GAN 与封装了领域特定约束和设计原则的知识图谱进行结合，从而生成符合设计规范的模块化建筑单体。此外，本节提出了从图像到矢量的转换算法以及模块化套型的匹配算法，从而实现自动生成 BIM 模型。

5.4.1 问题建模

（1）MMRBs 建筑平面设计需求

MMRBs 建筑平面生成式设计的一个重要挑战是确保结果既符合主观的空间功能需求，也要符合客观的制造和建造条件。在本节中，设计考虑因素分为三个主要方面：设计偏好、设计质量和生产要求。设计偏好主要考虑建筑设计方案要符合设计师的需求。设计质量主要考虑建筑的功能完整性和居住者的舒适度。生产要求不仅要解决建造阶段的需求，还要考虑预制元素的生产和运输。本研究将 12 个针对 MMRBs 的设计需求元素整合到设计生成过程中，详见表 5.4-1。这些元素共同用于设计和评估多高层住宅建筑平面。

MMRBs 建筑平面设计知识 **表 5.4-1**

需求类型	项目	说明或者举例
设计偏好	(a)数量相关的偏好	理想的公寓、楼梯、电梯和走廊数量
	(b)尺寸相关的偏好	每个套型的理想尺寸
	(c)存在相关的偏好	指定类型的套型的可用性
设计质量	(d)连通性	所有空间都应该相互连接;没有孤立的空间
	(e)流动性	两个空间之间的关系:路径复杂度、长度等
	(f)密实度	高效利用空间;尽量减少闲置的空间
	(g)光照	确保每个生活空间都能获得充足的日光
	(h)设计规范	例如:门窗标准
	(i)空间质量	每个空间的宽长比应在预定范围内
生产要求	(j)制造	确保最大尺寸得到遵守,考虑材料的减少
	(k)储存	示例:材料存储空间应为 $20m^3$
	(l)运输	易于材料运输

（2）知识表示方法

本节采用图谱的方法来表示设计知识和设计要求，如图 5.4-1 所示。首先，每个节点对应一个独特的空间，通过不同的颜色来代表不同的空间类别，并根据空间数量依次标记。这个图谱有效地捕捉了平面图中空间的多样性和数量，从而满足了表 5.4-1 中项目

(a)～(c) 所代表的设计偏好要求。随后，设计质量需求同样采用此知识图谱进行表示。图谱中的链接代表空间中的内墙墙壁，表示了空间之间的邻接关系。采用此方法，通过节点之间的链接来满足设计质量要求，如表 5.4-1 中项目 (d)～(f) 所介绍的。最后，将实际工程中的尺寸数据包含在生成框架中，可以确保空间质量要求和设计标准［表 5.4-1 中的项目 (g)～(i)］，并且满足制造工厂和建造现场的生产需求［表 5.4-1 中的项目 (j)～(l)］。

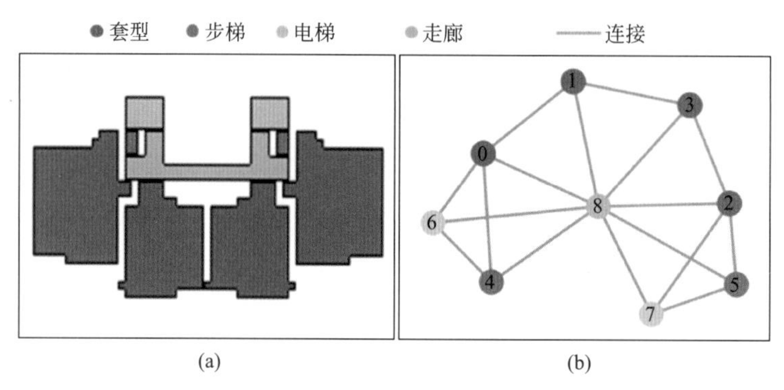

图 5.4-1 MMRBs 的设计知识图解及相关知识图谱
(a) 建筑单体平面；(b) 知识图谱

(3) MMRBs 建筑设计评价指标

为了验证生成的 MMRBs 建筑平面图的有效性，本节引入了一系列评估指标，如表 5.4-2 所示。这些指标旨在评估建筑平面的规则性和合理性，主要是针对楼梯、电梯和套型的布局，以及整个建筑布局的总体合理性。

评价标准 **表 5.4-2**

类别	项目	需求描述
实用性 (主观目标)	连通性	评估建筑物内不同空间的互连程度，确保所有空间之间至少有一条可行的通道
	流动性	评估平面图中两个空间单元之间的相互关系，同时考虑每个布局路径的路径长度、复杂性和流量
	紧凑性	有效利用空间，最大限度地减少单元之间浪费或无法使用的区域，从而最大限度地利用功能空间
	适宜性	评估布局的功能适宜性，包括通往关键区域的便利性以及公用设施和空间的合理安排
多样性 (客观目标)	无	基于栅格化布局图像的 FID 分数
一致性 (客观目标)	无	在输入图谱和相应的输出布局之间计算的图形编辑距离(GED)

• 实用性：实用性由十位经验丰富的建筑师进行评估，每位建筑师至少有五年的经验。评估使用四个主要指标：连通性、流动性、紧凑性和适宜性——这些指标通常用于评

估 GAN 生成的平面图[23]。与 5.2.4 节（3）中相同，采用一个 0～10 的评分系统来量化这些指标。

• 多样性：多样性使用 FID（Fréchet Inception Distance）[24] 来衡量，如第 4.1.4 节所述。较低的 FID 得分表示真实样本和生成样本之间在激活分布上有更显著的相似性。本研究同时采用 Wasserstein GAN（WGAN）[25] 模型作为比较基线。

• 一致性：一致性是通过输入图谱和输出布局的图谱的图编辑距离（Graph Edit Distance，GED）[26] 来评估的。较低的 GED 得分表示两个图结构之间的拓扑相似性更大。

5.4.2 方法概述

本研究提出了一种用于 MMRBs 建筑单体生成式设计方法，如图 5.4-2 所示。该框架包括三个阶段：1）建筑单体数据集处理，2）建筑单体平面的生成，3）模块化套型匹配和 BIM 生成。

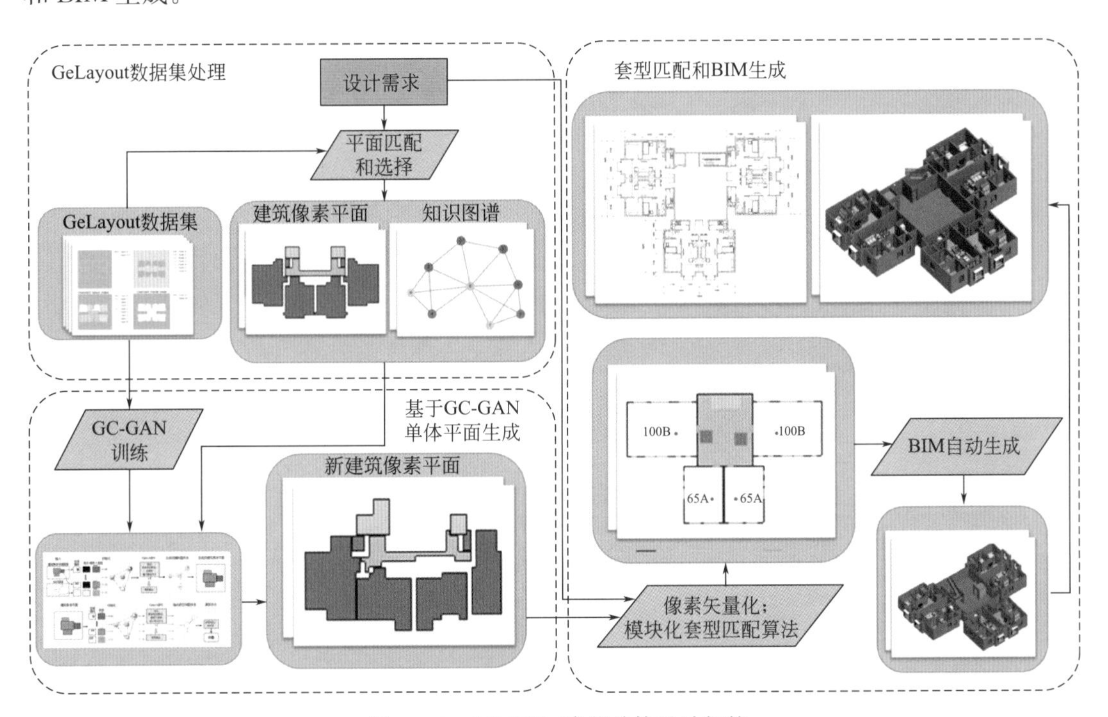

图 5.4-2 MMRBs 建筑单体设计架构

在第一阶段，设计师定义了诸如楼梯、电梯数量、套型类型以及每种套型对应的面积等设计需求。初始处理包括从 GeLayout 数据集中提取知识图谱和建筑平面图。此外，第一阶段还包括从数据集中匹配出符合设计需求的建筑平面图。

在第二阶段，设计、训练和评估了一个深度学习生成模型，用于生成 MMRBs 建筑平面。本节提出了一种名为 GC-GAN 的图约束生成对抗网络模型。该模型利用知识图谱指导 GAN，使其能够生成既符合设计师需求又符合制造和建造约束的建筑平面。

在第三阶段，首先将像素图矢量化，然后使用提出的套型匹配算法，根据每个公寓门的位置将公寓与套型库匹配。最后，使用 Revit 软件作为数字化平台，使用提出的自动化 BIM 生成算法自动创建三维建筑单体模型。

5.4.3 数据集处理

基于第 5.4.1 节提出的知识图谱建立方法，对第 5.1 节创建的建筑单体数据集 GeLayout 进行处理。处理后的六个示例如图 5.4-3 所示。首先简化建筑平面图像，将空间类型减少为四个类别，每个类别采取表 5.4-3 中描述的颜色进行区分。随后，平面图被表示为知识图谱，节点代表不同的功能空间，如楼梯、电梯、走廊和套型，连接表示功能空间的邻接关系，取决于空间之间是否存在内墙。节点分类通过 GeLayout 数据集第二个通道的掩码值获取，然后根据 GeLayout 数据集第三个通道的掩码值分配节点编号。

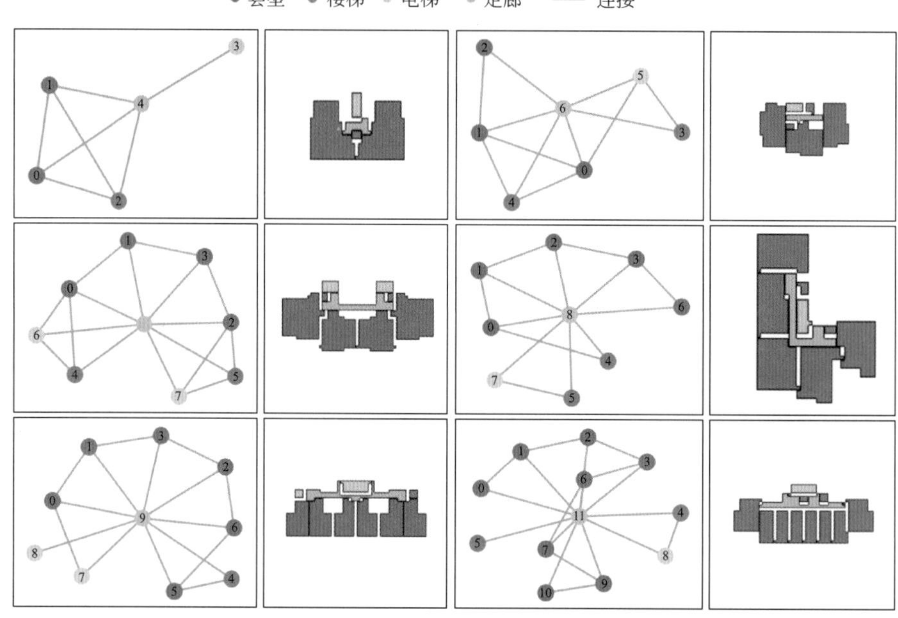

图 5.4-3 训练数据的示例图像和对应的知识图谱

功能空间的颜色像素值 **表 5.4-3**

空间标签	GeLayout 数据集中第 2 通道的值	R	G	B	A
套型	0	238	77	77	255
电梯	1	198	124	123	255
楼梯	2	255	210	116	255
走廊	3	190	190	190	255

5.4.4 建筑平面匹配和选择

图 5.4-4 为建筑平面匹配和选择流程图。首先，根据设计要求遍历数据集中的每个样本，将符合数量要求的样本提供给设计师进行选择。然后，设计师根据偏好进行选择。该过程允许多次选择，以确保为神经网络提供最佳输入。

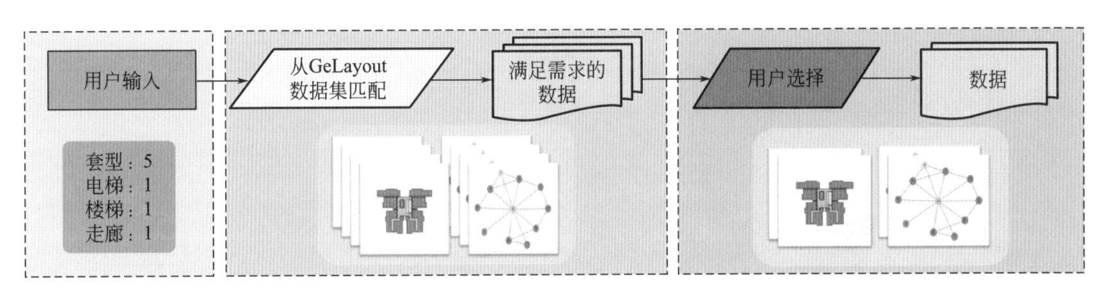

图 5.4-4 从数据集中匹配和选择建筑平面的流程

5.4.5 基于 GC-GAN 的建筑平面生成

为了生成新颖的模块化建筑单体平面，启发于 House-GAN++[27]，本节提出了一种名为 GC-GAN 的网络结构。如图 5.4-5 所示，GC-GAN 为一个图约束的生成对抗网络，包括一个生成器和一个判别器。生成器生成看似真实的合成数据，帮助训练判别器。同时，判别器被训练以区分生成器的合成输出和真实数据。通过反向传播，判别器的决策作为生成器的反馈。生成器可以利用反馈来优化其权重，从而提高生成的数据的质量。

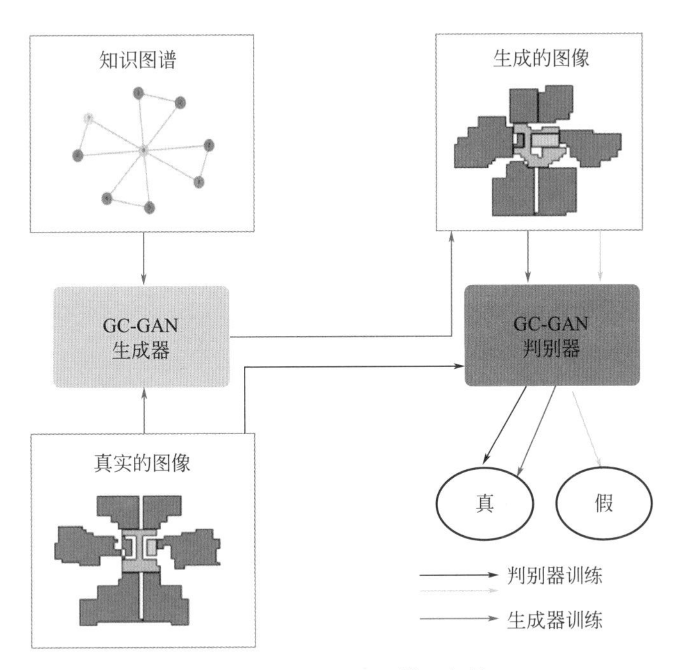

图 5.4-5 GC-GAN 模型架构

生成器和判别器主干网络均是卷积消息传递网络（Conv-MPN[28]）。Conv-MPN 可以被视为经典图卷积网络（GCNs）[29] 的一个独特变体。GCNs 是一类为处理图结构数据设计的神经网络，能有效捕捉节点和边的关系及特征。Conv-MPN 则将经典 GCN 中图关系的一维向量表示方法变化为三维向量表示，从而将特征组合方式从全连接神经网络变为卷积神经网络，如 3.3.8 节所述。

（1）生成器

生成器算法的输入参数包括选定楼层平面图的分割掩码和相应的知识图谱。根据这些输入，生成器生成建筑单体平面，如图 5.4-6 所示。

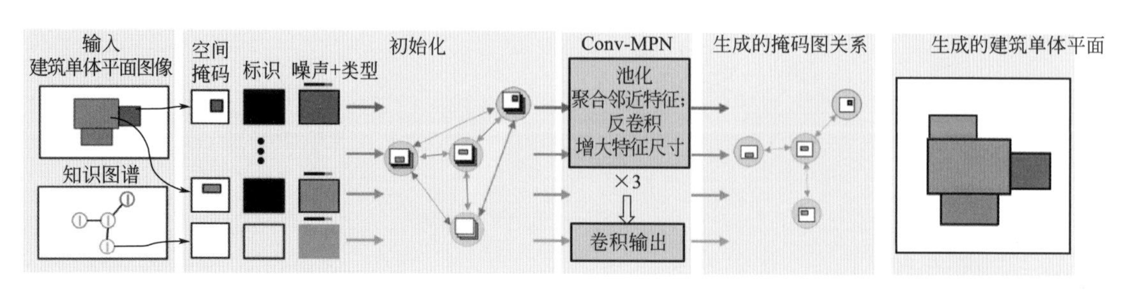

图 5.4-6　GC-GAN 生成器架构

• 初始化：生成器操作的第一阶段是初始化，即使用提供的知识图谱和选定建筑平面的图像为每个图节点形成三维像素矩阵。

第一个通道提供建筑图像的空间掩码。第二个通道中，当存在空间掩码时，此通道像素值被设置为 1，否则为 0。将这两个通道通过一个三层的卷积神经网络转化为 8×8×16 三维特征向量。

第三个通道使用噪声矢量和房间类型初始化每个节点。噪声矢量为 128 维向量（$\overrightarrow{N}$），房间类型是采用独热编码的四维空间类型向量（$\overrightarrow{t_r}$），如式（5.4-1）所示。其中，r 代表空间索引，“;”表示特征拼接。然后，将获得一维向量经过线性层转换为 8×8×16 的三维特征向量。

$$\overrightarrow{v_r} \leftarrow \{\overrightarrow{N};\ \overrightarrow{t_r}\} \tag{5.4-1}$$

最后将得到的两个三维特征向量进行拼接，得到一个节点为 8×8×32 的三维特征向量。

• Conv-MPN/上采样：Conv-MPN 的上采样包括执行三次卷积消息传递网络操作。过程如下：首先，图中相互邻接的空间特征被池化。接着，不邻接的空间特征也被池化。最后，这些池化后的数据经过拼接通过卷积神经网络（CNN）进行上采样（式 5.4-2）。其中，“;”表示特征的拼接，v_r^l 代表节点 r 经过第 l 次上采样，$C(r)$ 和 $\overrightarrow{c}(r)$ 分别表示与节点 r 相邻的节点集合以及不相邻的节点集合。上采样阶段使用卷积核大小为 4、步长为 2、填充为 1 的转置卷积，特征的尺寸被增加 2 倍。这一过程中通道保持不变。因此，最终的特征体积大小为 64×64×32。

$$v_r^l \leftarrow \mathrm{CNN}\left[v_r^l;\ \underset{s\in C(r)}{\mathrm{Pool}}\, v_s^l;\ \underset{s\in \overrightarrow{c}(r)}{\mathrm{Pool}}\, v_s^l\right] \tag{5.4-2}$$

• 卷积：生成器的最后阶段是卷积。共享的三层 CNN 用于将最终特征体积转换为大小为 64×64×1 的空间分割掩码，从而输出新的平面图。

（2）判别器

判别器的输入是来自生成器或真值样本的平面图分割掩码，输出是标量分数。判别器的架构为生成器的一系列逆操作，如图 5.4-7 所示。

• 初始化：第一通道为图像分割掩码，特征尺寸的大小为 64×64×1。第二通道为四维空间类型独热向量，同时应用线性层将其扩展到 32768 维。随后，此矢量被变维（Reshape）为 64×64×8。此张量与分割掩码拼接，形成 64×64×9 的特征向量。

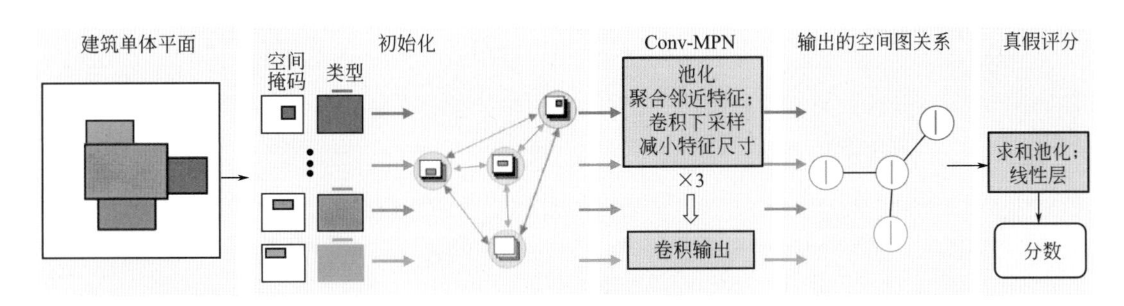

图 5.4-7 GC-GAN 生成器架构

• Conv-MPN/下采样：与 Conv-MPN 的生成器相反。判别器在下采样阶段，使用卷积核大小为 3、步幅为 2、填充为 1 的标准卷积过程，使得特征尺寸有效地减少了 50%，同时确保通道数保持不变。因此，此过程之后的后续特征体积的尺寸为 8×8×9。

• 卷积：使用三层 CNN 将每个节点的特征向量转换为 128 维向量（$\overrightarrow{d_r}$）。

最后一步使用求和池化来聚合所有节点的空间矢量，并引入单个线性层以生成标量分数，如方程 5.4-3 所示。此标量分数区分了真值样本和模型生成的样本。

$$\text{Score} \leftarrow \text{Linear}(\text{Pool}_r \overrightarrow{d_r}) \tag{5.4-3}$$

（3）网络训练

本模型采用 Wasserstein GAN-Gradient Penalty（WGAN-GP）损失函数[25]，采用 Adam[12] 作为优化器，并进行 500 次迭代训练。生成器和判别器的学习率均设置为 0.0001。批处理大小为 1。每个训练周期分别更新一次生成器和一次判别器。

5.4.6 模块化套型匹配和 BIM 生成

GC-GAN 生成的图像可能会呈现出不规则形状。为了解决这个问题并确保这些图像适用于模块化设计的实际需要，本节提出了一套匹配算法。首先将 GC-GAN 生成的平面图参数化地转换成矢量图，并与模块库中的模块化套型进行匹配。最后将平面矢量图转换为 Revit 3D 模型。

（1）模块化套型库

为了满足加工制造和空间质量相关的设计要求，建立了一个模块化套型库。首先将套型进行参数化，即提取套型外轮廓以及门窗的位置。这个过程通过使用四个边界轴作为矩形的边缘，将不规则的平面图简化为规则的矢量化矩形。此外，门窗的位置也映射到结果矩形的边缘，具体参数化方法见 5.5.2 节，参数化的结果如图 5.4-8 所示。同时，模块化套型库的 BIM 模型如图 5.4-9 所示。

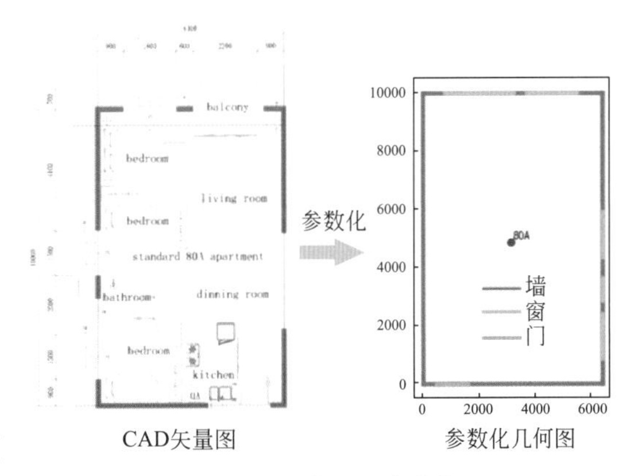

图 5.4-8 套型的参数化

（2）图像矢量化和匹配算法

为了将 GC-GAN 生成的建筑平面像素图转换为可实际应用的矢量数据，提出了如

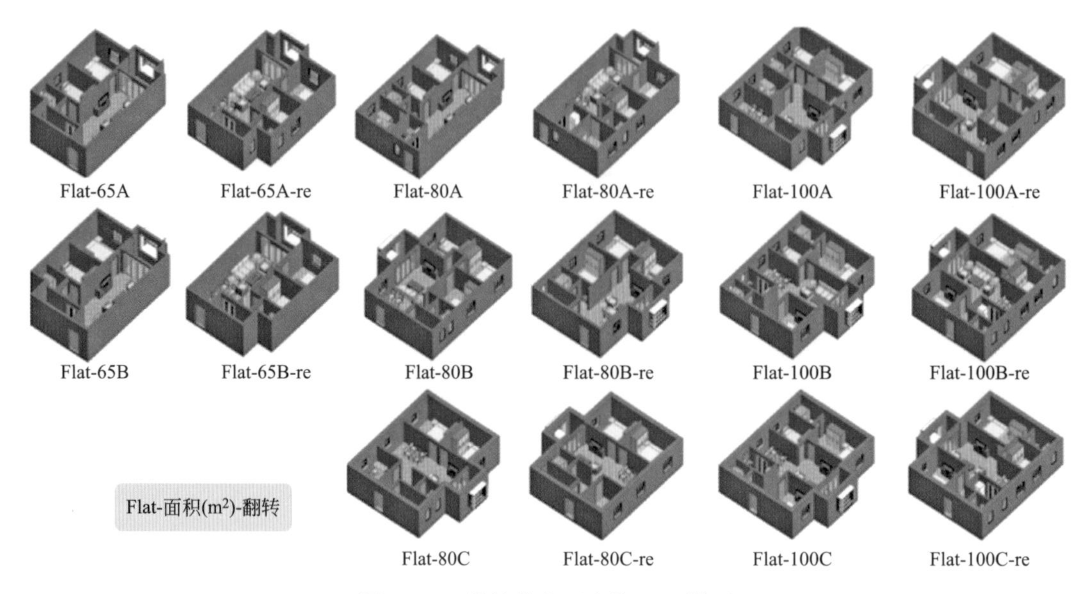

图 5.4-9　模块化套型库的 BIM 模型

图 5.4-10 所示的图像矢量化和平面匹配算法。该方法主要包括了两个阶段：交通核矢量化和套型矢量化。

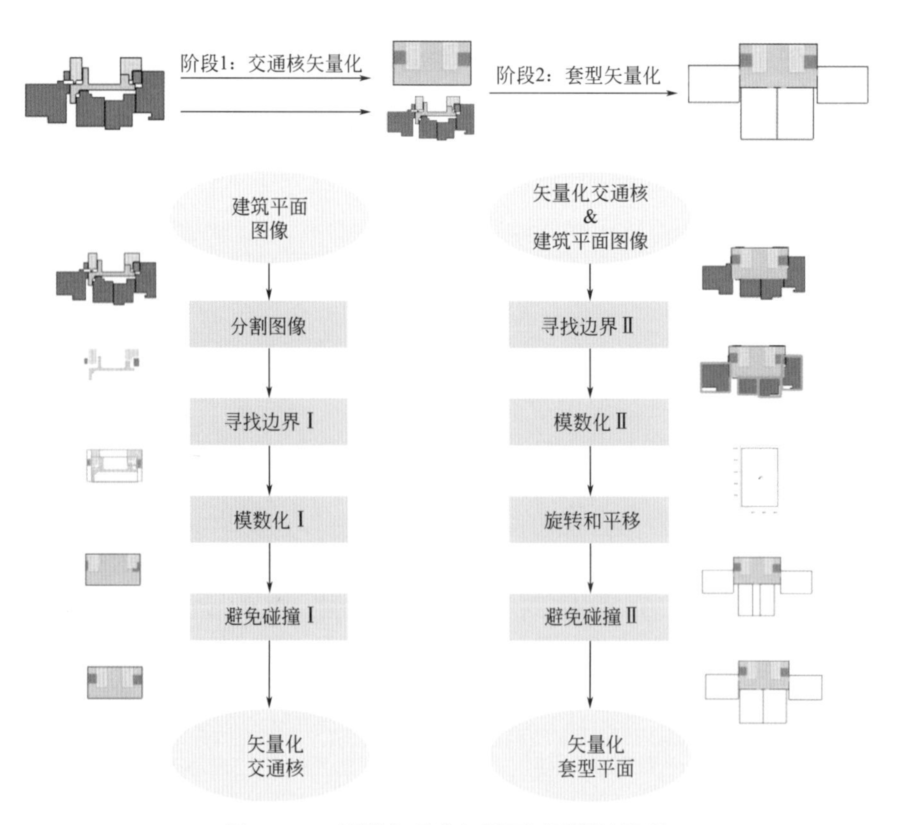

图 5.4-10　图像矢量化与平面匹配算法流程

在第一阶段，首先通过识别不同颜色来执行图像分割，以提取不同的建筑空间。然后，根据获得的像素区域确定每个空间的边界。接着使用楼梯、电梯的模数对其进行矢量化和模数化。例如，楼梯宽高比为 3∶1，而电梯平面的面积为 $4m^2$，宽高比为 1∶1。最后一步检测是否有区域存在重叠，若存在则进行平面的集合操作，即进行交并集等操作。

第二阶段，首先确定像素图中每个套型的边界。然后，根据标准设计库中的尺寸对套型进行模块化。随后，进行套型与核心筒之间的旋转和平移来确保门到走廊的畅通，并保证窗户可以采光。最后，碰撞检测若发现有空间的重叠，则沿着核心筒的边缘重新定位套型。

完成上述操作后，将套型平面替换为套型库中的 BIM 模型即可生成三维模型。

5.4.7 实验分析

提出方法的验证实验在 10GB 内存的 NVIDIA GeForce RTX 3080 上进行，整个神经网络和算法使用 Python 3.9 和 PyTorch 1.13 实现。本节通过五种不同的场景，来验证所提出的 MMRBs 自动化平面图设计方法的有效性。如图 5.4-11 所示，场景 A 到 E 的套型数量为从两个依次递增到六个。每种场景都选取了三种不同的平面。在同一场景中，空间数量或者空间关系存在不同。案例 1 和案例 2 具有相同或相似的知识图谱，而案例 3 具有不同的知识图谱。每个案例的具体知识图谱，以及生成结果见图 5.4-12。两幅图中的红色代表套型，黄色代表步梯，棕色代表电梯，灰色代表走廊。基于所提供的案例，第（1）节介绍了平面图生成的结果，并根据 5.4.1 所提出的评估标准（表 5.4-2）进行分析验证。第（2）节展示了平面图与模块化套型库匹配和自动生成 BIM 的结果。

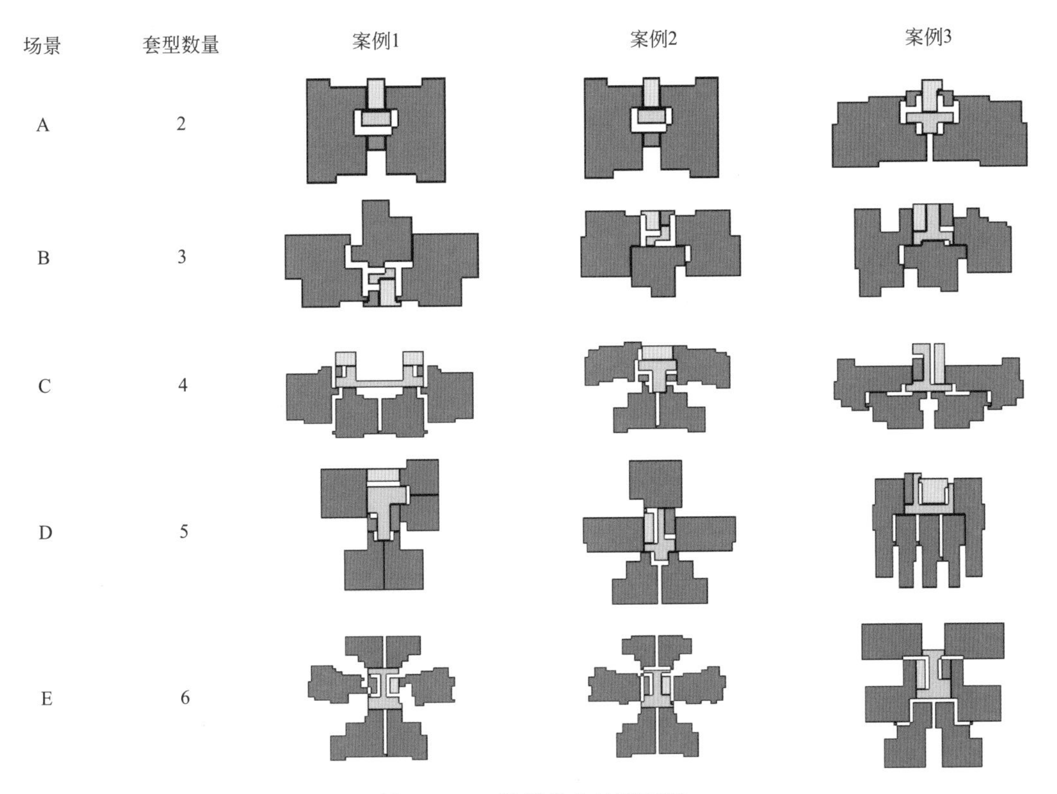

图 5.4-11 案例样本的平面图

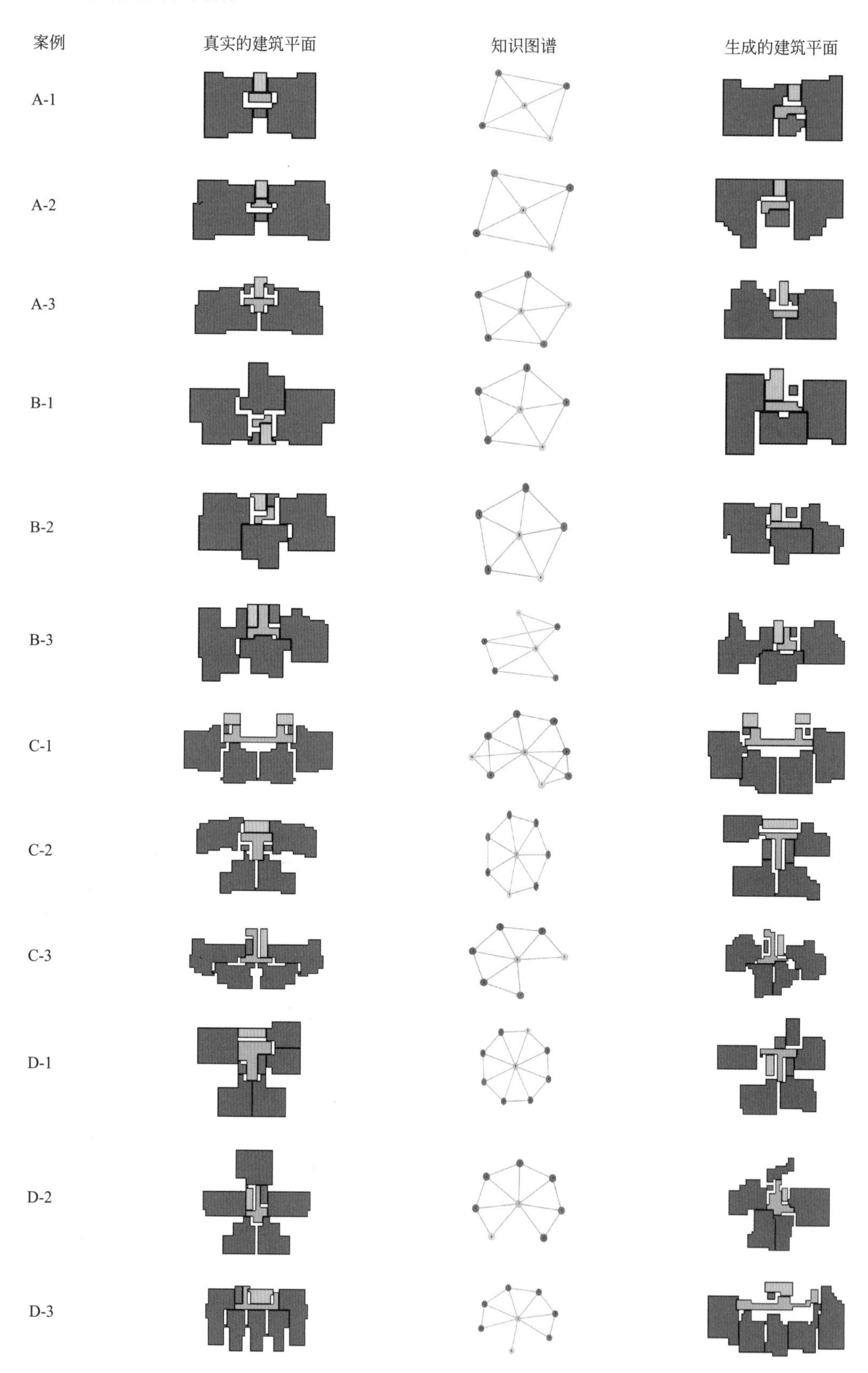

图 5.4-12　GC-GAN 的生成结果（一）

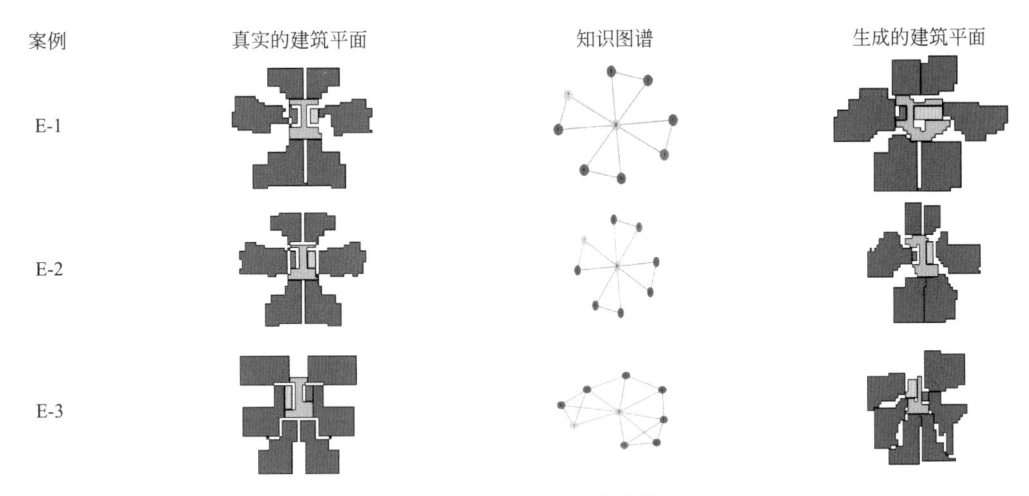

图 5.4-12 GC-GAN 的生成结果（二）

（1）实用性评估

表 5.4-4 显示了五种不同场景下生成结果的评分，每个值代表 10 名建筑专家的评分的均值。从表中可以看出所有案例的平均分数均超过 6，表明大多数结果符合基本设计要求。得分最低为 5.88（方差为 0.36），得分最高为 6.98（方差为 0.56）。在评估指标中，连通性和流动性的总均分为 6.75 分和 6.70 分，紧凑性和适宜性的总均分为 6.21 分和 6.11 分。说明设计师对空间的相对位置感到满意，但对布局和空间的规律性和间隙相对不满意。总体得分未达到满意水平，主要是由于空间形状和缝隙不规则，但相对位置关系的满足保证了后续平面图与标准设计库流程匹配的合理性。

实用性评价 **表 5.4-4**

场景	案例	标准				和	均值	方差
		连通性	流动性	紧凑性	适宜性			
A	1	7.2	7.3	6.5	6.5	27.50	6.88	0.38
	2	7.1	7.6	6.6	6.4	27.70	6.93	0.47
	3	7	7	6.8	5.9	26.70	6.68	0.45
B	1	6.9	7.3	6.3	6.1	26.60	6.65	0.48
	2	7	7.4	6.6	6.1	27.10	6.78	0.48
	3	6.6	6.9	6.3	6.1	25.90	6.48	0.30
C	1	7.6	7.3	6.1	6.9	27.90	6.98	0.56
	2	6.9	6.4	5.7	6.2	25.20	6.30	0.43
	3	6.2	6	5.9	6.1	24.20	6.05	0.11
D	1	6.4	6	5.5	5.6	23.50	5.88	0.36
	2	6.4	6.1	5.8	5.5	23.80	5.95	0.34
	3	6.3	6	5.3	6	23.60	5.90	0.37
E	1	6.7	6.2	6.7	6.2	25.80	6.45	0.25
	2	6.9	6.8	6.5	6.5	26.70	6.68	0.18
	3	6.1	6.2	6.6	5.6	24.50	6.13	0.36

续表

场景	案例	标准				和	均值	方差
		连通性	流动性	紧凑性	适宜性			
和		101.30	100.50	93.20	91.70	—	96.68	5.51
均值		6.75	6.70	6.21	6.11	25.78	6.45	0.37
方差		0.40	0.57	0.45	0.36	1.50	0.37	—

（2）多样性和一致性评估

关于多样性和一致性，作者评估了 400 对随机选择的生成和真实图像，使用 FID 和 GED 来衡量这些属性。本研究提出的 GC-GAN 的 FID 均分为 27.41，低于 House-GAN 模型的平均 FID 得分 32.05，表示图像质量较高，因此与真实图像的相似度更接近。

（3）生成结果主观分析

由图 5.4-12 中场景 A 到 E 可以看出，除场景 D 外，生成的建筑平面图保持了原始平面图的相对空间关系。在场景 D 中，电梯和楼梯发生了显著的移动，但这种改变并不影响生成的图像的知识图谱与原始平面图关系的一致性，这表明 GC-GAN 模型能够适应各种设计约束，如空间数量、连通性和布局。此外，在相同场景中将案例 1 和案例 2 与案例 3 进行比较时，可以明显得出 GC-GAN 能够根据不同的知识图谱从相似的平面图中生成不同的设计，从而证明可以灵活满足不同的设计需求。

（4）套型匹配算法评估

按照 5.4.6 中详细介绍的算法操作，从图像中提取空间信息，并将其转换为满足设计要求的矢量化图形。模型生成单个设计结果约 5s 即可完成。图 5.4-13 展示了套型匹配的结果，“生成的结果”行显示了 GC-GAN 的生成结果，“匹配后”行显示了匹配算法生成的结果。从图中可以看出，匹配后的矢量图像保持了空间的相对位置，与原始 GC-GAN 生成的建筑图像一致。矢量图考虑了门窗放置的设计要求，确保核心区域和各个单元之间的连通，以及每个单元内的光照。此外，匹配过程还考虑了设计师的喜好。在保证充足的采光条件的同时，设计师可以选择想要的户型。设计结果满足设计规范、空间质量和紧凑性的要求。模块化标准平面模型的使用保证了生成的设计满足生产和运输要求。

图 5.4-13 显示了多种标准化户型的匹配结果。以场景 A 和场景 B 为例，场景 A 中的三个示例分别完成与 Flat-80A、Flat-80B、Flat-80C 的匹配。场景 B 中的所有情况均与 Flat-80C 完成匹配。这说明该匹配算法能够充分满足选择的多样性，同时保证同一选择下的稳定性。并排房间出现在场景 C、D、E 中，根据套型库，为保证窗户的采光，生成算法选择了并排房间 Flat-65A。在此前提下，场景 C 依次使用 Flat-100A、Flat-100B、Flat-100C 匹配，场景 D 全部使用 Flat-100B 匹配，体现了算法在复杂情况下的通用性和稳定性。

（5）BIM 生成结果评估

图像信息转换为矢量信息后经过匹配可生成 BIM 模型。如图 5.4-14 所示为案例 E-3 的 BIM 模型。该过程确保了从矢量化图像到工程软件的精确转换。由于生成式设计过程难以遵守所有设计规范，因此需要进行后处理。利用 Revit 高度集成的平台，工程师可通过调整空间模块直接执行后处理任务，以满足独特要求。整个过程简单高效，避免了传统的建模步骤，使工程师能够直接修改可视化模型，最终实现建筑图的输出，加速了设计工作流程，提高了设计效率。

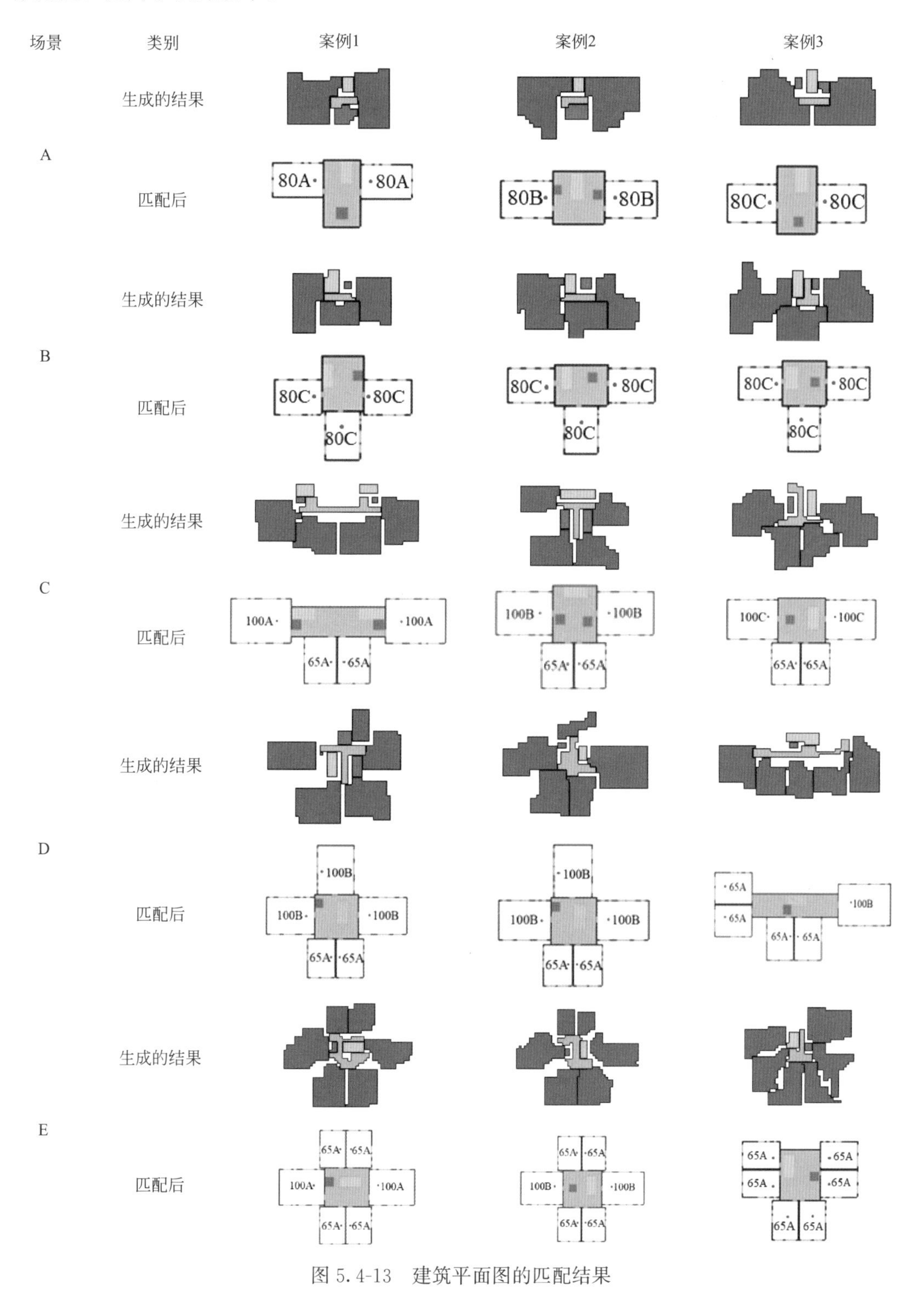

图 5.4-13　建筑平面图的匹配结果

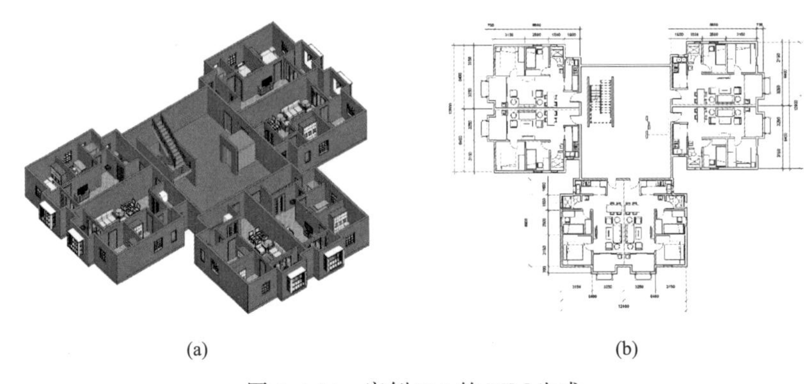

(a) (b)

图 5.4-14　案例 E-3 的 BIM 生成

（a）BIM 模型；（b）BIM 模型平面图

5.5　基于遗传算法的模块化建筑单体优化设计

模块化多高层住宅（MMRBs）具有品质高和环境友好的特点。在传统的设计方法中，此类建筑的建筑平面设计严重依赖设计师的经验，以及不断的人工试错。然而，目前建筑平面智能设计的研究主要集中于建筑套型的平面设计（即厨房、卧室等空间的平面设计），关于 MMRBs 的研究相对较少。与现浇钢筋混凝土建筑不同，模块化建筑由模块化构部件组成。该建筑可直接由模块化建筑箱体组成（常见于钢结构箱体），也可由标准化的预制构件组成模块化功能房间，然后形成模块化套型，最终形成模块化建筑，如图 5.5-1 所示。

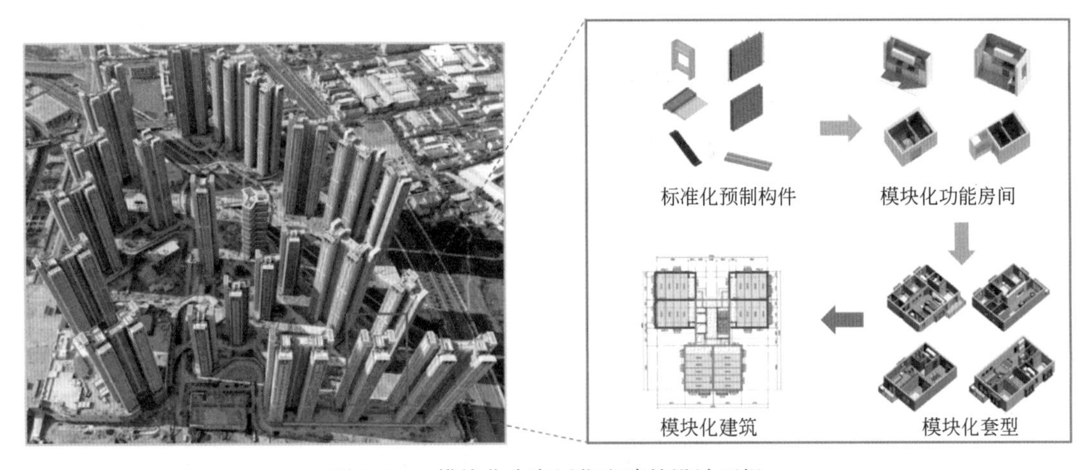

图 5.5-1　模块化多高层住宅建筑设计逻辑

由于模块化建筑天然的数字化特性，即模块化构部件可以很好地通过编码进行表示，本节提出了一种基于遗传算法（Genetic Algorithm，GA）的优化设计方法，可实现 MMRBs 建筑平面的自动优化设计。该方法包括两个 GA 阶段：第一阶段 GA 实现模块化套型平面的智能设计，第二阶段 GA 实现交通核平面的智能设计。为方便使用设计结果，本节提出了 CAD 自动绘制方法，即使用两阶段优化设计得到的建筑信息，并通过 Autodesk CAD 数据接口自动生成 CAD 图纸。同时，为了实现设计师与提出的算法进行便捷的交互，本节基于 Streamlit[30] 开发了图形用户界面（Graphical User Interface，GUI）。最后，本节通过两种设计案例类型的对比和分析，证明了所提出方法的有效性。

5.5.1 方法概述

模块化住宅建筑有许多不同的结构系统，意味着不同的结构受力模式。由于具有优异的抗震性能和灵活的建筑布置等优点，核心筒系统已经被广泛应用于许多现浇钢筋混凝土建筑和模块化建筑[31-34]。在建筑设计方面，通过使用核心筒（即交通核），公共设施（例如水井、风井）可以被放置在其中。同时，模块化套型可以以多种方式围绕交通核进行布置（图 5.5-2a），具有很大的灵活性。因此，模块化套型-核心筒系统是本节研究的重点。根据其结构系统和建筑布置，MMRBs 的平面布置可以分为套型平面布置和交通核平面布置。交通核的经典建筑形式如图 5.5-2b 所示，其中楼梯和电梯分别放置在核心筒的左（或右）和右（或左）侧。该布置形式已经被广泛应用于现浇剪力墙建筑和模块化剪力墙建筑中[31-34]。因此，本节研究的交通核也采用此经典形式。

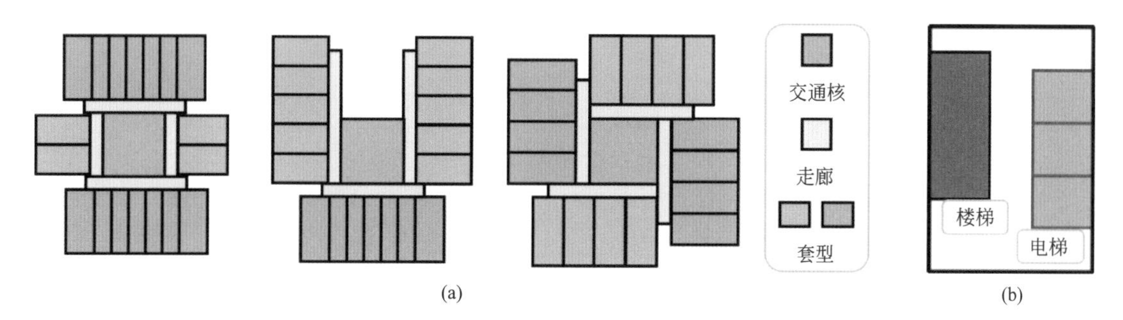

图 5.5-2 本节研究的住宅建筑形式

（a）核心筒体系的建筑平面；（b）经典核心筒平面

（1）套型布置优化设计目标

为了实现套型平面有效实用的布置，通过调研，总结出五项基本设计需求。任何套型都应该有一条通往交通核的路径。同时，建筑走廊的面积（$A_{corridor}$）往往影响着设计的经济效益，因此这是一个重要的优化目标。其次，为了保证居住的隐私和舒适性，窗户视野遮挡（$A_{obscure}$）应该减少。此外，套型之间的重叠会导致建筑布置的失败。因此，套型之间重叠的面积（$A_{overlap}$）被采用作为一个优化设计目标。最后，增加套型墙壁和交通核墙壁之间重叠的长度（$L_{overlap}$）可以减少材料的使用。

GA 处理约束的最常用方法是采用罚函数来惩罚不可行解[35]，这已在许多建筑优化问题中被采用[36-38]。因此，在本研究中，最大化套型布置适应度函数的算法定义为式（5.5-1），其中奖励值和惩罚值列在表 5.5-1 中。

$$\max Fitness_{flats} = P_{corridor} + P_{obscure} + P_{overlap} + R_{overlap} \tag{5.5-1}$$

（2）交通核布置优化设计目标

交通核中除了楼梯和电梯，还有其他公共设施（例如水井、风井、电井）需要进行布置。为了实现可靠且经济的交通核平面设计，经过调研，总结为三项基本设计需求。首先，要确保的是楼梯、电梯和井道之间没有重叠。因此，重叠面积（$S_{overlap}$）被作为一个

套型适应度函数的奖励值和惩罚值　　表 5.5-1

项目	变量	值
$P_{corridor}$	走廊的面积($A_{corridor}$)	−100
$P_{obscure}$	窗户视野被遮挡的面积($A_{obscure}$)	−50
$P_{overlap}$	套型之间的重叠面积($A_{overlap}$)	−200
$R_{overlap}$	墙段之间的重合长度($L_{overlap}$)	+400

优化目标。此外，还应该检测每个设备门是否可以到达。因此，无法到达的门的数量（N_{door}）是另一个优化目标。与套型布置类似，为了减少建筑材料的消耗，楼梯、电梯和井的墙壁之间重叠的长度（$L_{core\text{-}overlap}$）被作为一个目标。罚函数也应用于交通核布置问题，最大化套型布置适应度函数的算法定义为式（5.5-2），其中奖励值和惩罚值列在表 5.5-2 中。

$$\max Fitness_{core} = P_{core\text{-}overlap} + P_{door} + R_{core\text{-}overlap} \tag{5.5-2}$$

交通核适应度函数的奖励和惩罚值　　表 5.5-2

项目	变量	值
$P_{core\text{-}overlap}$	相互重叠的面积($S_{overlap}$)	−100
P_{door}	不能到达的门的个数(N_{door})	−200
$R_{core\text{-}overlap}$	墙段之间重合的长度($L_{core\text{-}overlap}$)	+400

本节提出的智能优化设计方法旨在自动优化设计 MMRBs 建筑平面。在整个设计过程中，交通核的大小是重要的先决条件，它不仅影响围绕交通核进行布置的套型平面，同时影响在交通核内公共设施的布置。同时，交通核的大小也影响经济效益和用户的舒适度。根据对交通核布置的分析（5.5.5 节），高度为交通核大小的唯一变量。因此，根据设计经验和建筑规范[39]，采用范围为 10.8m 到 13.85m，步长为 0.5m，来寻找交通核布置的最优高度；并使用并行计算来加速设计过程。

在确定了交通核的高度后，图 5.5-3 显示了优化设计 MMRBs 建筑平面的流程。为了方便设计师与设计过程进行交互，本节同时开发了一个图形用户界面，如图 5.5-4 所示。本节提出的方法包含六个模块（图 5.5-3）。首先，对模块化套型的数据集进行参数化，这一步是至关重要的，是参数优化的基础。接下来，引入了一个名为“团块”的概念，是套型和走廊的组合（图 5.5-5）。其根据设计师输入的套型面积和数量（图 5.5-4a）进行生成。团块组合（图 5.5-5）是多样化的，由设计师根据自己的喜好进行选择（图 5.5-4c）。在第一阶段 GA 中，团块是设计套型布置的基本元素，它直接避免了套型之间的重叠。同时，本节提出了一种外围旋转模型作为这一阶段的搜索空间，它只包含四条线段。这种方法减少了搜索空间，并且可以帮助设计师得到实用的设计结果。在套型布置完成后，执行自动生成走廊的操作。通过多代进化和选择，第一阶段 GA 得到的结果是带有走廊的最优套型布置。同时，这是第二阶段 GA 的初始情况。设计师输入的交通核信息（图 5.5-4a）是第二阶段的设计需求。类似地，在第二阶段 GA 中，使用提出的内部旋转模型作为搜索空间。此外，采用形状语法对井道位置进行调整可以加速设计过程。为了检测行人流线，应用了一种基于构形空间[40] 的方法。经过多次迭代，得到了交通核的最优布置。接下来，对获得的“元建筑平面”进行自动对称操作，以获得更多设计师常见的设计方案。最后，使用 Autodesk CAD 的应用程序接口（Application Programming Interface，API）自动绘制 CAD 图纸（图 5.5-4d）。

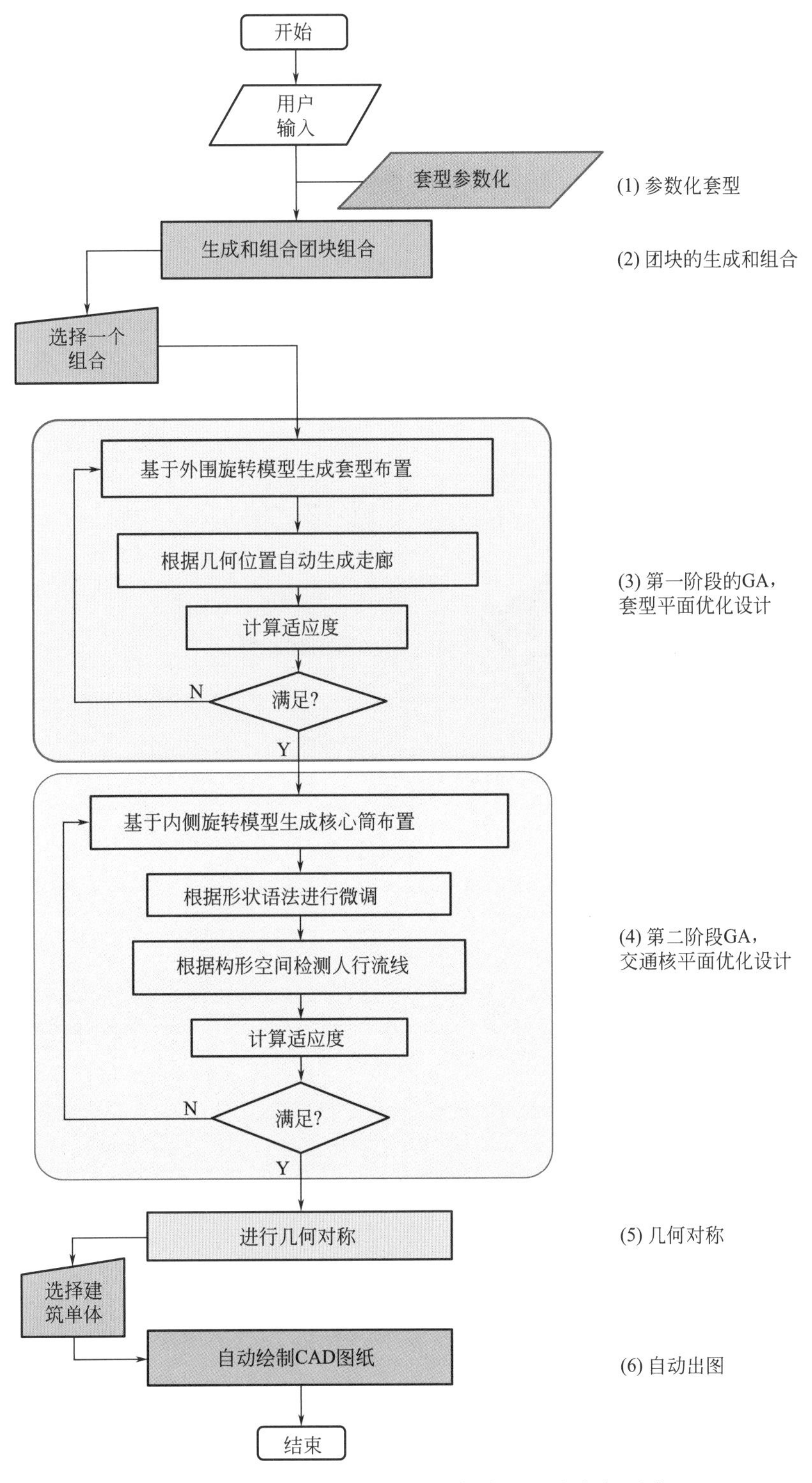

图 5.5-3　模块化多高层住宅自动平面设计流程图

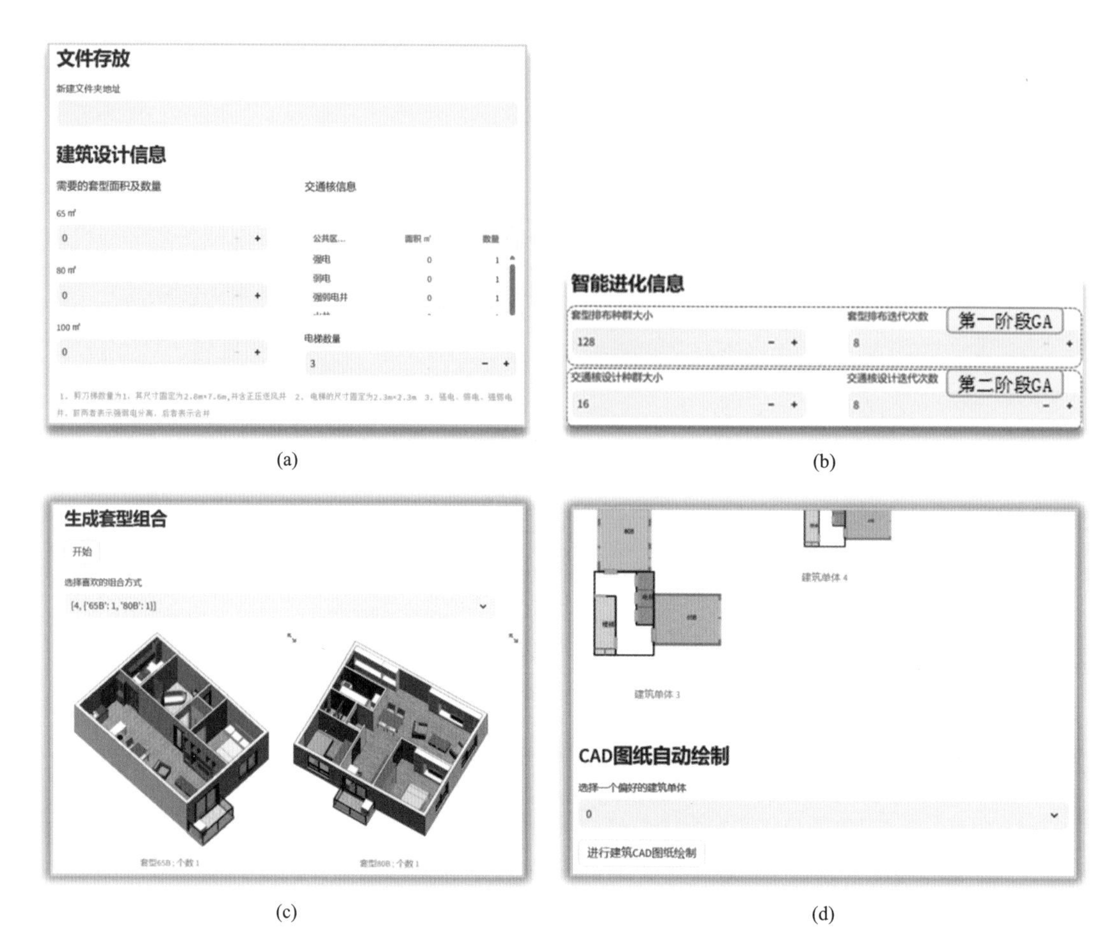

(a) (b) (c) (d)

图 5.5-4　图形用户界面

(a) 设计需求参数输入；(b) 两阶段 GA 的参数输入；

(c) 选择一个偏好的套型组合；(d) 选择一个偏好的平面设计结果

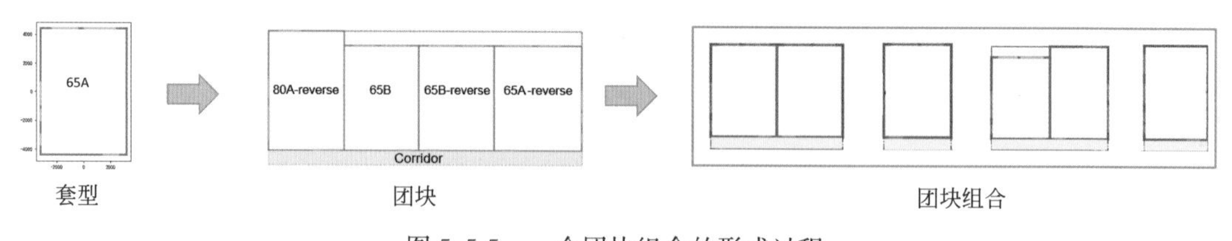

图 5.5-5　一个团块组合的形成过程

5.5.2　模块化套型的参数化和 CAD 库的创建

模块化套型由模块化组件构成，包括家居装饰组件和结构组件。模块化建筑制造商根据其生产线通常有固定的模块化套型。一个套型布置通常有很多信息，比如套型面积、窗户的位置等。为了实现套型的有效参数化，从平面图中提取出关键信息至关重要。从优化设计目标来看，套型轮廓在套型布置设计过程中是关键信息。因此，参数化的套型（$flat_i$）由名称（$name_i$）、角点（$pointsCorner_i$）、边界（$linesEdge_i$）、门位置（$lineDoor_i$）、窗户位置（$linesWin_i$）和每条边是否可以与其他套型组合（$adjacecesEdge_i$）组成，如式（5.5-3）所示。

为了简化参数化后的数据，同时不影响整个设计过程，可将套型平面规则化为矩形。采用的方法为将原套型平面的四条主要边界轴线作为矩形的四条边。同时，将门和窗平移到矩形的边上。因此，在式（5.5-4）和式（5.5-5）中，j 表示边的索引，它只有四个数字。为了便于编码，规定门朝下，并且门所在的边用“0”索引，边按逆时针方向进行索引。此外，没有窗户或门的边用“1”标记，表示该边可以用来与其他套型组合。否则，该边将用“0”标记（式 5.5-6）。

$$flat_i = \{name_i,\ pointsCorner_i,\ linesEdge_i,\ lineDoor_i,\ linesWin_i,\ adjacencesEdge_i\} \tag{5.5-3}$$

$$linesEdge_i = \{edge_{ij}\}(j = 0,\ 1,\ 2,\ 3) \tag{5.5-4}$$

$$adajecencesEdge_i = \{boolEdge_{ij}\}(j = 0,\ 1,\ 2,\ 3) \tag{5.5-5}$$

$$boolEdge_{ij} = \begin{cases} 1 & (linesWin_i \cup lineDoor_i) \cap edge_{ij} = \varnothing \\ 0 & (linesWin_i \cup lineDoor_i) \cap edge_{ij} \neq \varnothing \end{cases} \tag{5.5-6}$$

式（5.5-6）中：0—此边不可与其他套型邻接；1—此边可以与其他套型邻接。

为了增加套型的多样性，在上下轴（即 Up-Down 轴）上做一个翻转对称（图 5.5-6）。例如，“Flat-65A-reverse”是“Flat-65A”的翻转对称平面图，如图 5.5-6b 和 5.5-6d 所示。最后，所有上述关键信息存储在套型信息数据库中。

同时，通过平移 CAD 图纸，将 CAD 图纸的左下交点定位在坐标原点，使模块化套型的 CAD 图纸具有统一的坐标系统。同时，这些 CAD 图纸保存到模块化套型 CAD 库中，如图 5.5-6a 和 5.5-6c 所示。模块化套型 CAD 库将用于自动绘制建筑 CAD 图纸（5.5.7 节）。

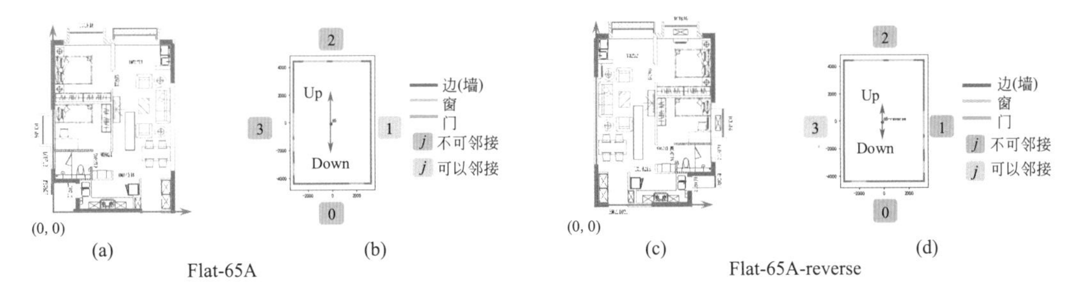

图 5.5-6 模块化公寓的参数化和模块化公寓的 CAD 库

（a）CAD 图；（b）关键信息；（c）CAD 图；（d）关键信息

5.5.3 团块的生成和组合

为了减少变量和搜索空间，本节定义了一个“团块（block）”的概念，它根据可邻接边将不同的套型组合起来，如下所示：

$$boolBlock_{xy} = \begin{cases} 1 & 1 \in \arg_j(adjacencesEdge_x = 1) \text{and } 3 \in \arg_j(adjacenseEdge_y = 1) \\ 1 & 3 \in \arg_j(adjacencesEdge_x = 1) \text{and } 1 \in \arg_j(adjacenseEdge_y = 1) \\ 0 & \text{otherwise} \end{cases} \tag{5.5-7}$$

式（5.5-7）中 x 表示一个套型，y 表示另一个套型，$adjacencesEdge$ 是 5.5.2 中定义的。$boolBloock=1$ 表示两个套型可以组合，$boolBloock=0$ 表示两个套型不能组合。

同时，在套型门前加上一条走廊，以确保每个套型都能到达交通核。为了在后续优化设计中方便使用团块且不影响整个设计过程，于是采用一个最小矩形包围盒包围套型和走廊，并将最小包围盒作为团块的外轮廓，如图 5.5-7 所示。

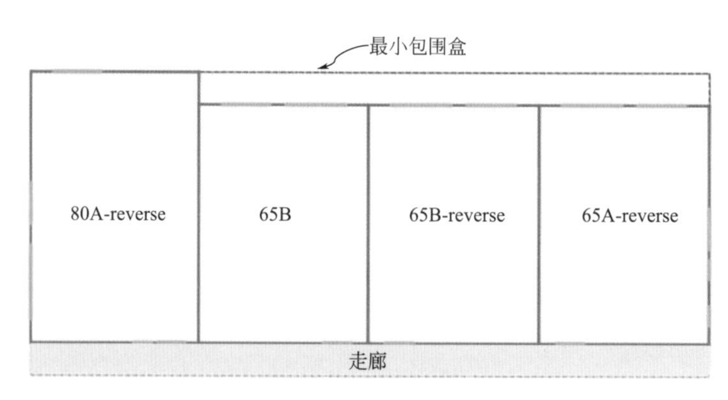

图 5.5-7　一个团块

当设计师给定套型面积及其数量，有不同的团块组合，此问题可以建模为排列组合问题。当有一个套型的可邻接边的索引同时存在 1 和 3 时，会生成大量设计师无法手工排列得到的组合。因此，提出了一个基于大数定理[41] 的框架来生成不同的块组合，如图 5.5-8 所示。获取团块组合有两个主要步骤。第一步的目标是获得一个模块化套型的列表，它应该满足套型面积和相应数量的要求，流程如图 5.5-8a 所示。而第二步的目标是根据式（5.5-7）对第一步得到的模块化套型列表进行分割，流程如图 5.5-8b 所示。经过大量随机尝试，几乎可以得到所有的情况，可充分满足设计师的需求。团块的使用可以降低套型之间重叠的可能性，并且团块是第一阶段 GA 设计过程的基本元素。

5.5.4　用于套型布置的第一阶段遗传算法

（1）外围旋转模型和染色体编码

在 GA 中，搜索空间极大地影响着收敛速度。通过观察 MMRBs 的平面布置，并考虑核心筒结构的结构系统，可以总结出建筑平面的基本模式，即团块应该位于交通核（核心筒）周围，如图 5.5-2 所示。因此，本节提出了一个参数化的外围旋转模型，如图 5.5-9 所示。带有走廊的团块的边界应与交通核的边界相切。同时，本节将团块与核心相切顺时针的最后一个角点定义为“锚点”，这样锚点的位置就可以表示块的位置（图 5.5-9a）。之后，表示一个团块的锚点可以沿着交通核的边界顺时针旋转（图 5.5-9b）。此外，为了得到一个团块的所有可能位置，搜索空间包含交通核的四条边以及四条边的延长线。延伸的长度是团块的宽度，这样可以保证团块能够到达交通核，而不增加额外的搜索空间。需要注意的是，不同的块有不同的搜索空间，因为它们有不同的块宽度。最后，将四条线段按照一定的步长分割成点，将二维平面问题转化为一维线段问题，如图 5.5-9c 所示。

同时，染色体编码方式在 GA 中起着关键作用。不同的团块位置组合被编码成不同的染色体。如上所述，每个块都有自己的搜索空间，它包含四条线段。通过将线段离散化成

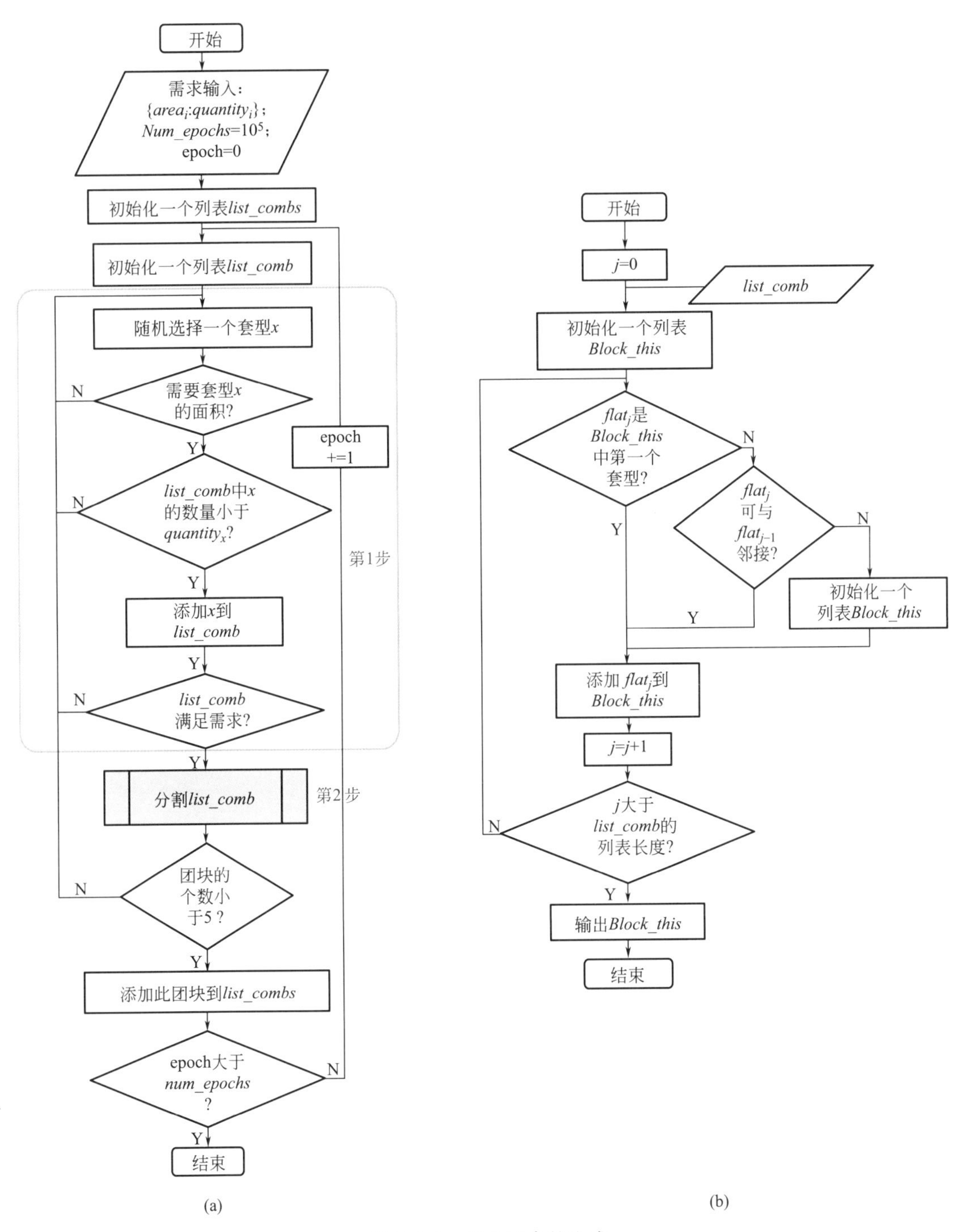

图 5.5-8 团块组合的生成

(a) 整个流程；(b) 分割 *list_comb*

点，并用索引标记每个点，每个团块都得到了一个基因数据集。因此，从不同基因库各选择一个基因片段构成一条染色体，一条染色体即为不同块的位置的组合，也即一个完整的套型布置（图 5.5-10）。

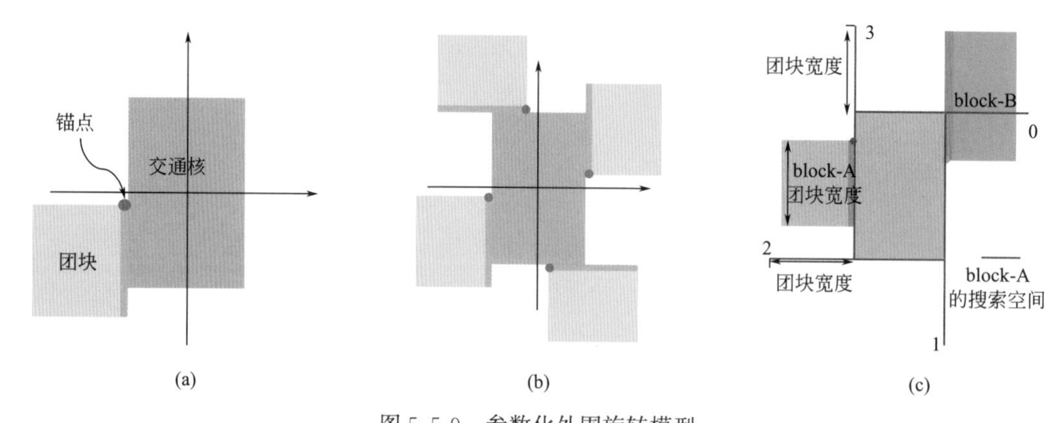

图 5.5-9　参数化外围旋转模型

(a) 外围旋转模型；(b) 锚点的定位；(c) 搜索空间

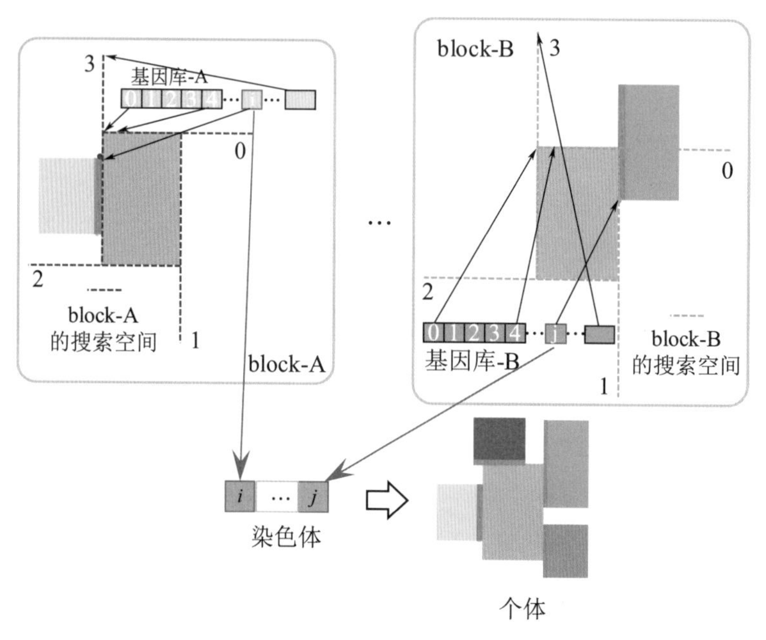

图 5.5-10　染色体编码

(2) 走廊的自动生成

在生成染色体后，即得到了套型的布置。由于 5.5.2 中设置的走廊空间比较充裕，考虑设计的经济性，需要对走廊的平面进行裁剪，第一步是将走廊修剪到刚好与团块中的所有门相连，如图 5.5-11a 所示。由于采用了经典的交通核，楼梯和电梯只能放置在交通核的左边或右边，长度和宽度固定。因此，有些位置是禁止布置门的，如图 5.5-11a 所示。同时，图 5.5-11a 还显示了走廊相对于交通核的所有情况。由于交通核的上方和下方没有禁止门的位置，这些地方的块可以直接平移到边缘，并修剪掉与交通核重叠的走廊部分（图 5.5-11b）。对于交通核左边或右边的块，情况可以分为两类，如图 5.5-11c 和图 5.5-11d 所示。如图 5.5-11c 所示，如果走廊的部分区域位于禁止布置门的位置，走廊将延伸到走廊设置的一个门，并且这个门应该保证走廊长度比到另一个门短。在另一种情况下，没有走廊区域位于禁止门的位置，就将团块直接平移到边缘，并修剪掉走廊的多余空间（图 5.5-11d）。

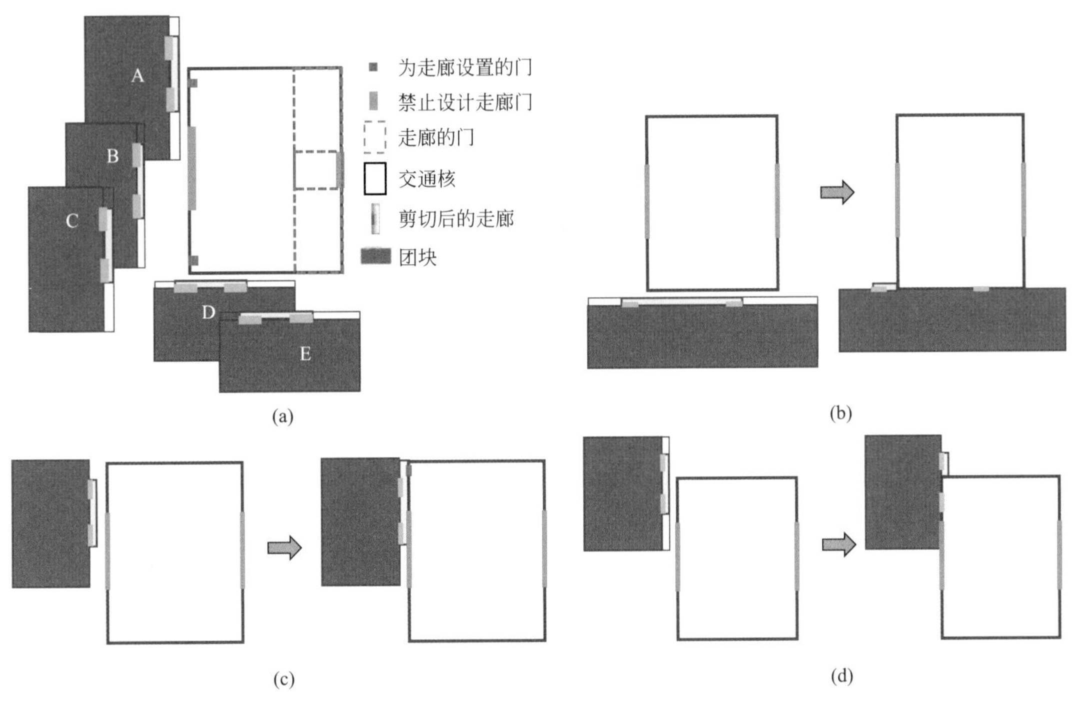

图 5.5-11 走廊的自动生成

（a）走廊的所有情况；（b）套型在核心筒上部或者下部；

（c）套型在核心筒左右侧—类型 1；（d）套型在核心筒左右侧—类型 2

（3）选择

GA 通过适应度分数评估每个候选者。套型布置的适应度函数已经进行了描述。本节提出的智能优化设计算法采用锦标赛选择技术[42]，它根据随机轮盘赌从中选择具有适应度分数的个体。同时采用精英保留选择操作[43]，以保留最优个体。经过选择，算法保留了具有高适应度分数的个体，并允许它们繁殖后代。

（4）基因突变和交叉变异

为了保持多样性和避免过早收敛，本节提出的智能优化设计算法采用了变异算子。此外，在本节研究中，变异算子是在选择操作之后应用的，因为采用了多点变异，并且根据适应度分数（$fitness$）设置个体（i）的变异概率（PM_i），如式（5.5-8）所示。由于每个个体的适应度分数已经计算并存储，因此不需要重新计算，从而节省了计算资源。

$$PM_i = \begin{cases} 0.05 & fitness_i > \text{the median of all } fitness \\ 0.5 & fitness_i < \text{the median of all } fitness \end{cases} \tag{5.5-8}$$

交叉算子通过组合父代的基因来产生后代。本节提出的智能优化设计算法采用多点交叉，并且交叉概率（PC_j）根据代数（j）和总代数（$N_{generation}$）变化，如式（5.5-9）所示。同时，这些用于变异和交叉的方法也将用于第二阶段 GA。

$$PC_j = \begin{cases} 0.1 & j > 0.25 \times N_{generation} \\ 0.5 & j < 0.25 \times N_{generation} \end{cases} \tag{5.5-9}$$

（5）终止规则

为了探索更多的解决方案，避免优化算法过多的迭代计算，于是设置了两个终止准则。一个是代数达到设计师设定的最大迭代次数；另一个是最大适应度分数在 25 代内保持不变。如果满足两个准则中的一个，迭代终止。这种终止方法也用于第二阶段 GA。第一阶段 GA 的设计结果是套型布置，如图 5.5-12 所示。

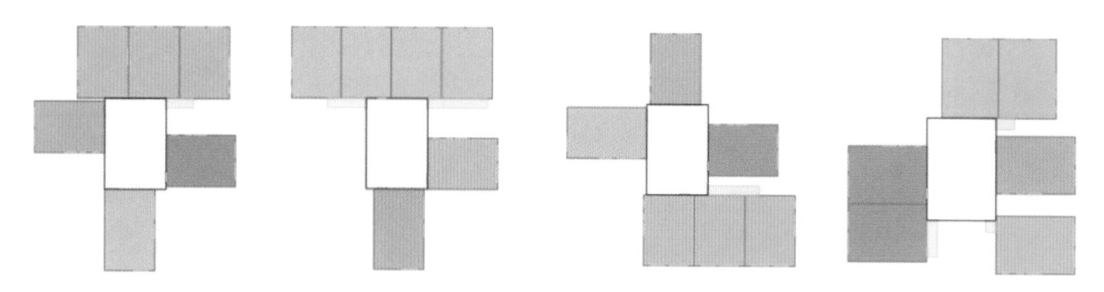

图 5.5-12　第一阶段 GA 的设计结果

5.5.5　用于交通核布置的第二阶段遗传算法

（1）公共设施的参数化

第一阶段 GA 得到了套型布置，同时得到了走廊门的位置，这些走廊门连接套型和交通核。因此，这些走廊门的位置是设计交通核的初始条件。为了设计一个经济的交通核，根据建筑要求，将大厅的宽度设置为最小值。因此，交通核的宽度（w_{core}）是固定的（式 5.5-10），交通核的高度（h_{core}）是交通核大小的唯一变量（图 5.5-13a）。同时，交通核的大小是设计套型布置和交通核布置的基本条件；因此，它的高度是作为初始预设条件进行并行计算，如 5.5.1 所述。

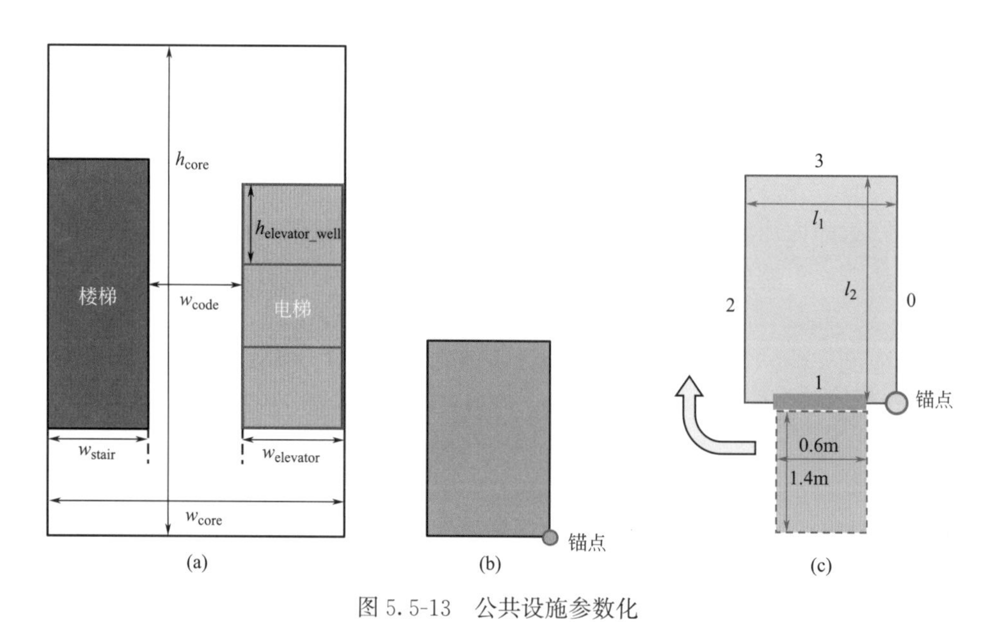

图 5.5-13　公共设施参数化

（a）交通核的尺寸；（b）楼梯或电梯的参数化；（c）井道的参数化

此外，由于楼梯通常是模块化建筑的预制件，所以其尺寸是固定的。在一个建筑中，电梯井的数量通常影响居民的舒适度和整个楼栋的经济效益，因此它由设计师进行输入

(图 5.5-4a)。由于电梯井的尺寸固定(即 $h_{elevator\_well}$, $w_{elevator}$),根据电梯井的数量,可以确定电梯的尺寸(图 5.5-13a)。因此,这些设备的变量只是锚点的位置(图 5.5-13b)。

此外,与楼梯和电梯不同,井道 i(例如风井、电井、水井)没有固定的宽度和高度,只有固定的面积(S_i)(设计师的输入,图 5.5-4a)。此外,门属于哪条边也是不确定的。因此,除了井道 i 的锚点位置外,两个可邻接边的长度(l_{i1}, l_{i2})和门所在的边也是井道的变量(图 5.5-13c)。其中,两边的乘积($l_{i1}\times l_{i2}$)应该等于 S_i(式 5.5-11)。根据建筑要求和设计师的经验,门所在的井道 i 的第 j 条边的宽度应该大于等于 0.6m(式 5.5-12)。

同时,通过检测门前 1.4m×0.6m 的矩形区域 $AreaOverlap$(图 5.5-13c)是否存在障碍物,来确定哪条边适合放置门。由于只有四条边,所以可以通过检测每一条边来选择门所在的边,从而避免将门的位置编码到染色体中导致维度增加。因此,顺时针给井的每一道墙分配一个门所在的边,并检查是否满足约束条件(即式 5.5-12 和式 5.5-13)。如果满足约束条件,即认为这条边适合使用。

(2) 内侧旋转模型和公共设施的染色体编码

类似地,旋转模型也被用来参数化公共设备的搜索空间。与外围旋转模型不同,公共设备沿着交通核内部移动,且内部旋转模型包含两种类型的设备。电梯和楼梯只能沿着经典交通核(第 3.2 节)的边界上下移动。然而,具有各种特殊功能的井不仅可以沿着交通核的边界旋转,还可以沿着电梯和楼梯的顶部和底部旋转(图 5.5-14)。编码公共设备的方法如图 5.5-14 所示,它与编码团块的方法类似[5.5.4 节(1)]。电梯和楼梯的基因数据集只包含锚点的位置,井道的基因数据集不仅包括锚点的位置,还包括尺寸组合(即 l_1, l_2)。

$$w_{core}=w_{stair}+w_{code}+w_{elevator} \tag{5.5-10}$$

$$l_{i1}\times l_{i2}=S_i \tag{5.5-11}$$

$$l_{ij}\geqslant 0.6\text{m} \tag{5.5-12}$$

$$AreaOverlap_{ij}=0 \tag{5.5-13}$$

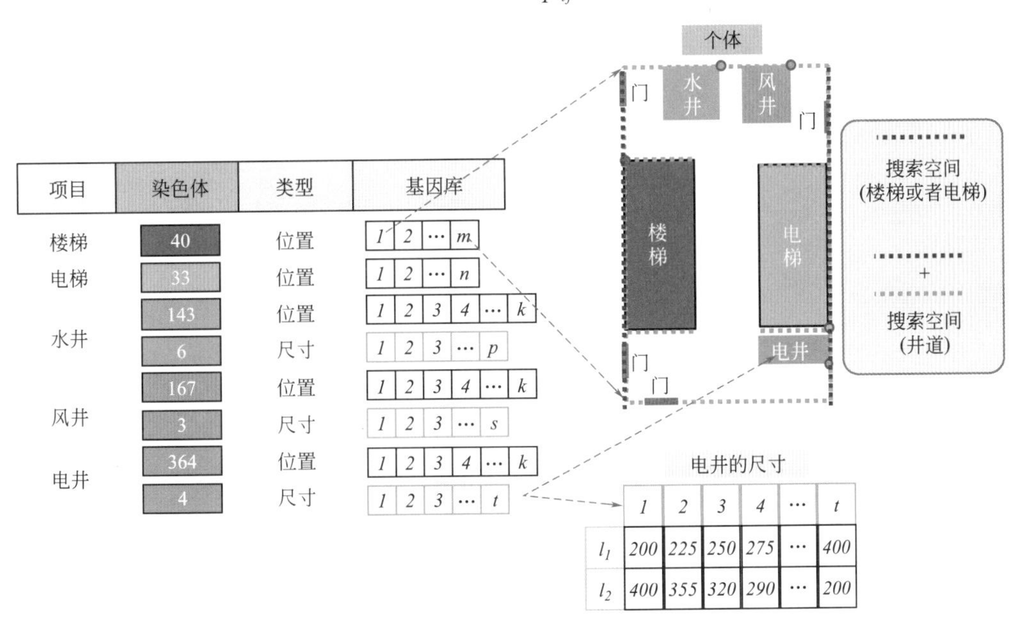

	1	2	3	4	…	t
l_1	200	225	250	275	…	400
l_2	400	355	320	290	…	200

图 5.5-14 内侧旋转模型和染色体编码

（3）基于形状语法的井道位置微调

由于井道的位置和形状都是变量，所以在GA设计过程中经常出现井道之间的重叠，造成许多布置失去意义。另一方面，形状语法已经广泛应用于不同的布局设计，它被证明在生成布置方面是有效的[44,45]。在本研究中，建立了井道设计的形状语法，如图5.5-15所示。

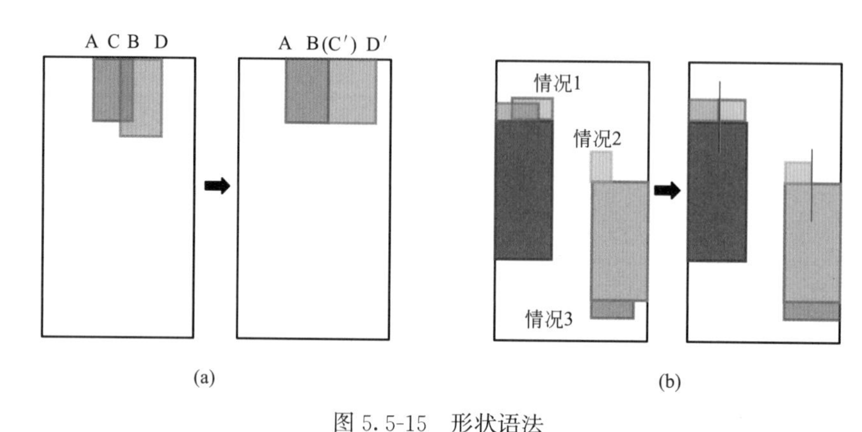

图5.5-15 形状语法

（a）井道在交通核的墙段上；（b）井道在楼梯或者电梯的墙段上

如图5.5-15a所示，如果两个井道在交通核的边缘有重叠部分，则将两个井道的高度调整为它们原来高度的平均值。同时，保持顺时针方向上最左侧锚点的位置不变，并将另一个井道的锚点放在与之可邻接的位置上，以保证布置合理并节省材料。另外，若井道在楼梯或电梯的边缘处，则有三种情况，如图5.5-15b所示。情况1是指如果两个井道有重叠部分，则将它们调整为沿着边缘对半分开。情况2是指如果井道在楼梯或电梯边缘的一半以内，则将井道调整到边缘中点处。相反，如果井道在边缘的一半以上，则将井道调整到边缘末端处（情况3）。通过使用这两类形状语法规则，大多数井道位置重叠的情况都可以被有效处理，提高了算法的收敛速度。

（4）基于构形空间的人行流线的检测

交通核的一个基本要求是人可以通过一定宽度的通道到达每个设备间。因此，确定每个门是否可通行十分重要（图5.5-16a）。本研究中采用了一种名为构形空间的方法来检测行人流量，这种方法通常用于路径规划[46]。如图5.5-18所示，通道的宽度为d；通道的中点定义为$q(x, y)$；所有被覆盖的点$q(x, y)$定义为$R(q)$(式5.5-14)。构形空间中的障碍物QO_i和自由配置空间Q_{free}分别由式（5.5-15）和式（5.5-16）定义：

$$R(q)=R(x, y)=\{(x', y') \mid (x'-x)^2+(y'-y)^2 \leqslant (d/2)^2\} \quad (5.5\text{-}14)$$

$$QO_i=\{q \in Q \mid R(q) \cap WO_i \neq \varnothing\} \quad (5.5\text{-}15)$$

$$Q_{free}=Q \mid (\cup_i QO_i) \quad (5.5\text{-}16)$$

其中，Q表示构形空间，WO_i表示障碍物i的空间（即公共设备和交通核的边界）。$R(q)$和WO_i的交集为构形空间障碍物QO_i（式5.5-15），不与QO_i相交的构形空间即为自由构形空间Q_{free}（式5.5-16），如图5.5-16b所示。

以设备门为目标，检测人行流线的任务就变成了在自由构形空间中找到连接各个门的轨迹线。进一步推理，两种情况即可代表所有门的情况（图5.5-17）。一种情况是没有门在一个小的封闭区域内，这是一个可用的门（图5.5-17a）；另一种情况是门在一个小的封闭区域内，不能与其他门相连（图 5.5-17b）。对这两种情况进行检测即可快速地统计出人行流线不能到达的门。

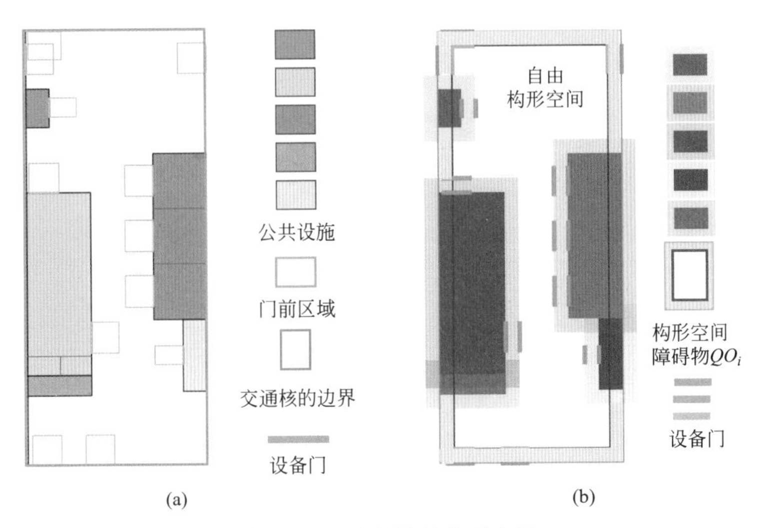

图 5.5-16 交通核的构形空间

（a）初始空间；（b）构形空间

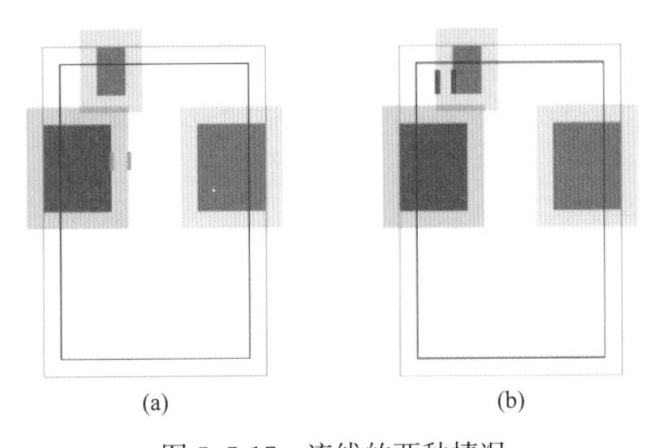

图 5.5-17 流线的两种情况

（a）可通行的门；（b）不可通行的门

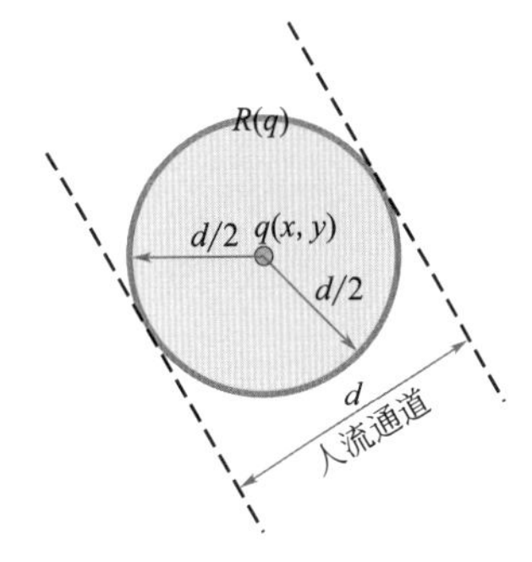

图 5.5-18 点 $q(x, y)$ 覆盖的区域

（5）第二阶段 GA 的进化过程

第二阶段的遗传算法的进化过程也包括选择、变异、交叉和终止规则，这些操作的方法与第一阶段相同。

5.5.6 几何对称

通过两阶段的遗传算法可以得到一个建筑布置，在本节被称为“元建筑平面”（图 5.5-19a）。对称布置是建筑布置的一种常见形式，可以在众多的建筑平面中看到。因此，本研究提出了一种包含三个步骤的生成建筑平面对称布置的方法。第一步是找到所有标记为 1 的边［即可与其他平面邻接的边（5.5.2 节）］。然后，沿着标记为 1 的边进行轴对称；接着，根据标记为 1 的边的中点进行中心对称。图 5.5-19a 中线段 AB 是标记为 1 的边，点 C 是中点。沿着边 AB 进行轴对称的结果如图 5.5-19b 所示，关于点 C 进行中心对称的结果如图 5.5-19c 所示。

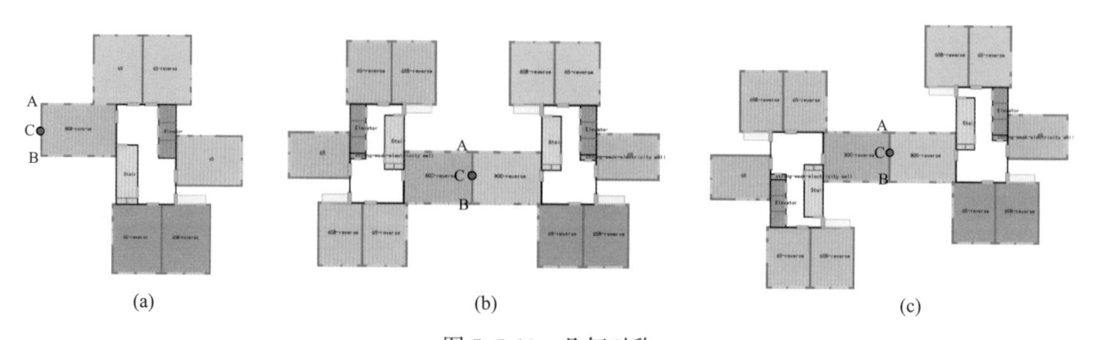

图 5.5-19　几何对称

（a）元建筑平面；（b）轴对称；（c）中心对称

5.5.7　自动绘制 CAD 图纸

CAD 图纸是最常用的设计交互工具。本节开发了一个基于 Python 和 Autodesk CAD API 的程序，实现了自动绘制 CAD 图纸。本程序主要包含两个步骤，如图 5.5-20 所示。关于这两个步骤的伪代码，分别见算法 5.5-1 和算法 5.5-2。CAD 库中的模块化套型 $flat_i$（5.5.2 节）根据位置信息 $\{flat_i:(x_i, y_i, \theta_i)\}$ 作为一个 CAD 图块插入 CAD 图纸中。其中，(x_i, y_i) 表示 $flat_i$ 的坐标原点需要放置的位置，θ_i 表示 $flat_i$ 绕点 (x_i, y_i) 顺时针旋转的角度。然后，根据信息 $\{device_i:(x_{ij}, y_{ij})\}$ 绘制走廊和交通核的 CAD 图纸。其中，(x_{ij}, y_{ij}) 表示设备 i 的顺时针拐角点 j 处的坐标。同时，通过自动标注尺寸来准确地标识墙段的位置。

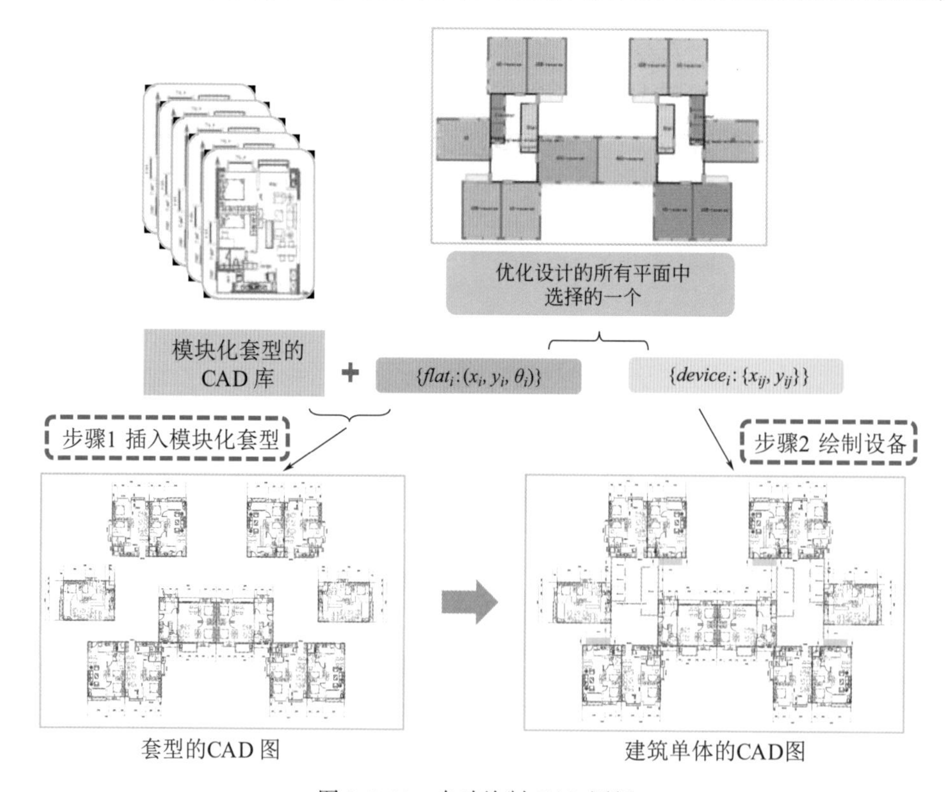

图 5.5-20　自动绘制 CAD 图纸

步骤 1 插入模块化套型 **算法 5.5-1**

```
Function:步骤 1　插入模块化套型
Input:{flat_i:(x_i,y_i,θ_i)},模块化套型的 CAD 库
Output:套型布置的 CAD 图
1. 初始化一个空白的 CAD 图(D)
2. for flat_i={flat_i:(x_i,y_i,θ_i)}do
3.    在 D 根据点 point(x_i,y_i)插入套型 flat_i 的 CAD 图
4.    在 D 将 flat_i 的 CAD 图绕 point(x_i,y_i)顺时针旋转 θ_i 度
5. end for
6. return 套型布置的 CAD 图(D_flats)
```

步骤 2 绘制设备 **算法 5.5-2**

```
Function:步骤 2 绘制设备布置 CAD 图
Input:套型布置 CAD 图(D_flats),{device_i:{x_ij,y_ij}}
Output:建筑单体的 CAD 图
1. for device_i = {device_i:{x_ij,y_ij}}do
2.    在 D_flats 中根据设备 device_i 的角点 points (x,y) 绘制多边形 polygon_i
3.    在 D_flats 中根据 polygon_i 绘制标注
4. end for
5. return 建筑单体的 CAD 图
```

5.5.8　案例验证

为了验证提出方法优化设计 MMRBs 平面的能力，本节在第（2）部分和第（3）部分分别介绍了常规要求下和特殊要求下的设计过程。首先，在本节第（1）部分中建立了模块化平面信息数据库和对应的 CAD 库。所有程序均在 Core i5-12600KF CPU 上实现。

同时，为了验证设计结果的可靠性，经过调研讨论，评价指标共设计为四部分：重叠、合理性、经济性和时间，如表 5.5-3 所示。这些指标不仅考虑了空间不重叠的基本要求，还考虑了设计的实用性和成本效益。同时，在本节第（2）部分中，设计结果还与设计师设计的布置进行了对比分析。

验证指标 **表 5.5-3**

项目	描述
重叠	生成的布置中的不同空间之间是否存在重叠
合理性	生成的布置是否常规且易于施工和维护
经济性	生成布置与人工布置的交通核心区对比
时间	生成设计结果的时间效率

（1）模块化平面信息数据库和 CAD 库

模块化平面信息数据库和模块化平面 CAD 库是设计 MMRBs 布置的基础。模块化平面的参数化方法如 5.5.2 节中所述。图 5.5-21 为建立的模块化平面信息数据库，有 3 种不同的面积，包括 4 个 $65m^2$ 的模块化套型，6 个 $80m^2$ 的模块化套型和 6 个 $100m^2$ 的模块化套型，它们基本上满足了不同的居住需求。

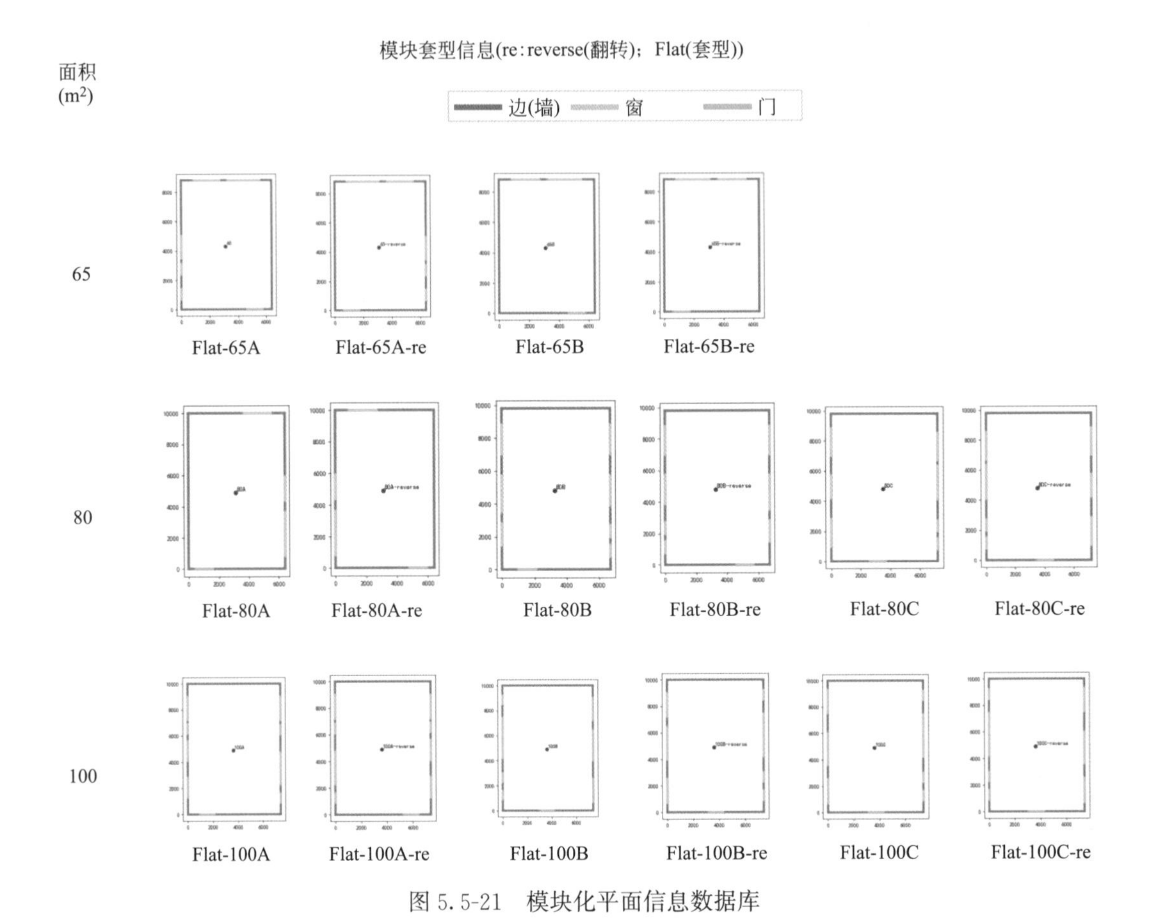

图 5.5-21　模块化平面信息数据库

（2）第一类案例—常规设计需求

基于中国深圳长圳公租房项目[47]，选择了两个建筑单体进行设计，具体的设计需求详见表 5.5-4。图 5.5-22 展示了两种通用且实用的 MMRBs 布置。设计需求 1 为常见的建筑单体形式，具有 4 个 $65m^2$ 套型和 2 个 $80m^2$ 套型，井道等公共设施在交通核的上部中间，方便施工和检查。设计需求 2 为轴对称式的建筑单体，具有 6 个 $65m^2$ 套型和 4 个 $80m^2$ 套型。设计需求 2 中套型分布在核心筒的四周，可以很好地检验提出的算法的有效性。完成这两项设计，设计师大约都需要 12h 的工作时间。表 5.5-5 所示为两项设计案例两阶段遗传算法的所有参数，均输入交互界面中，如图 5.5-4a 和 5.5-4b 所示。

两个常规需求　　**表 5.5-4**

需求	套型面积需求(m^2)			设备需求(m^2×数量)						需要对称
	65	80	100	强电井	弱电井	强弱电井	水井	风井	电梯（数量）	
1	4	2	0	0	0	1.5×1	1.5×1	0	3	No
2	6	4	2	0	0	1×4	2×2	0	6	Yes

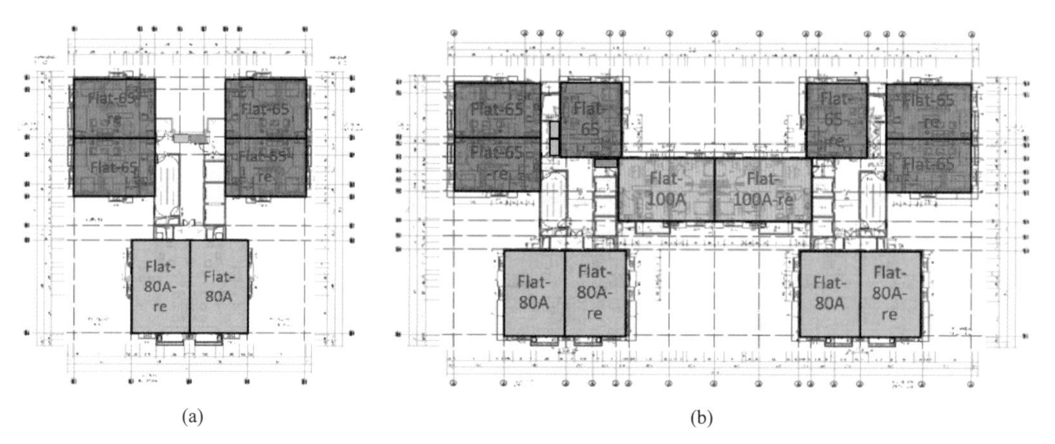

(a) (b)

图 5.5-22 设计师的设计结果

(a) 设计需求 1；(b) 设计需求 2

常规需求下两阶段 GA 的参数 **表 5.5-5**

需求	设计套型平面的第一阶段 GA		设计核心筒平面的第二阶段 GA	
	种群大小	代数	种群大小	代数
1	128	32	16	24
2	160	32	16	24

使用本节第（1）部分建立的模块化平面信息库，为满足常规设计需求 1 的情况，生成了 6535 种组合供设计师选择，为满足常规设计需求 2 的情况生成了 6253 种组合（图 5.5-23）。生成组合所需的时间都不到 1min。由于 Flat-65B 和 Flat-65B-re 的邻接关系，即两种套型各自都有两条邻接边（1 和 3），所以组合较多。为了与设计师的布置进行比较，选择组合 16 进行下一步的设计过程，并随机选择组合 35 和 2538 来检验所提出的方法在常规需求 1 下的优化设计能力，如图 5.5-24 所示。

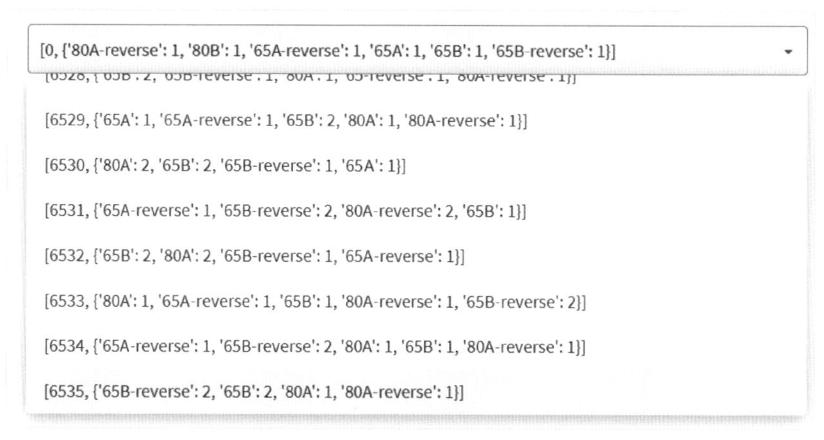

(a)

图 5.5-23 生成团块的组合（一）

(a) 常规设计需求 1

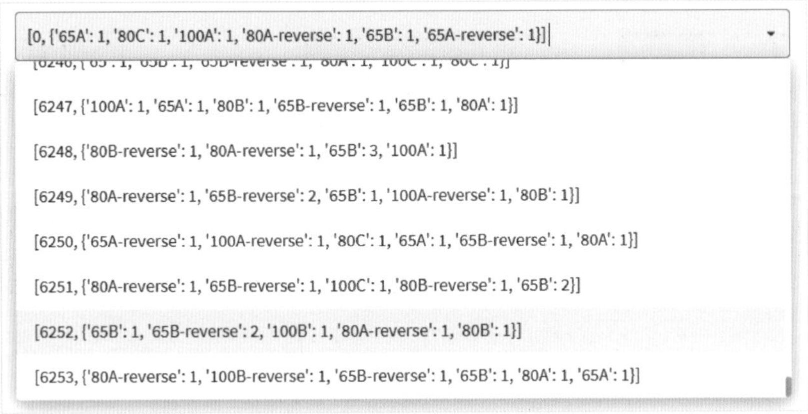

[0, {'65A': 1, '80C': 1, '100A': 1, '80A-reverse': 1, '65B': 1, '65A-reverse': 1}]
[6247, {'100A': 1, '65A': 1, '80B': 1, '65B-reverse': 1, '65B': 1, '80A': 1}]
[6248, {'80B-reverse': 1, '80A-reverse': 1, '65B': 3, '100A': 1}]
[6249, {'80A-reverse': 1, '65B-reverse': 2, '65B': 1, '100A-reverse': 1, '80B': 1}]
[6250, {'65A-reverse': 1, '100A-reverse': 1, '80C': 1, '65A': 1, '65B-reverse': 1, '80A': 1}]
[6251, {'80A-reverse': 1, '65B-reverse': 1, '100C': 1, '80B-reverse': 1, '65B': 2}]
[6252, {'65B': 1, '65B-reverse': 2, '100B': 1, '80A-reverse': 1, '80B': 1}]
[6253, {'80A-reverse': 1, '100B-reverse': 1, '65B-reverse': 1, '65B': 1, '80A': 1, '65A': 1}]

(b)

图 5.5-23 生成团块的组合（二）

（b）常规设计需求 2

类似地，在常规设计需求 2 下，选择组合 5 与设计师的布置进行比较，并随机选择组合 2347，如图 5.5-25 所示。同时，表 5.5-6 列出了具体的设计结果，包括交通核（核心筒）高度、走廊的面积和计算耗时。表 5.5-7 为使用所提出方法的设计结果和设计师设计结果的对比。

两种常规设计需求下的设计结果 **表 5.5-6**

需求	组合(NO.)	交通核高度(m)	走廊面积(m^2)	计算耗时(min)
1	16	12.8	0	21
	35	11.8	0	30
	2538	11.8	7.128	9
2	5	11.8	0	22
	2347	11.8	15.48	15

提出方法的设计结果对比设计师的设计结果 **表 5.5-7**

需求	组合(NO.)	是否重叠	合理性	经济性（交通核面积）	耗时（智能设计/人工设计）
1	16	No	相似	稍微大一点（易于人工调整）	2.9%
	35	No	更合理	更小	4.2%
	2538	No	具有启发性	更大	1.3%
2	5	No	更合理	更小	3.0%
	2347	No	具有启发性	更大	2.1%

在常规需求1下，交通核的面积是90.48m²（即7.8m×11.6m），走廊的面积是5.51m²（即1.9m×1.45m×2），设计师的设计结果如图5.5-22a所示。组合16生成的布置如图5.5-24a所示，与设计师的布置相似。根据表5.5-6，组合16的布置中，交通核的面积是99.84m²（即7.8m×12.8m），走廊的面积是0m²；公共区域的面积总和略大于设计结果（即99.84m²>90.48m²+5.51m²）。由于交通核的高度增量为0.5m，如5.5.5节所述，有些高度值无法在取值范围得到，因此高度是一个近似最优解。总体而言，由所提出的方法生成的布置符合设计师在常规需求1下的要求。此外，所提出的方法只花费了21min，与传统手工方法所需的12h相比大大减少。

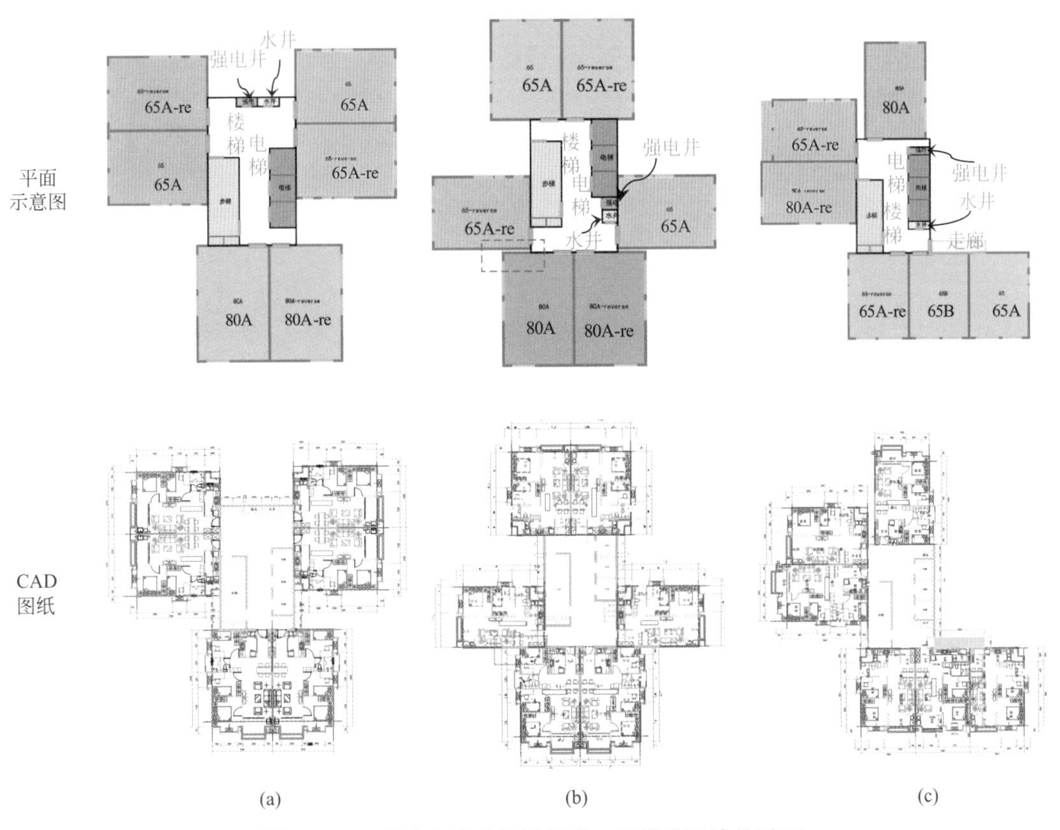

图5.5-24 提出方法在常规需求1下优化设计的平面

(a) 组合16；(b) 组合35；(c) 组合2538

图5.5-24b显示了另一种在一般要求1下可行的布置。组合35的布置中，公共区域只有92.04m²（即7.8m×11.8m），小于95.99m²（即90.48m²+5.51m²）。此外，在这种布置中，关于主轴线的近似对称性提供了良好的结构性能，并且使得施工更加便捷，这是一种优选的设计布置。另外，使用所提出的方法花费的时间（30min）同样比设计师花费的时间（12h）少得多。

图5.5-24c给出了组合2538的布置，显示了Flat-65B生成布置的扩展能力，它在建筑舒适性方面不如前两种设计，但为设计师提供了更多使用Flat-65B（或Flat-65B-re）的设计选择。此外，此过程仅花费了9min。

在常规需求 2 下，设计师的设计结果如图 5.5-22b 所示，公共区域的面积是 185.28m^2（即 7.8m×10.8m×2＋4.2m×2m×2）。由所提出的方法生成的组合 5 的布置如图 5.5-25a 所示，其中公共区域的面积是 184.08m^2（即 7.8m×11.8m×2）（表 5.5-6），小于设计师的布置面积。关于平面的布置，设计师的设计结果和自动优化设计的结果较为相似，但生成的布置调整了 Flat-65A（或 Flat-65A-re）的位置，这对交通核的布置有很大影响。比较交通核的布置，在设计师的布置中，两个强弱电井放在走廊中；而在生成的布置中，所有公共设备都放在交通核中，并且拼接在一起，这样更方便施工和维护。实现这种设计只需要 22min，比设计师通常需要的 12 小时少得多。

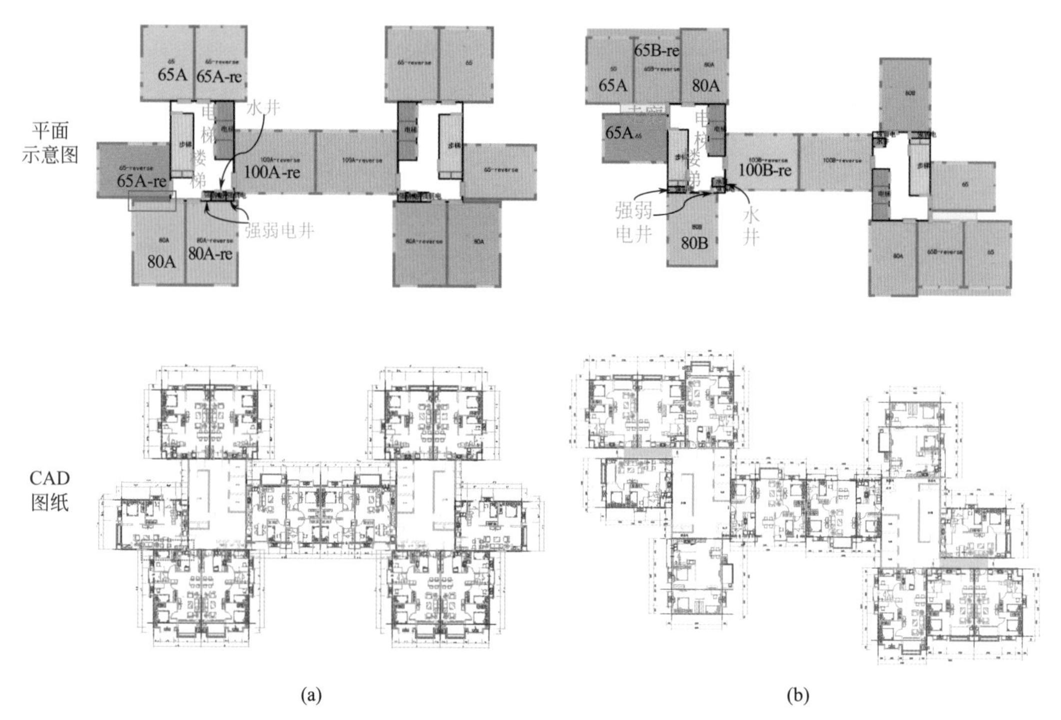

图 5.5-25　提出方法在常规需求 2 下优化设计的平面

（a）组合 5；（b）组合 2347

图 5.5-25b 展示了另一种在常规需求 2 下的设计结果。虽然公共区域的面积 199.56m^2（即 7.8m×11.8m×2＋15.48m^2）大于设计师的布置结果（即 185.28m^2）和组合 5 的布置结果（即 184.08m^2），但使用 Flat-65B-re（或 Flat-65B）和走廊可以生成更多有启发性的设计结果。关于交通核的布置，通过算法的优化实现了设备井道自动的拼接，显示了在有限空间内设计公共设施平面布置的强大能力。此过程只花费了 15min。

每个布置自动绘制的 CAD 图纸如图 5.5-24 和图 5.5-25 所示。5.5.7 节介绍的自动绘制 CAD 图纸的方法利用 CAD 块作为基本元素来插入，使得设计师在 CAD 图纸中进行微调操作更容易。为了设计一个完美的布置，一些 CAD 块可能需要设计师进行微调，例如组合 35（图 5.5-23b）和组合 16（图 5.5-24a）中的红色虚线框内。这种情况发生是因为所提出的方法在搜索空间上存在步长。由于自动绘制的 CAD 图的基本元素为 CAD 块，所以设计师在修改时将会十分便捷。

(3) 第二类案例—特殊设计需求

模块化建筑也可用于酒店、宿舍和养老院，这些都需要在一层有更多的套型。因此，表 5.5-8 提供了一个特殊设计需求，包括 10 个 65m² 的平面，4 个 80m² 的房间，2 个 100m² 的房间和比常规需求更多的公共设备。表 5.5-9 列出了两阶段遗传算法的参数。

一个特殊设计需求 **表 5.5-8**

套型面积需求(m²)			设备需求(m²×数量)						需要对称
65	80	100	强电井	弱电井	强弱电井	水井	风井	电梯(数量)	
10	4	2	0	0	1.5×2	1.5×2	1.5×2	3	Yes

特殊设计需求下两阶段 GA 的参数 **表 5.5-9**

设计套型平面的第一阶段 GA		设计核心筒平面的第二阶段 GA	
种群大小	代数	种群大小	代数
128	32	16	24

在自动组合之后，共生成 4051 种团块组合，随机选择了其中三种组合来展示所提出的方法的生成能力，如图 5.5-26 所示。生成这些设计所需的时间不到 45min。图 5.5-26 中的元建筑平面是指两阶段 GA 生成的建筑平面，应用 5.5.6 描述的自动对称方法得到了更多的设计结果。由图 5.5-26 可以看出，通过使用 Flat-65B（或 Flat-65B-re），所有三种设计结果都可以满足设计的要求。在交通核的布置方面，所有公共设备的位置均较为合适且符合设计师的设计习惯。不同设备之间的墙段和交通核的墙段之间的拼接使得施工过程方便，且节省材料，这是良好设计的一个重要特征。另外，走廊精确地连接了套型和交通核，并且没有多余的走廊空间。关于平面的布置，所有平面都不相互重叠，并且尽可能减少了窗户视野的遮挡。生成的大部分建筑平面是合理且实用。需要注意的是，一些布置可以由设计师进行微调改进，例如图 5.5-26b 中的 Flat-65A 可以用 Flat-65A-re 替换，以减少视野的遮挡。同时由于使用了 CAD 图块，这些微调操作在 CAD 中通过简单操作即可完成。

5.6 本章小结

本章提出了一系列建筑单体平面数智化设计方法，结论如下：1）本章首先介绍了创建建筑单体平面数据集 GeLayout 的方法；2）为了实现现浇建筑单体的生成式设计，本章提出了基于 UNet 融合注意力机制的分割网络，此网络可以对建筑单体图像平面进行分割；3）为了克服小规模数据集带来的难度，本章提出了基于迁移学习和堆叠集成学习的建筑单体平面生成器；4）为了实现装配式模块化建筑单体的智能设计，本章提出了图约束的生成对抗网络进行建筑平面的生成；5）为了实现优化设计，本章基于遗传算法提出了模块化建筑单体智能设计方法，通过交通核平面和套型平面两个阶段的智能优化设计，实现了模块化建筑单体在常规场景和特殊场景下的优化设计。

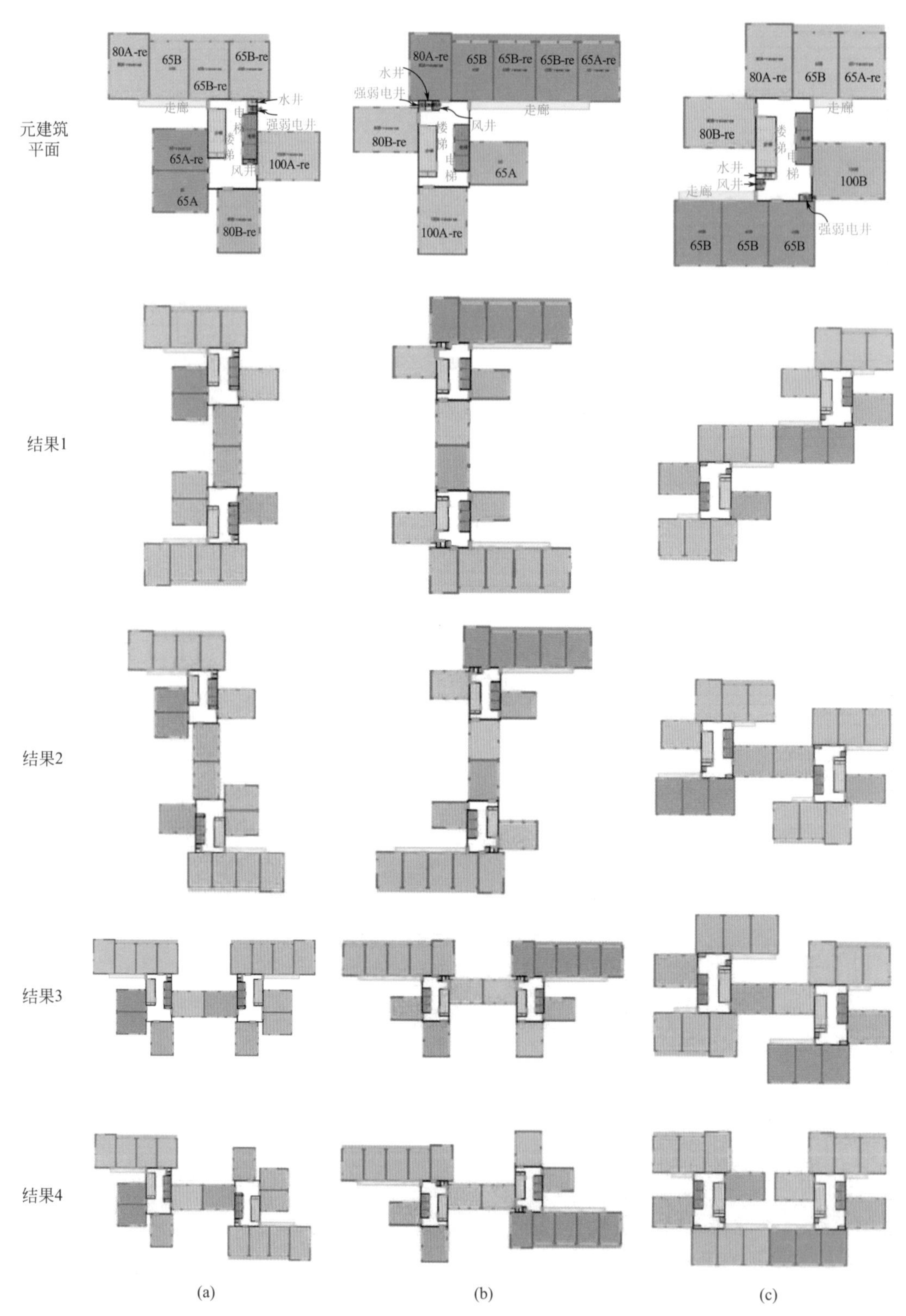

图 5.5-26　提出方法在特殊需求下优化设计的平面

（a）组合 34；（b）组合 157；（c）组合 3335

参考文献

[1] WU W，FU X M，TANG R，et al. Data-driven interior plan generation for residential buildings [J]. ACM Transactions on Graphics，2019，38 (6)：1-12.

[2] LIBERTI L，LAVOR C，MACULAN N，et al. Euclidean distance geometry and applications [J]. SIAM Review，2014，56 (1)：3-69.

[3] GUINDON B，ZHANG Y. Application of the dice coefficient to accuracy assessment of object-based image classification [J]. Canadian Journal of Remote Sensing，2017，43 (1)：48-61.

[4] FRUCHTERMAN T M J，REINGOLD E M. Graph drawing by force-directed placement [J]. Software：Practice and Experience，1991，21 (11)：1129-1164.

[5] CHEONG S-H，SI Y-W. Force-directed algorithms for schematic drawings and placement：A survey [J]. Information Visualization，2020，19 (1)：65-91.

[6] RONNEBERGER O，FISCHER P，BROX T. UNet：Convolutional networks for biomedical image segmentation [C] //Medical Image Computing and Computer-Assisted Intervention-MICCAI 2015：18th International Conference，Munich，Germany，October 5-9，2015，proceedings，part III 18. Springer International Publishing，2015：234-241.

[7] WOO S，PARK J，LEE J Y，et al. Cbam：Convolutional block attention module [C] //Proceedings of the European Conference on Computer Vision (ECCV)，2018：3-19.

[8] HE K，ZHANG X，REN S，et al. Deep residual learning for image recognition [C] //Proceedings of the IEEE Conference on Computer Vision and Pattern Recognition，2016：770-778.

[9] TOWNSEND J T. Theoretical analysis of an alphabetic confusion matrix [J]. Perception & Psychophysics，1971，9：40-50.

[10] OpenCV. opencv-python：Wrapper package for OpenCV python bindings [Z/OL]. [2023-04-10]. https：//pypi. org/project/opencv-python/.

[11] ASSOCIATES R M &. Rhino. Python Guides [EB/OL]. [2023-04-09]. https：//developer. rhino3d. com/guides/rhinopython/.

[12] KINGMA D P，BA J. Adam：A method for stochastic optimization [J]. arXiv preprint arXiv：1412. 6980，2014.

[13] OKTAY O，SCHLEMPER J，FOLGOC L L，et al. Attention UNet：Learning where to look for the pancreas [J]. arXiv preprint arXiv：1804. 03999，2018.

[14] DONG X，YU Z，CAO W，et al. A survey on ensemble learning [J]. Frontiers of Computer Science，2020，14 (2)：241-258.

[15] WANG Y，YAO Q，KWOK J，et al. Generalizing from a few examples：A survey on few-shot learning [J]. ACM Computing Surveys (csur)，2020，53 (3)：1-34.

[16] BELLAGARDA A，CESARI S，ALIBERTI A，et al. Effectiveness of neural networks and transfer learning for indoor air-temperature forecasting [J]. Automation in Construction，2022，140：104314.

[17] WANG T，GAN V J L. Automated joint 3D reconstruction and visual inspection for buildings using computer vision and transfer learning [J]. Automation in Construction，2023，149：104810.

[18] TERCAN H，GUAJARDO A，HEINISCH J，et al. Transfer-learning：Bridging the gap between real and simulation data for machine learning in injection molding [J]. Procedia CIRP，2018，72：185-190.

[19] SHEN S，SADOUGHI M，LI M，et al. Deep convolutional neural networks with ensemble learning and transfer learning for capacity estimation of lithium-ion batteries [J]. Applied Energy，2020，260：114296.

[20] PARK H，PARK D Y，NOH B，et al. Stacking deep transfer learning for short-term cross building energy prediction with different seasonality and occupant schedule [J]. Building and Environment，2022，218：109060.

[21] PARK H，PARK D Y，SON J J，et al. Cross-building prediction of natural ventilation rate with small datasets based on a hybrid ensembled transfer learning [J]. Building and Environment，2023，242：110589.

[22] ISOLA P，ZHU J-Y，ZHOU T，et al. Image-to-image translation with conditional adversarial networks [C] //Proceedings of the IEEE Conference on Computer Vision and Pattern Recognition，2017：1125-1134.

[23] GHANNAD P，LEE Y-C. Automated modular housing design using a module configuration algorithm and a coupled generative adversarial network（CoGAN） [J]. Automation in Construction，2022，139：104234.

[24] YU Y，ZHANG W，DENG Y. Fréchet Inception Distance（FID）for evaluating GANs [J]. China University of Mining Technology Beijing Graduate School，2021.

[25] GULRAJANI I，AHMED F，ARJOVSKY M，et al. Improved training of Wasserstein GANs [J]. Advances in Neural Information Processing Systems，2017，30.

[26] ABU-AISHEH Z，RAVEAUX R，RAMEL J Y，et al. An exact graph edit distance algorithm for solving pattern recognition problems [C] //4th International Conference on Pattern Recognition Applications and Methods，2015.

[27] NAUATA N，HOSSEINI S，CHANG K H，et al. House-GAN++：generative adversarial layout refinement networks（2021）[J]. arXiv preprint arXiv：2103.02574.

[28] ZHANG F，NAUATA N，FURUKAWA Y. Conv-MPN：Convolutional message passing neural network for structured outdoor architecture reconstruction [C] //2020 IEEE/CVF Conference on Computer Vision and Pattern Recognition（CVPR）. Seattle，WA，USA：IEEE，2020：2795-2804.

[29] JOHNSON J，GUPTA A，FEI-FEI L. Image generation from scene graphs [C] //Proceedings of the IEEE Conference on Computer Vision and Pattern Recognition，2018：1219-1228.

[30] Anonymous. Streamlit • A faster way to build and share data apps [EB/OL].（2021-01-14）[2023-11-13]. https：//streamlit.io/.

[31] PING T，PAN W，MOU B. An innovative type of module-to-core wall connections for high-rise steel modular buildings [J]. Journal of Building Engineering，2022，62：105425.

[32] PAN W，WANG Z，ZHANG Y. Module equivalent frame method for structural design of concrete high-rise modular buildings [J]. Journal of Building Engineering，2021，44：103214.

[33] HU H，LIU J，CHENG G，et al. Seismic behavior of hybrid coupled shear wall with replaceable U-shape steel coupling beam using terrestrial laser scanning [J]. Advances in Structural Engineering，2022，25（6）：1167-1177.

[34] LU X，LI M，GUAN H，et al. A comparative case study on seismic design of tall RC frame-core-tube structures in China and USA [J]. The Structural Design of Tall and Special Buildings，2015，24（9）：687-702.

[35] YENIAY Ö. Penalty function methods for constrained optimization with genetic algorithms [J]. Mathematical and Computational Applications，2005，10（1）：45-56.

[36] MANGAL M, LI M, GAN V J L, et al. Automated clash-free optimization of steel reinforcement in RC frame structures using building information modeling and two-stage genetic algorithm [J]. Automation in Construction, 2021, 126: 103676.
[37] LIU J, CAO Y, XUE Y, et al. Automatic unit layout of masonry structure using memetic algorithm and building information modeling [J]. Automation in Construction, 2021, 130: 103858.
[38] XU C, LIU J, LI S, et al. Optimal brick layout of masonry walls based on intelligent evolutionary algorithm and building information modeling [J]. Automation in Construction, 2021, 129: 103824.
[39] 中华人民共和国住房和城乡建设部. 住宅设计规范: GB 50096—2011 [S]. 北京: 中国计划出版社, 2012.
[40] JAILLET L, CORTÉS J, SIMÉON T. Sampling-based path planning on configuration-space costmaps [J]. IEEE Transactions on Robotics, 2010, 26 (4): 635-646.
[41] ANDREWS D W K. Laws of large numbers for dependent non-identically distributed random variables [J]. Econometric Theory, 1988, 4 (3): 458-467.
[42] KATOCH S, CHAUHAN S S, KUMAR V. A review on genetic algorithm: past, present, and future [J]. Multimedia Tools and Applications, 2021, 80 (5): 8091-8126.
[43] RUDOLPH G. Convergence analysis of canonical genetic algorithms [J]. IEEE Transactions on Neural Networks, 1994, 5 (1): 96-101.
[44] HOU D. An algorithmic design grammar for problem solving [J]. Automation in Construction, 2018, 94: 417-437.
[45] STINY G, MITCHELL W J. The palladian grammar [J]. Environment and Planning B: Planning and Design, 1978, 5 (1): 5-18.
[46] FLORES-ABAD A, MA O, PHAM K, et al. A review of space robotics technologies for on-orbit servicing [J]. Progress in Aerospace Sciences, 2014, 68: 1-26.
[47] 廖敏清, 张玥, 樊则森, 等. 以标准化开启高品质建造——深圳市长圳公共住房项目标准化设计方法实践探究 [J]. 建筑, 2022 (10): 18-22.

第 6 章　建筑套型智能设计

为了实现多高层住宅套型平面的生成式设计，同时考虑建筑设计边界和设计条件，本章基于第 4.1 节提出的 TranSD-GAN，并使用建筑套型开源数据集 RPLAN 进行神经网络的训练和套型平面的生成。当完成建筑场地、建筑单体和建筑套型三个阶段的平面生成器的训练，可实现全流程的设计。为了实现建筑信息在三个设计阶段的流动，本章同时介绍了一系列图像操作，最后生成各个设计阶段基于 Rhino 和 Grasshopper 的 BIM 模型。

6.1　RPLAN 数据集处理

RPLAN[1] 是一个套型平面数据集，通过像素图像的四个通道来存储信息。第一个通道存储外墙边界信息，第二个通道存储内部空间类型划分信息，第三个通道存储相同空间类型的索引信息，第四个通道则储存建筑的内外区域信息。

鉴于建筑套型平面设计时的实际需求，使用像素化的套型边界作为设计输入 $I_{boundary}^{flat}$（图 6.1-1a），而客厅面积 A_{living}、主卧面积 A_{master} 和厨房面积 $A_{kitchen}$ 作为设计需求 V_{req}^{flat}（图 6.1-1c），最终的设计结果是套型布置 I_{layout}^{flat}（图 6.1-1b）。

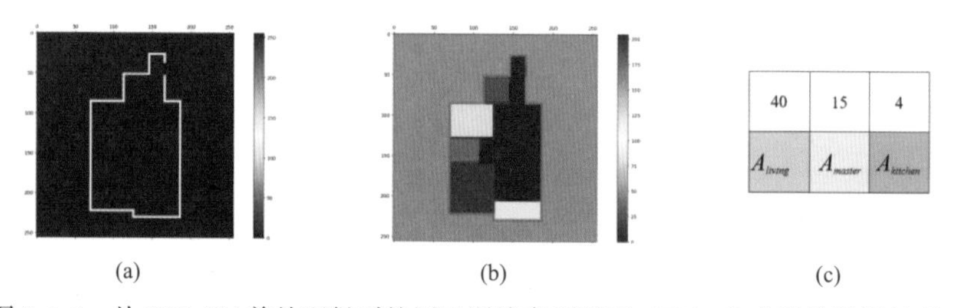

图 6.1-1　从 RPLAN 前处理得到的用于训练套型平面（FL）生成器的数据处理对

（a）边界图像 $I_{boundary}^{flat}$；（b）套型布置 I_{layout}^{flat}；（c）需求向量 V_{req}^{flat}

根据 RPLAN 的原始数据和训练数据需求，网络的输入是原始数据的第一个通道的像素数据，即设计边界。网络输出是原始数据的第二个通道的像素数据，表示不同的空间类型。为了增加不同空间类型像素值的差异，将 RPLAN 第二个通道的像素值放大 12 倍。输入和输出图像都是单通道 256×256 像素图像，套型平面图像的比例为 0.07 m/像素。

为了计算设计需求（即 $V_{req}^{building}$ 和 V_{req}^{flat}），首先使用式（6.1-1）将原始数据的第二个通道 $PixValue_{Channel2}$ 和第三个通道 $PixValue_{Channel3}$ 的像素值进行组合。由于每个图像的第三个通道的空间数目小于 100，因此 $PixValue_{statistics}$ 的百位数表示空间类型，其余位数表示该类型内每个空间索引的代码。这条规则可以快速检索需要分析的数据。例如，要计算建筑单体平面所需的电梯数量，可以使用 $PixValue_{statistics}$ 根据式（6.1-2）计算所有电梯 $PixValue_{statistics}^{elevators}$ 的像素值，其中 3 表示原始数据第二个通道中电梯的像素值。然后，使用式（6.1-3）推导出电梯数量。

$$PixValue_{\text{statistics}} = 100 \times PixValue_{\text{Channel2}} + PixValue_{\text{Channel3}} \tag{6.1-1}$$

$$PixValue_{\text{statistics}}^{\text{elevators}} = \{3 \times 100 \leqslant PixValue_{\text{statistics}} \leqslant (3+1) \times 100\} \tag{6.1-2}$$

$$N_{\text{statistics}}^{\text{elevators}} = PixValue_{\text{statistics}}^{\text{elevators}} - (3 \times 100) \tag{6.1-3}$$

6.2 图像操作和 BIM 生成

为了实现整个设计过程中的建筑信息流动，本节提出了一些图像操作来协助设计师进行设计。因为每个生成器的输入都是像素图像，所以输入的几何多边形矢量信息需要转换为像素信息（即矢量的像素化），相关操作已经在 6.1 节中介绍。此外，在第一和第二阶段（即场地设计阶段和建筑单体设计阶段）生成的空间划分边界可能存在主轴倾斜的情况。因为用于训练第二和第三阶段（即 GeLayout 数据集和 RPLAN 数据集）生成网络的数据的主轴是水平或垂直的，所以在进入第二和第三阶段之前，需要将设计边界的主轴对齐为水平或垂直（即向量的几何变换），这在 6.2.1 节中介绍；由于每个网络的输出都是像素图像，因此它需要转换为矢量信息来协助设计师进行设计。同时为了满足实际设计中建筑拐角多为直角的情况，需要对像素边界进行规则化，这在 6.2.2 节中讨论。此外，由于用于建筑单体平面生成的 GeLayout 数据集只有空间的划分，没有套型门的位置，所以第二阶段生成器（即建筑单体平面生成器）不会生成每个套型门的位置，因此套型门需要进一步确定，这在 6.2.3 节中详细说明。最后，根据建筑信息使用 Grasshopper 为每个阶段生成 BIM 模型，这在 6.2.4 节中介绍。

6.2.1 矢量的几何变换

用于训练生成器的数据集的主轴都是水平或垂直的。因此，输入的边界轮廓也需要调整为水平或垂直。具体的几何变换算法的伪代码如算法 6.2-1 所示。由于常见的设计边界多边形 P 有长边，这些边在制作数据集时通常是水平或垂直的。因此，在本研究中，将其作为一个主轴方向，并通过取边界几何多边形 P 的质心 O 作为主轴的交点来确定一个主轴 I_1。与这个交点 O 和主轴 I_1 垂直的线是另一个主轴 I_2。将主轴 I_1 绕质心顺时针和逆时针旋转到水平方向，并取两者中较小的角度作为旋转角度 θ 和相应的方向 r。如果 θ 小于 45°，则以 O 为中心按 r 方向旋转角度 θ，否则以 O 为中心按 $-r$ 方向旋转 $90°-\theta$。其中，$-r$ 表示 r 的反方向。最后，将整个边界几何多边形的质心移动到点（256/2，256/2），即输入图像（图像大小为 256×256）的中心。

几何变换 **算法 6.2-1**

Function: 几何变换
Input: 边界几何多边形 P
Output: 变换后的边界 P'
1. 计算 P 的几何中心 $O(x_{cen}, y_{cen})$
2. 初始化一个空字典 $D\{vector: len\}$
3. **for** $line_i = \{line_i: (vector_i, len_i)\}$ **do**
4. **if** $vector_i$ in D **then**

续表

```
5.     D[vector_i]+=len_i
6.  else
7.        D.keys 添加 vector_i
8.        D[vector_i]=len_i
9. end for
10. 计算 D 中的最大值 value_max in
11. 获得 value_max 对应的 vector_max
12. 获得通过点 O 平行于 vector_max 的直线 I_1
13. 将 I_i 顺时针绕点 O 旋转 θ_clock，直到旋转到水平方向
14. 将 I_i 逆时针绕点 O 旋转 θ_anti-clock，直到旋转到水平方向
15. θ_min=min(θ_clock，θ_anti-clock)；r 为对应 θ_min 的旋转方向
16. if θ_min<45° then
17.   将 P 绕点 O 以 r 方向旋转 θ_min
18. else
19.   将 P 绕点 O 以 -r 方向旋转 90°-θ_min
20. P'=将 P 平移矢量(256/2-x_cen，256/2-y_cen)
21. return P'
```

6.2.2 像素边界的规则化

为了实现整个设计过程中的建筑信息流动，需要对每个阶段生成器的输出进行矢量化。此外，为了满足实际设计要求，矢量化结果需要进行规则化。通过图像矢量化将像素级的设计信息转换为常用的矢量设计信息。对于场地布置图像，首先对图像进行二值化，然后使用 OpenCV 中的 ConnectedComponentsWithStats 函数[2] 进行连通分量分析，得到每个建筑物的区域，最后根据计算场地布置图像中的单体区域的像素平均值得到建筑物的高度。对于建筑套型布置图像，根据不同的像素值可以得到不同类型的区域。最后，使用 OpenCV 中的 FindContours 函数[3] 对像素边界进行矢量化。

根据实际设计情况，本节主要考虑几何边界的规则化，即边界的锐角或钝角需要修改为直角。受到研究[4] 的启发，采用中点作为一个关键节点形成一个直角来替换原来的对角线，如图 6.2-1 所示。图 6.2-1a 为基础情况，其中一条线被设为起始线 L_{start}。如果相邻线 AB 不垂直于 L_{start}，则取 AB 的中点 O_1 作 L_{start} 的垂线 VL_1。同时，在与 L_{start} 平行的方向上从 A 和 B 分别作垂线，垂足分别为点 a 和点 b。最后，得到规则化的直角折线 AabB 来替换对角线 AB，实现直角并保持面积不变。图 6.2-1b 显示了一个连续线条的复杂情况，它可以通过从一段线 L_{start} 连续进行图 6.2-1a 所示的情况来进行规则化，原始折线 FGH 被转换为 Ffg_1g_2hH。

6.2.3 套型门位置的确定

由于在生成建筑单体布置时没有确定门的位置，因此需要找到可行的套型门的位置。基于轮廓规则化后的矢量化建筑单体平面，使用两个步骤来确定门位置，如图 6.2-2 所示。步骤 1：通过对公共几何多边形进行膨胀操作形成一个缓冲区域，并且在缓冲区域和

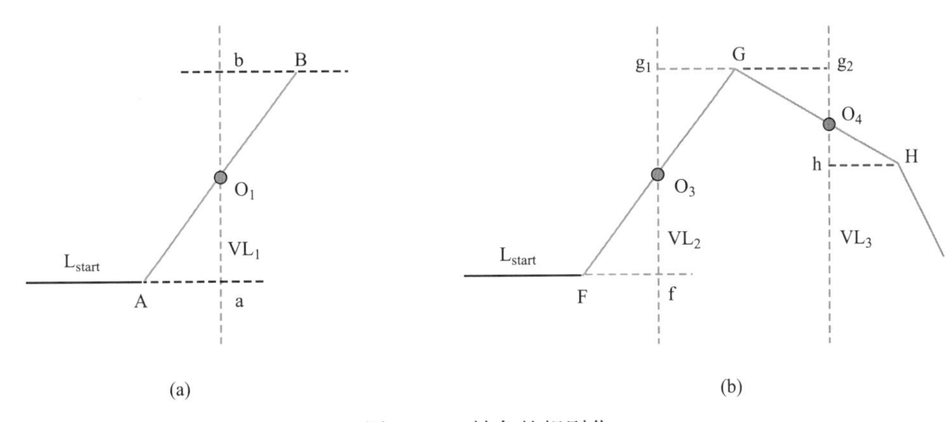

图 6.2-1 转角的规则化

(a) 基础情况；(b) 复杂情况

平面区域之间进行交集操作，得到一个相交的几何多边形。步骤 2：首先获取交集多边形在套型多边形上的线段，然后选择最长的线段，并在最长线段的中间 1.2m 处放置门。对每个平面重复上述步骤，得到所有平面门。上述操作主要使用 Python 第三方库 Shapely[5]，它被广泛用于平面几何的分析和变换。

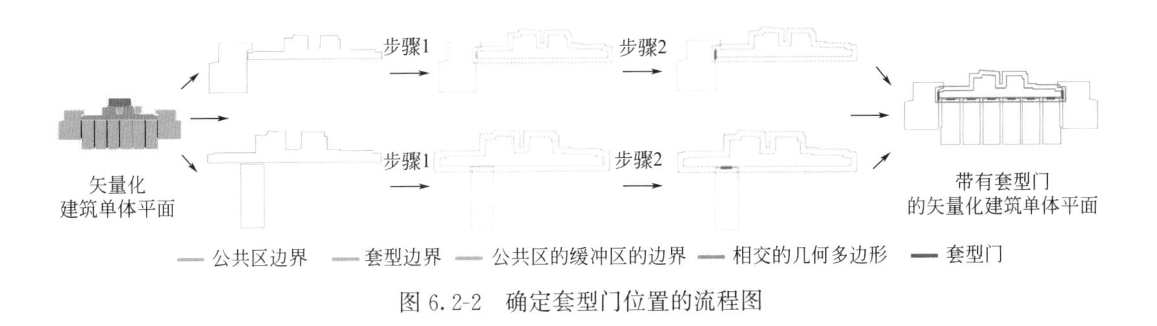

图 6.2-2 确定套型门位置的流程图

6.2.4 基于 Grasshopper 生成 BIM 模型

BIM 模型是设计师重要的设计工具，其中 Rhino3D 和 Grasshopper 被广泛使用。提出的基于 Grasshopper 的 BIM 自动建模方法，包括场地模型、单体模型和套型模型。由于三个阶段的建模方法相似，因此本节只介绍了生成套型 BIM 模型的过程，整个过程和部分细节如图 6.2-3 所示。首先，用户输入边界规则化后的几何信息文件夹的路径（图 6.2-3 1. 文件路径），然后将文件夹中的文件分发和读取（图 6.2-3 2. 文件分发和读取）。在建模之前，通过一些 Tree 电池（图 6.2-3 3. 数据结构转换）将数据结构转换为所需的数据层级。接着设置一些默认参数（图 6.2-3 4. 默认参数），例如外墙的高度和厚度、内墙的高度和厚度等。最后使用 Grasshopper 的内置电池进行几何的 3D 建模与空间功能的标记（图 6.2-3 5. 3D 建模与标记），以及渲染和显示（图 6.2-3 6. 渲染、7. 显示）。

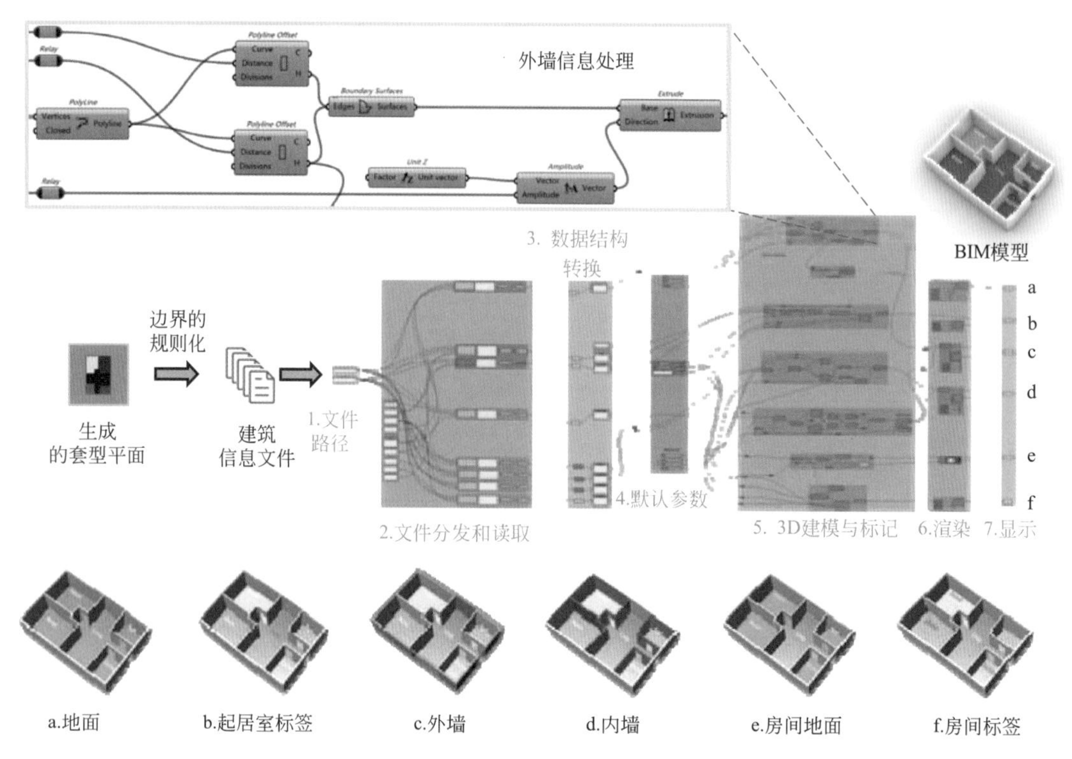

图 6.2-3 在 Grasshopper 中生成套型 BIM 模型

6.3 实验分析

在 RPLAN 数据集上 TranSD-GAN 网络的定量评价指标已在 4.1.4 节介绍，定量评价结果如表 6.3-1 所示。其结果与在 ReCo 数据上相似，已在 4.3.1 节进行了介绍，此处不再赘述。为了定性地评估不同套型生成器生成平面布置的能力，使用了五种不同的案例进行比较和分析，如图 6.3-1 所示。从图中可以看出，DCGAN 可以准确地识别平面图的外轮廓，但只能建立部分内墙。Pix2Pix 可以很好地布置内墙，而 TranSD-GAN 在空间功能划分方面表现更好。需要注意的是，这三个生成器都不能很好地生成门窗的位置。这是因为门的生成取决于墙位置的确定，并且门的像素面积很小，导致生成困难。窗户缺失是因为使用的数据集没有窗户的位置。最终的 BIM 模型如图 6.3-1 的“BIM 模型”行所示。三位专家的评价如图 6.3-2 所示。平均分达到了 8 分，表明设计结果可以很好地辅助设计。对于案例 2、案例 3 和案例 4，专家 2 给出了 9 分的评分。没有获得更高分数是因为专家认为缺少内部门窗使其无法达到直接使用的目的，但经过简单手工设计调整后可以作为设计参考，达到了辅助设计的目的。

不同模型的定量比较 **表 6.3-1**

模型	MSE↓	MAE↓	PSNR↑	SSIM↑	FID↓
DCGAN	0.0144	0.0445	24.4403	0.8325	3.4962
Pix2Pix	0.0066	0.0240	27.8411	0.9287	1.5950

续表

模型	MSE↓	MAE↓	PSNR↑	SSIM↑	FID↓
TranSD-GAN(1D)	0.0034	0.0174	30.6475	0.9626	1.2437
Pix2Pix+D_{req}	0.0034	0.0173	30.7442	0.9634	1.2391
TranSD-GAN	0.0027	0.0161	31.6113	0.9694	1.0333

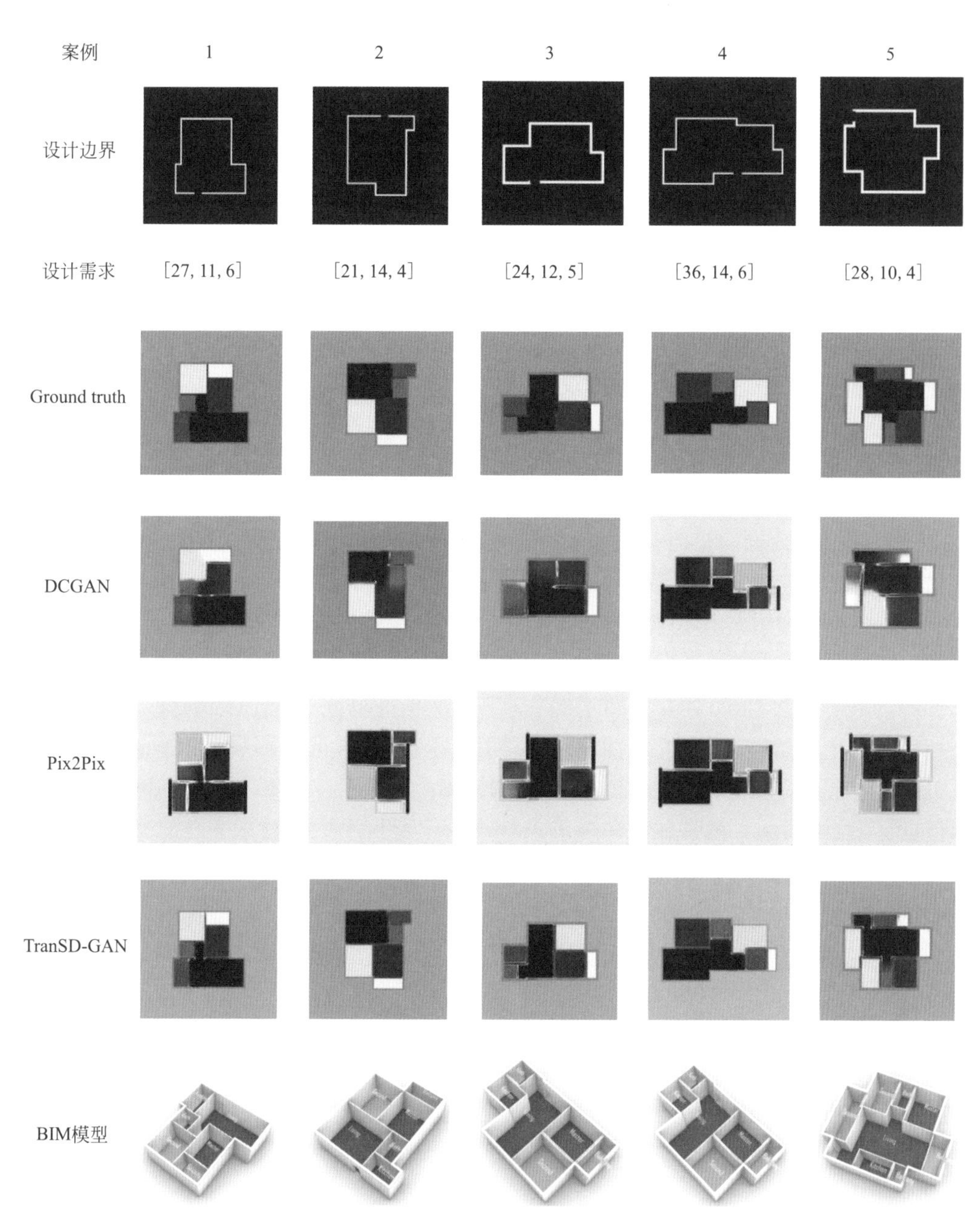

图 6.3-1 生成的套型布置和 BIM 模型

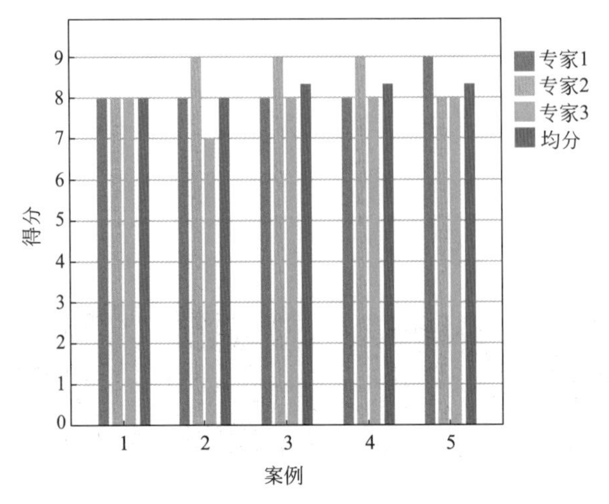

图 6.3-2　生成套型平面的专家评分

6.4　建筑平面全流程生成

基于第 4 章的场地生成器、第 5.3 节的建筑单体生成器和本节的套型生成器，本节展示了一个全流程设计的设计案例。场地的边界和设计需求是整个设计过程的初始输入，如表 6.4-1（“场地设计”行，“设计边界”列和“设计需求”列）所示。场地布置生成器生成场地布置图像（表 6.4-1，“场地设计”行，“生成的设计”列），然后使用像素边界规则化和 Grasshopper 将其转换为 Rhino 中的 BIM 模型。为了设计出可行的建筑平面方案，设计师在 BIM 模型中进行了微调，同时归并了相似的建筑物边界（将场地上的建筑物边界类型归并为两种：A 和 B），并得到了如图 6.4-1 所示的场地布置 BIM 模型。

将场地布置 BIM 模型中的两种建筑单体边界的矢量数据使用矢量几何变换和矢量像素化处理后，得到了建筑物布置生成器的图像输入，如表 6.4-1（“建筑单体设计”行，“设计边界”列）所示。两种建筑单体的设计需求如表 6.4-1（“建筑单体设计”行，“设计需求”列）所示，建筑单体平面生成器的生成结果如“生成的设计”列所示。在对像素边界进行规则化后，得到了生成结果的矢量信息，最后确定套型门的位置。同样地，为了达到可行的设计效果，设计师在 BIM 模型中进行了微调，并且归并了相似的平面边界，得到了如图 6.4-1 所示的最终设计。

全流程设计的信息　　**表 6.4-1**

设计阶段	设计案例	设计边界	设计需求	生成的设计
场地设计	Site		[2,4770,5]	

续表

设计阶段	设计案例	设计边界	设计需求	生成的设计
建筑单体设计	Building A	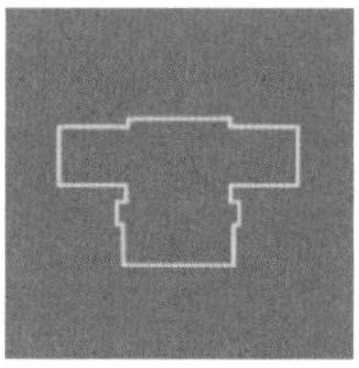	[1,2,4]	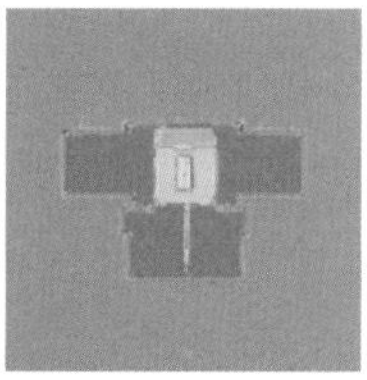
	Building B	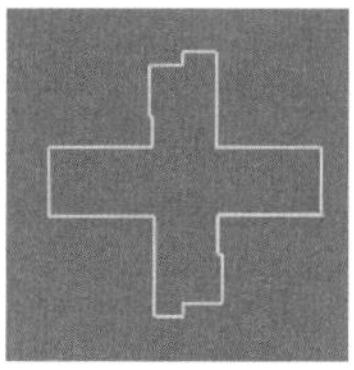	[2,2,4]	
套型设计	Flat A1		[35,11,6]	
	Flat A2	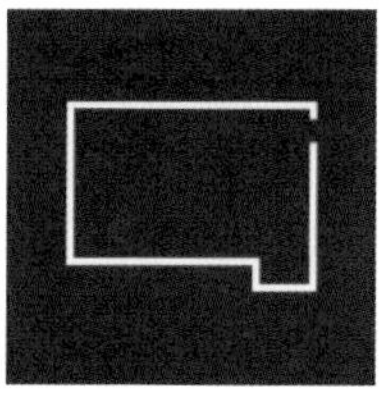	[36,11,8]	
	Flat B1	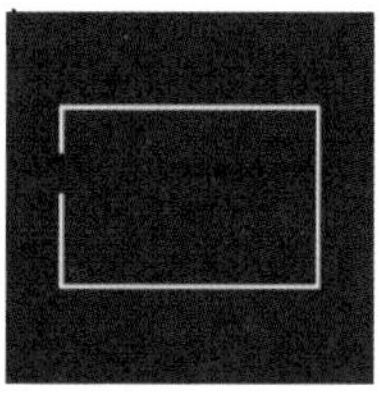	[26,23,18]	
	Flat B2	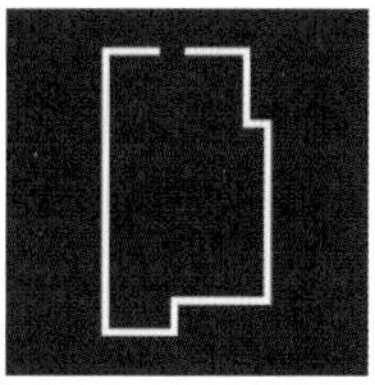	[34,15,7]	

同样地，将每个建筑物布置 BIM 模型中的两个平面边界的矢量数据使用矢量几何变换和矢量像素化处理后，得到了套型布置生成器的图像输入，如表 6.4-1（“套型设计”行，“设计边界”列）所示。每个平面的设计要求如表 6.4-1（“套型设计”行，“设计需求”列）所示，平面布置生成器的生成结果如“生成的设计”列所示。然后，使用 Grass-

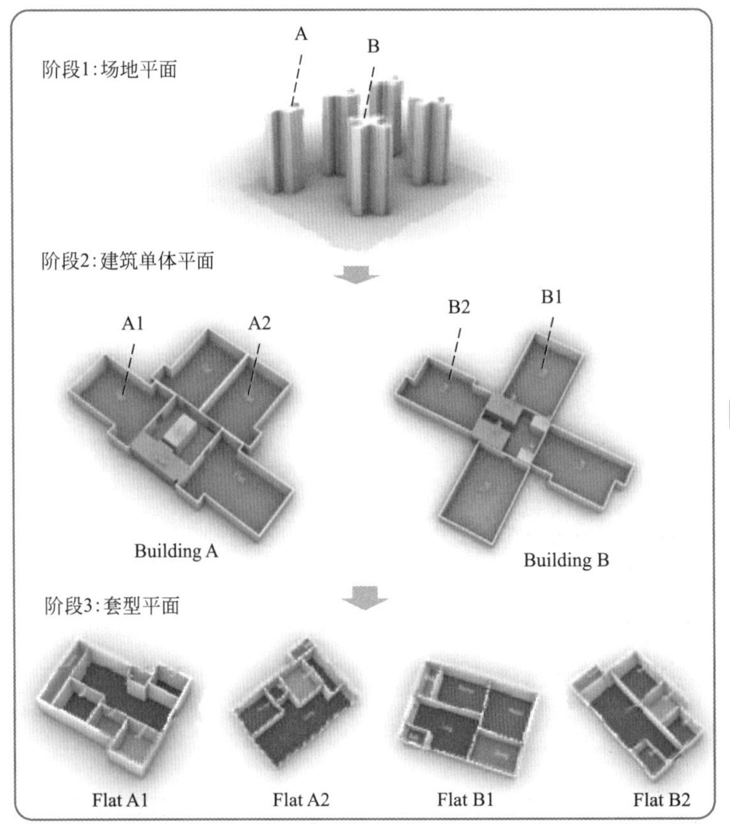

图 6.4-1 生成的 BIM 模型在整个设计过程中协助设计师

hopper 中的 BIM 生成，得到了 BIM 模型。同样地，为了获得实用的套型平面设计结果，设计师可以调整和归并套型平面的类型，并得到了如图 6.4-1 所示的最终设计。

当获得三个阶段的所有 BIM 模型时，设计师可以在 Rhino 中使用它们得到包含套型的建筑单体布置的 BIM 模型，也可得到包含套型的场地布置的 BIM 模型，如图 6.4-1 所示。可以看出本篇提出的方法可以有效地辅助设计师进行三阶段的全流程设计。

6.5 本章小结

为了实现多高层住宅套型平面的生成式设计，本章使用 RPLAN 数据集采用 TranSDGAN 训练建筑套型平面生成器，结果表明生成结果可以满足设计师的基本需求。

本章提出的包括矢量数据的像素化、像素边界的规则化、矢量的几何变换以及套型门位置的确定等一系列图像和几何操作，有效地确保了每个阶段的有效输入、生成结果的有效转换以及整个设计过程的数据流动。此外，提出的 Grasshopper 建模程序可以自动建立 BIM 模型，从而有效地辅助设计师进行设计。

综合第 4 章、第 5 章以及本章的相关技术，实现了从建筑场地到套型的全流程辅助设计。

参考文献

[1] WU W, FU X M, TANG R, et al. Data-driven interior plan generation for residential buildings [J]. ACM Transactions on Graphics, 2019, 38 (6): 1-12.

[2] OpenCV. OpenCV: Structural analysis and shape descriptors [EB/OL]. [2023-05-30]. https://docs.opencv.org/3.4/d3/dc0/group__imgproc__shape.html.

[3] OpenCV. OpenCV: Finding contours in your image [EB/OL]. [2023-09-18]. https://docs.opencv.org/3.4/df/d0d/tutorial_find_contours.html.

[4] WEI S, JI S, LU M. Toward automatic building footprint delineation from aerial images using CNN and regularization [J]. IEEE Transactions on Geoscience and Remote Sensing, 2020, 58 (3): 2178-2189.

[5] shapely. shapely · PyPI [EB/OL]. [2023-10-01]. https://pypi.org/project/shapely/.

建筑-结构数智化建模篇

从建筑信息到结构信息的流动和转换是一个重要的过程。目前，此过程的实现主要依赖设计人员的手动操作，即人工比对建筑图纸并在结构软件中进行建模。结构信息建模过程主要包括了三个方面，分别为构件信息建模、荷载信息建模和整体设计信息建模。为了改善设计人员的工作模式，提高结构设计工作的科技水平，实现多高层住宅的建筑-结构的数智化建模是一项重要的内容。要实现建筑信息到结构信息的数智化建模，须充分利用已有的建筑信息，例如房间的信息、套型信息等。另一方面，对信息的利用可通过数据信息提取、模式识别等人工智能技术实现。基于此，本篇在第 7 章介绍了基于图像识别算法和图论算法的结构自动参数化建模方法，实现了结构构件和结构整体设计信息的自动建模。为了进一步实现结构荷载的准确建模，本篇在第 8 章介绍了基于两阶段深度优先搜索算法的结构交互式参数化建模方法。

第7章 结构自动参数化建模

从建筑信息到结构信息的转换的关键在于充分利用已有的建筑信息。目前建筑信息的主要载体仍为CAD矢量图纸。在人工建模过程中，设计人员通过人眼获得建筑信息，并使用设计知识和设计经验进行分析，获得诸如房间、户型等信息。若要实现自动化，需要借助人工智能技术实现信息的自动获取以及智能识别分析。本章介绍的方法首先通过图层分析法获取建筑信息，然后使用图像分割算法、图论算法等技术获得套型、公共区域等信息。然而，简单的从建筑信息到结构信息的转译并不能为智能设计提供好的基础，因此本章提出了剪力墙三段式参数化建模方法，实现了多高层住宅的结构参数化建模。为了方便设计师的实际使用，最终的结构信息通过软件数据接口实现了计算模型的自动建立。

7.1 方法概述

剪力墙结构智能建模包括房间检测、建筑分割与识别、剪力墙自动布置和数据文件生成四个模块，如图7.1-1所示。对于房间检测模块，输入的是建筑矢量图形文件，输出的

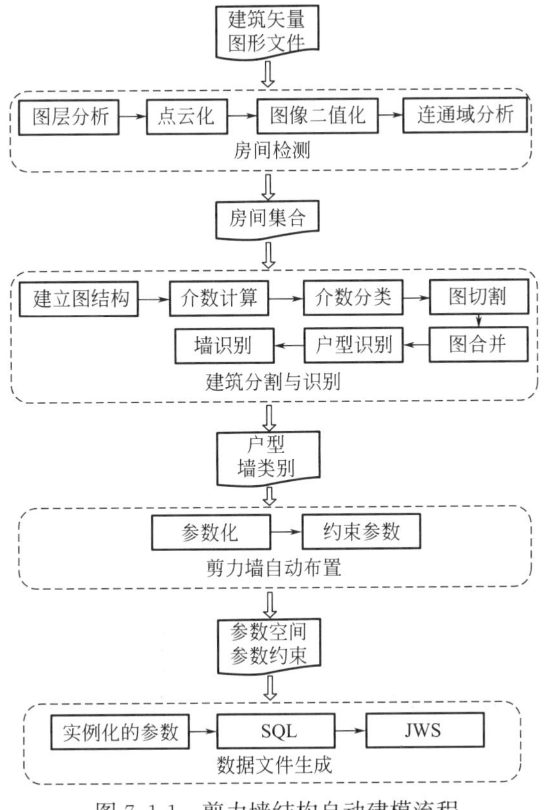

图7.1-1 剪力墙结构自动建模流程

是房间集合，每个房间以其四周的建筑基本元素进行表示。建筑分割与识别模块的输出是户型和墙类别的相关信息。剪力墙自动布置模块的输出为参数空间和参数约束。数据文件生成模块的功能是实例化设计参数并生成 SQL 文件格式。PKPM 软件可根据 SQL 文件生成 JWS 计算文件，从而完成剪力墙结构的智能建模。

7.2 基于图像分割算法的房间检测

对于新建多高层建筑结构，建筑图纸的来源通常为建筑矢量图形文件（图 7.2-1a），可采用图层分析法完成墙、窗、普通门、电梯门等建筑基本元素的提取（图 7.2-1b）。

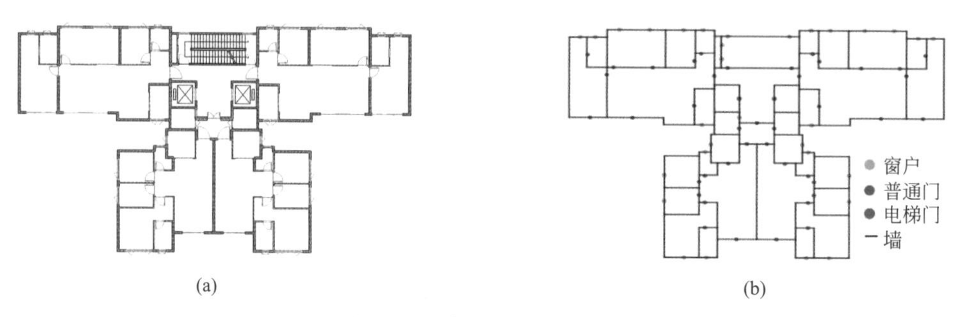

图 7.2-1　建筑图纸的预处理

(a) 建筑矢量图形文件；(b) 建筑基本元素提取

为了高效地实现房间智能检测，先将提取的建筑基本元素离散为点云数据，点云数据的间隔小于 100mm；再以 100mm 的网格尺寸对点云数据进行图像二值化处理。基于二值化图像（图 7.2-2a），采用连通区域分析法[1] 检测房间，具体流程为：1）选择像素值为 1 的种子像素点 p_s 并将像素点 p_s 标记为 1＃；2）根据像素点的邻接性（图 7.2-2b），提取像素点 p_s 的四个相邻像素点，将像素值为 1 的像素点记为 p_1 并给以标记 1＃，将像素值为 0 的像素点记为 p_0 并不再进行处理；3）将像素点 p_1 设置为下一步的种子像素点 p_s 并进行步骤 2）和 3）操作，直至 p_1 为空集，从而完成房间 1＃的检测（图 7.2-2c）。最终的房间检测结果见图 7.2-2d，36 个房间均被成功检测出。

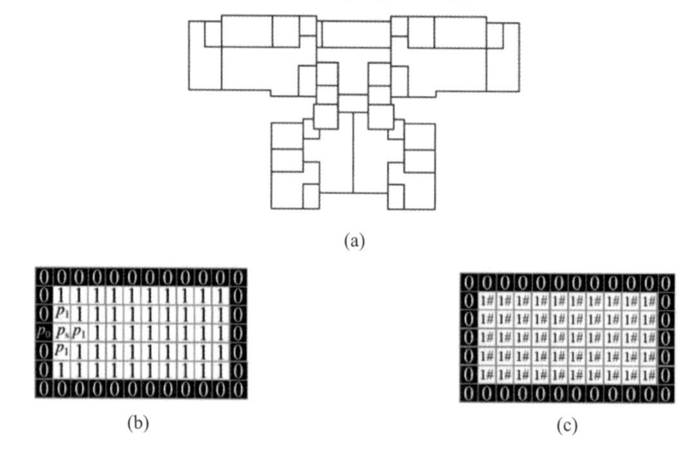

图 7.2-2　房间检测（一）

(a) 二值化图像（黑色：实格；白色：空格）；(b) 建筑矢量图形文件；(c) 建筑基本元素提取

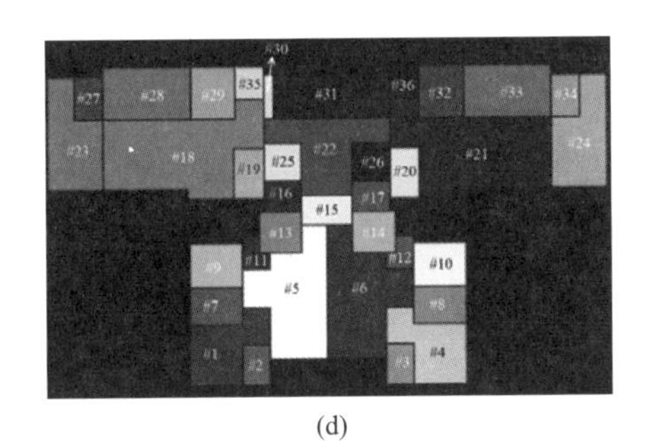

(d)

图 7.2-2　房间检测（二）
（d）房间分割

7.3　基于图论算法的建筑空间识别

检测出的各房间可通过门建立无向图结构（图 7.3-1a），图结构的节点表示房间，图结构的无向边表示门。基于得到的无向图结构，按下式计算房间的介数[2]：

$$\lambda(i)=N_i/N \tag{7-3.1}$$

式中，$\lambda(i)$ 表示第 i 个房间的介数；N 表示集合 $\boldsymbol{\Omega}$ 的元素数量；$\boldsymbol{\Omega}$ 表示连接任意两个房间的最短路径集；N_i 表示集合 $\boldsymbol{\Omega}$ 中经过房间 i 的元素数量。介数反映了此房间在整个建筑流线中的作用和影响。

根据不同房间对建筑流线的影响，采用 k 均值算法[3] 将房间的介数分为三类（图 7.3-1b）：介数最高的房间为公共区通道，介数中等的房间为客厅，介数最低的房间为其他类别的房间。先切割客厅和公共区通道之间的边（图 7.3-1c），再合并与客厅相通的所有房间（图 7.3-1d），从而完成建筑平面中空间的识别。

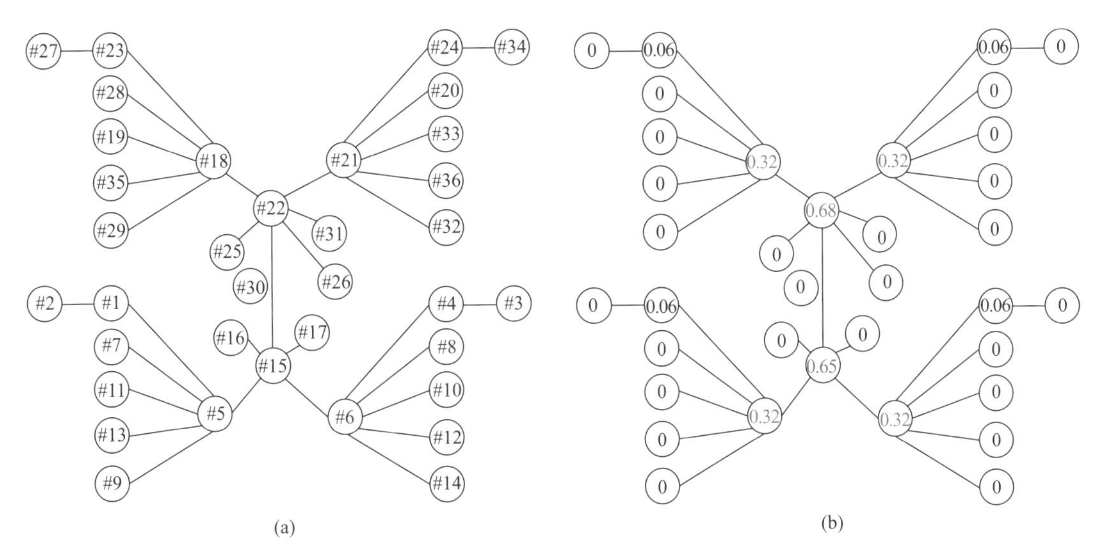

图 7.3-1　户型分割（一）
（a）原始图（圈中数字表示房间序号）；
（b）介数计算与分类（圈中数字表示房间介数，不同颜色表示不同类的介数）

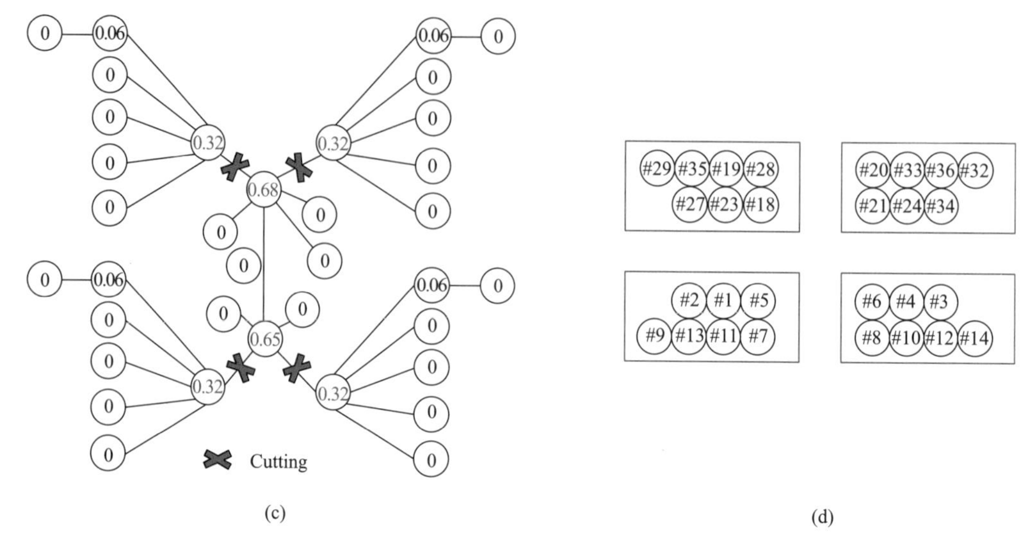

图 7.3-1 户型分割（二）

（c）图分割；（d）图合并（一个框内的所有房间组成一个户型）

7.4 基于普氏分析的户型相似性分析

相同户型（套型）的剪力墙布置通常相同，因此需要进一步地对分割得到的户型进行识别。采用普氏分析[4] 对各户型的角点进行匹配。旋转矩阵 $\boldsymbol{R}$ 和平动矩阵 $\boldsymbol{t}$ 可通过下式进行计算：

$$\boldsymbol{R}=\boldsymbol{U}\boldsymbol{V}^{\mathrm{T}} \tag{7.4-1}$$

$$\boldsymbol{t}=\boldsymbol{\mu}_{\mathrm{T}}-\boldsymbol{R}\boldsymbol{\mu}_{\mathrm{S}} \tag{7.4-2}$$

$$\boldsymbol{W}=\sum_{j=1}^{q}(\boldsymbol{S}_j-\boldsymbol{\mu}_{\mathrm{S}})(\boldsymbol{T}_j-\boldsymbol{\mu}_{\mathrm{T}})^{\mathrm{T}} \tag{7.4-3}$$

$$\boldsymbol{W}=\boldsymbol{U}\boldsymbol{\Sigma}\boldsymbol{V}^{\mathrm{T}} \tag{7.4-4}$$

式中，$\boldsymbol{S}_j$ 和 $\boldsymbol{T}_j$ 分别为目标户型和源户型的第 j 个角点坐标向量；$\boldsymbol{\mu}_{\mathrm{S}}$ 和 $\boldsymbol{\mu}_{\mathrm{T}}$ 分别为 $\{\boldsymbol{S}_j\}$ 和 $\{\boldsymbol{T}_j\}$ 的均值向量；对角阵 $\boldsymbol{\Sigma}$、左奇异矩阵 $\boldsymbol{U}$ 和右奇异矩阵 $\boldsymbol{V}$ 可通过矩阵 $\boldsymbol{W}$ 进行奇异值分解得到。

从目标户型角点集合中随机地选取 q 个不共线的角点作为目标角点，从源户型角点集合中全排列地选取 q 个角点作为源角点。两户型需要匹配的次数为 $n\times(n-1)\times(n-2)$，n 为源户型角点集合的元素数量。判别两户型为相似户型需满足下列条件：

$$\sum_{g=1}^{n}\|\boldsymbol{R}\boldsymbol{S}_g+\boldsymbol{t}-\boldsymbol{T}_g\|^2=0 \tag{7.4-5}$$

式中，$\boldsymbol{T}_g$ 和 $\boldsymbol{S}_g$ 为最近邻算法确定的角点对。

根据设计经验，剪力墙尽量布置在山墙、分户墙、电梯墙以及公共区，因此需要对墙体进行识别，整个过程如图 7.4-1 所示。不同户型墙体的交集即为分户墙。借助第 7.2 节提取的电梯门信息可识别出电梯墙。Canny 算法[5] 是一种非常流行的边缘检测算法，包括高斯平滑滤波、梯度计算、非极大抑制、双阈值检测和抑制孤立低阈值点五个步骤。首先将第 7.2 节检测出的房间进行图像二值化和闭运算[6] 处理，然后采用 Canny 算法处理图像即可得到建筑的山墙。

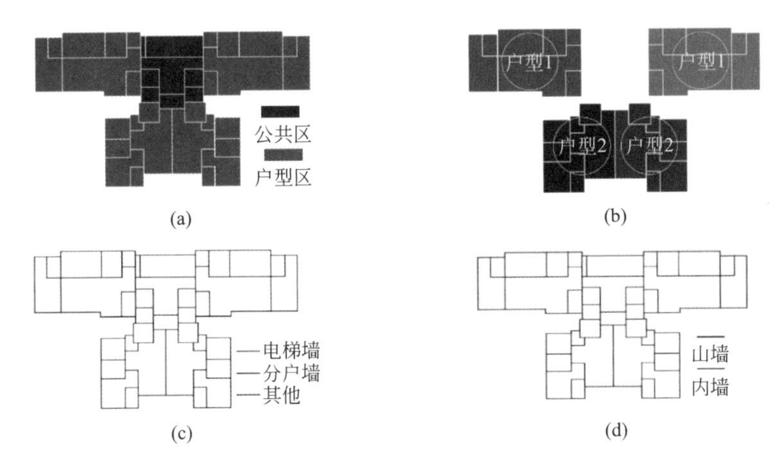

图 7.4-1 建筑智能识别

(a) 公共区、户型区识别；(b) 户型识别；(c) 分户墙、电梯墙识别；(d) 山墙、内墙识别

7.5 剪力墙三段式参数化方法

鉴于建筑墙体和结构构件之间的几何关系，同时考虑到剪力墙与结构梁的拓扑变化，本节提出了剪力墙的三段式参数化方法，如图 7.5-1 所示。对于无门洞的建筑墙，结构墙可分为左剪力墙、梁和右剪力墙三个部分。左剪力墙长度 L_1 与右剪力墙长度 L_2 之和应小于建筑墙长度 L_{max}；对于有门洞的建筑墙，左剪力墙长度 L_1 应小于左建筑墙长度 L_{1max}，右剪力墙长度 L_2 应小于右建筑墙长度 L_{2max}。将所有的建筑墙段进行剪力墙三段式参数化，继而可构成剪力墙结构的参数空间。

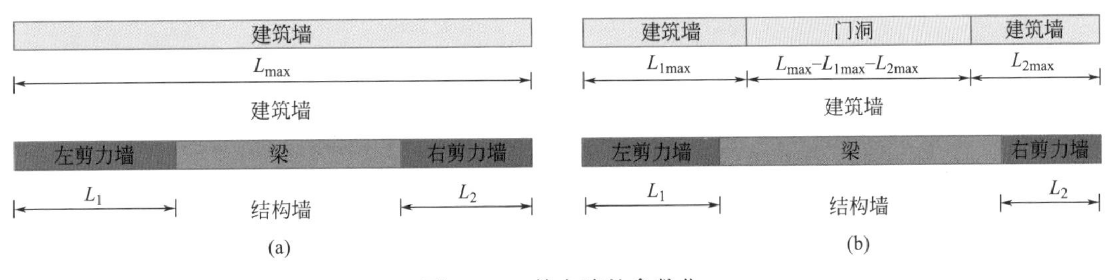

图 7.5-1 剪力墙的参数化

(a) 不含门洞；(b) 含门洞

7.6 实验分析

以一栋高层住宅剪力墙结构为例，对所提的智能建模与优化方法进行验证。图 7.6-1 为 33 层住宅的建筑平面图，平面尺寸为 19.5m×35.1m，层高为 2.9m，抗震烈度为 6 度，剪力墙混凝土的等级为 C40。荷载信息如下：梁的线荷载取值 3kN/m；普通楼板的恒

载和活载分别取值 1.5kN/m^2 和 2.0kN/m^2；楼梯间用零厚度板进行导荷，零厚度板的恒载和活载分别取值 7.0kN/m^2 和 3.5kN/m^2。

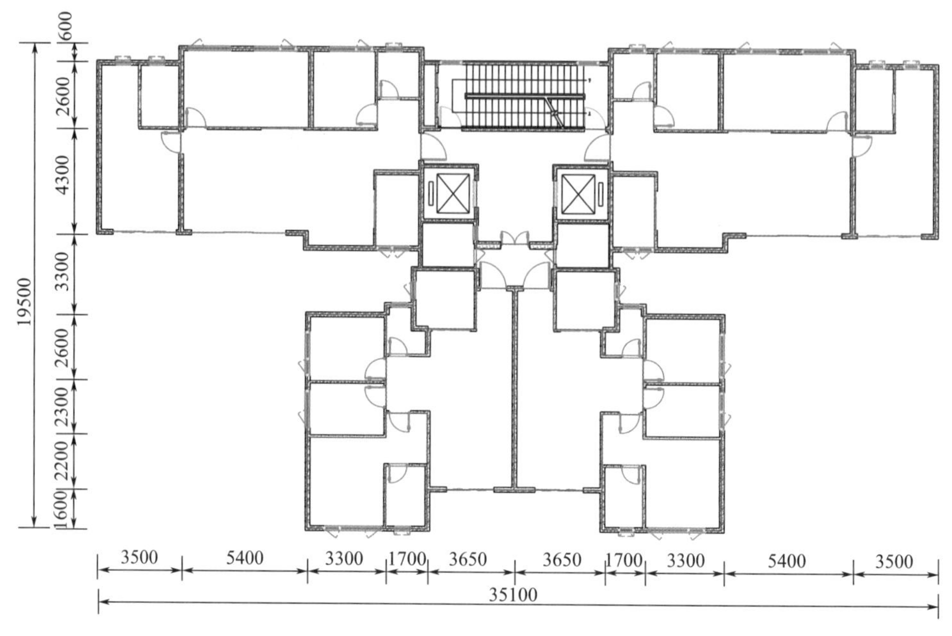

图 7.6-1 算例的建筑平面图

图 7.6-2 为自动生成的剪力墙布置图。从图中可以看出，剪力墙的墙肢长度由参数控制，且符合参数化的约束。

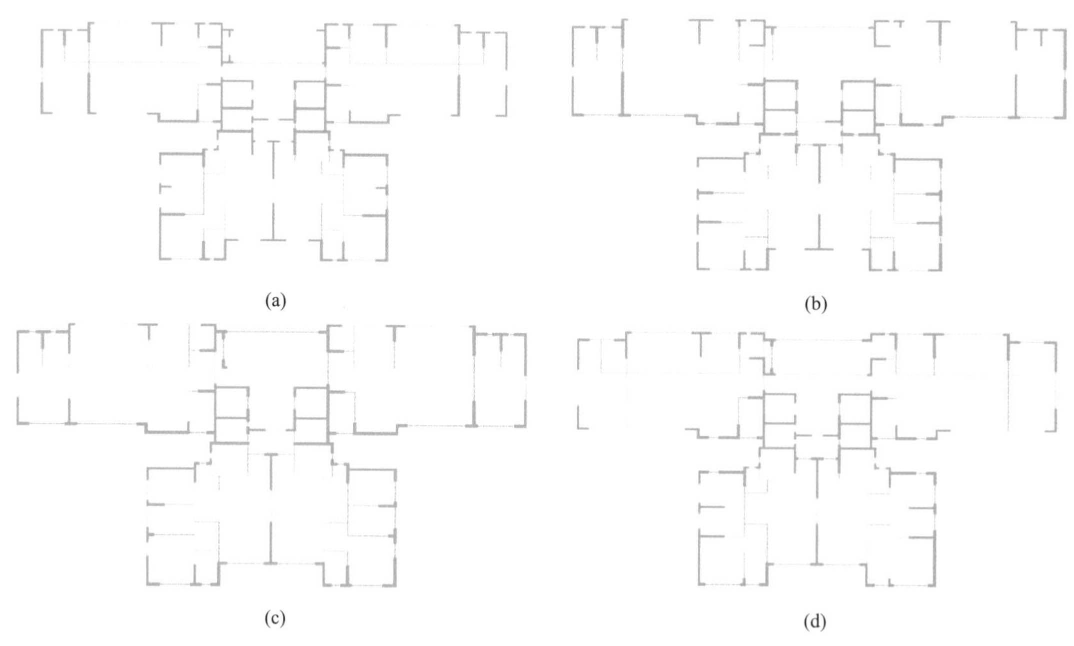

图 7.6-2 自动生成的剪力墙布置图

(a) 示例 1；(b) 示例 2；(c) 示例 3；(d) 示例 4

根据自动生成的剪力墙布置图，数据文件生成模块可得到相应的 SQL 文件。SQL 文件不仅包括剪力墙布置信息，还包括荷载布置、边界条件等信息。PKPM 软件将 SQL 文件转化为 JWS 文件，从而实现剪力墙结构的数智化建模。图 7.6-3 为数智化建模生成的标准层三维模型，各标准层三维模型分别与图 7.6-2 的剪力墙布置图相对应。

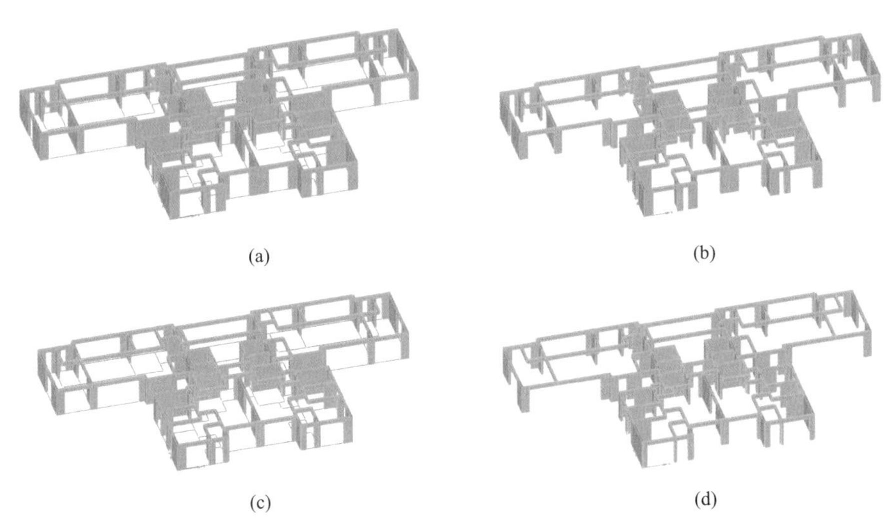

图 7.6-3 剪力墙结构自动建模

(a) 标准层 1；(b) 标准层 2；(c) 标准层 3；(d) 标准层 4

图 7.6-4 为该算例的 PKPM 整体模型。剪力墙结构自动参数化建模耗时约 15min，极大地提高了设计效率，有效地解放了生产力。

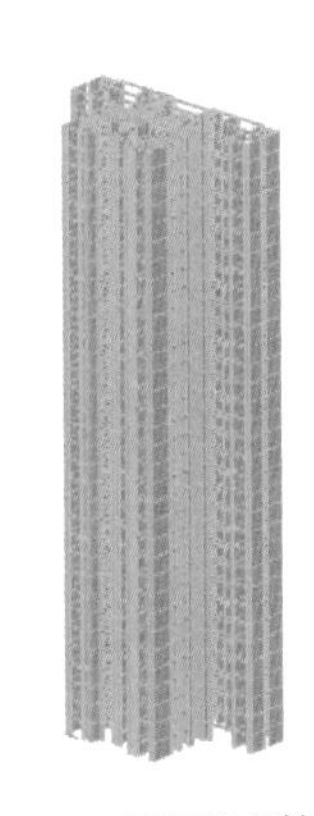

图 7.6-4 PKPM 整体模型

7.7 本章小结

本章介绍了基于连通区域分析、图结构算法、普氏分析、边缘检测算法的剪力墙结构自动参数化建模算法。建模结果表明结构模型充分由参数控制，满足相同套型剪力墙布置相同等实际工程需求。建模数据通过软件数据接口实现了准确的自动化建模。

参考文献

[1] ROSEBROCK A. OpenCV connected component labeling and analysis [EB/OL]. (2021-02-22) [2023-05-30]. https://www.geeksforgeeks.org/python-opencv-connected-component-labeling-and-analysis/.

[2] RAJASINGH I, RAJAN B. Betweeness-centrality of grid networks [C] //2009 International Conference on Computer Technology and Development. IEEE, 2009, 1: 407-410.

[3] SINAGA K P, YANG M S. Unsupervised k-means clustering algorithm [J]. IEEE Access, 2020, 8: 80716-80727.

[4] IGUAL L, PEREZ-SALA X, ESCALERA S, et al. Continuous generalized procrustes analysis [J]. Pattern Recognition, 2014, 47 (2): 659-671.

[5] XU Z, BAOJIE X, GUOXIN W. Canny edge detection based on Open CV [C] //2017 13th IEEE International Conference on Electronic Measurement & Instruments (ICEMI) . IEEE, 2017: 53-56.

[6] PARIDA P, BHOI N. 2-D Gabor filter based transition region extraction and morphological operation for image segmentation [J]. Computers & Electrical Engineering, 2017, 62: 119-134.

第 8 章　结构交互式参数化建模

在多高层住宅剪力墙结构设计中，荷载影响着结构整体的抗震性能，也影响着结构的局部设计（如楼板的设计）。因此，通过较少的操作实现结构荷载准确的自动建模，可减少设计师的重复劳动。同时，结构单体往往具有多个结构标准层，因此实现多个结构标准层的自动建模对实际应用有重要意义。本章介绍了一种交互式的剪力墙结构参数化建模方法。该方法以目前最常用的CAD矢量图纸为信息载体，整个过程分为六步：图纸预处理与参数输入、数据读取、房间识别、构件自动参数化建模、荷载自动建模、数据输出。该方法可以高效地协助设计师完成剪力墙结构的多结构标准层建模，不仅实现了结构构件和结构整体设计信息的准确建模，还实现了结构荷载的准确建模，实现了建筑信息到结构信息的高效流动。

8.1　方法概述

为了实现从多高层住宅建筑信息到结构信息的参数化建模，本章提出了基于CAD矢量图纸的交互式结构参数化建模方法，如图8.1-1所示。该方法包括六个部分：图纸预处理与参数输入、数据读取、房间识别、构件自动参数化建模、荷载自动建模、数据输出。为了方便用户使用本研究提出的方法进行结构参数化建模，本方法同时基于Streamlit[1]框架建立了交互式图形用户界面，如图8.1-2所示。

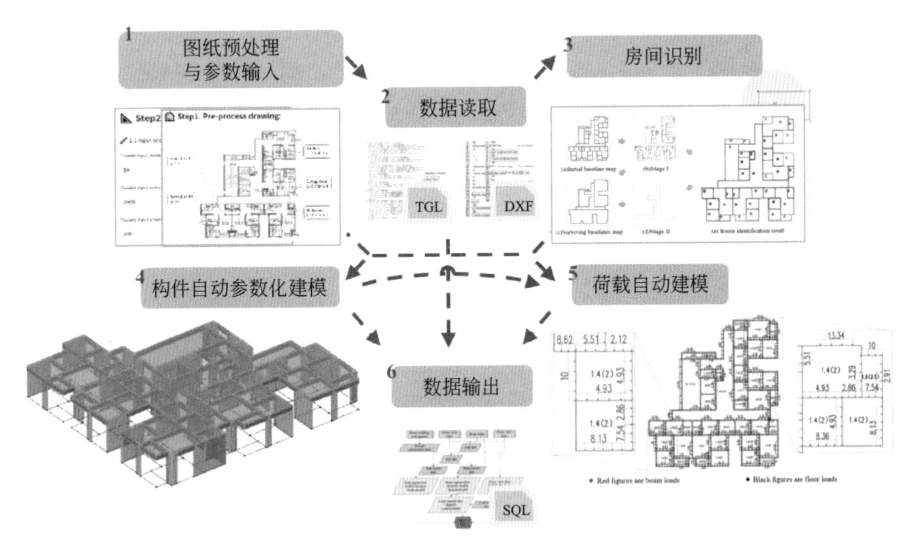

图8.1-1　结构交互式参数化建模流程图

图 8.1-2　本方法的交互式图形用户界面

8.2　CAD 图纸预处理与参数输入

本方法的结构建模信息主要来源于预处理过的建筑平面的 CAD 矢量图纸，以及交互界面的参数输入。建筑平面图由 AutoCAD 的插件 TArch[2] 绘制，该插件在我国建筑行业被广泛应用。

图纸的预处理主要包括房间标注和特殊线荷载标注。前者由 TArch 的多行文本命令完成，后者由引线标注命令完成。房间标注的第一行是房间功能，第二行是荷载值，其中 L 代表活载荷，D 代表恒载荷（不包括板的自重），单位均为 kN/m^2。特殊线荷载标注第一行为荷载名称，第二行为荷载值，单位为 kN/m。预处理后的建筑平面图纸如图 8.2-1 所示。

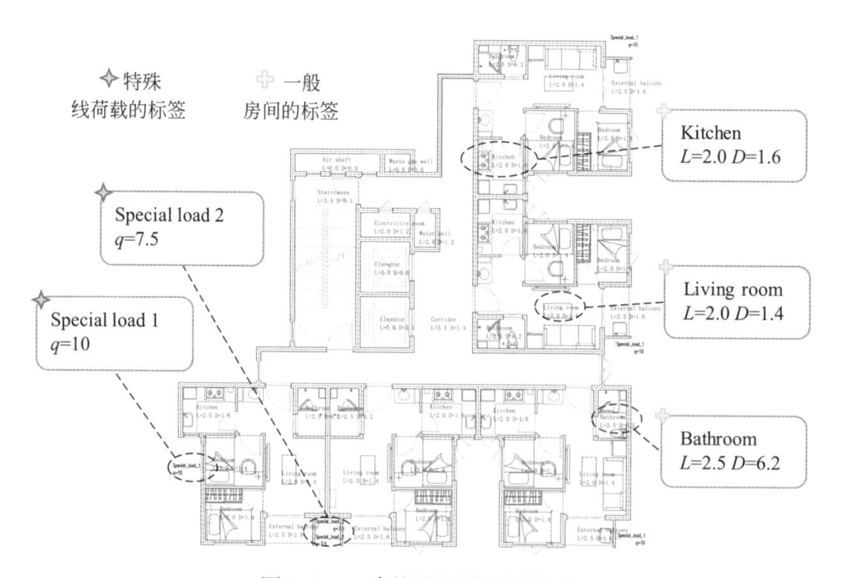

图 8.2-1　建筑平面图纸预处理

结构建模的参数输入包括结构整体设计信息和墙体材料信息。结构整体设计信息（图 8.2-2a）包括楼层数、层高、剪力墙厚度等。墙体由芯部和面层组成，根据房间用途材料会有所不同。因此，材料信息的用户界面（图 8.2-2b）根据房间功能设置了多种隔墙类型，以便用户输入不同的墙芯重度和面层荷载。

参数输入

层数	抗震设防烈度
20	6(0.05g)
层高(mm)	设计地震分组
3000	第1组
剪力墙厚度(mm)	场地类别
200	I0
楼板厚度(mm)	抗震等级
140	特一等级
结构所在区域	地面粗糙度
全国	A
结构设计种群大小	结构设计迭代次数
2	1

(a)

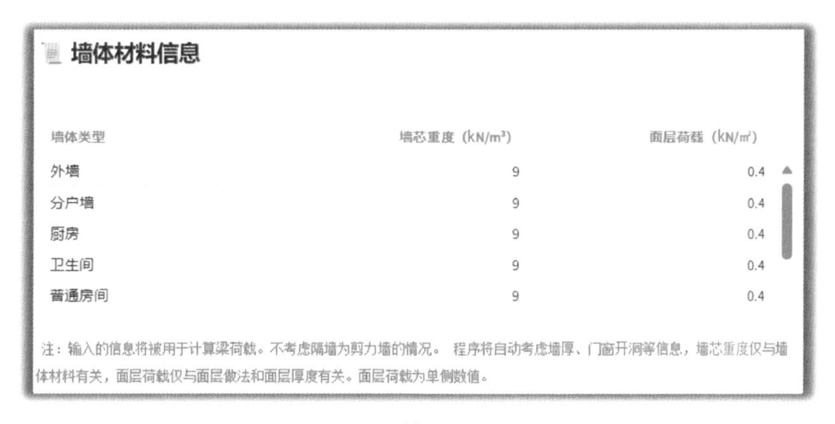
墙体材料信息

墙体类型	墙芯重度（kN/m³）	面层荷载（kN/㎡）
外墙	9	0.4
分户墙	9	0.4
厨房	9	0.4
卫生间	9	0.4
普通房间	9	0.4

注：输入的信息将被用于计算梁荷载。不考虑隔墙为剪力墙的情况。程序将自动考虑墙厚、门窗开洞等信息，墙芯重度仅与墙体材料有关，面层荷载仅与面层做法和面层厚度有关。面层荷载为单侧数值。

(b)

图 8.2-2　结构的参数输入

(a) 结构整体设计信息；(b) 墙体材料信息

8.3　结构化数据读取

8.3.1　位置信息和尺寸信息读取

本方法从 TArch 软件导出的 BIM 信息文件（即 TGL 文件）中获取关于墙体、窗户和门等建筑实体元素的信息。TGL 文件在数据存储形式上采用 XML 格式[3]，即通过多层树形数据结构存储建筑信息。图 8.3-1 为一段墙体的 TGL 文档信息，其中包含了墙体的高度、宽度和基线。其中，基线元素表示基线的几何元素，图中标识的坐标信息为基线的起点和终点。类似地，墙体宽度、窗户和门的位置和尺寸、电梯门和楼梯门的位置也采用此方法进行获取。

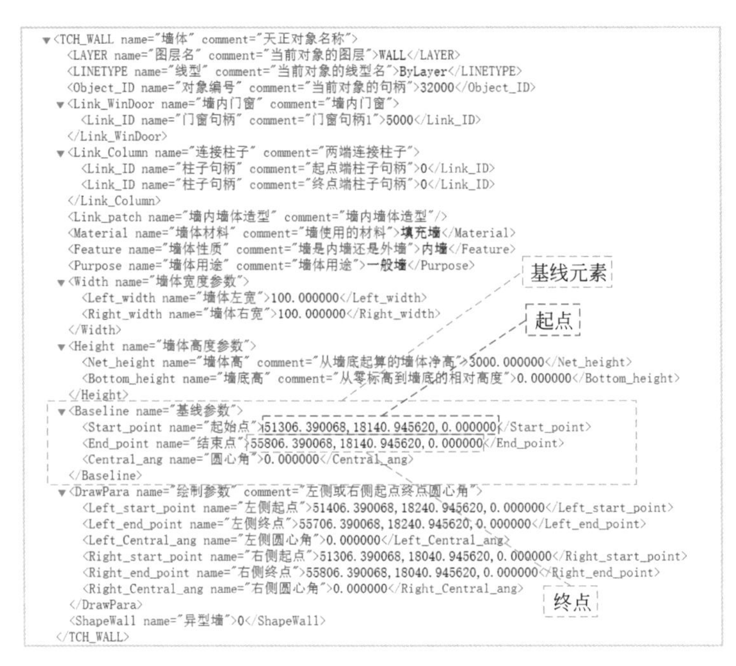

```
<TCH_WALL name="墙体" comment="天正对象名称">
  <LAYER name="图层名" comment="当前对象的图层">WALL</LAYER>
  <LINETYPE name="线型" comment="当前对象的线型名">ByLayer</LINETYPE>
  <Object_ID name="对象编号" comment="当前对象的句柄">32000</Object_ID>
  <Link_WinDoor name="墙内门窗" comment="墙内门窗">
    <Link_ID name="门窗句柄" comment="门窗句柄1">5000</Link_ID>
  </Link_WinDoor>
  <Link_Column name="连接柱子" comment="两端连接柱子">
    <Link_ID name="柱子句柄" comment="起点端柱子句柄">0</Link_ID>
    <Link_ID name="柱子句柄" comment="终点端柱子句柄">0</Link_ID>
  </Link_Column>
  <Link_patch name="墙内墙体造型" comment="墙内墙体造型"/>
  <Material name="墙体材料" comment="墙使用的材料">填充墙</Material>
  <Feature name="墙体性质" comment="墙是内墙还是外墙">内墙</Feature>
  <Purpose name="墙体用途" comment="墙体用途">一般墙</Purpose>
  <Width name="墙体宽度参数">
    <Left_width name="墙体左宽">100.000000</Left_width>
    <Right_width name="墙体右宽">100.000000</Right_width>
  </Width>
  <Height name="墙体高度参数">
    <Net_height name="墙体高" comment="从墙底起算的墙体净高">3000.000000</Net_height>
    <Bottom_height name="墙底高" comment="从零标高到墙底的相对高度">0.000000</Bottom_height>
  </Height>
  <Baseline name="基线参数">
    <Start_point name="起始点">51306.390068,18140.945620,0.000000</Start_point>
    <End_point name="结束点">55806.390068,18140.945620,0.000000</End_point>
    <Central_ang name="圆心角">0.000000</Central_ang>
  </Baseline>
  <DrawPara name="绘制参数" comment="左侧或右侧起点终点圆心角">
    <Left_start_point name="左侧起点">51406.390068,18240.945620,0.000000</Left_start_point>
    <Left_end_point name="左侧终点">55706.390068,18240.945620,0.000000</Left_end_point>
    <Left_Central_ang name="左侧圆心角">0.000000</Left_Central_ang>
    <Right_start_point name="右侧起点">51306.390068,18040.945620,0.000000</Right_start_point>
    <Right_end_point name="右侧终点">55806.390068,18040.945620,0.000000</Right_end_point>
    <Right_Central_ang name="右侧圆心角">0.000000</Right_Central_ang>
  </DrawPara>
  <ShapeWall name="异型墙">0</ShapeWall>
</TCH_WALL>
```


图 8.3-1　墙段信息文件

8.3.2　图纸标注信息读取

图纸标注信息从 AutoCAD 软件导出的 DXF 文件中获取，该文件由“组编码”及其“值”组成的数据对构成。图 8.3-2 显示了房间标注的数据片段（DXF 文件），用于获取房间功能和楼层荷载。组编码 100 是一个子类数据代码，其值为“TDbText”，表示这是一个文本元素，在数据集中显示为一个文本字符串；组编码 10 和 20 分别表示标注点的 X 和 Y 坐标；组编码 1 表示值是文本的内容。同样的方法可以用来提取特殊线荷载（图 8.3-3）的坐标和内容。

图 8.3-2　DXF 中的房间标签

图 8.3-3　DXF 中的特殊线荷载标签

8.4 基于深度优先搜索的房间识别

房间是建筑中最基本的功能空间，也是结构设计中楼板等构件建模的依据。从 TGL 和 DXF 得到的数据均为点（荷载的标记点）或线段（建筑墙段、门窗洞口）等几何基本元素，并没有房间的语义信息。为了获得房间的语义信息，本节提出了基于深度优先搜索[4] 的两阶段房间识别方法，详细介绍如下：

以图 8.4-1 中检测点 7 所在的房间为例，图 8.4-1b 显示了初始情况，图 8.4-1a 显示了对应的图结构。在图 8.4-1b 中以房间检测点 7 为中心画指定半径 r 的圆；与圆相交或位于圆内的基线端点形成一个基线数据链。然后对数据链进行检测，检测是否形成一个闭环，伪代码如算法 8.4-1 所示。算法使用深度优先搜索算法（DFS）检测图中是否存在闭环；当一个闭环唯一包含这个房间标注时，形成闭环的墙体段的基线就是房间的边界线（图 8.4-1g 和 h）。除此之外，两类不符合检测需求的情况需要识别：1）图 8.4-1c 和 d 显示的情况不满足最终检测结果，原因为检测得到的闭合多边形不包括中心点 7。2）图 8.4-1e 和 f 显示的情况不满足最终检测结果，原因为检测得到的闭合多边形不仅包括中心点 7，还包括了多余的 G、H 两个基准端点。需要注意的是，r 需要逐渐增大来进行检测，直到找到正确的多边形。

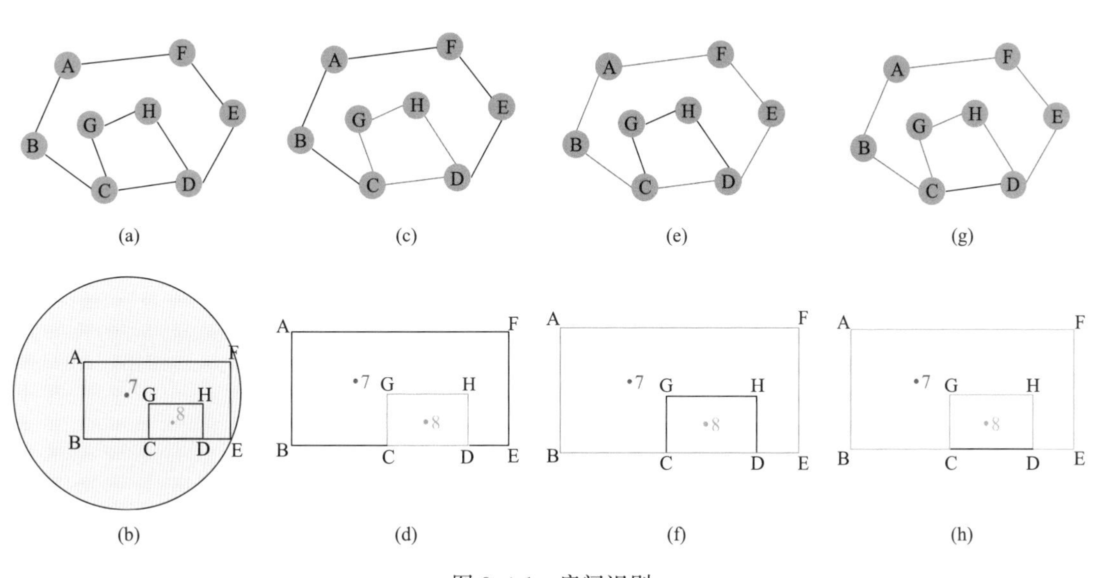

图 8.4-1 房间识别

(a) 图结构；(b) 检测区域；(c) 闭环 1；(d) 多边形 1；(e) 闭环 2；(f) 多边形 2；(g) 闭环 3；(h) 多边形 3

由于大型且不规则的多边形区域（如走廊）在圆形识别区域中有很多基线与其他房间相关联，导致检测速度显著降低。因此，进一步将房间识别分为两个阶段，如图 8.4-2 所示。第一阶段识别出简单的多边形区域，并将识别出的多边形区域移除，然后进行第二阶段识别。最后，将两个阶段的结果合并得到完整结果。此方法利用第一阶段得到的区域信息有效减少第二阶段的搜索空间，最终提高识别的效率。

使用 DFS 的闭环检测算法　　　　算法 8.4-1

```
输入:baselines_list = [ [[x1,y1],[x2,y2]],[[x3,y3],[x4,y4]],…]      #输入为基线列表
输出:paths_loop_ring or None                                          # 输出为闭环或者为无
1.   paths_loop_ring = list()                                         #全局变量
2.   create graph                                                     #按基线连接的节点与否
3.   for n ← 3 to num do                                              # num 为图节点的数目
4.   marked = [False] * num; count=0                                  #初始化图节点访问列表
5.   for i ← 1 to(num-n+1)do
6.       path= list();  path.append(i)
7.       DFS(graph,marked,n - 1,i,i,path)                             # 采用深度优先搜索
8.       marked[i] = True                                             #标记已访问的图节点
9.   end for
10.  end for
11.  return paths_loop_ring
函数:DFS(graph,marked,n,vertex,start,path)                            # 深度优先搜索算法
1.   if n == 0:                                                       #到达路径长度
2.       if graph(vertex,start)== 1:
3.           paths_loop_ring.append(path);  return                    #转到步骤 10
4.       else:return                                                  #转到步骤 10
5.   Find an unvisited neighbor node j
6.   if Find None:  return                                            #转到步骤 10
7.   else: marked[vertex] = True;
8.       path.append(j);
9.       DFS(graph,marked *,n *-1,j,start,path *)                     # *表示该值可能会变化
10.      while marked[path[-1]] = False:path.remove(-1)               #返回父节点查找
11.  marked[vertex] = False
```

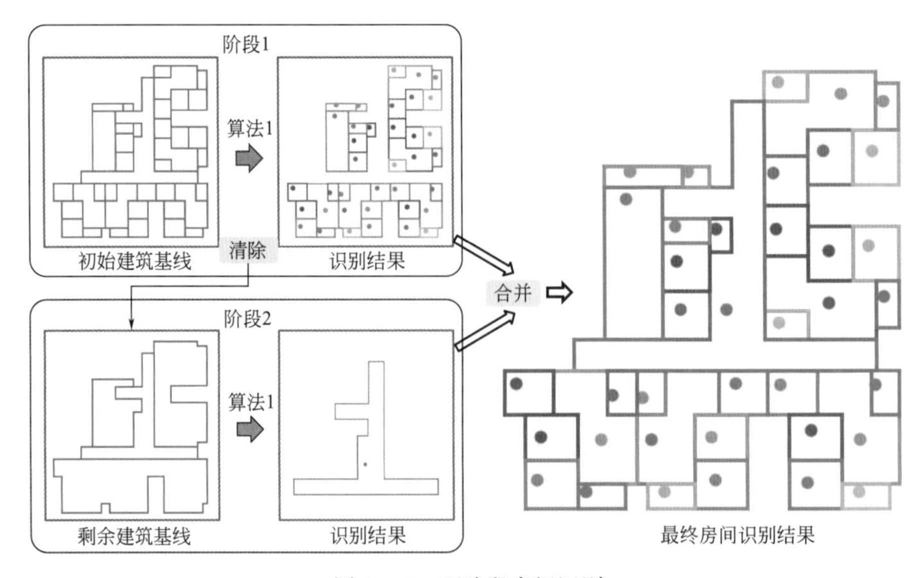

图 8.4-2　两阶段房间识别

本节提出的房间识别方法，充分利用房间标签，建立了房间和墙体之间的对应关系。同时，建立了墙体与两侧房间的对应关系。这些都为后续构件自动参数化建模和荷载自动建模奠定了基础。

8.5 结构构件自动参数化建模

8.5.1 剪力墙和结构梁的自动参数化建模

剪力墙是多高层住宅结构参数化建模的重要部分，同时结构梁起到连接墙肢和传递荷载的作用。剪力墙布置的可行区域受到建筑墙体位置和窗户门洞位置的限制。墙段的参数化建模方法与第 7.5 节相同，如图 8.5-1 所示。

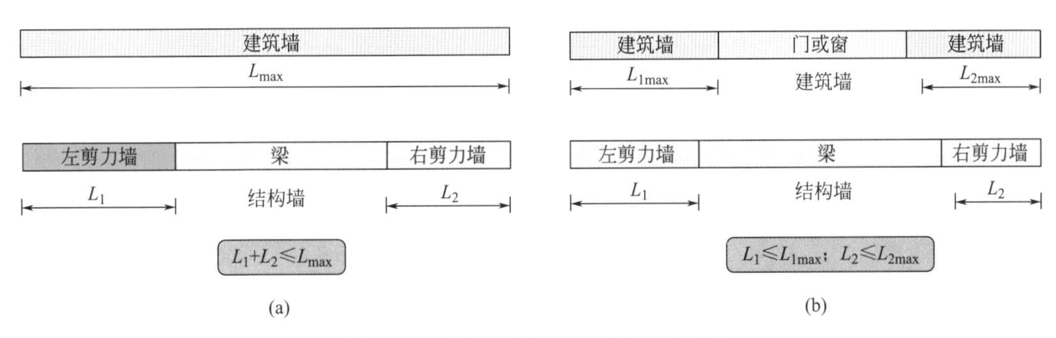

图 8.5-1 剪力墙和结构梁参数化方式
(a) 不含门洞；(b) 含有门洞

8.5.2 悬臂梁自动处理

在结果梁自动生成后，除了阳台外，结构内部也可能存在悬臂梁，如图 8.5-2 所示。为了提高结构整体计算的准确性，需要对其进行处理。对于没有连接到剪力墙的梁端点，如果满足以下任一情况则可以将其视为悬臂点：

Ⅰ. 连接到端点的梁的数量为 1；

Ⅱ. 连接到端点的梁的数量为 2，但连接到端点的两根梁不共线。

识别结果如图 8.5-2a 所示。确定搭接点的步骤如下：

1）设置四个主方向 X+、X−、Y+ 和 Y−；

2）以悬臂梁的端点为起点，向不与悬臂梁重叠的主方向作射线；

3）射线与其余墙体或梁的第一个交点是候选搭接点；

4）确定交点：(a) 如果只有一个交点，则该交点是搭接点；(b) 如果有多个，则与基线端点重合的交点是优先选择的搭接点，其次是距离端点最近的候选点。

对于情况Ⅰ，即连接到端点的梁的数量为 1，需要重复两次以上的搭接过程才能完成悬臂梁处理。图 8.5-2b 为悬臂梁处理后的结构平面。

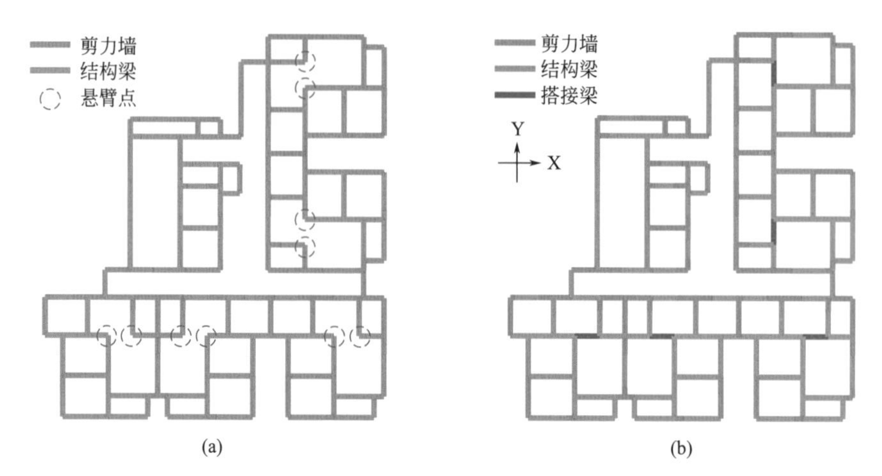

图 8.5-2 悬臂梁自动处理

(a) 悬臂点确定；(b) 搭接点确定

8.5.3 楼板自动建模

结构楼板建模的关键是确定其建筑几何边界（图 8.5-3a）上结构梁墙的节点（图 8.5-3b），具体步骤如下：

1）遍历所有剪力墙和结构梁，获得位于当前楼板边界（ABCD）上的剪力墙（AE，FB，KC，LD，DH，GA）和结构梁（EF，BK，CL，HG）。

2）将剪力墙和结构梁首尾相连得到一个有序节点序列（AEFBKCLDHG）。这组节点序列表示楼板与其他结构构件（剪力墙、结构梁）之间的几何关系。

3）读取交互输入的楼板厚度以及楼板材料，实现楼板的自动建模。

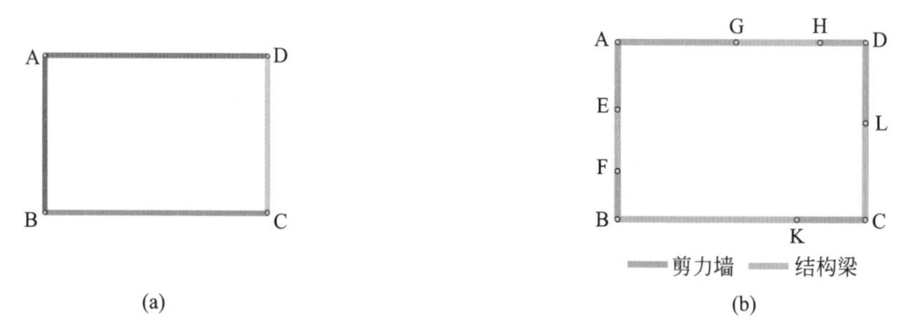

图 8.5-3 楼板自动建模

(a) 楼板建筑边界；(b) 结构楼板节点

8.6 结构荷载自动建模

8.6.1 一般梁荷载的自动建模

由分析可知，梁的荷载主要为上层墙体的重量。墙体由墙芯和面层组成（图 8.6-1a），两者都可能因房间的功能不同而不同（图 8.6-1b）。因此，首先通过预处理标记的房间标签获得房间类型。由于在第 8.2 节所述的图纸预处理过程中，不同的设计师可能会为同一房间类型标记不同的名称，因此本研究使用图 8.6-2 所示的关键词方法进行识别。例如，当用户将一个房间标记为“Kitchen”或“Cook house”时，由于此名称位于“list_names_cook_house”中，因此该房间对应的墙面将被标识为厨房墙。然后，通过查询用户的交互输入（图 8.2-2b）获得厨房墙体的相关材料值。

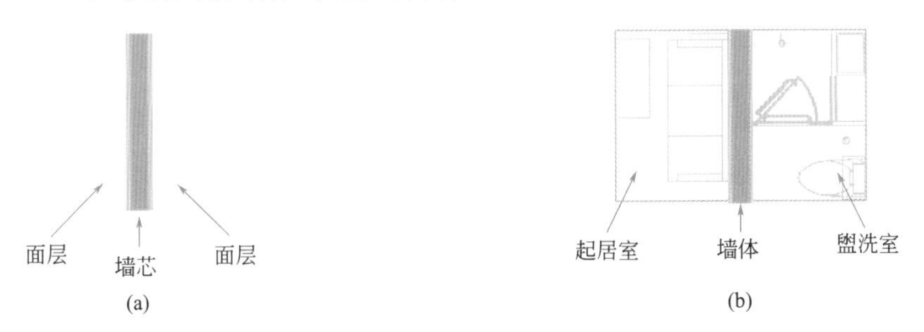

图 8.6-1　两边都存在房间的墙体

（a）墙体组成；（b）墙体与房间的关系

```
list_names_cook_house =          ['Kitchen', 'Cook house']
list_names_wash_room =           ['Toilet', 'Main bathroom', 'Secondary bathroom', 'Bathroom']
list_names_normal_room =         ['Ordinary room', 'Bedroom', 'Master bedroom', 'Secondary bedroom',
                                  'Storage room', 'Dining room', 'Living room', 'Corridor', 'Study', 'Utility room']
list_names_balcony =             ['veranda', 'Balcony', 'External balcony', 'Interior balcony', 'Air conditioning slab']
list_names_public_lift =         ['Lift', 'Elevator']
list_names_public_airduct =      ['Air chute', 'Air shaft', 'Airway', 'Airduct', 'Air duct']
list_names_public_stair =        ['Stairs', 'Steps', ' Staircases']
list_names_public_electricity =  ['Electricity room', 'Water well', 'Electric well', ' High voltage silo ', 'HV silo ', ' HV room ',
                                  'High voltage room', ' Low voltage silo ', 'LV silo ', ' LV room ', ' Low voltage room']
list_names_public_Tail gas =     ['Tail gas well', 'Waste gas well']
```

图 8.6-2　关键词列表

如图 8.6-1b 所示，当墙体两侧房间功能不同时，本研究根据设计师的建议进行取值，即墙芯重度取两侧房间重度中的最大值，而面层荷载则根据各自侧的房间功能确定。结合墙体尺寸和开洞情况，根据式（8.6-1）计算梁的线荷载 q_{L}。其中，f_1 和 f_2 分别为梁上墙体左右面层的面层荷载；γ_1 和 γ_2 分别为梁上墙体两侧根据房间功能确定的墙芯重度；h 和 w 分别为墙体高度和墙体厚度；η_{L} 表示由式（8.6-2）计算的梁线荷载折减系数，S_{L} 和 S_{T} 分别为开洞面积和墙体立面面积。

$$q_{\mathrm{L}} = \eta_{\mathrm{L}} \times h \times (f_1 + f_2 + \max\{\gamma_1, \gamma_2\} \times w) \tag{8.6-1}$$

$$\eta_{\mathrm{L}} = 1 - S_{\mathrm{L}}/S_{\mathrm{T}} \tag{8.6-2}$$

8.6.2　特殊梁荷载的自动建模

一些次要结构构件，如飘窗、空调板等，在结构建模中通常直接将荷载布置到相连的主要结构构件上。为了实现上述操作并考虑到由于建筑立面风格的多样性而导致外墙荷载的多样性，以及一些其他荷载情况，提出使用特殊线荷载标注方法来满足这些需求。标注形式如 8.2 节中图 8.2-1 所示。

在读取识别时，根据标注点的坐标找到最近的基线，然后修改该基线上梁段的荷载。

8.6.3　楼板荷载的自动建模

根据第 8.2 节的房间标注，以及房间识别语义信息可以快速得到楼板所在房间及其荷载值，即可构成楼板荷载建模所需的数据。此外，当一个房间内有梁将该房间的楼板划分为多个部分时，如果楼板的厚度和荷载值相同，则将其视为一个整体楼板。但是如果厚度和荷载不同，则进行分割并建模多个楼板的荷载数据。

经过上述三部分的建模后，可得到梁荷载和楼板荷载图，如图 8.6-3 所示。

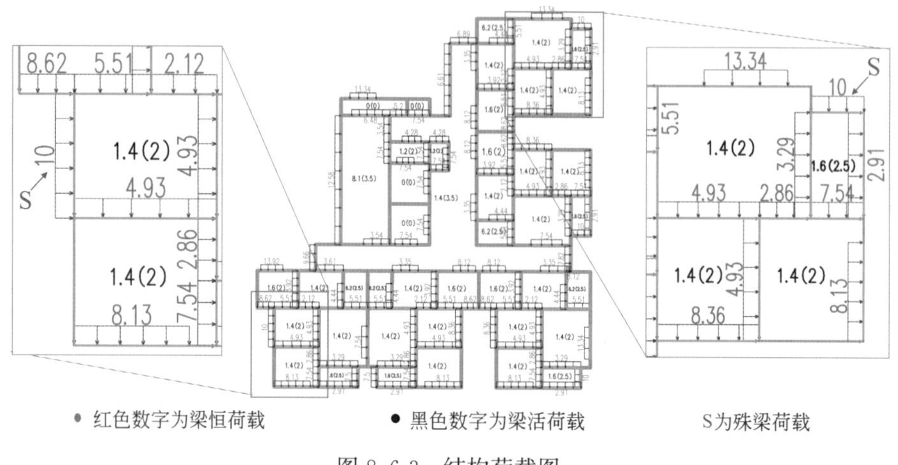

图 8.6-3　结构荷载图

8.7　结构模型数据输出

图 8.7-1 为结构建模文件的数据架构，该文件采用 SQL 格式[5]。首先根据结构构件数据形成几何节点数据，并为每个节点赋予一个唯一的 ID 作为坐标值的索引。在创建网格时引用节点 ID。类似地，在创建梁或墙段数据时引用网格 ID。根据这一规则，通过创建正确的 ID 引用，即可逐步建立完整的 SQL 文件。

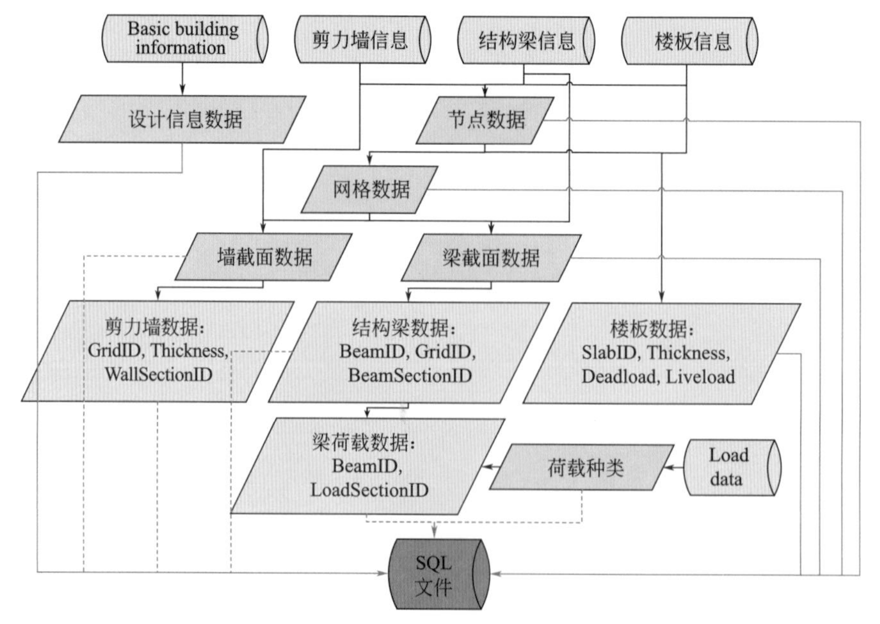

图 8.7-1　结构建模文件的数据架构

对于具有多个结构标准层的建模，也可通过创建正确的 ID 引用来完成 SQL 文件。首先，对同一建筑平面图进行重复建模，获得相应的数据文档。然后，为第 N 个标准层的所有 ID 加上 $N\times10000$，达到数据分层的目的。最后，将所有的数据合并写入 SQL 文件，最终形成整体结构模型的 SQL 文件。图 8.7-2 显示了具有两个结构标准层的 SQL 文件的建模结果。

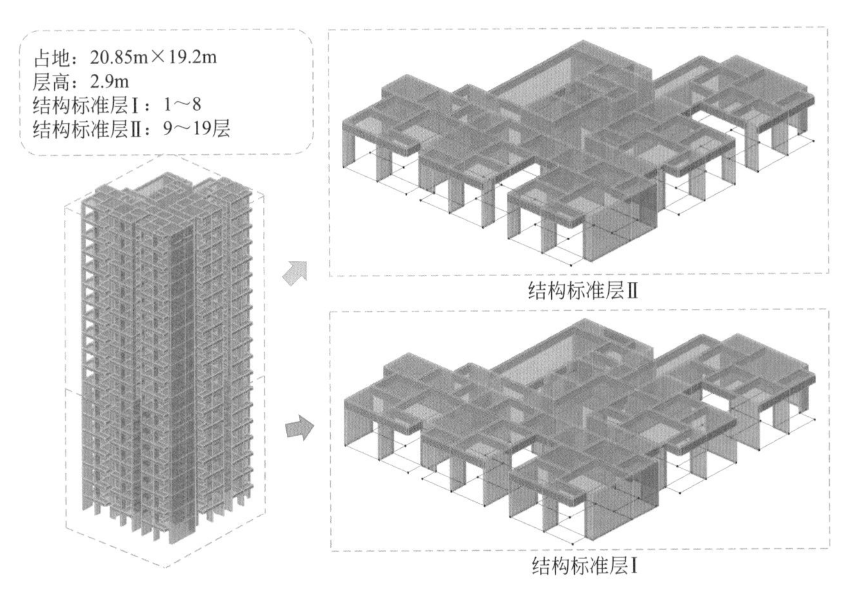

图 8.7-2　结构模型

8.8　方法验证

如图 8.8-1 所示，本节通过两个实际工程案例对提出的方法进行验证。这两个案例为多高层住宅的典型平面。案例 1 的占地约为 42.8m×17.5m，层高为 2.9m；案例 2 的占地约为 33.4m×18.2m，层高为 3.0m。剪力墙的厚度设置为 200mm。外墙墙芯重度取 18kN/m^3，其他墙芯的重度取 9kN/m^3。外墙、套型、厨房和盥洗室的面层荷载取 0.6kN/m^2，其他墙体的面层荷载取 0.4kN/m^2。在案例 1 中（图 8.8-1a），公共区域位于建筑的外围，楼梯和电梯对称分布，并通过外部一字型走廊与每个套型相连。在案例 2 中（图 8.8-1b），公共区域位于建筑的中心，楼梯和电梯集中布置，同时使用 T 形走廊连接每个套型，楼梯和电梯集中在走廊的两侧。此两个案例有效地代表了一般的多高层住宅。在案例验证过程中，所有计算均在 AMD Ryzen 7 5800H CPU @ 3.20GHz 的个人计算机上进行。

8.8.1　房间识别

为了评价房间识别方法的有效性，采用精确率 P、召回率 R 进行评估。精确率 P 的计算如式（8.8-1）所示，其中 TP 和 FP 分别为混淆矩阵[6] 中真正例和假正例的数量。召回率 R 的计算如式（8.8-2）所示，其中 FN 是假反例的数量。

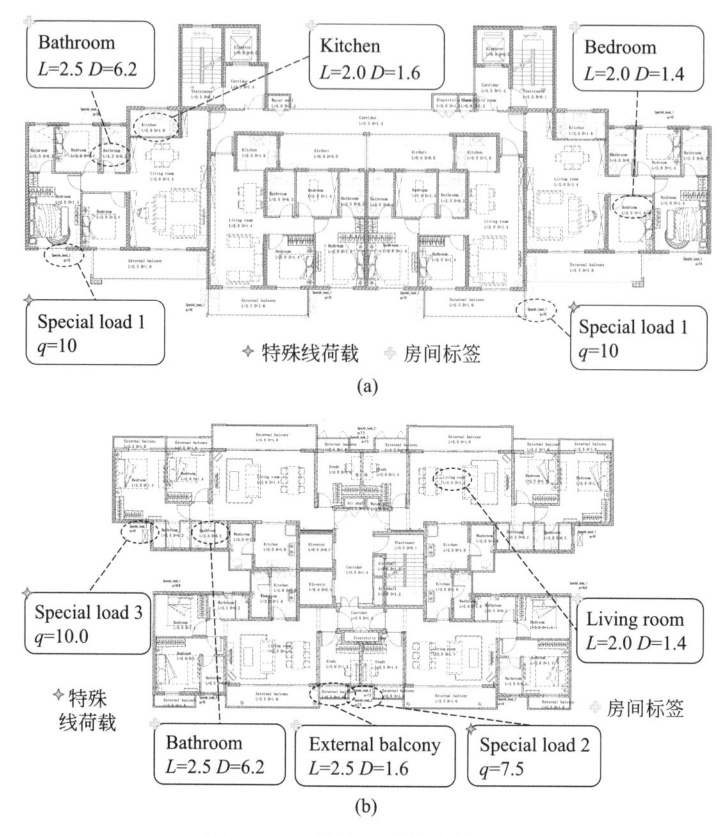

图 8.8-1　前处理后的建筑平面

（a）案例 1；（b）案例 2

$$P=\frac{\mathrm{TP}}{\mathrm{TP}+\mathrm{FP}} \tag{8.8-1}$$

$$R=\frac{\mathrm{TP}}{\mathrm{TP}+\mathrm{FN}} \tag{8.8-2}$$

图 8.8-2 显示了房间识别的结果。表 8.8-1 列出了两种房间识别方法的 TP、FP 和 FN 值。从表 8.8-1 可以看出，P 和 R 都是 100%，表明所提出的方法可以百分之百准确地识别房间。同时，表 8.8-1 还列出了房间识别过程消耗的时间。时间消耗均在 10s 内，说明基于图结构和深度优先搜索的房间识别方法具有较高的识别效率。

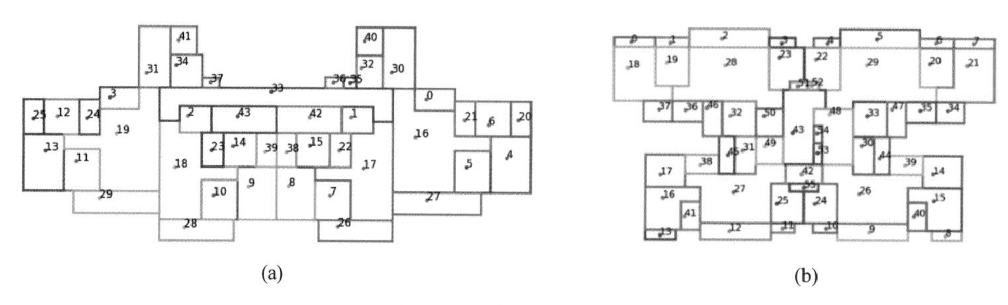

图 8.8-2　房间识别结果

（a）案例 1；（b）案例 2

房间识别准确率和识别效率 **表 8.8-1**

案例	TP	FP	FN	P	R	时间(s)
1	44	0	0	1	1	6
2	56	0	0	1	1	9

8.8.2 悬臂梁搭接

悬臂梁搭接准确率的评估方法和 8.8.1 节中房间识别的评估方法相同，也采用精确率 P、召回率 R 进行评估。悬臂梁的搭接结果如图 8.8-3 所示。表 8.8-2 为搭接的评估结果，可以看出，P 和 R 均为 100%，表明所提出的方法可以 100%准确地进行悬臂梁搭接。

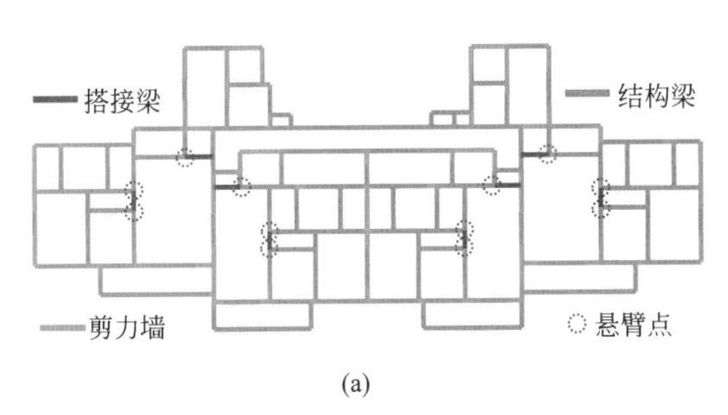

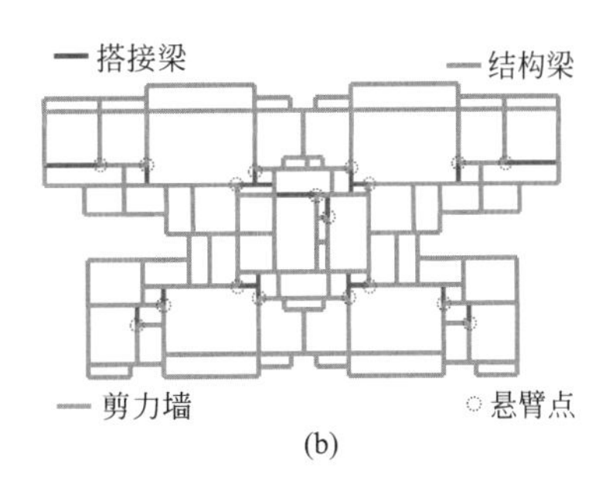

图 8.8-3 悬臂梁搭接结果

(a) 案例 1；(b) 案例 2

悬臂梁搭接准确率 **表 8.8-2**

案例	TP	FP	FN	P	R
1	12	0	0	1	1
2	18	0	0	1	1

8.8.3 结构荷载

图 8.8-4 显示了案例 1 和案例 2 的荷载建模结果。可以看出，楼板荷载和特殊梁荷载的建模结果与图 8.8-1 所示的输入一致。表 8.8-3 给出了一般梁荷载自动计算结果与手工计算结果的对比，可以看出，自动计算结果与手工计算结果完全一致。

8.8.4 结构参数化模型

图 8.8-5 为案例 1 和案例 2 的交互式自动参数化建模结果，其中剪力墙位置是参数化后随机生成的。生成的结构模型包括剪力墙、结构梁和楼板，并且构件之间实现正确连接，没有内部悬臂梁。此外，两个案例均生成了两个结构标准层，表明该模型可以满足复杂的结构设计要求。采用提出的方法，案例 1 建模过程耗时为 35s，案例 2 为 38s。需要注意的是，绘图预处理所花费的时间没有包括在建模时间内。一般来说，对一个建筑平面图进行初始预处理的平均时间约为 10min。

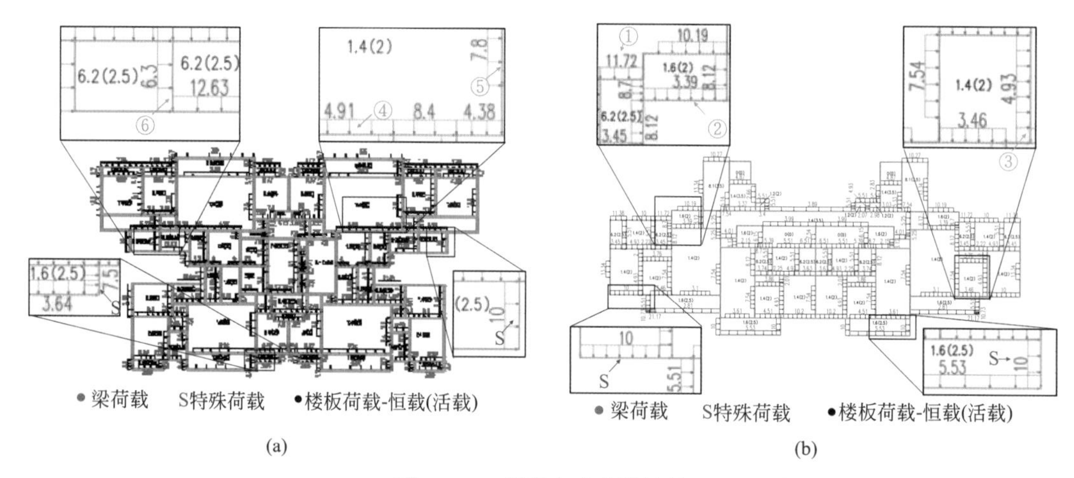

(a) (b)

图 8.8-4 荷载自动建模结果

(a) 案例 1；(b) 案例 2

梁荷载计算结果对比 **表 8.8-3**

梁编号	①	②	③	④	⑤	⑥
墙体两侧房间	厨房 室外	厨房 起居室	卧室 卧室	起居室 厨房	起居室 卧室	盥洗室 盥洗室
墙厚度	200	100	100	200	200	100
层高	2900	2900	2900	3000	3000	3000
梁长	1700	3300	3450	2950	1850	1800
开洞尺寸	650×1200	1600×2300	N/A	1600×2300	N/A	N/A
人工计算	11.72	3.39	4.93	4.91	7.8	6.3
自动计算	11.72	3.39	4.93	4.91	7.8	6.3
相对误差(%)	0	0	0	0	0	0

注：长度单位为 mm；线荷载单位为 kN/m。

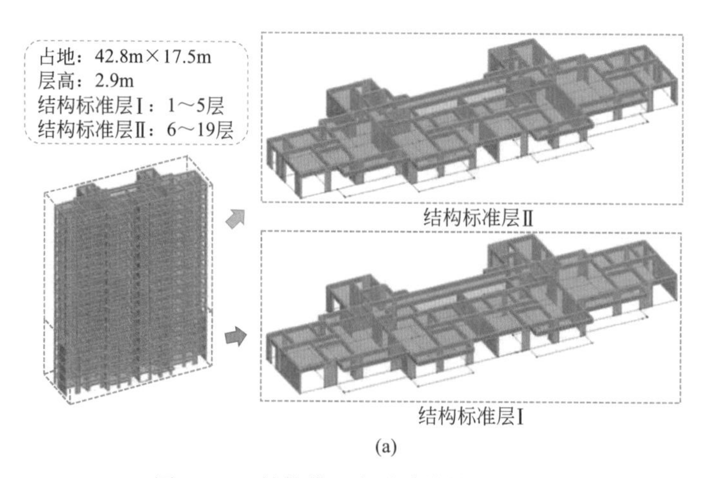

(a)

图 8.8-5 结构模型自动建模结果（一）

(a) 案例 1

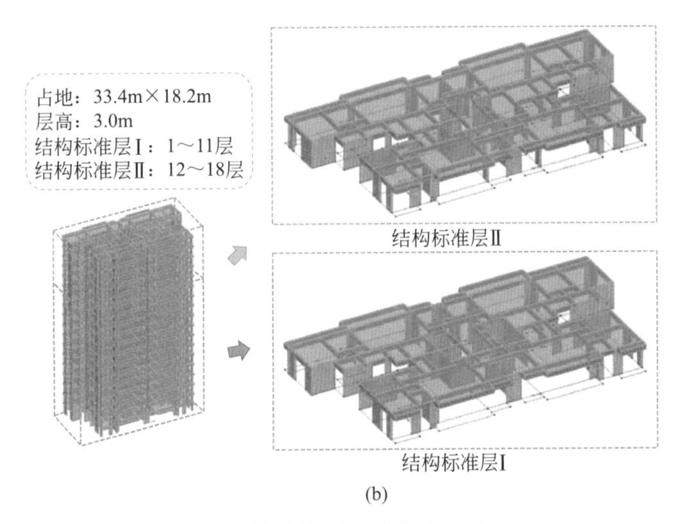

图 8.8-5 结构模型自动建模结果（二）
（b）案例 2

8.9 本章小结

本章介绍的方法通过六个步骤实现了多高层住宅剪力墙结构的交互式参数化建模方法，主要结论为：1）所提出的方法可以准确且高效地完成所有结构构件的建模，剪力墙、结构梁充分由参数控制，实现了参数化；2）结构内部的悬臂梁被准确处理；3）楼板被准确建模；4）常规梁荷载可以被准确建模，楼板荷载和特殊梁荷载的大小和位置与交互输入一致；5）提出的方法可以建立具有多个标准层的结构模型，可以满足复杂剪力墙结构的设计要求；6）每个案例的建模总时间在一分钟以内，与手工建模的时间相比显著减少。

参考文献

[1] Anonymous. Streamlit • A faster way to build and share data apps [EB/OL]. (2021-01-14) [2023-11-13]. https://streamlit.io/.

[2] 睢丹，李敏杰．TArch 天正建筑设计与工程应用　从新手到高手 [M]. 北京：清华大学出版社，2016.

[3] KAPPEL G, KAPSAMMER E, RETSCHITZEGGER W. Integrating XML and relational database systems [J]. World Wide Web, 2004, 7 (4): 343-384.

[4] SCHEFFLER R. On the recognition of search trees generated by BFS and DFS [J]. Theoretical Computer Science, 2022, 936: 116-128.

[5] LIBKIN L. Expressive power of SQL [J]. Theoretical Computer Science, 2003, 296 (3): 379-404.

[6] TOWNSEND J T. Theoretical analysis of an alphabetic confusion matrix [J]. Perception & Psychophysics, 1971, 9: 40-50.

结构数智化设计篇

由于多高层住宅需要良好的抗震性能以及良好的保温隔热性能，剪力墙结构成为其主要的结构形式。剪力墙的布置需要设计人员凭借多年设计经验进行初步设计，然后根据计算结果和规范限值进行反复的手动优化调整。随着经验丰富的设计师的离退休，经过大量实践检验的设计经验面临流失的问题。同时，结构模型调整优化的过程枯燥且科技水平低，造成对大量青年设计人才的消耗。为了解决上述问题，本篇介绍了两类多高层住宅剪力墙结构智能设计方法，分别为结构生成式设计（第 9 章）和结构智能优化设计（第 10 章）。生成式设计通过使用过往优秀设计案例来训练神经网络实现对设计数据的分布和特征的学习，然后使用该网络来生成新的设计方案。通过使用生成式设计，在一定程度上实现了对过往设计经验的总结，并通过数字化和智能化的方式进行经验的保存及传承创新。结构智能优化则通过定义优化目标函数，然后使用智能算法来搜索最优或近似最优的设计方案。通过使用智能优化技术，可以解决人工重复调整结构的问题，解放青年设计人员使其从事更具科技需求的活动。

第 9 章　结构生成式设计

经过大量设计项目的训练，设计师往往具有深厚的设计经验。然而，这些设计经验往往只可意会不可言传，在一定程度上难以进行传承和创新。目前，基于深度学习的生成式设计蓬勃发展，AIGC（AI Generated Content）在各个行业都有了初步探索和应用。生成式设计通过对大量数据的学习，使用神经网络对数据进行特征的提取和融合来实现对未知情况的泛化设计。生成式设计的主要特点是实现了端到端的设计，即输入为设计条件，输出即为设计结果。在剪力墙结构生成式设计中，输入一般为建筑平面图、抗震设防烈度等，输出则一般为需要的结构平面。强化学习作为模拟智能体与环境交互的生成式框架，在本章首先被用来探索结构生成式设计（第 9.1 节）。同时，为了克服神经网络的大数据依赖等问题，本章探索使用扩散模型和神经网络微调技术进行结构生成式设计（第 9.2 节）。

9.1　基于强化学习的生成式设计

9.1.1　DQN 基本原理

本书在 3.4.2 节中已简要介绍了强化学习的基础知识，Q 学习（Q-Learning）算法是强化学习中的一种。Q 学习基本原理可以简要地表述为在状态 S 下，采取动作 A 后，希望得到的奖励 Q（S，A）最大。在一般情况下可以通过维护一个 Q 表格来实现 Q（S，A）函数的建立，然而在状态和动作较多的情况下就难以通过表格建立 Q（S，A）函数，例如围棋棋局等。DQN（Deep Q-Network，深度 Q 网络）通过使用深度神经网络代替 Q 表格来实现状态-动作 Q 值的储存，即 Q（S，A）函数的建立，如图 9.1-1 所示。其中，神经网络的输入为状态，输出为不同动作的 Q 值。DQN 的动作值函数更新公式与 Q 学习相同，如式（9.1-1）所示。其中动作 a 通过 ε-贪心方法进行选择，α 表示学习率，γ 为奖励折扣因子。

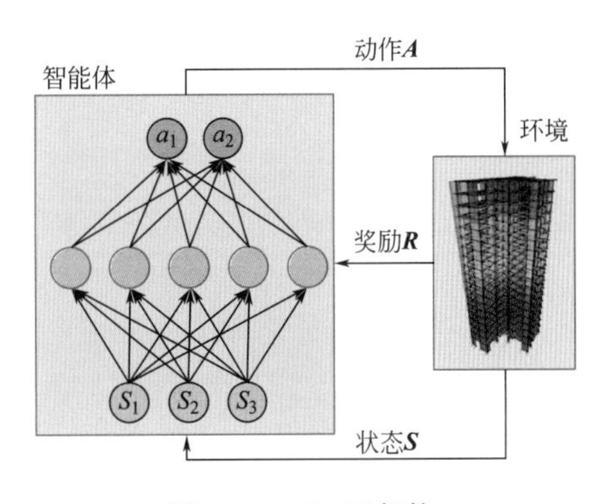

图 9.1-1　DQN 架构

$$Q(S_t, A_t) \leftarrow Q(S_t, A_t) + \alpha[R_{t+1} + \gamma \max_a Q(S_{t+1}, a) - Q(S_t, A_t)] \qquad (9.1\text{-}1)$$

9.1.2　算法流程

（1）基于 DQN 的生成式设计框架

本节的剪力墙参数化方法如第 7 章所述。图 9.1-2 为基于 DQN 的剪力墙结构生成式设计方法的整体框架，其中深度学习网络构架包括三个卷积层和一个全连接层。DQN 具体流程如下：

1）输入自动生成的多高层结构平面布置图，智能体通过卷积层和全连接层得到参数调整指令并反馈给环境；

2）环境根据参数调整指令生成新的平面布置图，并按新的平面布置图进行参数化建模和结构分析；

3）环境根据结构性能指标计算目标函数，并将目标函数的改变量作为奖惩返回给智能体，同时环境将新的结构平面布置图反馈给智能体；

4）智能体重复上述步骤 1）～3），直至达到收敛条件。

智能体通过学习一系列的｛平面布置图，参数调整指令，新平面布置图，目标函数改变量｝得到多高层建筑结构最优调整策略，从而实现智能优化目标。

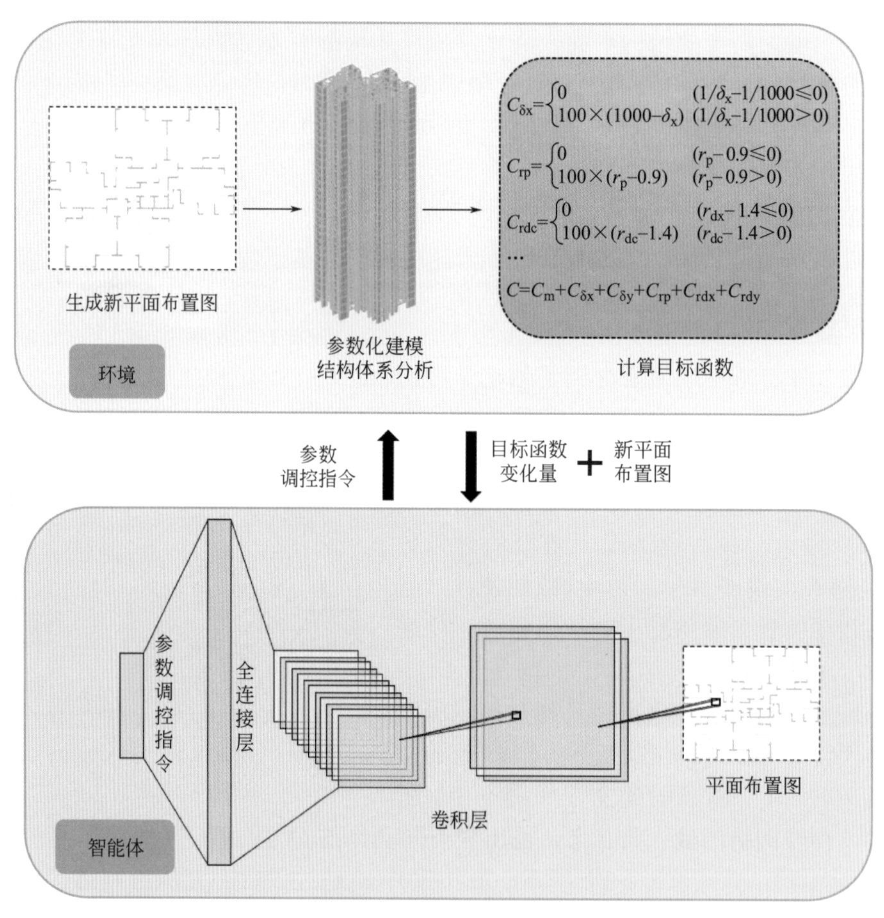

图 9.1-2　基于 DQN 的剪力墙结构生成式设计

（2）动作设计

在提出的基于 DQN 的结构生成式设计中，神经网络的输入为建筑平面图像，输出为调整结构模型动作的 Q 值。输出动作的个数（即神经网络全连接输出的个数）为剪力墙的墙肢个数。动作设计为增加固定的长度（50mm），即每次选择 Q 值最大对应的墙肢为其增加墙体长度 50mm。

(3) 奖惩设计

剪力墙结构生成式设计的目标是在层间位移角、轴压比、构件承载力等结构设计指标满足规范要求的情况下实现成本降低。以高层住宅剪力墙结构为例，设计目标为材料成本最低，其材料成本 C_m 可表示为：

$$C_m=\sum_{p=1}^{s}(L_{p1}+L_{p2}) \tag{9.1-2}$$

式中，s 表示剪力墙数量；L_{p1} 和 L_{p2} 分别为剪力墙 p 的左肢和右肢的长度。

在结构方案初设时，结构性能指标主要包括层间位移角 $1/\delta$、扭转比 r_d 以及周期比 r_p。针对强化学习过程中可能面临的结构设计指标不满足规范要求的情况，引入罚函数，具体形式如下：

$$C_{\delta x}=\begin{cases}0 & (1/\delta_x-1/1000\leqslant 0)\\ 100\times(1000-\delta_x) & (1/\delta_x-1/1000>0)\end{cases} \tag{9.1-3}$$

$$C_{\delta y}=\begin{cases}0 & (1/\delta_y-1/1000\leqslant 0)\\ 100\times(1000-\delta_y) & (1/\delta_y-1/1000>0)\end{cases} \tag{9.1-4}$$

$$C_{rp}=\begin{cases}0 & (r_p-0.9\leqslant 0)\\ 1000\times(r_p-0.9) & (r_p-0.9>0)\end{cases} \tag{9.1-5}$$

$$C_{rdx}=\begin{cases}0 & (r_{dx}-1.4\leqslant 0)\\ 1000\times(r_{dx}-1.4) & (r_{dx}-1.4>0)\end{cases} \tag{9.1-6}$$

$$C_{rdy}=\begin{cases}0 & (r_{dy}-1.4\leqslant 0)\\ 1000\times(r_{dy}-1.4) & (r_{dy}-1.4>0)\end{cases} \tag{9.1-7}$$

式中，$C_{\delta x}$ 和 $C_{\delta y}$ 分别表示 x 和 y 方向层间位移角引起的罚函数；C_{rdx} 和 C_{rdy} 分别表示 x 和 y 方向扭转比引起的罚函数；C_{rp} 表示周期比引起的罚函数。因此，无约束的目标函数 C 可按下式计算：

$$C=C_m+C_{\delta x}+C_{\delta y}+C_{rp}+C_{rdx}+C_{rdy} \tag{9.1-8}$$

9.1.3 实验与分析

图 9.1-3 为 33 层住宅的建筑平面图，平面尺寸为 19.5m×35.1m，层高为 2.9m，抗震烈度为 6 度，剪力墙混凝土的等级为 C40。荷载信息如下：梁的线荷载取值 3kN/m；普通板面的恒载和活载分别取值 1.5kN/m^2 和 2.0kN/m^2；楼梯间用零厚度板进行导荷，零厚度板的恒载和活载分别取值 7.0kN/m^2 和 3.5kN/m^2。

采用深度强化学习对算例进行生成式设计，奖惩目标函数的收敛曲线见图 9.1-4。从图中可以看出，目标函数总体呈下降趋势且均最终稳定在 100000mm 附近，说明提出的方法收敛性好。此外，最终的目标函数值较小，无罚函数引起的突变，说明设计结果符合规范的要求。

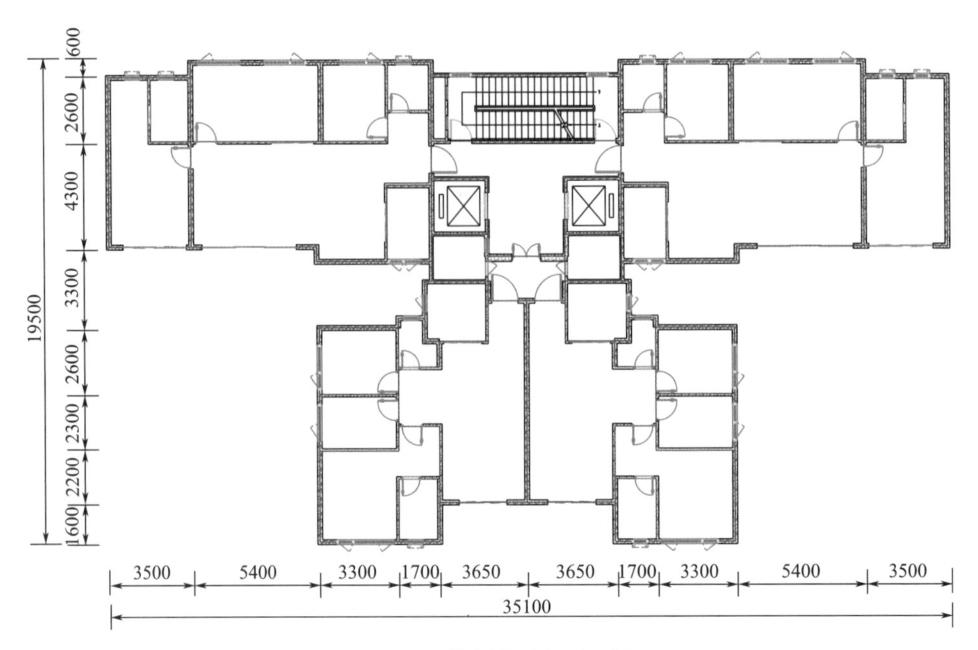

图 9.1-3　算例的建筑平面图

图 9.1-5 为强化学习生成式设计与结构工程师设计得到的剪力墙布置图的对比。从图中可以看出，两剪力墙布置图相似。结构工程师设计的材料成本为 118036mm，而智能设计的材料成本为 91500mm，材料成本降低了 22.4%。对于一栋 30 层左右的剪力墙结构，结构工程师通常需要花费约 300h 进行模型调整与优化，而智能建模与优化仅仅需要约 10h，设计周期缩短了 96.7%。此外，训练后的深度强化模型可进一步指导相似建筑的智能优化。综上可得，所提出的剪力墙结构智能设计方法具有效率高、周期短和人力投入少等优点。

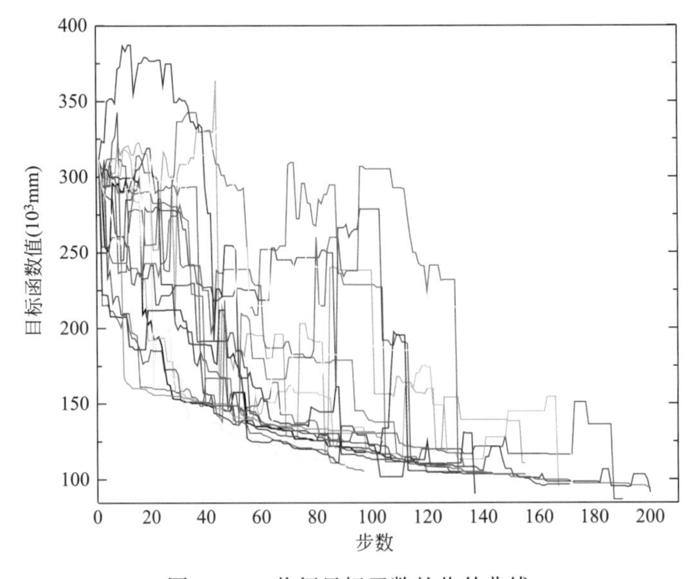

图 9.1-4　奖惩目标函数的收敛曲线

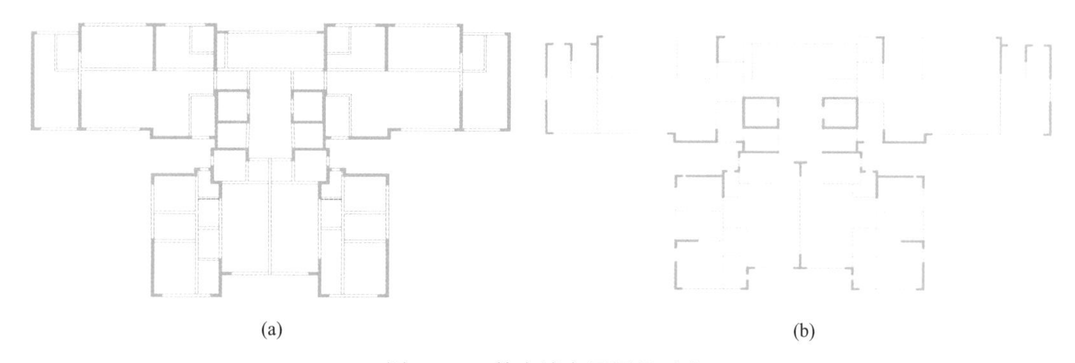

图 9.1-5 剪力墙布置图的对比

(a) 结构工程师设计 (C=118036mm)；(b) 强化学习生成式设计 (C=91500mm)

9.2 基于扩散模型的生成式设计

目前，多高层住宅剪力墙结构平面生成式设计通过对大量优秀设计案例的学习，实现了端到端的快速设计，如 1.3.2 节所述。然而，目前剪力墙结构平面生成式设计方法仍面临着三方面的挑战：

(1) 大数据依赖。为了获得令人满意的生成结果，通常需要大量的数据来训练神经网络。然而，大多数设计公司缺乏大量的剪力墙平面数据。

(2) 训练复杂。GAN 等神经网络的训练通常需要有经验的机器学习专家来处理训练过程中出现的问题，如模式崩溃[1] 等。然而，目前各种结构设计公司中缺乏人工智能方面的专业人才，因此专业和有效的神经网络训练难以进行。

(3) 多样性低。目前生成式设计方法的结果通常只有一个选项，而且结果往往取决于数据集的设计风格。然而，在实践中，不同的设计公司有不同的设计风格，甚至设计师个人也有独特的设计偏好。例如，对于建筑物的外围墙体，有些设计师可能喜欢完全由剪力墙组成，而有些设计师则希望某些部分是梁。

因此，一个使用小样本，通过简单训练，能够生成多样化设计的个性化 AI 助手将是克服上述挑战的重要工具。其中，“个性化”意味着用户可以用自己的小样本训练自己定制的生成器；“助手”表示生成的设计可以满足基本的设计标准，但需要由设计师进一步完善。

为了解决这些问题，本节提出了一种基于稳定扩散模型 (Stable Diffusion，SD)[2] 的剪力墙布置个性化 AI 助手的构建方法。SD 是一种强大的图像生成技术，且可使用小样本数据采用低秩适应 (Low-Rank Adaptation，LoRA)[3] 方法对其进行微调，可以产生多样化的结果。所提出的方法结合了 SD 的原理，包括两个阶段：训练个性化 AI 助手和应用 AI 助手。此外，开发的图形用户界面 (Graphical User Interface，GUI) 使得用户能够轻松地构建自己的剪力墙布置个性化 AI 助手。

9.2.1 方法流程

(1) 方法及原理概述

SD 强大的图像生成能力可以帮助用户建立自己个性化的生成器。同时，微调方法

LoRA 的使用可以减少训练使用的数据量以及降低训练难度，如 3.4.3 节所述。图 9.2-1 显示了将 SD 应用于剪力墙平面生成的网络架构。整个网络的输入是一幅经过处理的建筑像素图像和提示词“High-rise shear wall layout design”（“高层剪力墙布置设计”）。输出是一个带有剪力墙布置的像素图像。在此过程中，输入的建筑图像首先被编码器压缩到潜空间，此过程中图像被压缩以降低计算需求。然后，噪声图像被训练好的 UNet 进行逐步去噪。U-Net 中的交叉注意力机制[6] 被 LoRA 网络微调。同时，文本提示通过文本编码器控制整个图像合成过程。经过逐步去噪后，在潜空间生成压缩图像。最后，解码器放大压缩图像到目标尺寸。文本编码器采用对比语言-图像预训练网络（Contrastive Language-Image Pre-Training，CLIP）[4] 将文本输入转换为图像输出。压缩图像到潜空间和从潜空间重建图像的编码器和解码器均使用变分自编码器（Variational Auto-Encoders，VAE）[5]。需要注意的是，图 9.2-1 只显示了图像生成阶段使用的扩散模型，没有绘制添加噪声的训练过程。

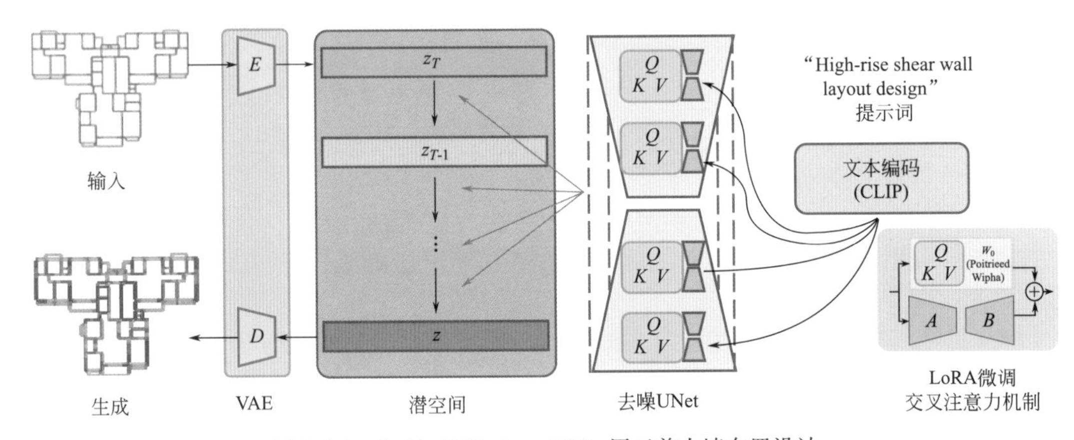

图 9.2-1　Stable Diffusion（SD）用于剪力墙布置设计

CLIP 是一种可迁移的视觉模型，使用文本作为监督信号进行训练，如图 9.2-2 所示。CLIP 的训练数据由来自互联网的 4 亿个文本-图像对组成：图像及其相应的文本描述。CLIP 包含两个模型：文本编码器和图像编码器。文本编码器使用自然语言处理中的文本变换器模型提取文本特征。图像编码器使用卷积神经网络或更高效的视觉变换器提取图像

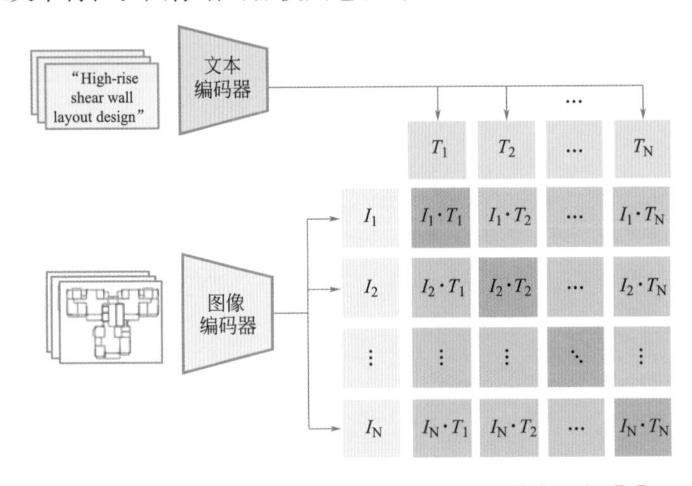

图 9.2-2　对比语言-图像预训练网络（CLIP，转自研究［4］）

特征。然后，将提取的文本和图像特征进行对比学习。在SD中，使用CLIP预训练好的文本编码器将输入文本转换为向量特征。

本研究提出的剪力墙布置设计个性化AI助手的方法框架如图9.2-3所示。这种方法主要包括两个阶段：训练个性化AI助手和应用个性化AI助手。第一阶段需要利用提供的自动预处理器收集用户偏好数据，并使用这些数据训练LoRA网络。个性化AI助手的应用包括五个步骤：处理建筑CAD；采用经过重复实验得到的设计参数；使用之前训练好的LoRA生成剪力墙布置；设计师从生成的布置中选择偏好的布置使用PowerPoint（PPT）进行手动微调；或者利用提供的后处理程序在结构设计软件（如SAP2000或PK-PM）中进行调整和计算。

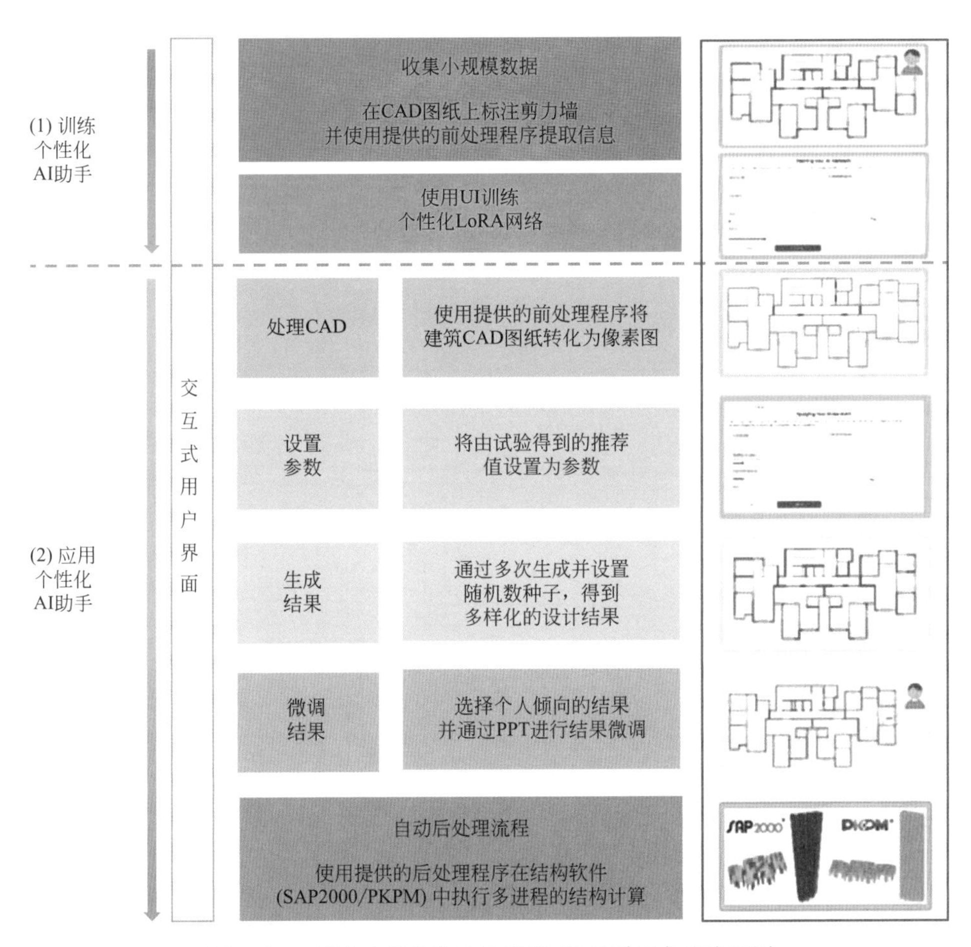

图9.2-3 建立个性化剪力墙布置AI助手的方法流程图

此外，开发的基于Gradio[7]的GUI方便用户使用自己的数据训练和应用自己的AI设计助手。此交互系统有三个页面：开始、训练和应用。开始页面要求用户设置一个工作目录，用于存储操作过程中的所有文档和操作日志，如图9.2-4所示。图9.2-5显示了工作目录的文档体系架构。训练页面和应用页面分别在第（2）部分（训练方法）和第（3）部分（应用方法）中介绍。需要注意的是，本节提到的默认参数可以在配置文件中进行修改，为用户提供更大的灵活度。

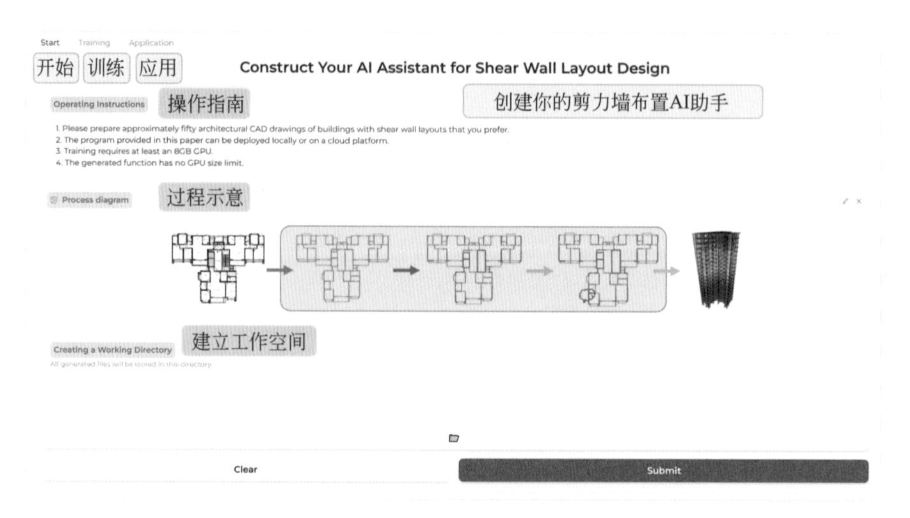

图 9.2-4　交互图形用户界面（开始页面）

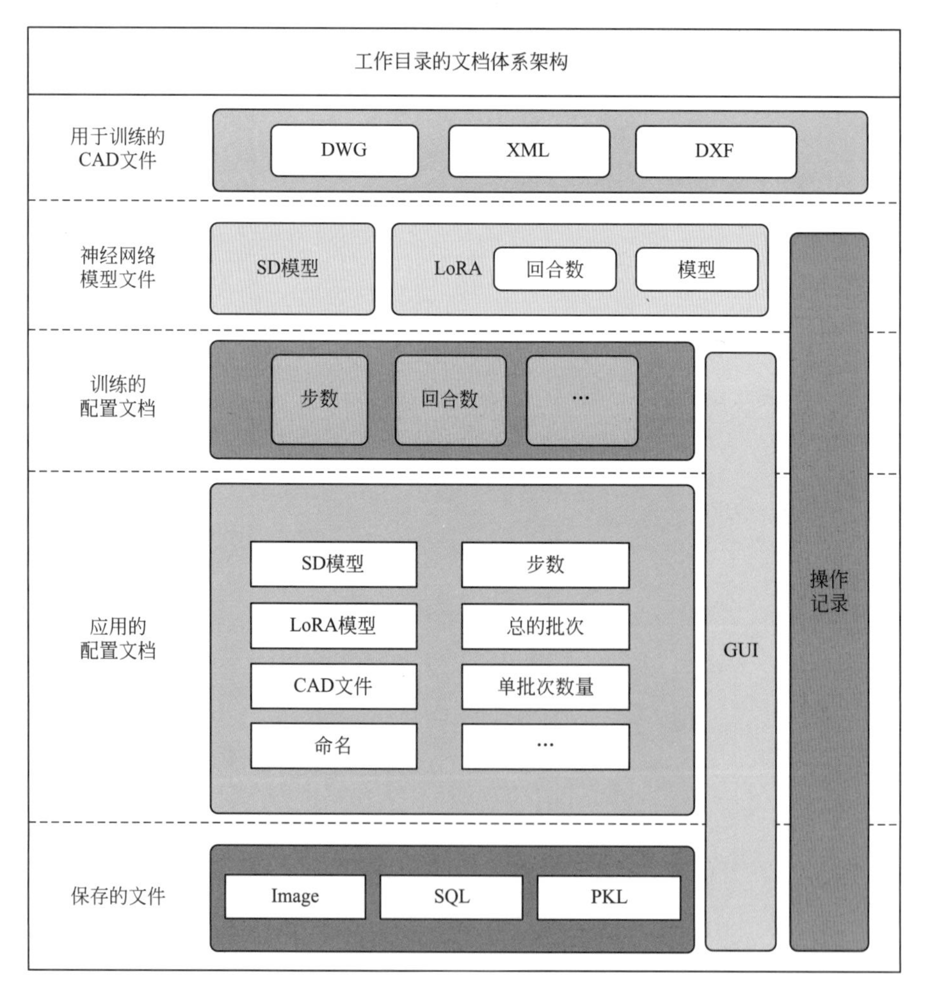

图 9.2-5　工作目录的文档体系架构

（2）训练方法

使用 LoRA 网络对 SD 进行微调通常不需要大量的数据[3]。然而，将大约 50 幅剪力墙布置方案的 CAD 图纸进行像素化也可能对普通用户构成挑战。因此，基于第 7 章和第 8 章的参数化建模方法，使用 OpenCV 对建筑平面图和剪力墙平面图分别提取几何要素，同时进行像素化，如图 9.2-6 所示。XML 文件用于获取建筑基线（即建筑墙体）和建筑洞口的位置（即窗户、门）。DXF 文件用于获取剪力墙的位置，然后对矢量数据进行像素化。带有剪力墙布置的建筑图像作为训练数据。训练像素图像的比例为 1∶50，这意味着图像中的每个像素代表 CAD 图纸中的 50mm 长度。像素图像的大小为 1024×512。

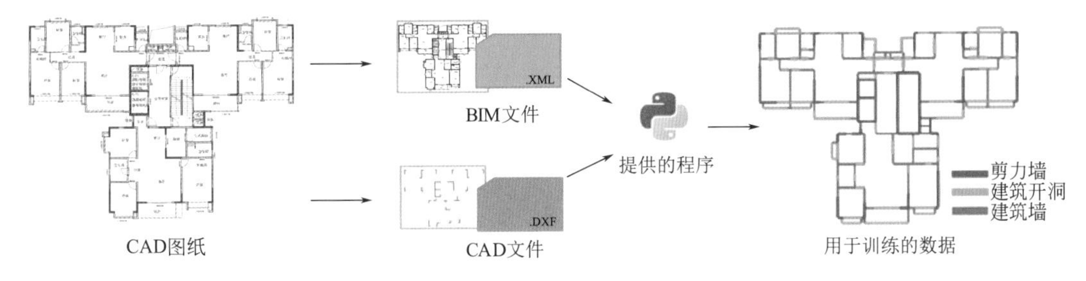

图 9.2-6 将 CAD 矢量转换为像素图片

需要注意的是，SD 中的 LoRA 训练不需要成对数据集（输入及其对应的输出），但每个像素图像都需要标签。为了降低训练难度，用户可以将同一子类别的布置图像作为一个集合进行训练，例如 7 度区的高层剪力墙结构。因此，在本研究中，所有标签都设置为相同。另外，经过重复试验，大约 50 张图像便可完成训练。由于从 DXF 文件中提取信息需要明确图层名，因此需要用户输入剪力墙所在图层的图层名。所有剪力墙布置图像的标签已经在交互程序中默认为“High-rise shear wall layout design”。一旦获取了数据并确定了 SD 模型，便可训练 LoRA 网络。

嵌入默认参数的训练界面如图 9.2-7 所示。经过不同模型试验后，SD 模型被设置为“Anything-v5.0-PRT-RE”模型，这是一个生成动漫风格图像的生成图像模型的备份（用于进一步训练或推理的生成图像模型的保存状态）。此备份因具有明确清晰的边界，适合

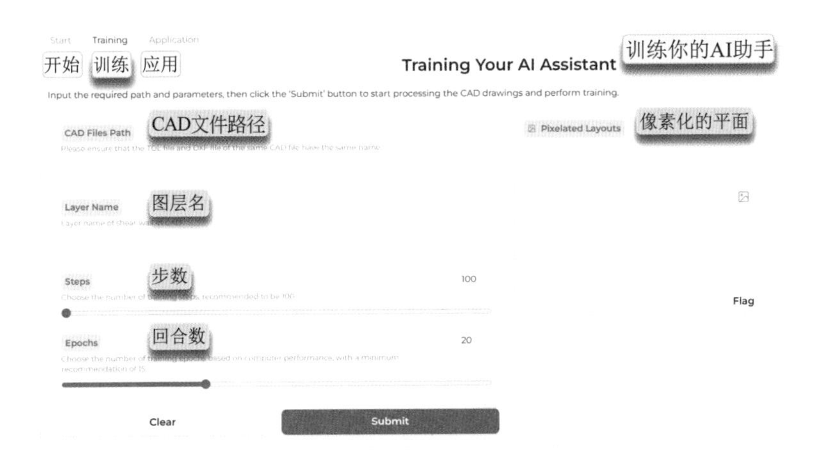

图 9.2-7 训练操作的 GUI 页面

剪力墙布置设计。通过实验发现，经过 20 回合（Epochs）的训练，每个回合包含 100 个步（Steps），即可得到满意的结果。因为在训练过程中可能会发生欠拟合或过拟合现象，所以在不同回合保存了 LoRA 模型，可以帮助用户选择最合适的微调模型。

（3）应用方法

① 处理建筑 CAD 图纸

与上节（训练方法）获取训练图像的过程类似，获取建筑图像只需要处理建筑 CAD 图纸的 XML 文件，如图 9.2-8 所示。用户可以使用提供的程序将 CAD 图纸转换为生成剪力墙所需的建筑像素图像。

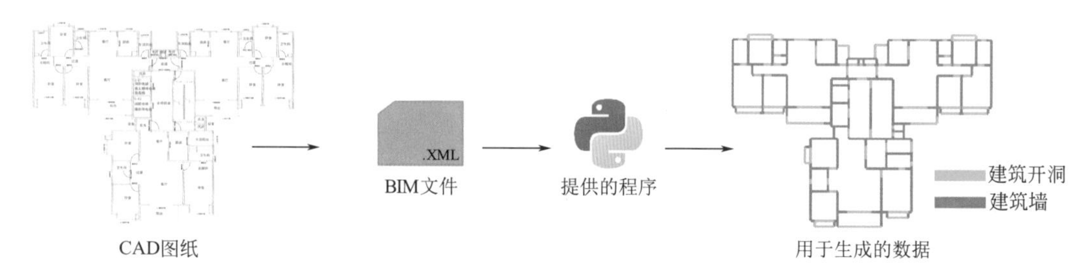

图 9.2-8　获取所需像素格式的流程图

② 设计参数和生成设计

使用 SD 和个性化的 LoRA 模型，用户可以快速生成多样化的剪力墙布置方案。然而，由于 SD 复杂而灵活，需要调整众多参数。经过反复试验，一些重要的参数推荐值如下：

提示（Prompt）：SD 生成内容的文本描述。提示可以包含不同类别的关键词，如材料、风格等。在本节中，提示默认设置为“High-rise shear wall layout design”，因为所有的图像都为此标签，如上节（训练方法）所述。

步数（Steps）：SD 从一个起始画布到完成图像创建的去噪步数。通常 25 步即可生成图像。经过反复试验，剪力墙布置的生成经过 20 步即可得到良好的结果。

采样器（Sampler）：在每一步之后将生成的图像与文本提示进行比较，并对噪声进行微调，直到生成与文本描述匹配的图像。经过反复试验，“DPM2aKarras”采样器更适合生成剪力墙布置。DPM2aKarras 在每个采样步骤中都会向图像添加噪声，使得采样结果具有一定的随机性[8]，同时在接近尾声时会减小噪点步长，有助于图像质量的提升[9]。它的收敛速度虽然较慢，但精度较高，因此在本方法中被采用。

去噪强度（Denoising Strength）：在图像到图像的生成中，提供的图像被用作起始画布，即为本方法中的像素化建筑平面。去噪强度越高，算法越依赖文本提示改变输入图像。当去噪强度为 0 时，输出的图像即为提供的图像；当去噪强度为 1 时，生成的图像与输入图像几乎没有关系。为了在根据提示生成图像的同时保留输入图像的特征，0.75 通常被用作去噪强度的默认值[10]，本方法也采用了此值。

在 SD 的研究和应用中，ControlNet[11] 网络由于其提高了生成结果的可控性而被广泛关注。这种方法与 LoRA 类似，在预训练网络旁边添加了一个额外的分支，以微调原始网络，如图 9.2-9 所示。ControlNet 在 SD 的中间模块和解码模块上应用，在将图像条件融入生成的图像中方面取得了不错的效果。ControlNet 1.1[12] 具有 14 个模型，在图像生

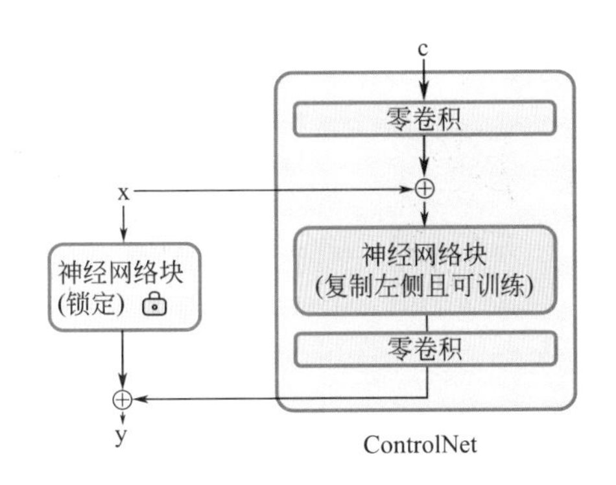

图 9.2-9 ControlNet（转自研究［46］）

成方面展现出良好的生成控制能力。例如，Canny 边缘检测[13] 预处理器很好地识别了图像中物体的边缘轮廓。关于 ControlNet 在剪力墙布置中的有效应用，将在 9.2.3 中通过比较实验进行详细讨论。

③ 微调和自动的后处理

AI 助手生成剪力墙布置图像后，设计师可以进行手动微调，以达到期望的布置方案。本研究提出了两种方法方便设计师进行调整（图 9.2-10）。方法 1 通过使用 PowerPoint（PPT）在所需位置放置与墙壁同宽的红色块，然后将它们合并保存为图像。然后通过利用提供的转换程序，使用 SAP2000 API 或 PKPM 的数据文档 SQL 来完成结构计算软件中的建模。方法 2 使用提供的自动建模程序在结构计算软件中直接建模，并在软件内进行手动调整。

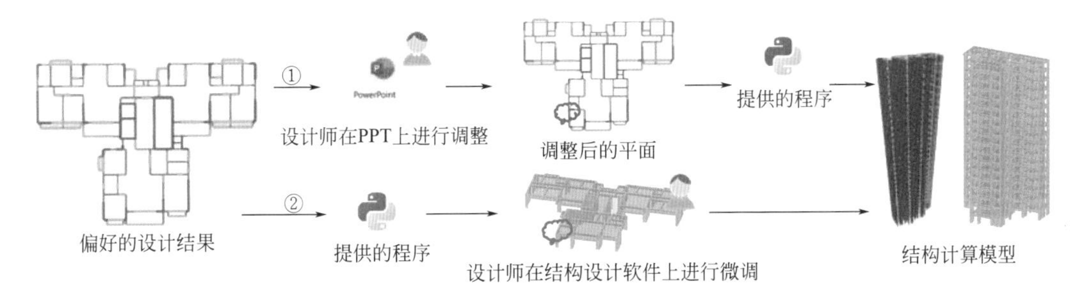

图 9.2-10 获取所需像素格式的流程图

将像素图像转换为矢量计算模型的最关键部分是将像素线段转换为矢量线段，如图 9.2-11 所示，具体步骤如下：第 1 步，根据颜色对像素进行分类。对于结构计算模型，只需要分类出两类像素：建筑基线和剪力墙线。因为除了梁之外，剪力墙是唯一的结构元素。第 2 步，对像素矩阵采取行和列遍历，以提取水平和垂直方向上的连续像素点，提取水平连续像素的伪代码如算法 9.2-1 所示。第 3 步，对每组连续像素点进行连通域分析，以获得它们的最小包围矩形。第 4 步，计算包围矩形长度方向的中心轴。第 5 步，修剪中心轴。由于矩形存在厚度，因此转角处会存在多余的轴线段，如图 9.2-12 所示。第 6 步，将剪力墙线与建筑基线相匹配。因为外部包围矩形的厚度导致中心线不重合，可能导致剪力墙中心线和建筑基线不对齐。根据它们的相对位置，将剪力墙线平移对齐至建筑基线。最后，在结构计算软件中构建模型时，根据像素和实际尺寸之间的比例（1∶50）输出几何线段的坐标。

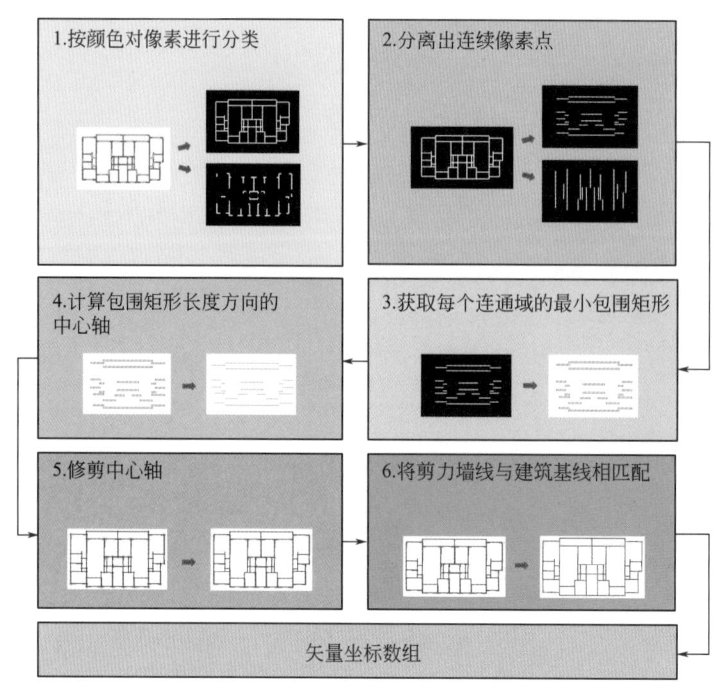

图 9.2-11　将像素线转换为矢量线

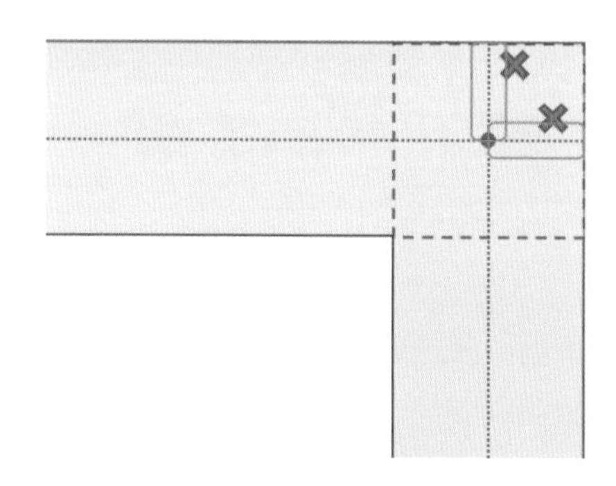

图 9.2-12　修剪中心轴

提取连续像素点	算法 9.2-1

函数:抽取水平方向连续像素点
输入:*img*(像素图的数组),*th*(像素连续个数的阈值)
输出:连续像素的位置
1. 初始化一个空的数组(*img_h*)来储存水平方向连续像素点
2. 二值化 *img*
3. **for** *i*=0,1,2,. . . ,*img*. shape[0]**do** #遍历图像数组每一行
4. 　初始化一个空列表(*list_continuous*)
5. 　　**for** *j*=0,1,2,. . . ,*img*. shape[1]**do**
6. 　　　**if** img[*i*,*j*]=1 **then**
7. 　　　　*list_contimuous*. append(*j*)

续表

```
8.  list_blocks=将 list_contimuous 中连续的数值进行分块
9.  list_lengths=计算 list_blocks 中每个连续数字块中数字个数
10.  for k=0,1,2,...,len(list_lengths)do#遍历每个连续数字块
11.    if list_lengths[k]>th then #获取每个块的数字个数,并判断
12.      img_h[i,list_blocks[k]]=1  #连续像素点的位置在 img_h 赋值为 1
13.  end for
14. end for
```

为了方便用户使用 AI 助手，一些设计参数包括提示、采样器、去噪强度和 ControlNet 的选取，都已嵌入交互程序中。用户只需要根据界面提示输入相应的文件参数。此外，用户还可以根据自己的计算机性能调整生成步数、总批次数和单批次生成的数量。过程和选项如图 9.2-13 所示。生成完成后，剪力墙布置图像将显示在交互界面中。相应的 PKPM 模型文件（SQL 格式）和 SAP2000 模型文件（PKL 格式）都保存在通过开始页面（图 9.2-4）建立的工作目录空间中。

图 9.2-13　应用操作的 GUI 页面

9.2.2　评价标准

结构设计是一项复杂而严谨的任务。在剪力墙结构中，剪力墙的平面布置对结构的抗震性能有显著影响。为了验证本研究提出的方法和相关参数，本节建立了一系列评价指标。首先，使用三项结构整体抗震指标作为重要的评价指标，如表 9.2-1 所示。δ_{drift} 表示层间位移角，限制结构在正常使用条件下的水平位移，以保证高层结构所需的刚度，防止过大的位移影响结构的承载能力、稳定性和使用要求。r_{torsion} 表示扭转比，是确定结构是否存在扭转不规则及其程度的重要依据。r_{period} 表示周期比，控制了侧向刚度和扭转刚度之间

的相对关系，使得侧向抗力元件的平面布置更加有效和合理，防止结构受到过大的扭转效应（相对于侧向位移）。

三项结构整体抗震指标 表 9.2-1

项目	名称	描述	规范限制
1	$1/\delta_{drift}$	层间位移角	≤1/1000
2	$r_{torsion}$	扭转比	≤1.4
3	r_{period}	周期比	≤0.9

除了全局抗震结构指标外，剪力墙单元的平面几何形状（图 9.2-14）也极大地影响了结构的抗震能力。不规则柱的存在使得受力分布复杂化，并难以预测，导致局部应力集中，进而可能引起弯曲、扭转和屈曲失稳，影响整体结构稳定性。这种不规则性应该在剪力墙结构中避免。同样，由于短肢剪力墙抗震性能较差，在水平力作用下容易开裂，因此也应尽可能避免。上述两个指标分别用 N_{column} 和 N_{short} 表示。同时，还应避免使用矩形柱，并且把它们也计入 N_{column} 中。此外，材料消耗是设计需要考虑的一个重要方面，可以用剪力墙的总长度（L_{wall}）来近似表示，如表 9.2-2 所示。

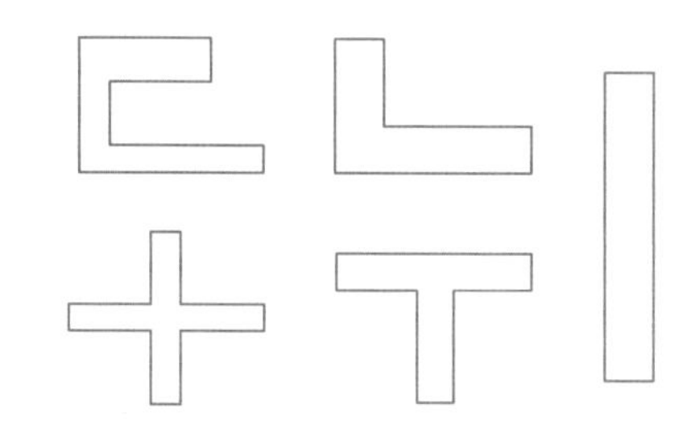

图 9.2-14 剪力墙墙段的不同平面几何形状

三个几何指标和专家评分 表 9.2-2

项目	名称	描述
4	N_{column}	异形柱和矩形柱的数量
5	N_{short}	短肢剪力墙数量
6	L_{wall}	剪力墙的总长度
7	S_{layout}	剪力墙布置的综合合理性，评分分值从 0 到 10 分

除了上述定量指标外，剪力墙布置在整体上满足设计的合理性。由于合理性难以通过具体的指标进行量化，因此具有多年设计经验的结构设计师将对生成结果进行综合评分。分值范围从 0 到 10 分，其中 6 分为及格分数，表示基本满足设计需求。合理性评分为评价标准的第 7 个指标，如表 9.2-2 所示。

9.2.3 实验与分析

为了与之前的研究进行比较，本研究利用公开数据集[14] 中的“L2 _ 7”的“train _ B”部分的数据来训练 LoRA 网络。同时，为了避免过度依赖用户的专业知识和经验，选择一名二年级硕士研究生作为“普通设计师”。与设计公司的设计师相比，因具有较少的设计知识和设计经验，有助于消除偏见和不确定性。在本研究中，从公开数据集的55张图像中，选择偏好的49张图像作为训练数据集。本节中的建筑和结构图像使用以下颜色方案：红色像素表示剪力墙，绿色像素表示门窗的洞口，灰色像素表示建筑墙壁的基线。

本节讨论的案例是使用第9.2.1（3）节描述的方法获得的，如图9.2-15所示。可以观察到CAD矢量图被正确地转换为像素图像。

案例	CAD	像素平面
1	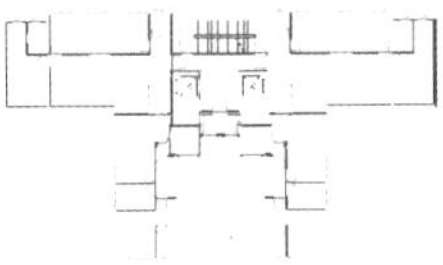	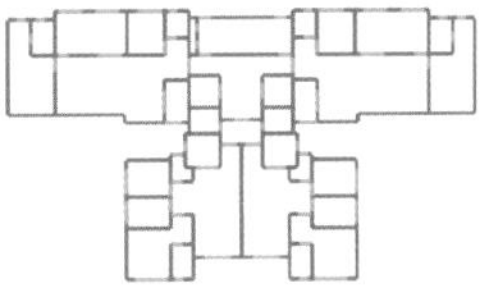
2		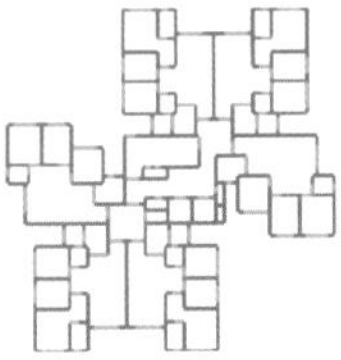
3	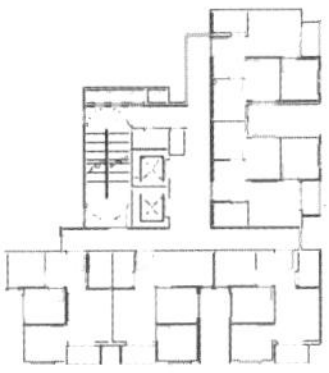	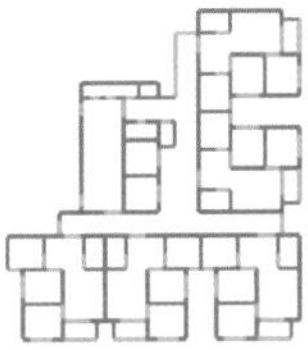
4	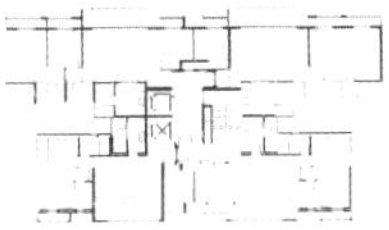	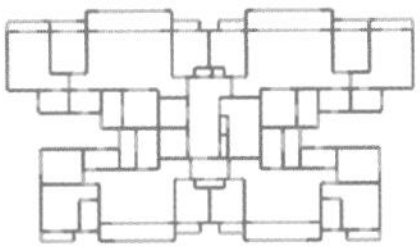
5	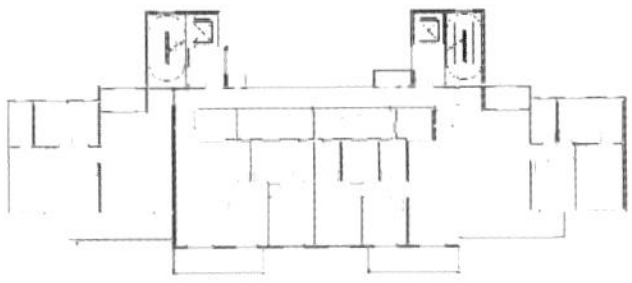	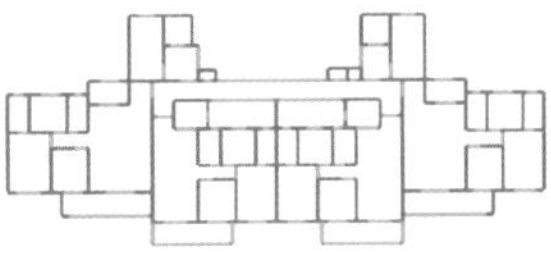
6		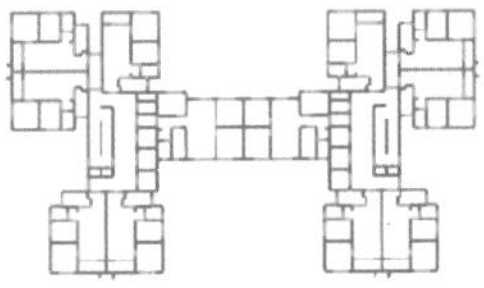

图9.2-15 CAD图纸矢量化为像素图

（1）内嵌设计参数的讨论

内嵌在系统的神经网络模型参数可以减少普通设计师的机器学习技术需求。为了验证嵌入参数的有效性，本节通过消融实验（即控制变量）对其进行验证。具体的对比结果如图 9.2-16 所示。

图 9.2-16a 显示了不同数据集大小（Datasize）的生成结果。值得注意的是，当数据集大小为 10 时，生成结果中的剪力墙布置往往趋向于极端。例如，案例 2 的剪力墙非常少；案例 4 有许多门窗；而案例 6 几乎完全由剪力墙组成，包括在非建筑墙体区域进行了剪力墙的布置。数据集大小为 30 时，这些问题有所缓解，但案例 6 仍显示出剪力墙的过度布局。当数据集大小达到 50 或更大时，剪力墙的布局变得合理。因此，在本研究中，50 被确定为数据集大小的最小值。

图 9.2-16b 展示了不同提示（Prompt）对生成结果的影响。从图中可以看出，各种提示对结果的影响很小。这可能是因为所有训练数据都使用了相同的标签描述“High-rise shear wall layout design”（高层剪力墙布局设计）。由于标签描述的多样性较低，不同提示对生成结果的影响较小。鉴于 LoRA 网络训练时使用的标签是“High-rise shear wall layout design”，因此将此标签嵌入为生成时的文字提示，以确保结果的稳定性。

图 9.2-16c 显示了在不同生成步数（Steps）生成的结果。结果表明，较小的步数，如 10 和 15，生成结构方案会包含许多不连通的构件。这种情况可能是由于去噪步骤不够大，使噪声得以持续存在。当步骤达到 20 时，这些问题不再出现，从而生成更合理的剪力墙布局。因此，将步数设置为 20，既满足基本需求，同时可最小化计算需求。

图 9.2-16d 显示了使用不同采样器（Sampler）生成的结果。Euler、Heun 和 LMS（Linear Multi-Step method）都是基于欧拉公式的经典微分方程求解器。尽管它们可以快速生成结果，但结果相对简单。例如，在案例 2 中，采样器生成了许多不清晰甚至偏离设计的结构布局。DPM2 采样器是 DPM（扩散概率模型）采样器的改进版本，通过使用二阶求解器提高了采样精度，但相比一阶求解器速度较慢。使用 DPM2 的生成结果没有超出建筑平面图。DMP2aKarras 结合了 DPM2 基础、祖先采样和 Karras 噪声时间表，产生了更高质量的结果，因此在本方法中被采用。

图 9.2-16e 展示了使用不同去噪强度（Denoising Strength）生成的结果。结果显示，随着强度从 0.4 增加，生成结果中的剪力墙数量逐渐增多。在去噪强度为 0.4 时，结构方案包含许多门窗，而在强度为 1 时，方案几乎完全由剪力墙填充。结果表明，在去噪强度为 0.75 时，剪力墙的布局相对均匀。因此，0.75 被嵌入作为去噪强度。

（2）ControlNet 的讨论

在 ControlNet 中，Canny 检测常用于提取图像的边缘。在建筑像素图像中，它可以提取线条的边缘，将剪力墙布置的任务转化为着色任务。另一个 ControlNet，Instruct-Pix2Pix，可以根据指令进行图生图。在 ControlNet 的众多参数中，经过试验发现 ControlNet 引导干预的步数对生成结果有较大的影响。因此，本研究使用了五种不同的 ControlNet 进行讨论，分别是 None、Canny、Pix2Pix、Canny＋Pix2Pix 和 Canny＋0.5×Pix2Pix。其中，“＋”表示两个 ControlNet 的组合，0.5 表示引导干预的时机在整个过程（从 0 到 1）的第 0.5 时刻。

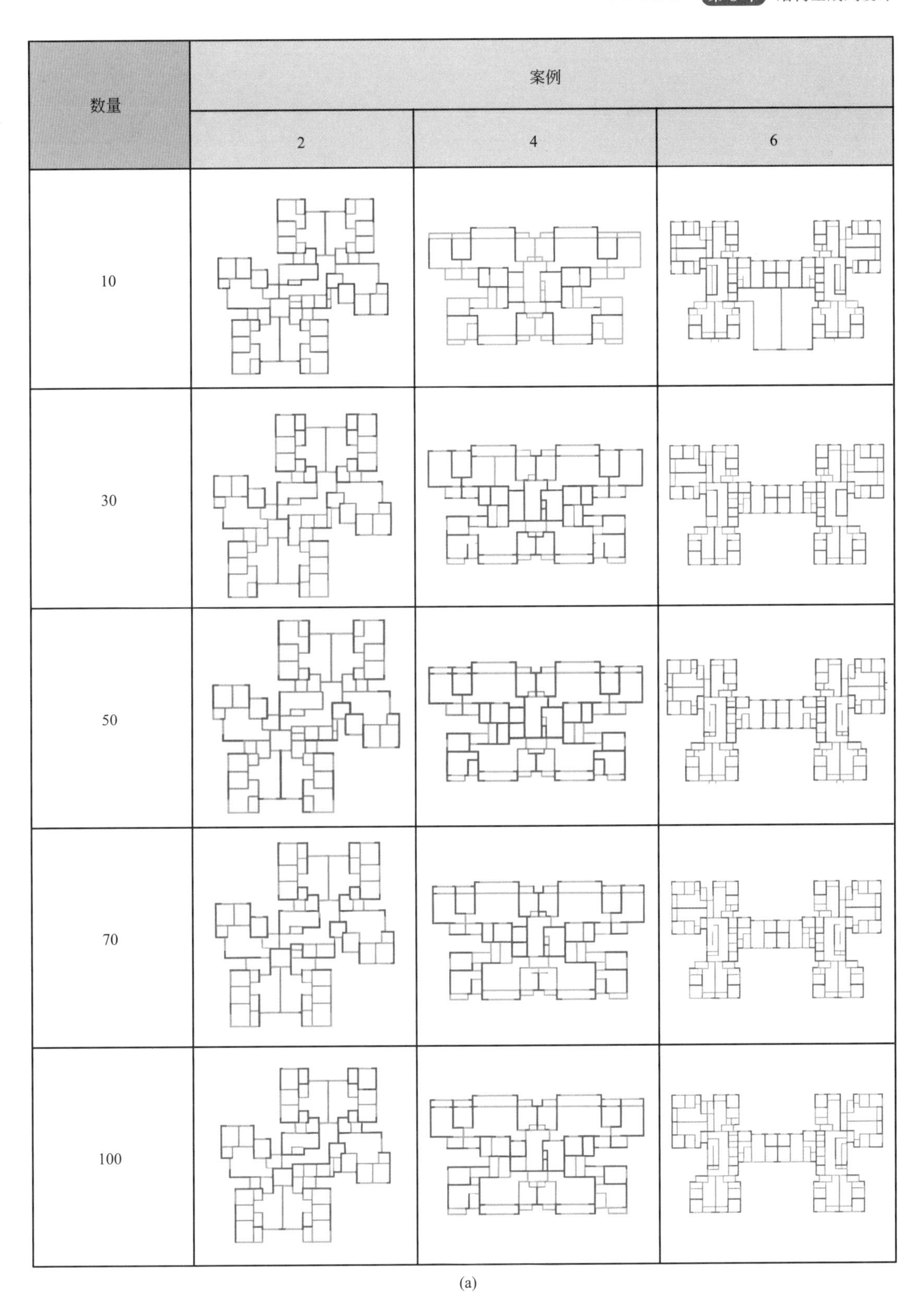

(a)

图 9.2-16 不同嵌入参数生成的剪力墙布置平面（一）
（a）数据集大小

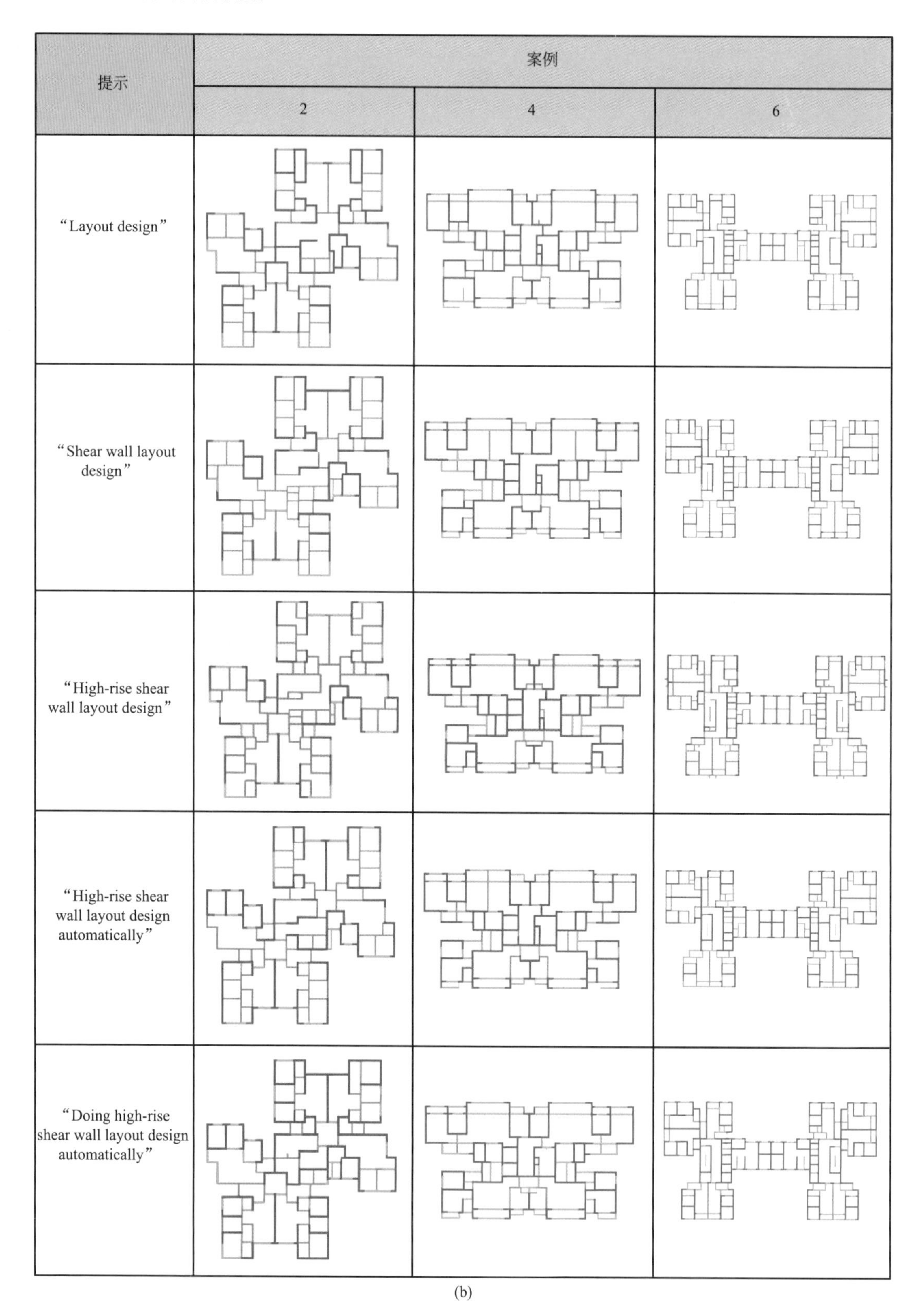

提示	案例		
	2	4	6
“Layout design”			
“Shear wall layout design”			
“High-rise shear wall layout design”			
“High-rise shear wall layout design automatically”			
“Doing high-rise shear wall layout design automatically”			

(b)

图 9.2-16 不同嵌入参数生成的剪力墙布置平面（二）

（b）提示

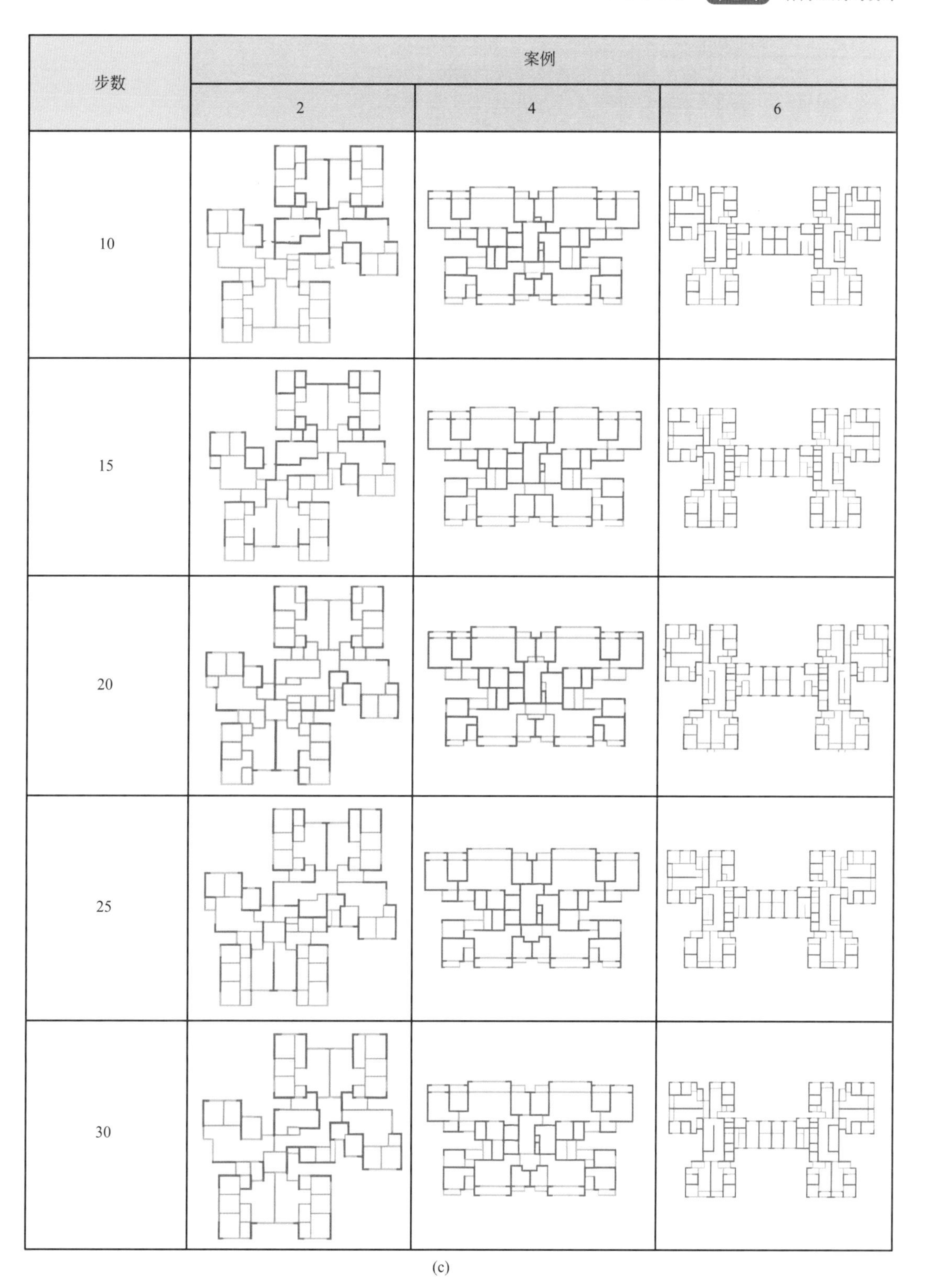

步数	案例		
	2	4	6
10			
15			
20			
25			
30			

(c)

图 9.2-16 不同嵌入参数生成的剪力墙布置平面（三）

(c) 生成步数

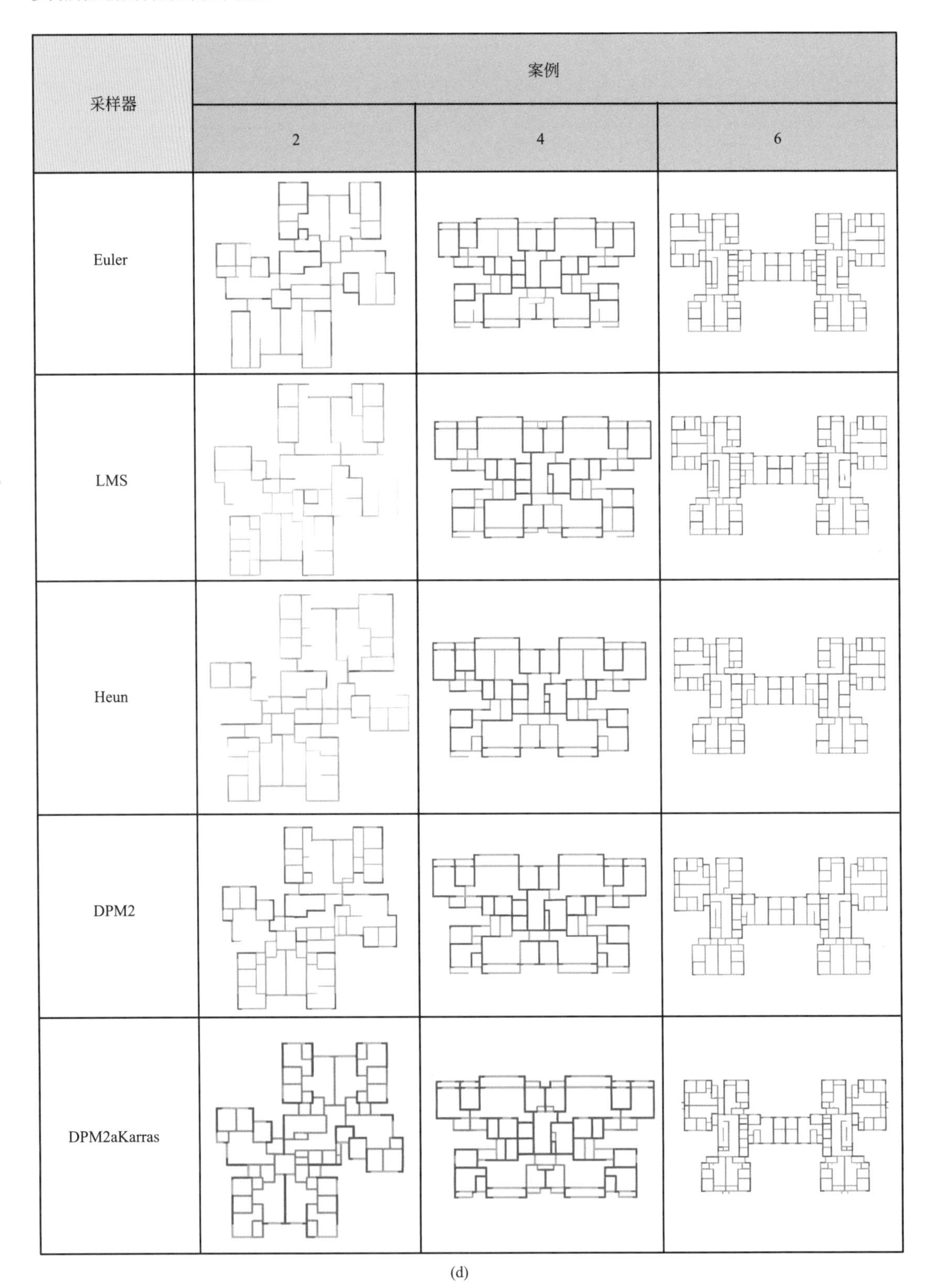

(d)

图 9.2-16　不同嵌入参数生成的剪力墙布置平面（四）

（d）采样器

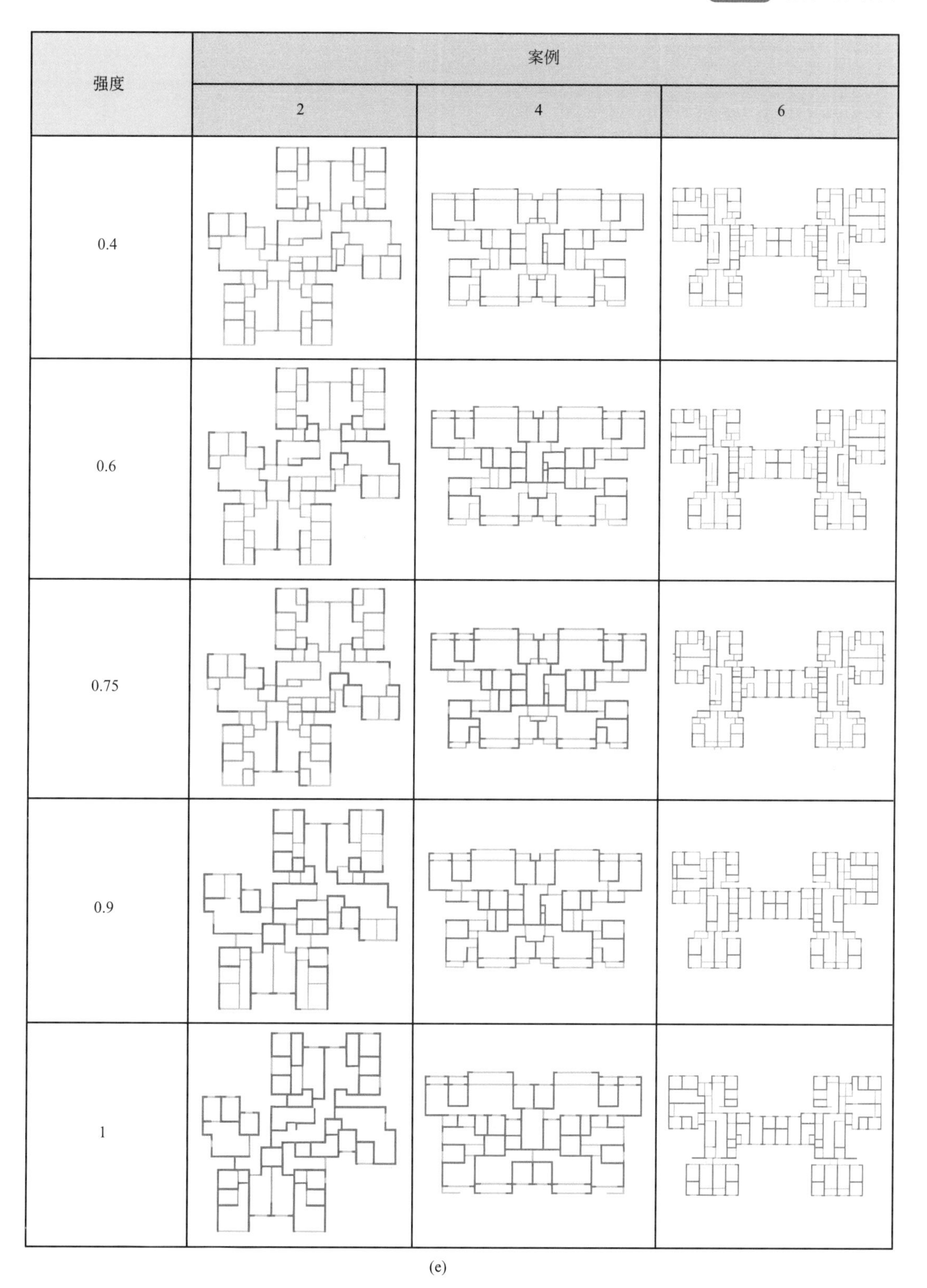

(e)

图 9.2-16　不同嵌入参数生成的剪力墙布置平面（五）

(e) 去噪强度

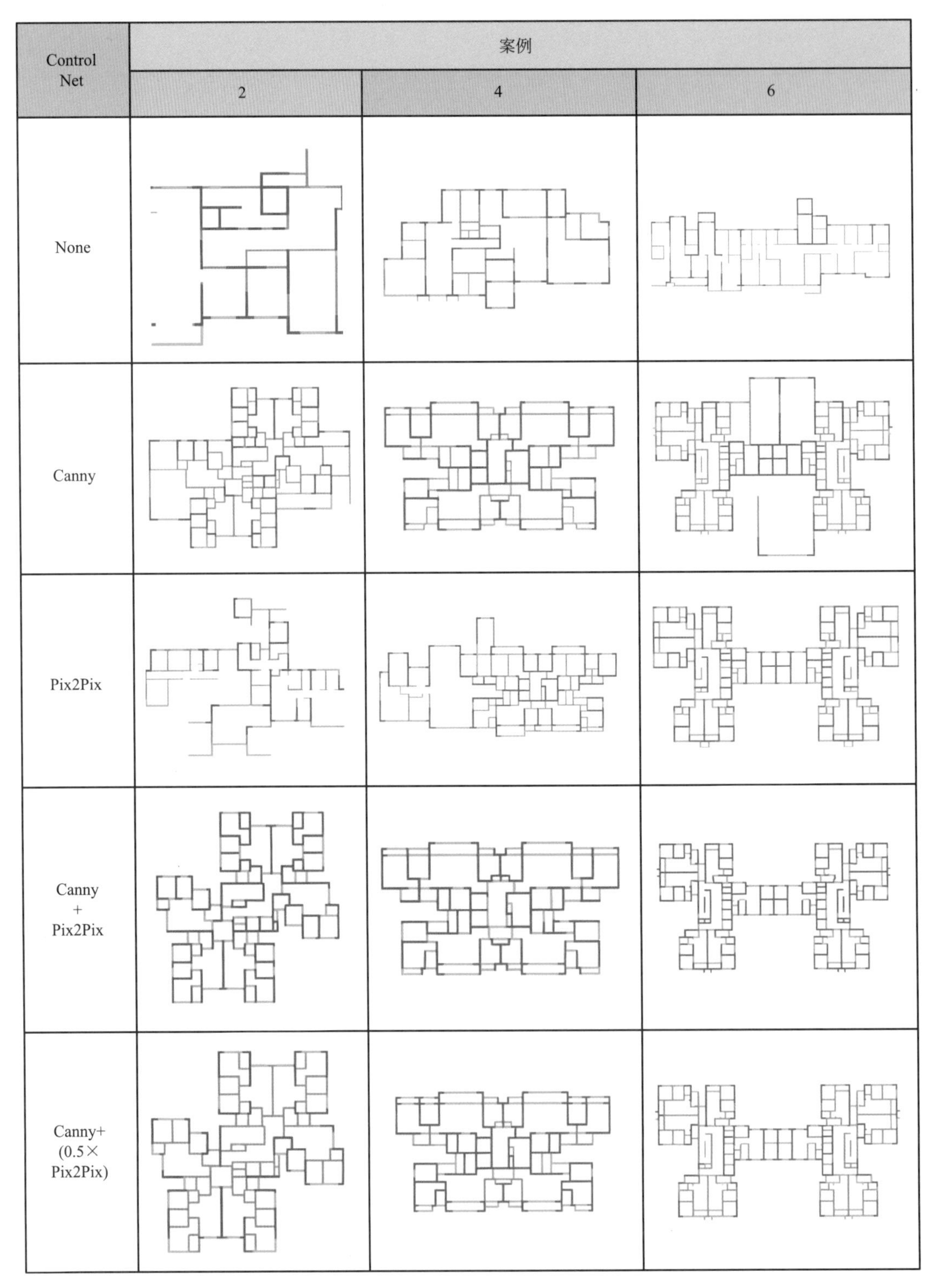

图 9.2-17　在不同 ControlNet 中生成的布置

不同 ControlNet 生成的布置图像如图 9.2-17 所示。可以清楚地看到，没有 ControlNets 的网络生成的图像与输入图像几乎没有关系，而仅有 Canny 和 Pix2Pix 的网络生成的图像与输入建筑图像有较大偏差，导致在没有建筑基线的地方也生成了结构布置。Canny 和 Pix2Pix 在整个过程中在没有窗户的地方都布置上了剪力墙，这可能与 Pix2Pix 的转换有关。由图 9.2-17 观察可得，将 Pix2Pix 的干预时机设置为整个过程的 0.5 时刻，同时使用 Canny 网络，可以更好地生成结构梁和墙壁的布置。

（3）设计效果的讨论

为了验证所提方法的有效性和可行性，本研究将设计结果与基于注意力增强生成对抗网络（GAN）方法[15] 和图神经网络（GNN）方法[16] 生成的结果进行了对比。为了获得可靠的比较结果，从应用网站[17]（此网站基于此两种方法开发）中选择了 10 个基于 GAN 和 GNN 的优秀示例作为比较样本，如图 9.2-18 和图 9.2-19 所示。

图 9.2-18　用于对比的建筑案例（2×5）

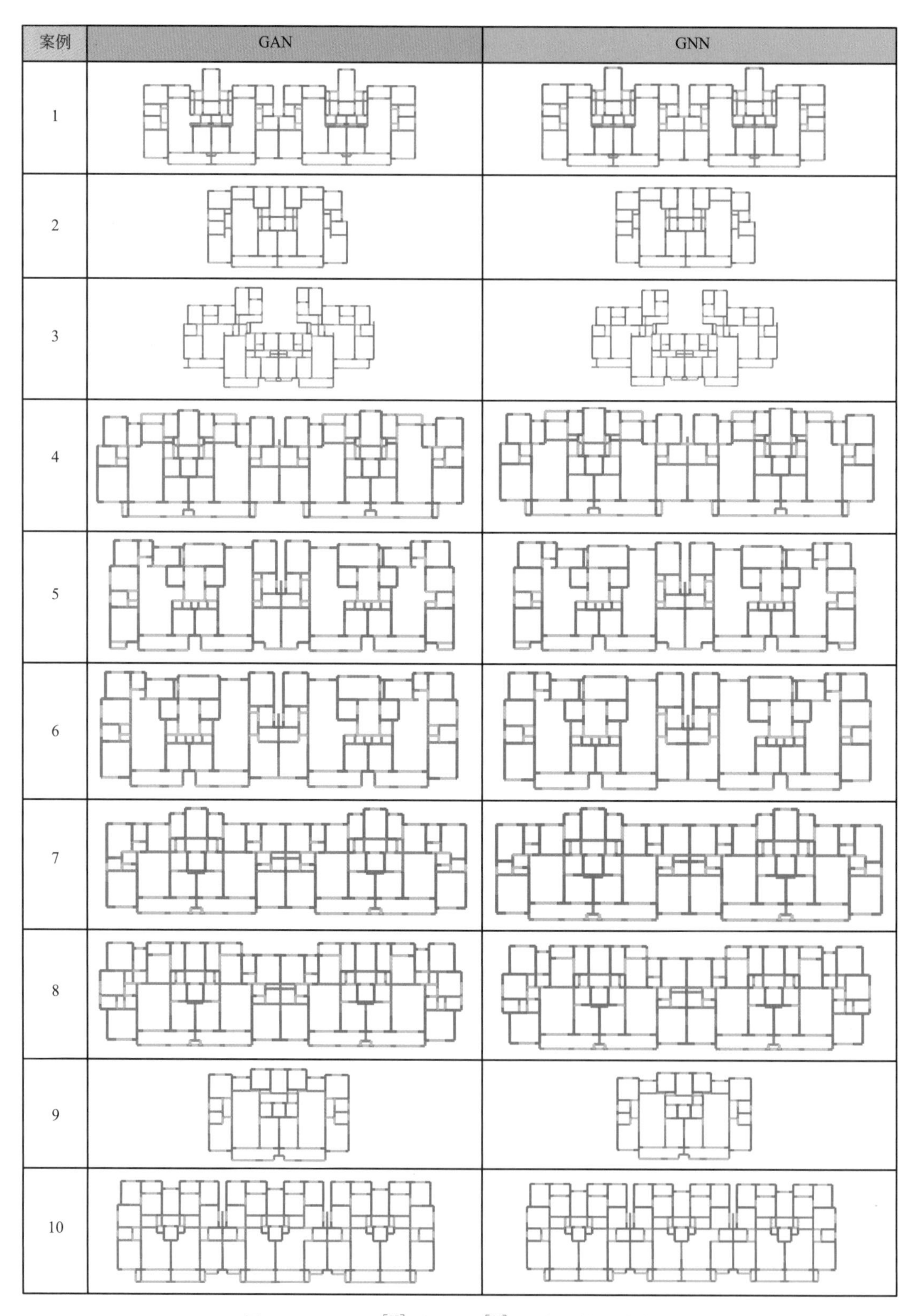

案例
GAN
GNN
1
2
3
4
5
6
7
8
9
10

图 9.2-19　GAN[15] 和 GNN[16] 生成的剪力墙布置

采用本节提出的方法，即随机生成 10 个剪力墙布置方案，并让设计师根据自己的喜好选择 3 个设计方案。10 个结果的生成过程大约需要 50s。需要注意的是，这 10 个布置之间存在相似性，因此只显示了选中的 3 个，如图 9.2-20 所示。在 3 个选中的布置中，用户最喜欢的一个被定义为“优选布置”。以优选布置为基础图用 PPT 进行调整，如 9.2.1（3）③所述，调整后的剪力墙布置被定义为“调整后布置”。优选布置和调整后布置如图 9.2-20 所示。

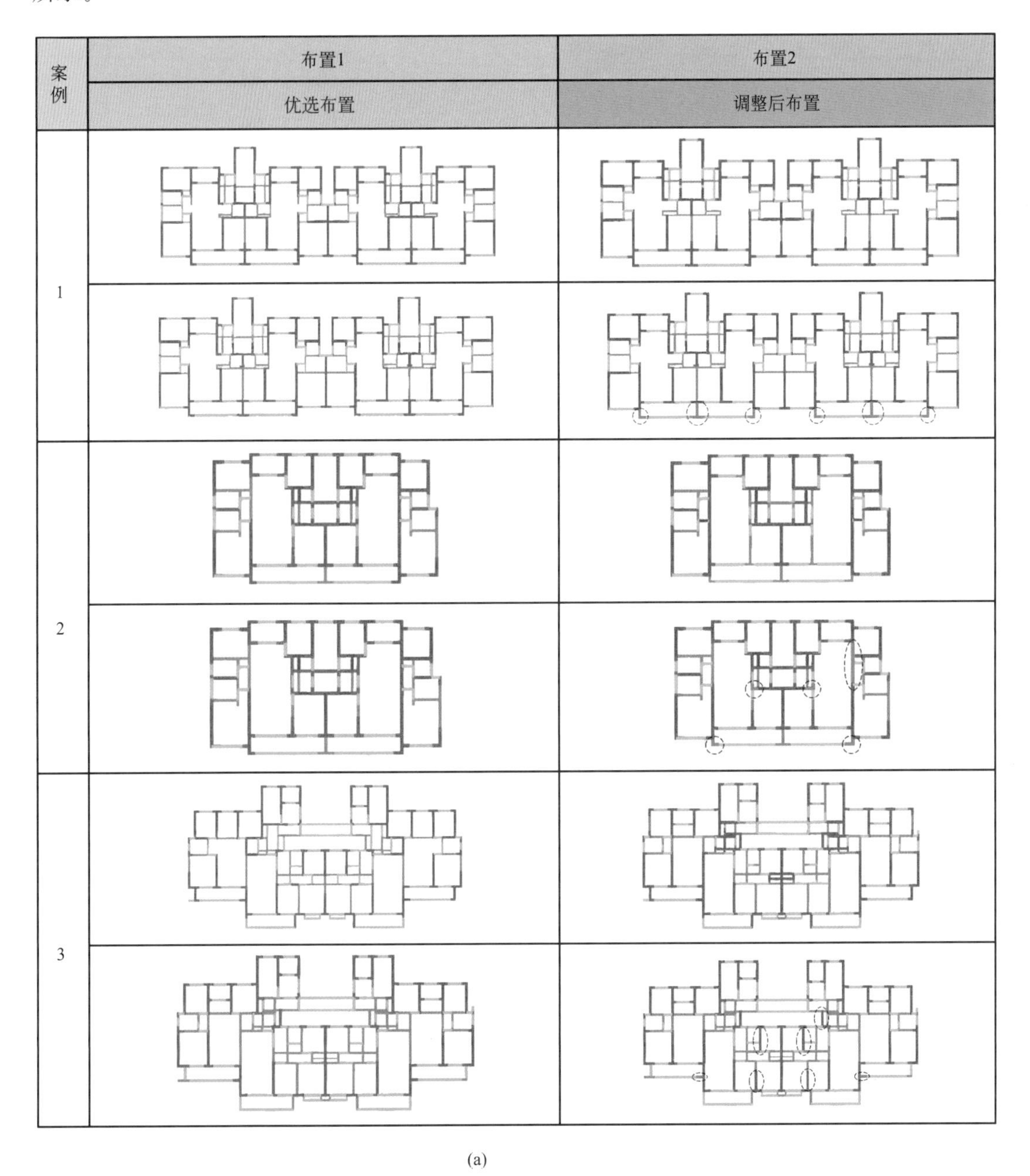

图 9.2-20　AI 助手生成并由设计师调整的布局（一）

（a）案例 1～3

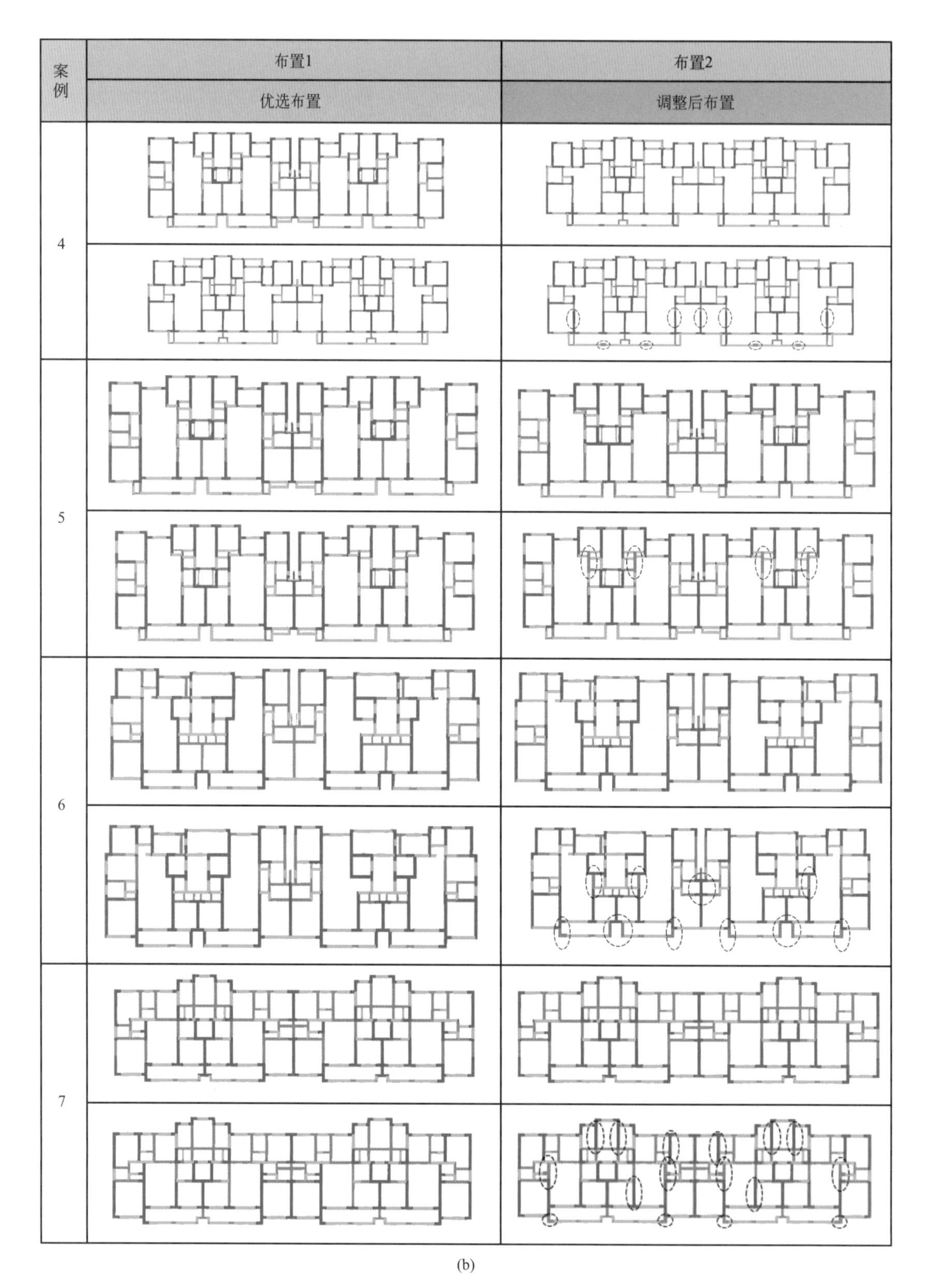

(b)

图 9.2-20 AI助手生成并由设计师调整的布局（二）
（b）案例4～7

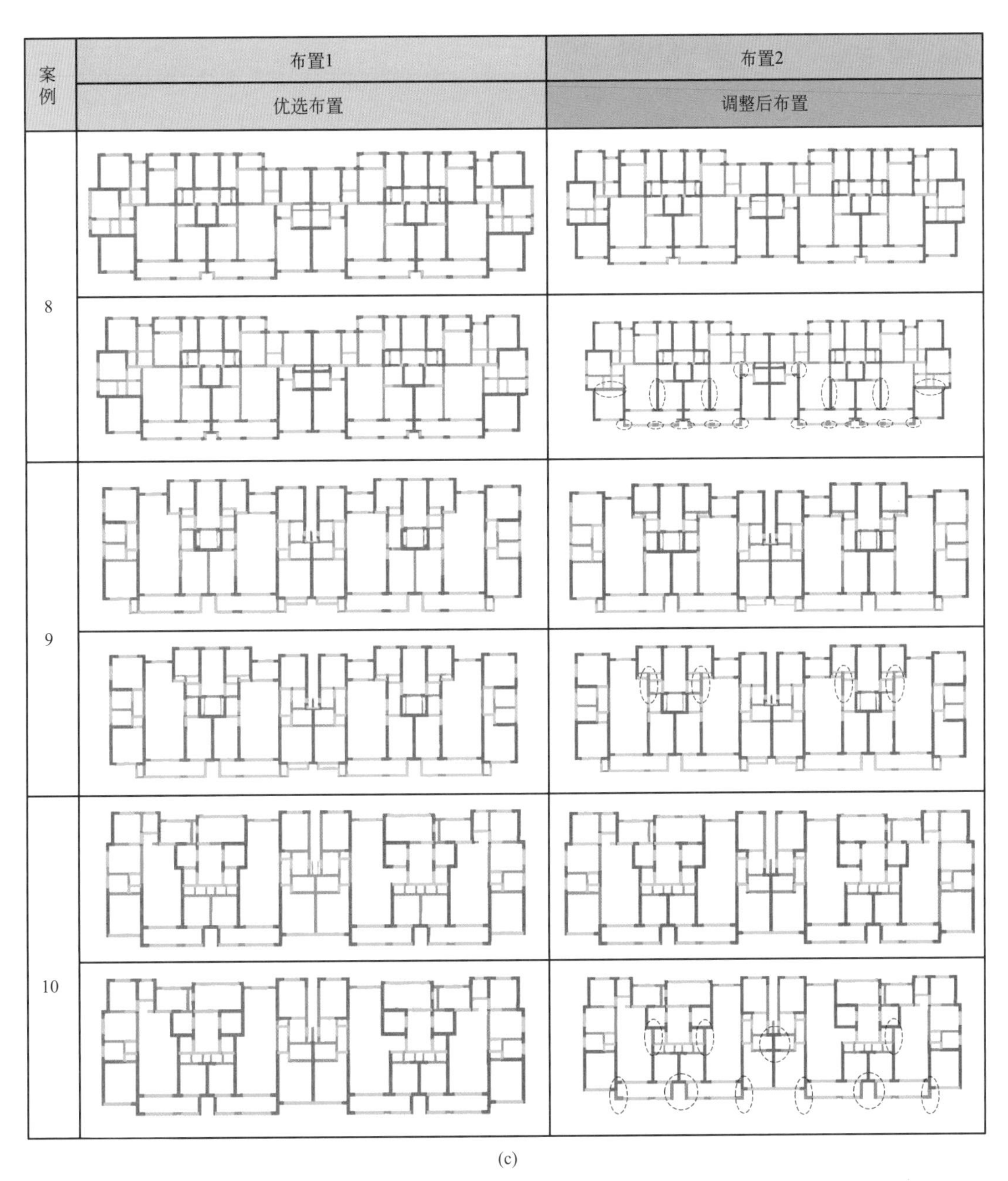

(c)

图 9.2-20 AI助手生成并由设计师调整的布局（三）
(c) 案例 8～10

为了使用结构分析软件获得结构整体抗震指标（即 δ_{drift}，r_{torsion}，r_{period}），每个建筑布置都被建模为 100m 高、33 层、每层 3m 高的剪力墙结构模型。具体设计参数如表 9.2-3 所示，结构模型在 PKPM 中进行计算。图 9.2-21 显示了第 1、3、5、7 和 9 例的 PKPM 模型。可以看出，使用本节提出的方法［9.2.1（3）③］可以准确地将像素图转换为结构计算模型。

结构设计参数 **表 9.2-3**

项目	值
楼层高度	3m
楼层数	33
梁截面	200mm×500mm
楼板厚度	120mm
墙体厚度	200mm
混凝土强度等级	C40
楼板活荷载	5kN/m^2
楼板恒荷载	2kN/m^2
地面粗糙度	B
设防烈度	7(0.1g)
场地类别	Ⅱ
地震烈度	2
设计抗震分组	2

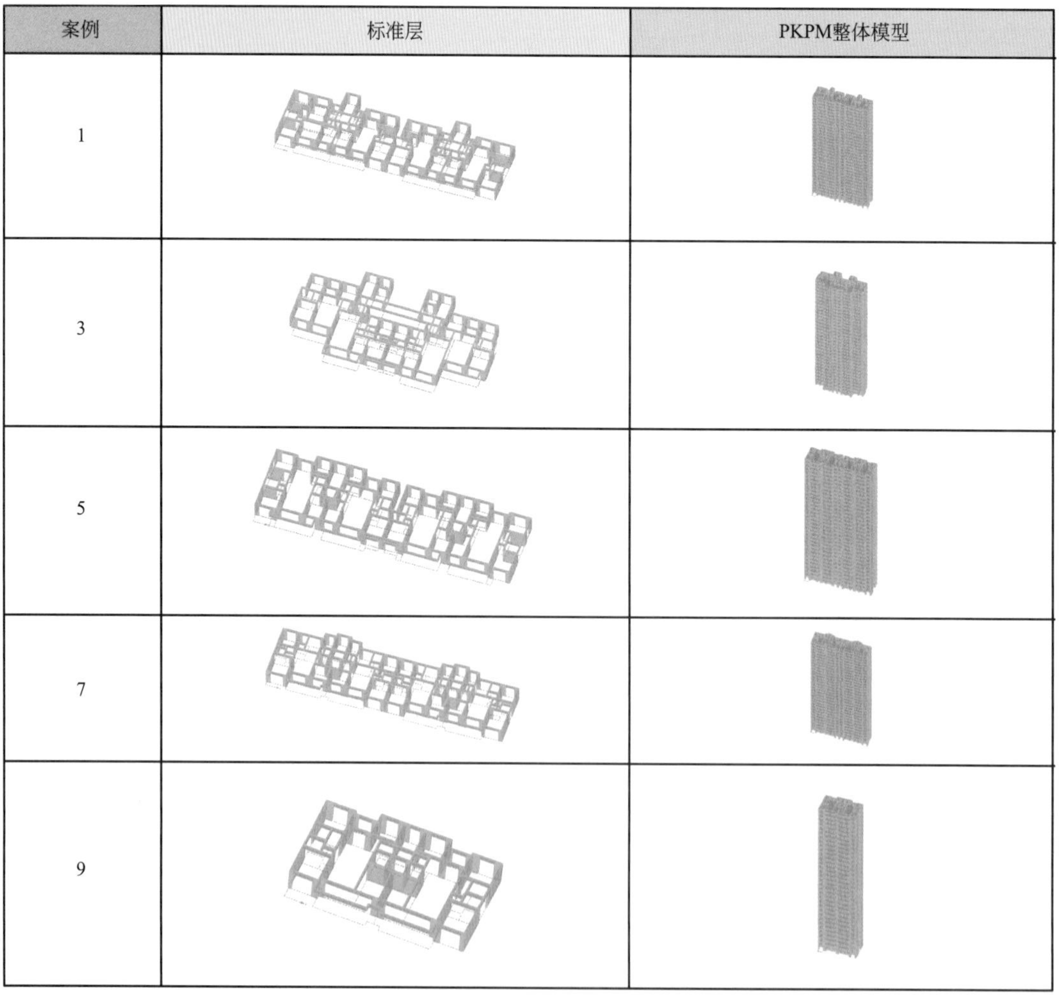

案例	标准层	PKPM整体模型
1		
3		
5		
7		
9		

图 9.2-21　调整后布置在 PKPM 中的结构计算模型

表9.2-4显示了三个结构整体抗震指标（指标1～3）和三个几何指标（指标4～6）的计算结果。同时，图9.2-22比较了不同生成器的性能指标（指标1～3）。从图9.2-22a～c可以观察到，大多数生成的布置满足结构设计规范的要求，只有少数情况超出了限制。例如，在第9例中，GAN超出了层间位移角的限制，在第1例中，超出了周期比的限制。同样，AI助手在第2例中超出了扭转比的限制。然而，从图9.2-22a～c也可以看出，AI助手的结果可以通过手动微调有效地满足设计规范的要求。如图9.2-22d和e所示，AI助手生成的布置有更多的柱子和剪力墙，但与其他生成器相比差异不到5个。在手动调整后，柱子和剪力墙的数量减少，性能与另外两个生成器相似。在剪力墙长度方面，AI助手与其他三个生成器表现相当，如图9.2-22f所示。

所有计算指标的分数 **表9.2-4**

案例	生成器	指标和规范限制					
		1	2	3	4	5	6
		1000	1.4	0.9	—	—	—
1	GAN	1340	1.3	1.0	0	4	155
	GNN	1865	1.3	0.9	0	6	180
	AI助手	1797	1.3	0.9	4	0	200
	调整后	1612	1.3	0.9	4	0	186
2	GAN	1270	1.4	0.6	1	5	86
	GNN	1085	1.4	0.6	0	4	84
	AI助手	1825	1.5	0.7	2	1	109
	调整后	1660	1.3	0.7	0	1	100
3	GAN	1652	1.2	0.6	0	4	162
	GNN	1575	1.2	0.7	0	0	177
	AI助手	1547	1.2	0.7	5	5	140
	调整后	1486	1.3	0.7	6	0	156
4	GAN	1714	1.3	0.8	3	6	192
	GNN	1842	1.2	0.8	3	6	197
	AI助手	1544	1.2	0.8	4	10	192
	调整后	1474	1.2	0.8	1	8	197
5	GAN	1743	1.4	0.9	2	3	165
	GNN	1696	1.2	0.8	2	3	168
	AI助手	1893	1.3	0.9	3	3	186
	调整后	1720	1.3	0.8	3	3	177
6	GAN	1635	1.3	0.8	0	4	174
	GNN	1900	1.3	0.8	1	1	199
	AI助手	1519	1.3	0.7	0	7	182
	调整后	1516	1.2	0.8	0	7	166

续表

案例	生成器	指标和规范限制					
		1	2	3	4	5	6
		1000	1.4	0.9	—	—	—
7	GAN	1711	1.3	0.8	0	6	173
	GNN	1674	1.2	0.8	0	6	189
	AI助手	1561	1.2	0.8	4	10	145
	调整后	1571	1.2	0.8	0	8	155
8	GAN	1778	1.2	0.8	0	4	179
	GNN	1860	1.2	0.8	0	9	216
	AI助手	2066	1.3	0.9	12	14	204
	调整后	1940	1.3	0.8	4	10	197
9	GAN	808	1.4	0.6	0	2	68
	GNN	1114	1.3	0.6	0	4	82
	AI助手	1487	1.3	0.7	6	0	95
	调整后	1139	1.3	0.7	1	0	88
10	GAN	1912	1.3	0.9	0	6	218
	GNN	2172	1.3	0.8	0	5	278
	AI助手	1843	1.2	0.8	1	10	212
	调整后	1618	1.2	0.7	1	7	207

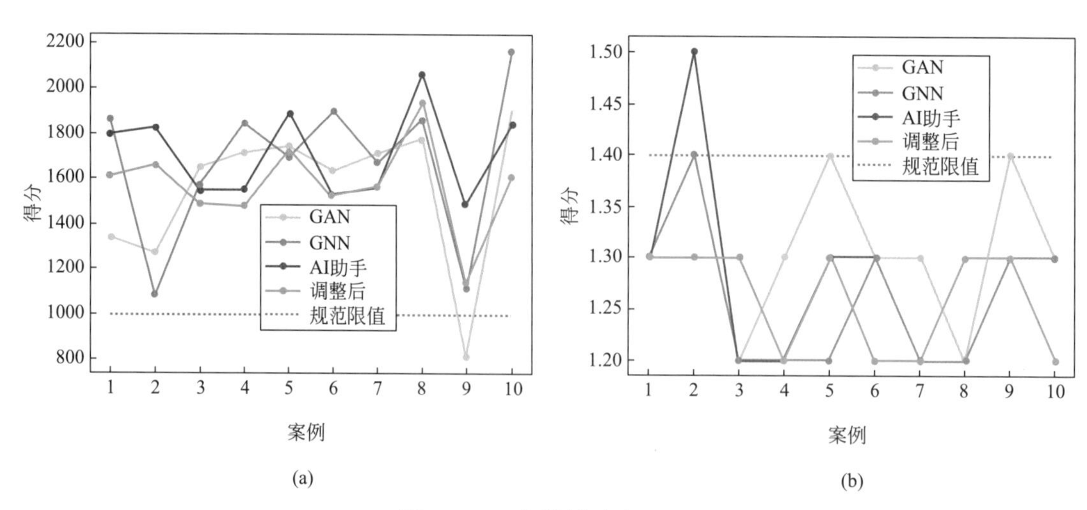

图 9.2-22 各指标对比（一）

（a）层间位移角；（b）扭转比

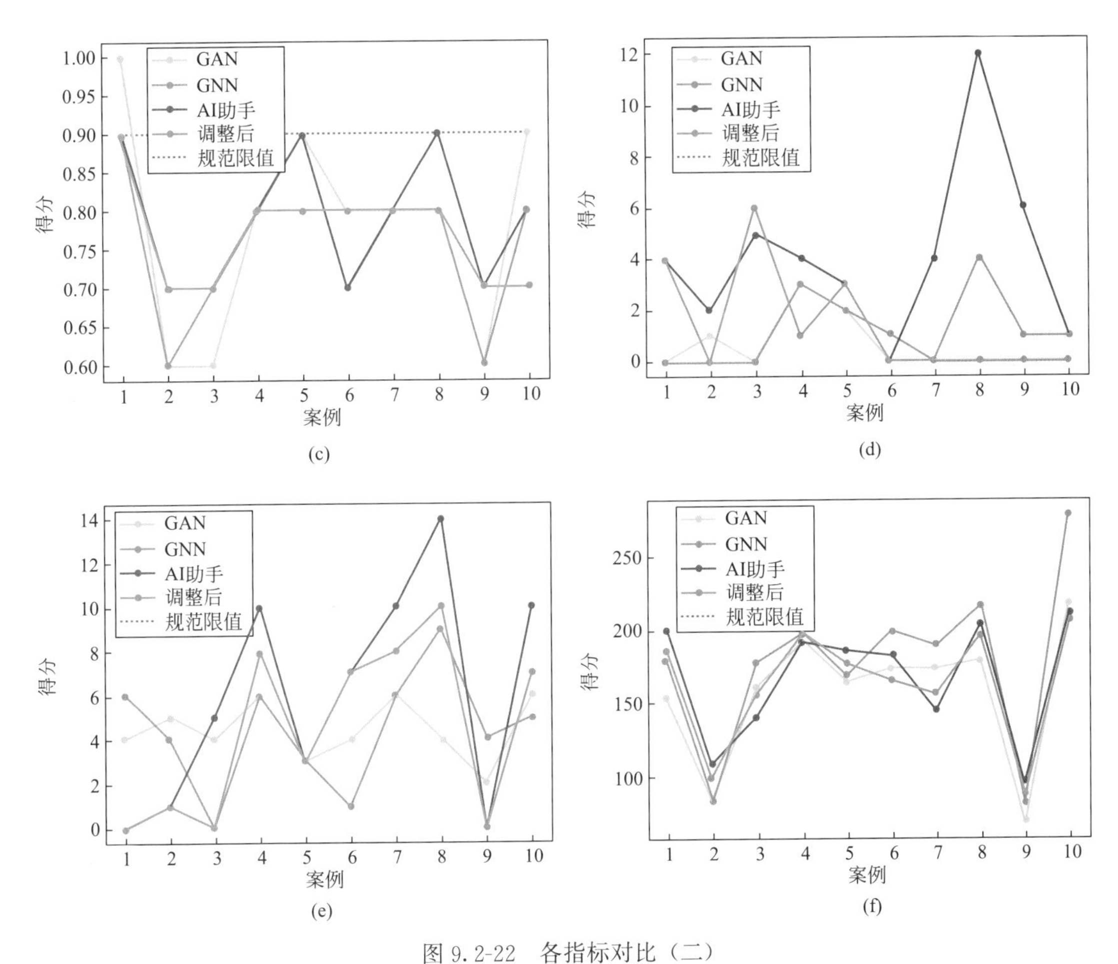

图 9.2-22 各指标对比（二）

(c) 周期比；(d) 柱子的数量；(e) 短肢剪力墙的数目；(f) 剪力墙的总长度

为了评价生成布置的合理性（指标 7），邀请了三位领域专家作为评委对剪力墙平面进行评分。评分范围是 0 到 10 分，6 分为及格分数，意味着满足设计要求。评分结果列在表 9.2-5 中。为了更好地理解每个生成器在不同情况下的得分情况，计算了平均值和标准差，如图 9.2-23a 所示。四位评委的评分均在 6.5 分左右波动。GAN 生成器在前两个案例得分较低，而 AI 助手在第 6、7、8 例中得分较低。然而，经过用户微调的布置一般可以满足设计标准的要求，达到至少 6 分，部分案例评分甚至更高。

专家评分 **表 9.2-5**

案例	专家	评分			
		GAN	GNN	AI 助手	调整后
1	1	4.5	6.0	6.0	6.0
	2	5.0	9.0	8.0	8.0
	3	2.0	5.0	6.0	6.0
	AVG.	3.83	6.67	6.67	6.67
	STD.	1.32	1.70	0.94	0.94

续表

案例	专家	评分			
		GAN	GNN	AI助手	调整后
2	1	5.5	5.5	6.0	6.0
	2	6.0	8.0	5.0	7.0
	3	4.0	5.0	8.0	6.0
	AVG.	5.17	6.17	6.33	6.33
	STD.	0.85	1.31	1.25	0.47
3	1	5.0	6.5	6.0	6.5
	2	7.0	8.0	6.0	9.0
	3	8.0	8.0	7.0	6.0
	AVG.	6.67	7.50	6.33	7.17
	STD.	1.25	0.71	0.47	1.31
4	1	6.0	6.0	7.2	7.0
	2	6.0	6.0	8.0	9.0
	3	8.0	9.0	7.0	8.0
	AVG.	6.67	7.00	7.40	8.00
	STD.	0.94	1.41	0.43	0.82
5	1	7.0	6.5	6.8	6.8
	2	9.0	8.0	7.0	7.0
	3	8.0	8.0	7.0	8.0
	AVG.	8.00	7.50	6.93	7.27
	STD.	0.82	0.72	0.10	0.52
6	1	7.0	6.0	5.0	6.5
	2	7.0	7.0	6.0	8.0
	3	7.0	7.0	6.0	6.0
	AVG.	7.0	6.67	5.67	6.83
	STD.	0.0	0.47	0.47	0.85
7	1	7.2	6.0	6.0	7.5
	2	8.0	7.0	6.0	9.0
	3	8.0	9.0	5.0	8.0
	AVG.	7.73	7.33	5.67	8.17
	STD.	0.38	1.25	0.47	0.62
8	1	6.0	5.5	5.5	6.0
	2	9.0	8.0	6.0	6.0
	3	9.0	8.0	6.0	7.0
	AVG.	8.00	7.17	5.83	6.33
	STD.	1.41	1.18	0.24	0.47

续表

案例	专家	评分			
		GAN	GNN	AI 助手	调整后
9	1	7.5	6.0	6.5	6.5
	2	9.0	8.0	6.0	6.0
	3	7.0	8.0	6.0	6.0
	AVG.	7.83	7.33	6.17	6.17
	STD.	0.85	0.94	0.24	0.24
10	1	6.0	5.0	6.5	7.0
	2	8.0	6.0	7.0	7.0
	3	7.0	7.0	7.0	7.0
	AVG.	7.00	6.00	6.83	7.00
	STD.	0.82	0.82	0.24	0.00
AVG.		6.79	6.93	6.38	6.99
STD.		1.57	1.20	0.79	0.95

图 9.2-23b 显示了四个生成器在所有情况下生成的平均值和标准差。从图 9.2-23b 可以看出，四个生成器均能满足基本设计要求（6 分），但没有生成器能超过 7 分。AI 助手平均得分略低，但方差最小，表明稳定性较高。同时，经过设计师手工微调的布置得分最高，说明本节提出的生成式设计方法可以有效地协助设计师。

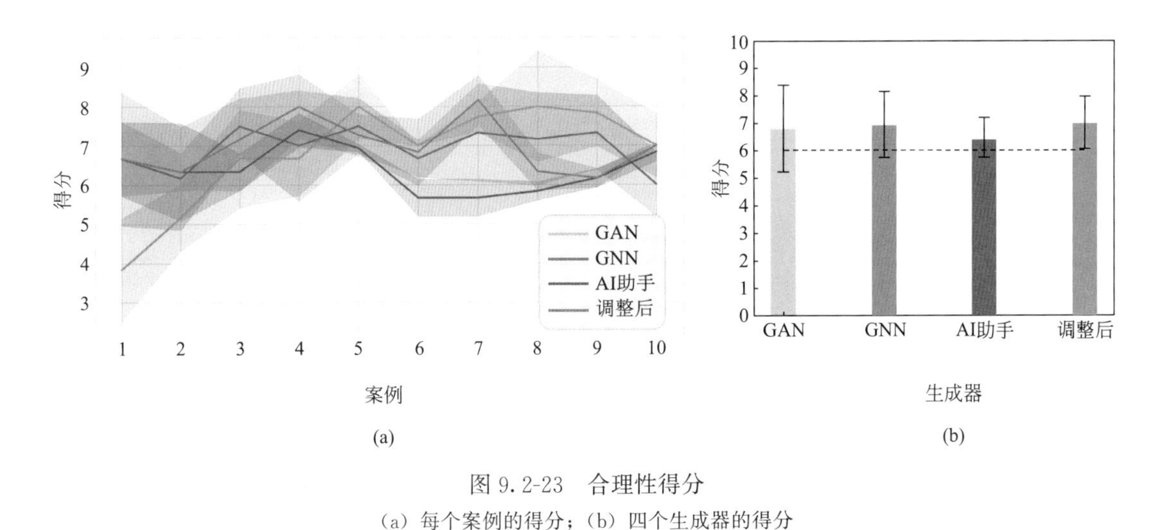

图 9.2-23　合理性得分

（a）每个案例的得分；（b）四个生成器的得分

9.3　本章小结

为了实现多高层住宅剪力墙结构的生成式设计，本章首先介绍了基于深度强化学习的结构生成式设计方法。实际工程算例表明，提出的生成式设计方法可行，剪力墙材料用量可节省20%以上。在未来的技术研究和应用中，可进一步考虑生成式设计策略的共享机制，从而实现基于迁移学习的高层剪力墙结构生成式设计。

为了让每个设计师拥有个性化的AI助手进行剪力墙布置设计，本章提出了一种基于扩散模型SD和LoRA的多高层住宅剪力墙结构的生成式设计方法。所提出的方法实现了训练图纸处理的自动化、整个训练过程的自动化以及建筑图纸到计算模型的自动化。所提出的方法采用小样本数据集，可以生成多样化的剪力墙布置设计，探索解决了大数据依赖和多样性低的缺点。此外，提出的方法不需要过多的神经网络训练技能，允许普通用户有效地训练和使用它，初步解决了训练复杂的问题。实验结果表明，所提出的方法满足基本设计需求，与其他研究的生成结果相比有较强的竞争力。经设计师手工微调后有更好的设计结果，证明提出的方法达到了辅助设计的目的。

参考文献

[1] ZHANG Z, LI M, YU J. On the convergence and mode collapse of GAN [C] //SIGGRAPH Asia 2018 Technical Briefs. New York, NY, USA: Association for Computing Machinery, 2018: 1-4.

[2] ROMBACH R, BLATTMANN A, LORENZ D, et al. High-resolution image synthesis with latent diffusion models [C] //Proceedings of the IEEE/CVF Conference on Computer Vision and Pattern Recognition, 2022: 10684-10695.

[3] HU E J, SHEN Y, WALLIS P, et al. LoRA: Low-Rank Adaptation of large language models [J]. arXiv preprint arXiv: 2106. 09685, 2021.

[4] RADFORD A, KIM J W, HALLACY C, et al. Learning transferable visual models from natural language supervision [C] //International Conference on Machine Learning. PMLR, 2021: 8748-8763.

[5] KINGMA D P, WELLING M. Auto-encoding variational bayes [J]. arXiv preprint arXiv: 1312. 6114, 2013.

[6] VASWANI A, SHAZEER N, PARMAR N, et al. Attention is all you need [C] //Proceedings of the 31st International Conference on Neural Information Processing Systems. Red Hook, NY, USA: Curran Associates Inc. , 2017: 6000-6010.

[7] Gradio. Gradio [EB/OL]. [2023-11-13]. https: //www. gradio. app/.

[8] CHEN T. On the importance of noise scheduling for diffusion models [J]. arXiv preprint arXiv: 2301. 10972, 2023.

[9] KARRAS T, AITTALA M, AILA T, et al. Elucidating the design space of diffusion-based generative models [J]. Advances in Neural Information Processing Systems, 2022, 35: 26565-26577.

[10] SAYS R. The most complete guide to stable diffusion parameters [EB/OL]. (2023-02-14) [2023-09-29]. https: //blog. openart. ai/2023/02/13/the-most-complete-guide-to-stable-diffusion-parameters/.

[11] ZHANG L, AGRAWALA M. Adding conditional control to text-to-image diffusion models [C] //Proceedings of the IEEE/CVF International Conference on Computer Vision, 2023: 3836-3847.

[12] ZHANG L. ControlNet-v1-1-nightly: Nightly release of ControlNet 1. 1 [EB/OL]. [2023-05-24]. https: //github. com/lllyasviel/ControlNet.

[13] RONG W, LI Z, ZHANG W, et al. An improved CANNY edge detection algorithm [C] //2014 IEEE International Conference on Mechatronics and Automation. IEEE, 2014: 577-582.

[14] LIAOWJ. StructGAN _ v1 [Z/OL]. [2023-05-15]. https: //github. com/wenjie-liao/StructGAN _ v1.

[15] ZHAO P, LIAO W, HUANG Y, et al. Intelligent design of shear wall layout based on attention-en-

hanced generative adversarial network [J]. Engineering Structures，2023，274：115170.
[16] ZHAO P，LIAO W，HUANG Y，et al. Intelligent design of shear wall layout based on graph neural networks [J]. Advanced Engineering Informatics，2023，55：101886.
[17] HEMUzhigou. 合木智构 [EB/OL]. [2023-05-25]. https：//ai-structure. com.

第 10 章　结构智能优化

智能优化算法具有适应性高、鲁棒性强等优点，可以在复杂的搜索空间中寻找最优或近似最优解。然而，多高层剪力墙结构平面的变量多且优化目标复杂，直接使用智能优化算法可能造成优化收敛速度慢等问题。因此，针对多高层住宅剪力墙结构，本章将智能优化算法分别与设计师的先验知识、设计师的提示、设计师的设计逻辑相结合，分别提出了基于先验知识和遗传算法的优化设计方法、基于提示线和禁忌搜索的优化设计方法、基于分步策略和遗传算法的多结构标准层优化设计方法。

10.1　基于先验经验和遗传算法的优化设计

有多年设计经历的结构设计师往往具有深厚的经验，这些先验知识往往蕴含了对专业知识的深刻理解和丰富的工程实践经验，可以很好地帮助设计师完成设计工作。因此，本节首先将设计师的先验知识进行归纳总结，然后将其嵌入遗传算法中以加速整个优化过程。

10.1.1　优化变量与目标

经过调研和总结，设计师的先验知识可归纳为：1）剪力墙尽量布置在山墙、分户墙、电梯墙以及公共区；2）剪力墙的平面形式尽量避免一字墙；3）为了施工便利性，相同户型的剪力墙应布置相同。

本优化方法中变量的参数化方法如第 7 章所述。同时，根据经验 1）对参数化变量实施进一步的长度约束。根据墙体的功能将剪力墙布置概率分为三类：100％概率、50％概率和 0 概率。将电梯墙的 L_1 和 L_2 冻结固定为－1，表示 100％布置剪力墙。将厨房内墙的 L_1 和 L_2 冻结固定为 0，表示 0 概率布置剪力墙。对于一般的墙体，则有 50％的概率布置剪力墙，且 L_1 和 L_2 的变量范围为从 0 到最大允许长度。

根据经验 2）进行连接约束，即剪力墙应优先采用 T 形墙或 L 形墙。对于结构平面的每个转角墙点，通过对连接转角的构件类型（墙或梁）进行约束，使其满足 T 形墙或 L 形墙的约束条件，如图 10.1-1 所示。

根据经验 3）进行相似性约束。相同套型平面的剪力墙布置被设计为相同，即共享变量。

染色体编码方式采取实数编码，即每段剪力墙的 L_1 和 L_2 长度，如图 10.1-1 所示。需要注意的是，染色体需要满足的长度约束、连接约束和相似性约束在生成染色体时通过查找是否有相同的转角墙点等编码规则来实现，因此无须在优化目标中进行约束。

实际的结构设计过程需考虑多种因素，例如抗震设计、抗风设计和抗重力设计。由于抗震为结构安全首要考虑的问题，因此本节主要考虑建筑物抗震优化设计。同时，混凝土为剪力墙结构的主要材料和碳排放来源[1]。因此，本节的目标是在地震作用和设计规范约束下，将材料消耗 C_m 降至最低。考虑到剪力墙的材料用量明显高于梁，且同一楼层的剪

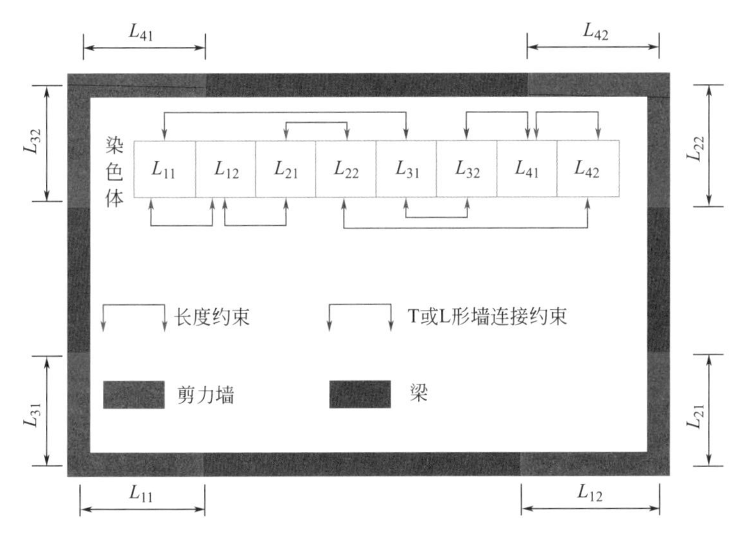

图 10.1-1 染色体编码与约束条件

力墙高度和厚度相同，因此 C_m 可以用剪力墙的长度进行表示，如式（10.1-1）所示。其中，k 为剪力墙的数量；L_{i1} 和 L_{i2} 分别为剪力墙 i 左右墙段的长度。

$$C_m = \sum_{i=1}^{k}(L_{i1} + L_{i2}) \tag{10.1-1}$$

剪力墙的结构抗震性能主要通过 x 和 y 方向上的最大层间位移角（$1/\delta_x$ 和 $1/\delta_y$）、扭转周期比值（r_p）、x 和 y 方向上扭转位移比的最大比值（r_{dx} 和 r_{dy}）来评估。根据《建筑抗震设计规范》GB 50011—2010（2016 年版）[2]、《高层建筑混凝土结构技术规程》JGJ 3—2010[3] 的规范限值，设计规范规定的地震作用约束包括：1）$1/\delta_x$ 和 $1/\delta_y$ 均应小于 1/1000；2）r_p 不能超过 0.9；3）r_{dx} 和 r_{dy} 都需要在 1.4 以内。根据上述设计规范规定，不同约束的惩罚目标函数[4] 如式（10.1-2）～式（10.1-6）所示，式中 $C_{\delta x}$，$C_{\delta y}$，C_{rp}，C_{rdx} 和 C_{rdy} 分别为 $1/\delta_x$，$1/\delta_y$，r_p，r_{dx} 和 r_{dy} 的罚函数。其中，100 和 1000 为试验后得到的惩罚权重。最终的优化目标函数如式（10.1-7）所示，其中 C 表示优化目标。当满足所有规范规定时，C 等于 C_m。

$$C_{\delta x} = \begin{cases} 0 & 1/\delta_x - 1/1000 \leqslant 0 \\ 100 \times (1000 - \delta_x) & 1/\delta_x - 1/1000 > 0 \end{cases} \tag{10.1-2}$$

$$C_{\delta y} = \begin{cases} 0 & 1/\delta_y - 1/1000 \leqslant 0 \\ 100 \times (1000 - \delta_y) & 1/\delta_y - 1/1000 > 0 \end{cases} \tag{10.1-3}$$

$$C_{rp} = \begin{cases} 0 & r_p - 0.9 \leqslant 0 \\ 1000 \times (r_p - 0.9) & r_p - 0.9 > 0 \end{cases} \tag{10.1-4}$$

$$C_{rdx} = \begin{cases} 0 & r_{dx} - 1.4 \leqslant 0 \\ 1000 \times (r_{dx} - 1.4) & r_{dx} - 1.4 > 0 \end{cases} \tag{10.1-5}$$

$$C_{rdy} = \begin{cases} 0 & r_{dy} - 1.4 \leqslant 0 \\ 1000 \times (r_{dy} - 1.4) & r_{dy} - 1.4 > 0 \end{cases} \tag{10.1-6}$$

$$C = C_m + C_{\delta x} + C_{\delta y} + C_{rp} + C_{rdx} + C_{rdy} \tag{10.1-7}$$

10.1.2 融合贪婪策略的遗传算法

遗传算法[5] 由于其高效的全局搜索能力及其鲁棒性已被成功应用于多项工程优化设计中，如1.3.1节所述。因此本方法同样采用遗传算法来优化多高层结构平面，如图10.1-2所示。其中，选择、交叉和变异作为遗传算子。在一般遗传算法中，初始种群是随机创建的，在解空间中均匀分布。然而，初始种群中生成的大多数剪力墙平面的侧向刚度较小，导致 x 和 y 方向的层间位移较大。为了加速算法的收敛，本小节提出了一种贪婪策略，其工作原理如下：1）一个完全布置剪力墙的结构平面，命名为“King”；2）初始种群中的每个个体与King进行交叉操作。

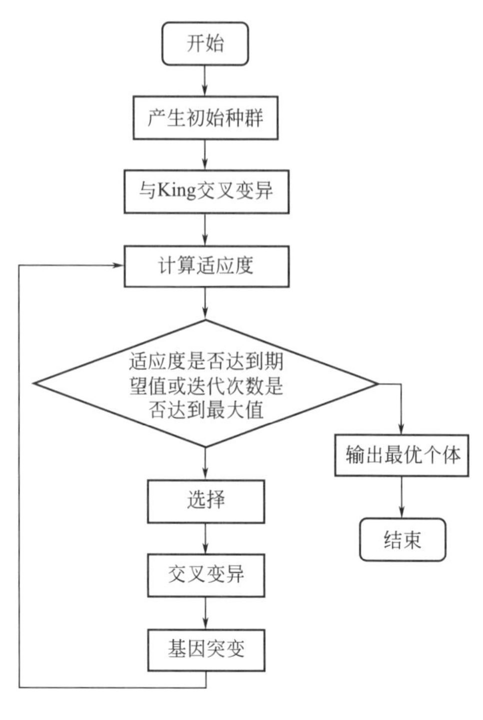

图10.1-2 贪婪策略增强的遗传算法

10.1.3 实验分析

（1）工程概况

本节使用两个实际工程案例来评估所提出的方法，如图10.1-3所示。案例1是一栋33层对称的多高层住宅，占地约为35.1m×19.5m，层高为2.9m；案例2是一栋27层非对称的多高层住宅，占地约为30.6m×30.2m，层高为2.9m。结构重量（1.2倍恒载加1.4倍活载）分别为201459kN和295671kN。在本研究中，采用反应谱法来确定地震响应，设定为6度地震设防烈度（峰值地面加速度=0.05g）和5%阻尼比。本研究的所有计算过程都是在个人电脑上进行的，CPU型号为i7-7700k。

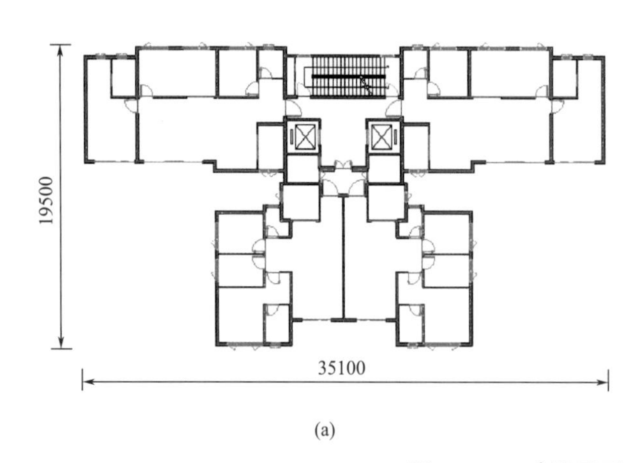

图10.1-3 建筑平面（mm）

（a）案例1；（b）案例2

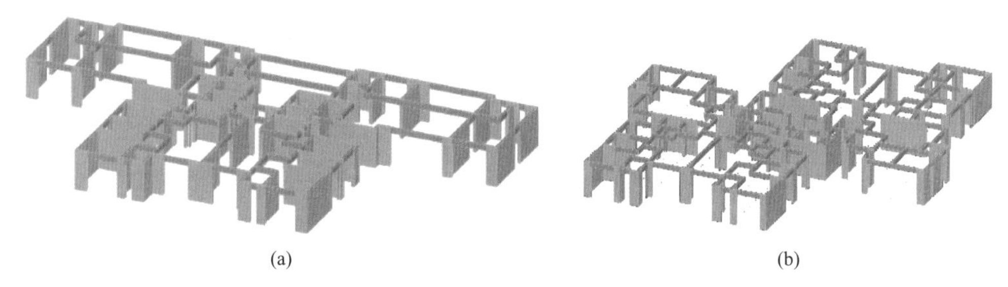

(a)　　(b)

图 10.1-4　基于先验知识的参数化建模

(a) 案例 1；(b) 案例 2

(2) 基于先验知识的参数化效果

图 10.1-4 分别显示了案例 1 和案例 2 的参数化结构模型。从图 10.1-4 可以看出，电梯井均布置了剪力墙，厨房内墙均没有布置剪力墙，其他区域部分布置了剪力墙，参数化结果满足长度约束。同时，每个转角均满足为 T 形墙或 L 形墙的连接约束。此外，相同的公寓单元显示出相同的剪力墙布局，表明墙体的相似性约束被染色体准确定义。

在本研究中，与参数化建模长度相关的先验知识有两大类：1）相同的公寓单元显示出相同的剪力墙布局；2）部分剪力墙的参数为 100%或 0 的概率被冻结。表 10.1-1 列出了先验知识对参数的影响。对于类别 1，案例 1 和案例 2 的参数分别减少了 50%和 62%，极大减少了剪力墙布局的优化变量。此外，类别 2 分别为案例 1 和案例 2 带来了 47%和 44%的参数量减少。因此，所提出的与先验知识结合的参数化建模方法被证明是有效的。

先验知识对参数量的影响　　**表 10.1-1**

案例	没有先验知识	使用类别 1	使用类别 1 和 2
1	290	144	76
2	448	171	96

(3) 贪婪策略的效果

贪婪策略对收敛速度的影响如图 10.1-5 所示。可以看出，与没有采用贪婪策略的收敛速度相比，采用贪婪策略的收敛曲线相对平滑。此外，由于采取贪婪策略生成的初始结构模型具有较大的侧向刚度，使得在地震作用下更容易满足规范规定的约束条件，因此初始种群的 C_m 值被贪婪策略显著降低。因此，贪婪策略显著减少了迭代次数，特别是对于遗传算法中初始种群数量较小的优化策略。一般来说，每次迭代耗时约 30min，基于贪婪策略的遗传算法的剪力墙布局优化耗时约 10h，这在实际项目中是可以接受的。

(4) 本方法的设计效果

一般来说，经验丰富的设计师的设计过程耗时约为 300h。因此，对于案例 1 和案例 2，智能设计将消耗的时间从 300h 减少到 10h，效率是人工设计的 30 倍，证明了所提出的方法有效性。如图 10.1-6 和图 10.1-7 所示，实际设计的和智能设计的剪力墙布局非常相似，表明结构智能设计的可行性。对于案例 1，工程师和智能设计的 C_m 值分别为 118.36m 和 81.8m。对于案例 2，工程师和智能设计的 C_m 值分别为 118.05m 和 116.36m。设计指标对比如表 10.1-2 所示。值得注意的是，对于案例 1，消耗的材料可以减少约 31%，表明所提出的方法是高效的。

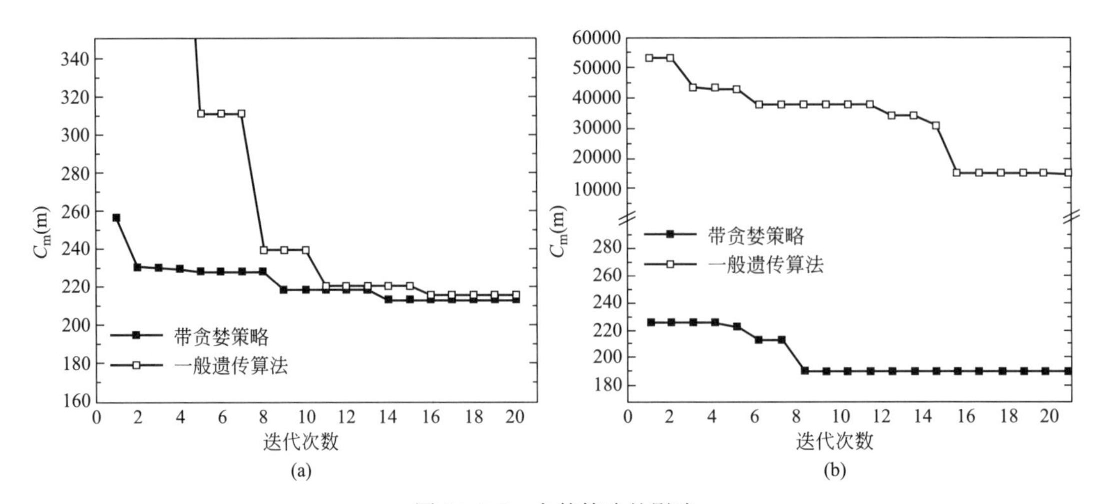

图 10.1-5　贪婪策略的影响

（a）案例 1；（b）案例 2

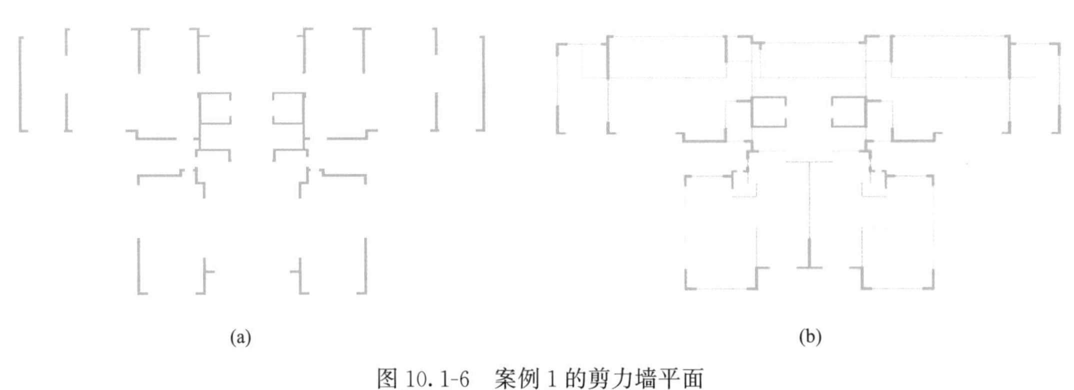

(a)　(b)

图 10.1-6　案例 1 的剪力墙平面

（a）设计师设计（C_m=118.36m）；（b）智能设计（C_m=81.8m）

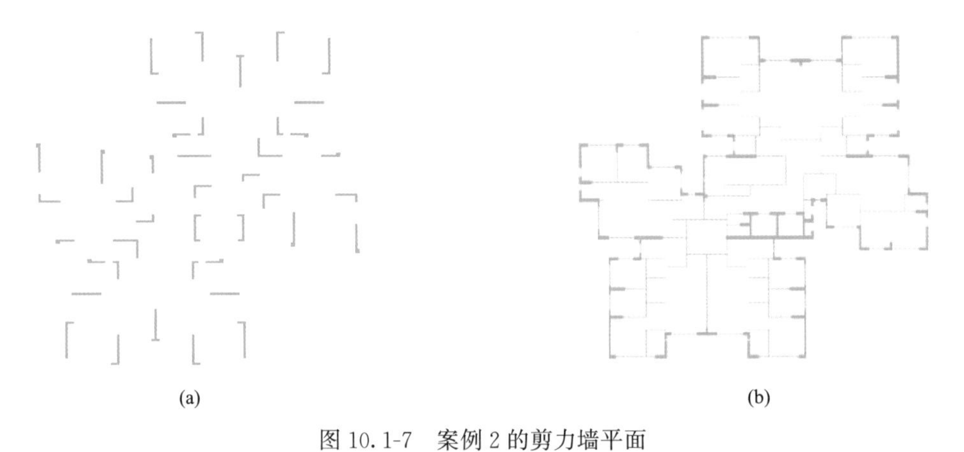

(a)　(b)

图 10.1-7　案例 2 的剪力墙平面

（a）设计师设计（C_m=118.05m）；（b）智能设计（C_m=116.36m）

设计结果 表 10.1-2

项目	案例1		案例2	
	设计师设计	智能设计	设计师设计	智能设计
C_m(m)	118.36	81.8	118.05	116.36
$1/\delta_x$	1/2678	1/1130	1/1817	1/1044
$1/\delta_y$	1/2829	1/1096	1/1663	1/1341
r_p	0.75	0.89	0.83	0.82
r_{dx}	1.31	1.21	1.20	1.38
r_{dy}	1.13	1.30	1.20	1.21

10.2 基于提示线和禁忌搜索的优化设计

在实际设计过程中，设计师通常可以根据经验给出一个大概的剪力墙布置方案，然后根据此方案不断地手工调试，最终达到优化设计的目的。此过程往往需要设计人员不断调整局部剪力墙的位置及其长度，同时需要等待软件进行长时间的迭代计算，消耗了大量的人力且过程枯燥。因此，本节提出了基于设计师提示线的智能优化设计方法。其中，提示线即为设计师给出的初始剪力墙布置方案。禁忌搜索[6] 作为一种基于个体搜索的亚启发式算法，通过邻域选优的搜索方式，在当前解的邻近范围内不断探索更优的解。良好的初始解可以加快禁忌搜索的寻优过程，因此禁忌搜索在本方法中被采用。

提示线除了可以由设计师根据经验进行绘制，也可以通过生成式设计给出。如可以采用第9章介绍的生成式设计方法，将其生成结果作为初步方案，即作为提示线。

10.2.1 优化变量与目标

(1) 优化变量

为了能够充分体现设计师的设计意图，同时又不增加设计师绘制提示线的工作量。本方法将提示线分为了两大类：1）结构梁；2）剪力墙。这两类提示线通过两个图层进行分类储存，如图10.2-1所示。其中，绘制的结构梁提示线在优化过程中不会被改变，即一定会被设计为结构梁。而绘制的剪力墙提示线则被分为了4类情况，如图10.2-2所示：1）剪力墙提示线布满建筑墙段，则在优化设计过程中剪力墙长度不会被改变；2）剪力墙提示线超过建筑墙长度的一半，则在优化过程中只优化超过中线的剪力墙长度（CD），不改变其余部分的长度（AC）；3）剪力墙提示线未超过建筑墙段的一半，则在优化过程中优化全部剪力墙长度（AD），但长度不超过C点；4）剪力墙提示线未在建筑墙段上布置，在优化设计过程中则不布置剪力墙。

本优化方法变量的参数化方法如第8章所述。同时，基于设计人员的设计经验，根据墙体所处的位置对各类墙体长度进行不同步长的参数化，参数空间如图10.2-1所示。首先将墙体分为四类：1）电梯楼梯间，2）外墙，3）与外墙相连的墙体，4）其他墙体。电梯间和楼梯间在生成的剪力墙布置中多为满布，可以起到很好的抗侧力的作用，因此在优化时保持不变；外墙布置剪力墙能有效限制建筑物的整个刚度和扭转效应，是剪力墙设计

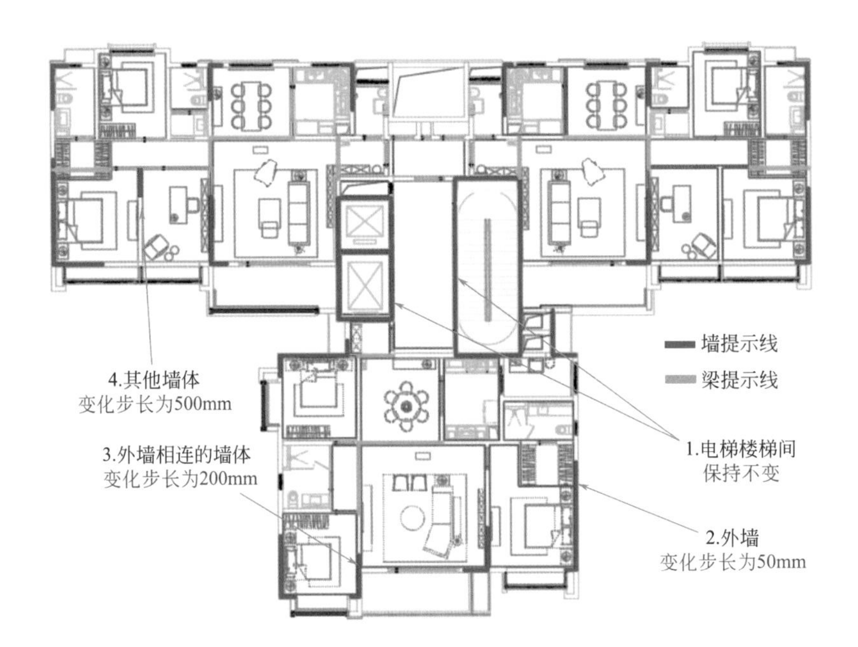

图 10.2-1 提示线与参数空间

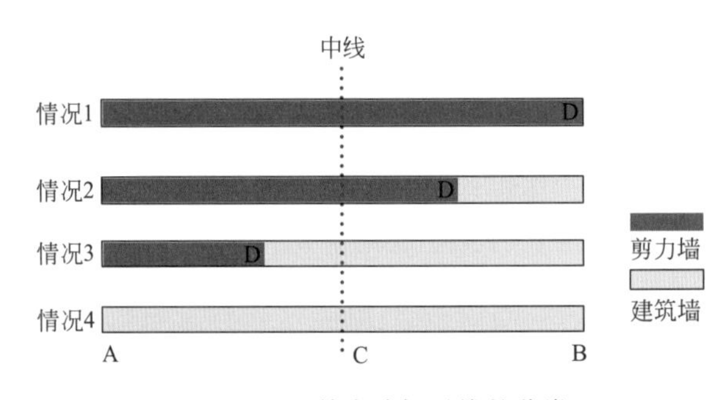

图 10.2-2 剪力墙提示线的分类

中的关键，因此采用较小步长（50mm）构造其参数空间；外墙相连的墙体可以避免出现外墙为一字墙的情况，同时为了减小搜索空间，以 200mm 为步长进行参数化；其他墙体多为内墙，由于其影响住户的居住体验和房间装修，因此采用较大的步长（500mm）构造内墙的参数空间，若小于 0 则为剪力墙不存在。

（2）优化目标

为满足结构的安全性要求，结构的各项性能指标作为设计约束应满足规范限值的要求，主要包括层间位移角 $1/\delta$、扭转比 r_d、周期比 r_p、楼层刚度比 r_f 和层间受剪承载力比 r_s。对应的不等式约束的表达式为（10.2-1）～式（10.2-5），其中 $1/\delta_{lim}$、r_{dlim}、r_{plim}、r_{flim} 和 r_{slim} 分别为位移角、扭转比、周期比、侧向刚度比和受剪承载力的限值，根据《建筑抗震设计规范》GB 50011—2010（2016 年版）[2]、《高层建筑混凝土结构技术规程》JGJ 3—2010[3] 进行取值。

$$1/\delta \leqslant 1/\delta_{lim} \tag{10.2-1}$$

$$r_d \leqslant r_{dlim} \tag{10.2-2}$$

$$r_{\mathrm{p}} \leqslant r_{\mathrm{plim}} \tag{10.2-3}$$

$$r_{\mathrm{f}} \geqslant r_{\mathrm{flim}} \tag{10.2-4}$$

$$r_{\mathrm{s}} \geqslant r_{\mathrm{slim}} \tag{10.2-5}$$

考虑到整个结构的经济性和碳排放，本书将剪力墙混凝土用量作为优化目标，采用剪力墙的总长度来近似表示混凝土用量，可表示为式（10.2-6），其中 k 表示剪力墙数量，L_i 表示剪力墙 i 的长度。

$$L_{\mathrm{m}} = \sum_{i=1}^{k} L_i \tag{10.2-6}$$

考虑到剪力墙结构的受力特点，当柱、短肢剪力墙、过长的剪力墙布置过多时，刚度的差异可能造成部分墙肢吸收过大的地震能量而被较早破坏，对抗震不利，因此本节对墙肢的类型进行约束。常见的墙肢类型如图 10.2-3 所示。本书将三种墙肢的数量同样作为优化的目标。根据《高层建筑混凝土结构技术规程》JGJ 3—2010[3]，三类竖向构件的定义如下：

1）柱（col）：墙肢的截面高度 H 与厚度 B 之比（H/B）不大于 4，即 $H/B \leqslant 4$；

2）短肢剪力墙（sw）：截面厚度不大于 300mm，各肢截面高度与厚度之比的最大值大于 4 但不大于 8，即 $B \leqslant 300\mathrm{mm}$ 且 $4 < (H/B)_{\max} \leqslant 8$；

3）过长的剪力墙（lw）：长度超过 8m 的剪力墙，即 $L > 8\mathrm{m}$。

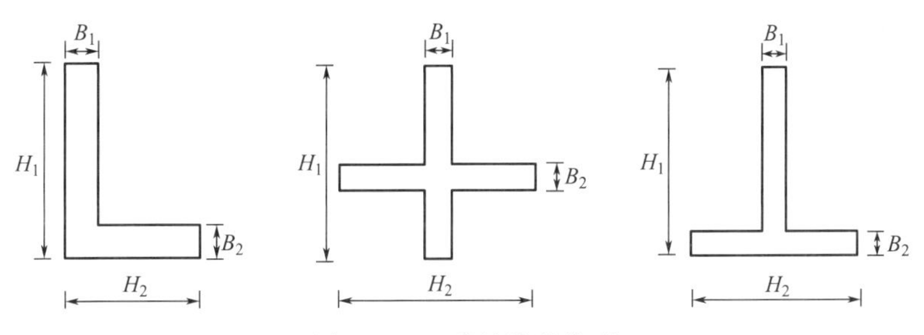

图 10.2-3　常见墙肢类型

将剪力墙材料用量 C_{m} 以及三种墙肢的数量（C_{col}，C_{sw}，C_{lw}）作为优化目标，将结构需满足的性能指标作为约束条件。采用外罚函数的形式，将约束优化问题转为无约束优化问题。其中罚函数为式（10.2-7）～式（10.2-15），优化目标为式（10.2-16）。式中，N_{col}、K_{sw}、N_{lw} 分别指的是柱、短肢剪力墙、长度超过 8m 的剪力墙的数量。

10.2.2　两阶段禁忌搜索算法

算法实施的具体流程如图 10.2-4 所示，其中阶段 1（S1）优化内墙的布置，阶段 2（S2）优化外墙以及与外墙相连墙体的布置。阶段 1 将设计师的提示作为阶段 1 的初始解进行禁忌搜索；阶段 2 将阶段 1 的最终解作为初始解进行禁忌搜索。经过反复试验，将阶段 1 的禁忌长度设置为 10；阶段 2 的禁忌长度同样设置为 10。两个阶段的特赦规则均为：若候选解 G 中最优解优于历史最优解，即使该解的动作被禁忌，仍接受此解作为当前解；若 G 中最优解不优于历史最优解，则将非禁忌表中动作对应的最优解作为当前解。两个阶段的收敛条件为：当迭代次数达到指定次数（40 代），或连续多代（5 代）最优解不发生改变。

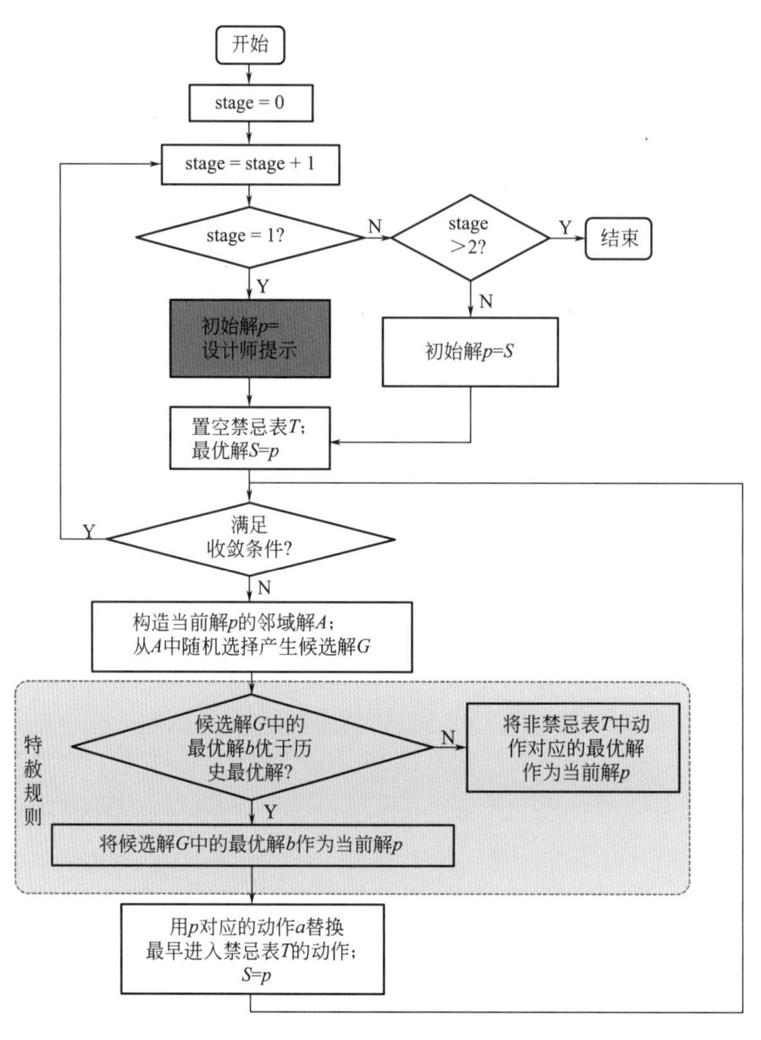

图 10.2-4　优化算法流程图

$$C_{\delta}=\begin{cases}0 & 1/\delta \leqslant 1/\delta_{\lim} \\ 100\times(\delta_{\lim}-\delta) & 1/\delta > 1/\delta_{\lim}\end{cases} \tag{10.2-7}$$

$$C_{\mathrm{d}}=\begin{cases}0 & r_{\mathrm{d}} \leqslant r_{\mathrm{dlim}} \\ 1000\times(r_{\mathrm{d}}-r_{\mathrm{dlim}}) & r_{\mathrm{d}} > r_{\mathrm{dlim}}\end{cases} \tag{10.2-8}$$

$$C_{\mathrm{p}}=\begin{cases}0 & r_{\mathrm{p}} \leqslant r_{\mathrm{plim}} \\ 1000\times(r_{\mathrm{p}}-r_{\mathrm{plim}}) & r_{\mathrm{p}} > r_{\mathrm{plim}}\end{cases} \tag{10.2-9}$$

$$C_{\mathrm{f}}=\begin{cases}0 & r_{\mathrm{f}} \geqslant r_{\mathrm{flim}} \\ 1000\times(r_{\mathrm{flim}}-r_{\mathrm{f}}) & r_{\mathrm{f}} < r_{\mathrm{flim}}\end{cases} \tag{10.2-10}$$

$$C_{\mathrm{s}}=\begin{cases}0 & r_{\mathrm{s}} \geqslant r_{\mathrm{slim}} \\ 1000\times(r_{\mathrm{slim}}-r_{\mathrm{s}}) & r_{\mathrm{s}} < r_{\mathrm{slim}}\end{cases} \tag{10.2-11}$$

$$C_{\mathrm{col}}=150\times N_{\mathrm{col}} \tag{10.2-12}$$

$$C_{\mathrm{sw}}=100\times N_{\mathrm{sw}} \tag{10.2-13}$$

$$C_{lw}=150\times N_{lw} \tag{10.2-14}$$

$$C_m=1000\times L_m \tag{10.2-15}$$

$$C=C_m+C_{col}+C_{sw}+C_{lw}+C_\delta+C_d+C_p+C_f+C_s \tag{10.2-16}$$

10.2.3 实验分析

(1) 工程概况

图 10.2-5 给出了两个实际工程案例的建筑平面图。案例 1 占地约为 35.1m×19.5m，共 33 层，层高为 2.9m；案例 2 占地约为 33.4m×18.2m，共 17 层，层高为 3m。两个案例的抗震设防烈度均为 6 度，地震分组为第一组，地面粗糙度为 B 级，场地类别为Ⅲ类，混凝土强度等级为 C40。位移角 $1/\delta_{lim}$、扭转比 r_{dlim}、周期比 r_{plim}、受剪承载力 r_{slim} 的限值根据规范分别为 1/1100、1.4、0.9、0.8。提示线如图 10.2-6 所示。

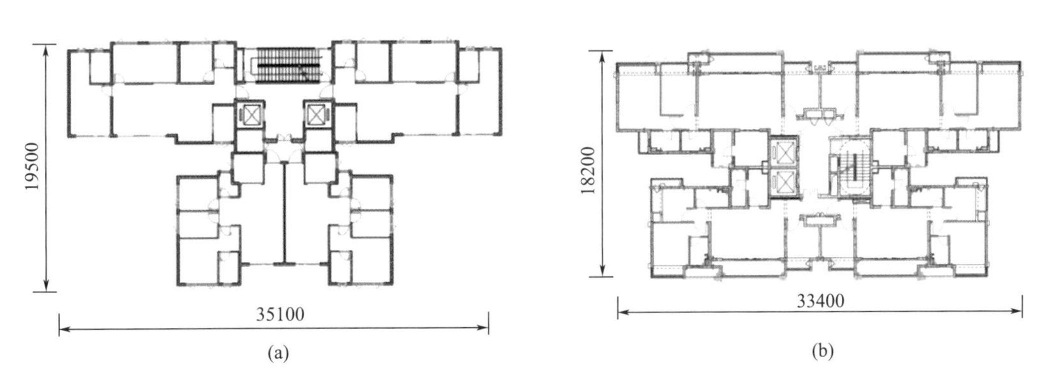

图 10.2-5 建筑平面（mm）

(a) 案例 1；(a) 案例 2

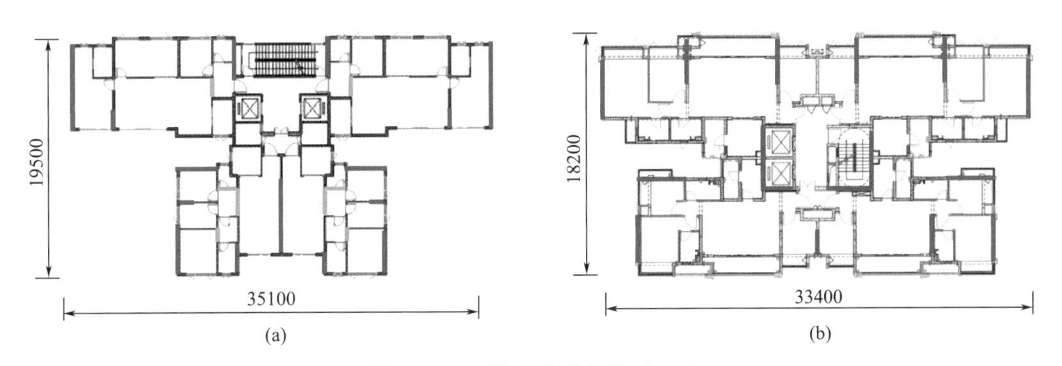

图 10.2-6 提示线示意图（mm）

(a) 案例 1；(a) 案例 2

(2) 优化设计结果

优化算法的收敛曲线如图 10.2-7 所示，S1 表示第一阶段（优化内墙的布置），S2 表示第二阶段（优化外墙以及外墙相连的墙体）。两个案例优化的时长均约为 10h。由图可以看出优化目标在第一阶段下降较快，在第二阶段下降缓慢，可能是由于外墙墙体较为重要，过多的或者不合理的减少将导致整体指标超出规范限值。

智能设计的结果和设计师设计的结果的对比如图 10.2-8 和图 10.2-9 所示。从优化设

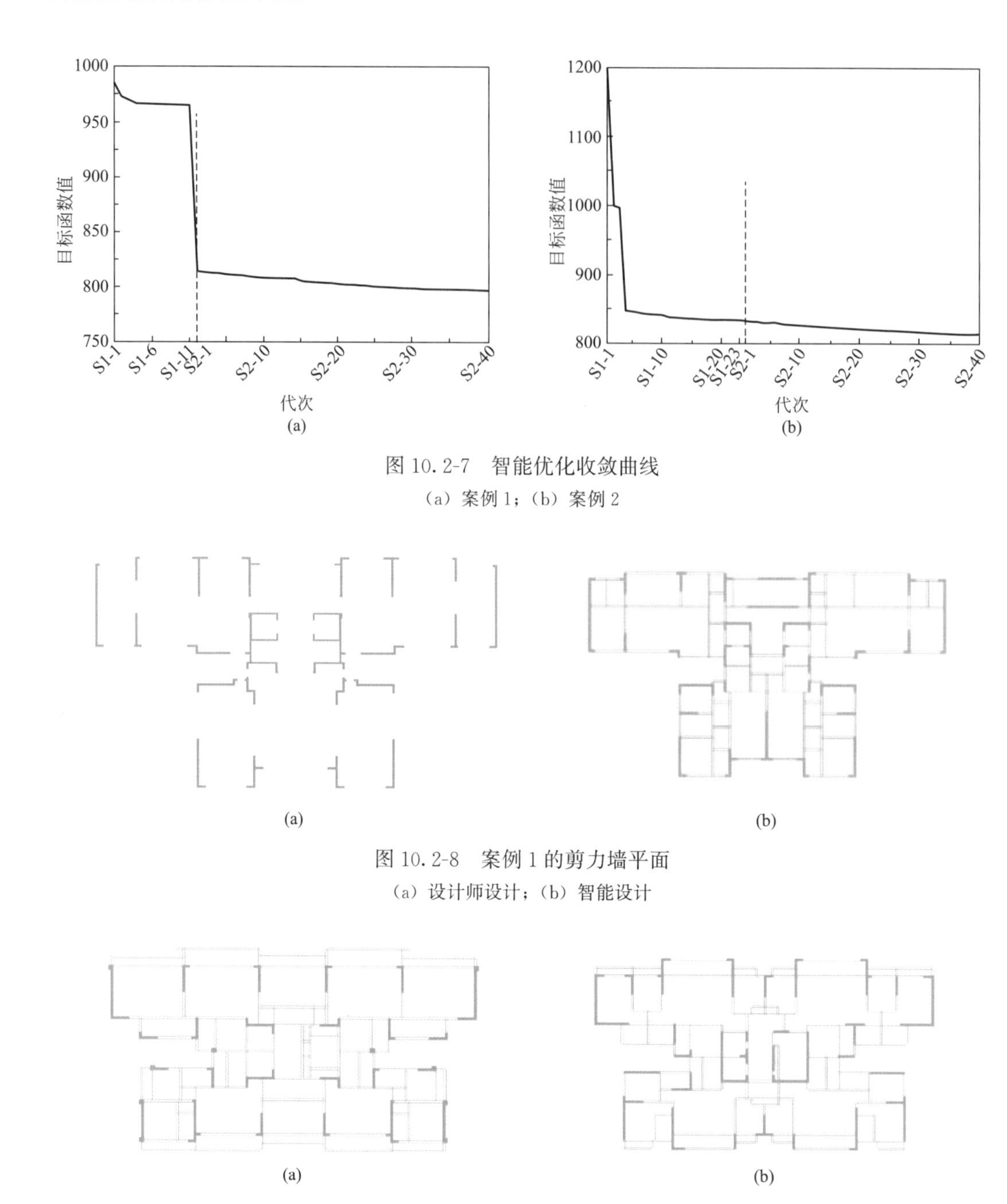

图 10.2-7 智能优化收敛曲线

（a）案例 1；（b）案例 2

(a) (b)

图 10.2-8 案例 1 的剪力墙平面

（a）设计师设计；（b）智能设计

(a) (b)

图 10.2-9 案例 2 的剪力墙平面

（a）设计师设计；（b）智能设计

计的结果来看，优化变量满足提示线的变化规则，即有些位置长度保持不变，有些位置长度按照规则在一定范围内变化。

为了评价优化设计的结果，10.2.1（2）中的结构整体指标被采用。除此之外，三个有多年设计经验的设计师对整体合理性进行评分。分值的取值范围为从 0 到 10，其中 6 分为及格，表示满足结构设计的基本需求。

不同指标结果对比如表 10.2-1 所示。从表中可以看出，案例 1 经过优化后的剪力墙长度小于人工设计的结果。但是在平面整体合理性方面，优化后方案的评分比人工设计方案的评分少1分，这是由于部分内墙布置不合理和电梯部分设置不合理。优化后的案例2在电梯、楼梯位置和人工设计结果有部分差异，优化后的方案也与人工设计的方案相差1分。从结构平面整体看，案例1和案例2经过约10h的优化后的结果和人工设计的结果相似，个别区域存在较小的差异，证明提出的方法可以在较短时间达到辅助设计的效果。

优化前后结果评价 **表10.2-1**

指标	案例1			案例2		
	优化前	优化后	人工设计	优化前	优化后	人工设计
δ	2469	1876	2678	3153	2945	2006
r_d	1.41	1.24	1.31	1.38	1.27	1.22
r_p	0.86	0.78	0.75	1.08	0.82	0.80
r_f	1.00	1.00	1.00	1.00	1.00	1.00
r_s	0.91	0.94	0.95	0.92	0.90	0.94
N_{col}	0	0	0	1	0	4
N_{sw}	7	7	2	7	7	8
N_{lw}	1	0	0	0	0	0
L_m	125	98	118	153	114	70
评分1	8	8	8	7	7	8
评分2	8	8	9	6	7	8
评分3	6	7	9	7	7	8
均分	7.33	7.67	8.67	6.67	7.00	8.00

10.3 基于分步策略和遗传算法的多结构标准层优化设计

多高层结构设计往往不仅需要考虑材料成本还需考虑施工的便捷程度，同时结构设计往往是多结构标准层。为此，本节以降低材料成本和提高施工便捷程度为目标，提出基于遗传算法的多高层住宅的多结构标准层优化设计方法。同时，启发于设计师在实际设计过程中从低结构标准层到高标准层的分步设计逻辑，本方法也模拟人工设计逻辑采用分步设计策略。

10.3.1 优化变量与目标

(1) 优化变量

本优化方法的变量参数化方法如第8章所述，同时考虑到不同结构标准层所包含的楼层数，染色体编码方式如图10.3-1所示。染色体由 m 个墙段基因和1个楼层基因组成；墙段基因均采用长度索引号进行表示，每个长度索引号对应着具体的墙段长度，特殊标记“－1”表示当前墙段长度取值为可行域的上界；楼层基因表示当前优化标准层对应的楼层数。

(2) 优化目标

将满足规范要求的剪力墙材料用量作为优化目标之一，同时采用剪力墙总长度近似地

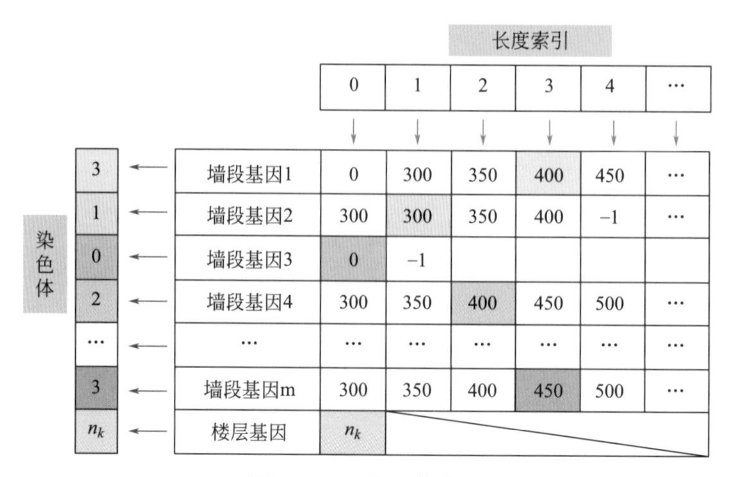

图 10.3-1　染色体编码

表示剪力墙材料用量，材料成本的目标函数 f_1 可按式（10.3-1）进行计算。式中，n 表示楼层数量；L_i 表示楼层 i 的剪力墙总长度。

$$\min f_1=\min\{\sum_{i=1}^{n}L_i\} \tag{10.3-1}$$

在实际施工过程中，较长的墙方便支模以及浇筑。同时，若结构布置满足规范限值，墙段数目较少，则墙段的长度会较长。因此，本研究将墙段的数目作为施工便捷性的指标。施工便捷性的目标函数 f_2 可按式（10.3-2）进行计算，式中 M_i 表示楼层 i 的墙段总数量。

$$\min f_2=\min\{\sum_{i=1}^{n}M_i\} \tag{10.3-2}$$

在结构方案设计时，结构性能指标主要包括层间位移角 $1/\delta$、扭转比 r_{d} 以及周期比 r_{p}，对应约束的具体表达式为式（10.3-3）～式（10.3-5）。式中，$1/\delta_{\mathrm{lim}}$、r_{dlim} 和 r_{plim} 分别为位移角、扭转比以及周期比的限值，同样根据规范[2,3] 进行取值。

$$1/\delta\leqslant 1/\delta_{\mathrm{lim}} \tag{10.3-3}$$

$$r_{\mathrm{d}}\leqslant r_{\mathrm{dlim}} \tag{10.3-4}$$

$$r_{\mathrm{p}}\leqslant r_{\mathrm{plim}} \tag{10.3-5}$$

对于多标准层的结构而言，控制楼层刚度比 r_{f} 和层间受剪承载力比 r_{s} 是避免楼层竖向不规则的有效手段，对应约束的具体表达式为式（10.3-6）～式（10.3-7）。式中，r_{flim}、r_{slim} 分别表示对应的限值，均根据规范[2,3] 进行取值。

$$r_{\mathrm{f}}\geqslant r_{\mathrm{flim}} \tag{10.3-6}$$

$$r_{\mathrm{s}}\geqslant r_{\mathrm{slim}} \tag{10.3-7}$$

除了上述的强制约束，本节同时根据设计经验对参数空间进行了约束，以便设计结果符合实际工程的需求，同时缩小搜索空间，具体如下：1）对于与外墙角点相连的剪力墙以及位于分户墙两端的剪力墙而言，其长度取值大于0；2）对于端点不位于外墙、分户墙和公共区的剪力墙，其长度取为0；3）上部标准层的墙肢长度均不能超过下部标准层对应位置的墙肢长度；4）相同套型的剪力墙共享参数。

10.3.2 多标准层多目标优化算法

多标准层剪力墙结构的多目标智能设计面临着优化变量数目较多、变量取值范围较广、多个标准层之间存在强约束和强关联等问题，优化难度显著加大。为此，本节提出分步优化策略和基于小生境技术[7] 的遗传算法对其进行多目标优化。

（1）分步优化策略

为了解决多个标准层之间的强约束和强关联，基于设计人员的设计逻辑提出分步优化策略，如图 10.3-2 所示，具体如下：

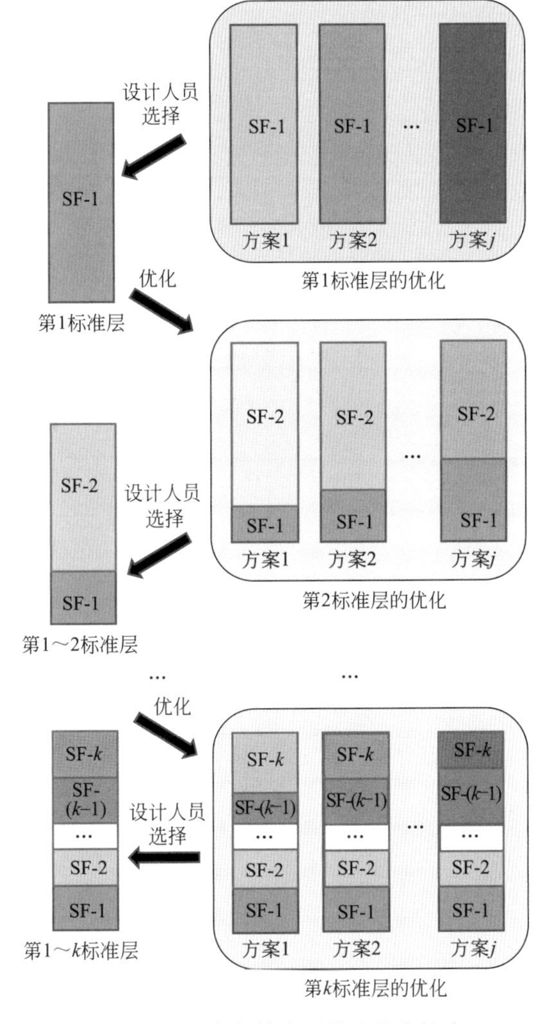

图 10.3-2 染色体编码分步优化策略

1）对第 k 标准层（SF-k）进行优化时，第 1～$k-1$ 标准层的剪力墙布置保持不变；第 1～$k-2$ 标准层的层数保持不变；第 $k-1$ 标准层的剪力墙布置为第 k 标准层剪力墙的可行域。

2）采用基于小生境技术的遗传算法对多高层剪力墙结构进行多目标优化得到 Pareto

最优解。

3）设计人员从 Pareto 最优解选取特定解，从而确定第 k 标准层的剪力墙布置和第 $k-1$ 标准层的层数。

4）重复步骤 1)～3)，直至达到收敛条件。分步优化策略的收敛条件包括：标准层的数量达到预设阈值；可优化的楼层数量小于预设阈值；当前标准层和上一个标准层的剪力墙布置接近。

（2）基于小生境技术的遗传算法

适应度是评价个体优劣性和选择运算的依据，个体 i 的适应度 F_i 可按式（10.3-8）～式（10.3-10）进行计算。其中，c 为正常数；I_i 为个体 i 的总等级；I_{i_1} 为个体 i 按目标函数进行非支配排序后的 Pareto 等级[8]；N 为个体的总数量；C（i）是衡量个体 i 违反约束程度的指标。

$$F_i=\frac{c}{I_i} \tag{10.3-8}$$

$$I_i=\begin{cases} I_{i\_1} & \text{个体 } i \text{ 为可行解} \\ I_{i\_1}+C(i)+N & \text{个体 } i \text{ 为不可行解} \end{cases} \tag{10.3-9}$$

$$\begin{aligned} C(i)=\Bigg(&\frac{\max\{0,\delta_{\text{lim}}-\delta\}}{\delta_{\text{lim}}}+\frac{\max\{0,r_{\text{d}}-r_{\text{dlim}}\}}{r_{\text{dlim}}} \\ &+\frac{\max\{0,r_{\text{p}}-r_{\text{plim}}\}}{r_{\text{plim}}}+\frac{\max\{0,r_{\text{flim}}-r_{\text{f}}\}}{r_{\text{flim}}} \\ &+\frac{\max\{0,r_{\text{slim}}-r_{\text{s}}\}}{r_{\text{slim}}}\Bigg)\times 1000 \end{aligned} \tag{10.3-10}$$

考虑到含有大量相似个体的种群缺乏多样性且会导致遗传算法过早收敛，采用小生境技术来维持种群的多样性：对于多个相似的个体，保留任一个体的总等级不变，其余个体的总等级均增加 N。图 10.3-3 给出了种群适应度计算的示例。

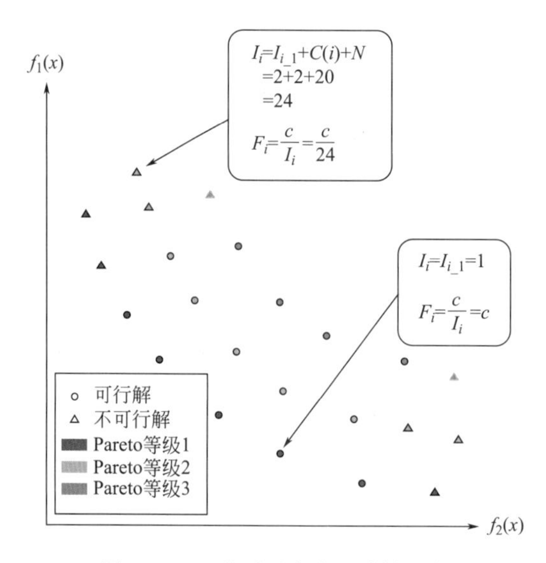

图 10.3-3 种群适应度的计算示例

选择运算是模拟自然界优胜劣汰的生存法则，具体处理方式是淘汰适应度较低的个体和保留适应度较高的个体。依据精英保留思想，将父代种群 P 和子代种群 Q 先进行合并再进行选择。考虑到违背约束程度较低的不可行解有进化为Pareto最优解的良好潜质，新父代种群 P' 的 80％和 20％分别从可行解和不可行解中选取。图 10.3-4 给出了基于精英保留策略的选择运算。

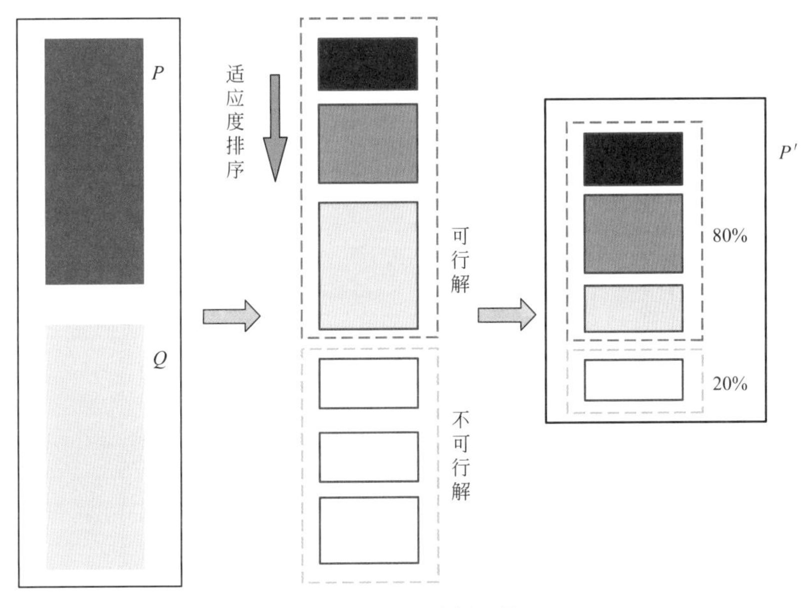

图 10.3-4 选择运算

10.3.3 实验分析

（1）工程概况

图 10.3-5 为案例的建筑平面图。案例为 28 层的剪力墙结构，占地约为 17.55m×42.80m，层高为 2.95m，抗震烈度为 6 度，剪力墙混凝土等级为 C30，设防烈度为 6 度，地震设防分组为第一组，场地类别为Ⅱ类。

（2）优化设计结果

采用所提出的分步优化策略和基于小生境技术的遗传算法对实际工程算例进行多目标优化。图 10.3-6 给出了每代 Pareto 最优解的分布情况，图中一个圆点表示一个 Pareto 最优解，圆点的半径与进化次数成正比。从图 10.3-6 可以看出，Pareto 最优解随着进化次数的增加不断地向墙数少且墙长短的区域移动，说明所提出的多目标优化方法收敛性好。设计人员可根据自身偏好或工程需求从 Pareto 前沿中选取特定解作为最终结果，如图 10.3-6 所示。

经过设计人员的选择，剪力墙平面被选定。图 10.3-7 给出了第 1 标准层（1～17 层）与第 2 标准层（18～28 层）的对比。第 1 标准层剪力墙总长度和总数量分别为 65m 和 69；第 2 标准层剪力墙总长度和总数量分别为 44.1m 和 57。相对于第 1 标准层，第 2 标准层的剪力墙总长度和总数量分别减少 32.2％和 17.3％。

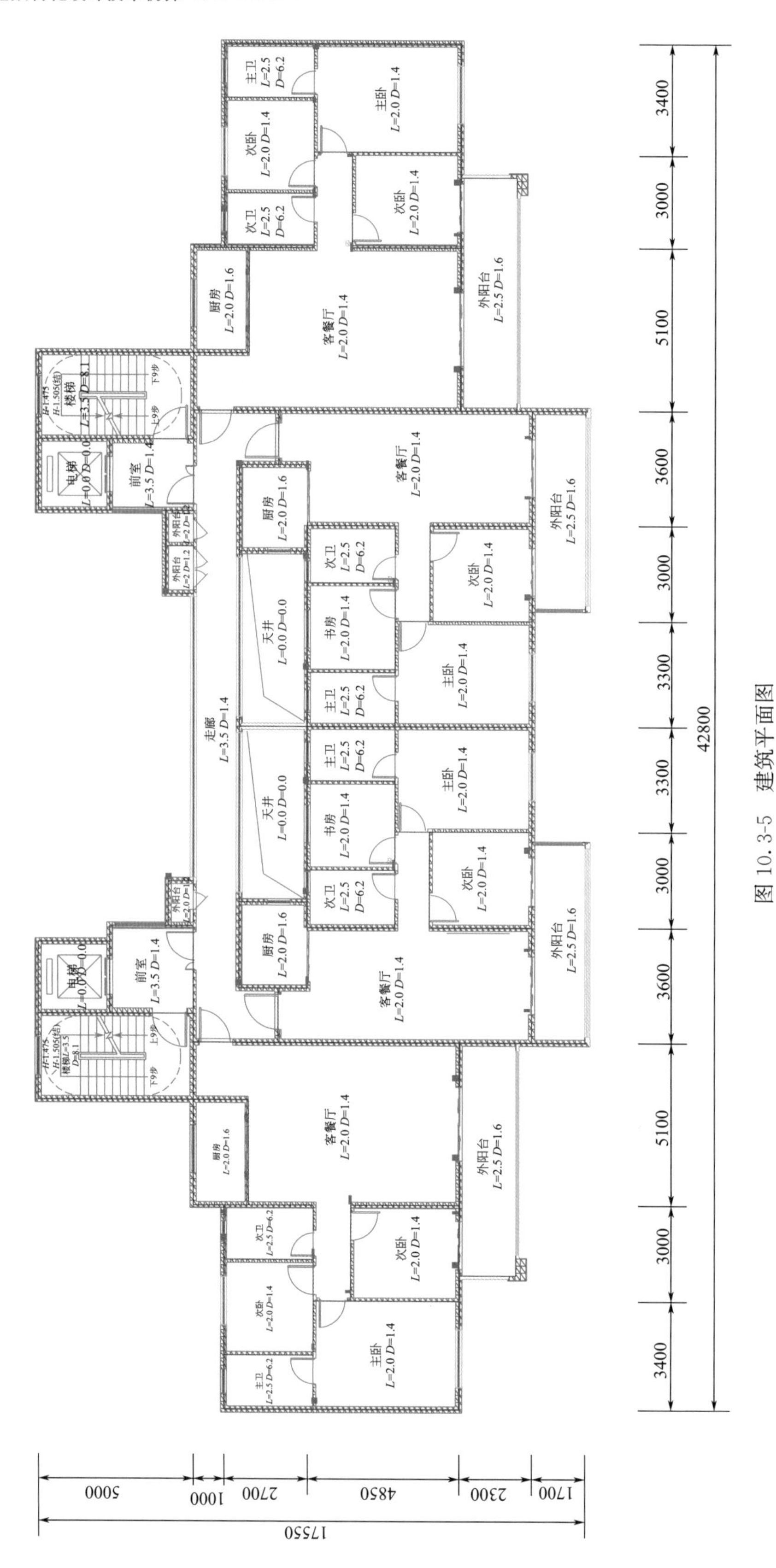
主卧 L=2.0 D=1.4
主卫 L=2.5 D=6.2
次卧 L=2.0 D=1.4
次卫 L=2.5 D=6.2
厨房 L=2.0 D=1.6
客餐厅 L=2.0 D=1.4
外阳台 L=2.5 D=1.6
书房 L=2.0 D=1.4
天井 L=0.0 D=0.0
走廊 L=3.5 D=1.4
前室 L=3.5 D=1.4
电梯 L=0.0 D=0.0
楼梯 L=3.5 D=8.1
上9步
下9步
3400
3000
5100
3600
3000
3300
3300
3000
3600
5100
3000
3400
42800
5000
1000
2700
4850
2300
1700
17550

图 10.3-5 建筑平面图

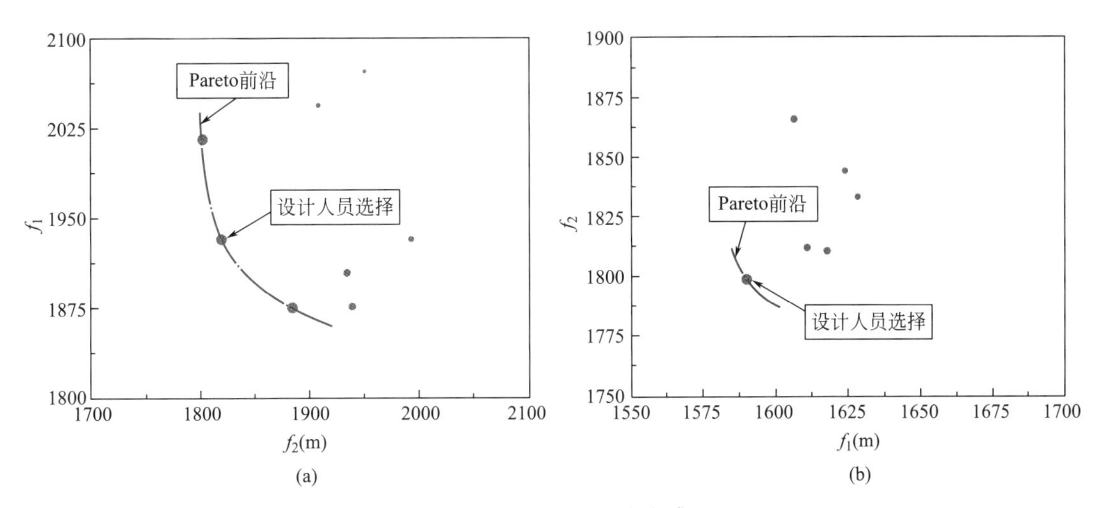

图 10.3-6 Pareto 最优解集
(a) 第1标准层；(b) 第2标准层

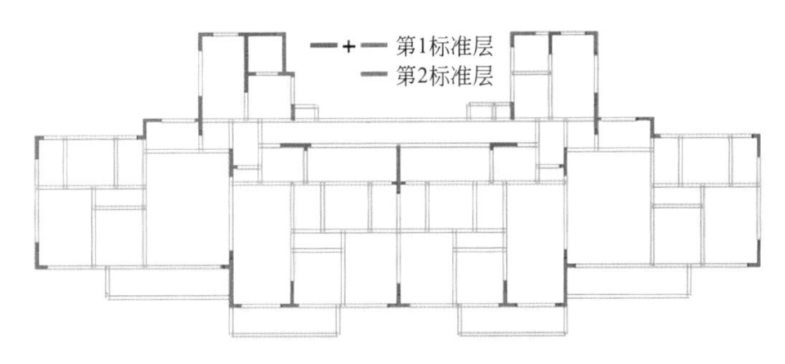

图 10.3-7 第1标准层和第2标准层的对比

图 10.3-8 给出了人工设计得到的剪力墙布置图，人工设计的标准层剪力墙总长度和总数量分别为 87.23m 和 74。从图可以看出，智能设计与人工设计的剪力墙布置高度相似。与人工设计结果对比，智能设计的结构剪力墙墙段总长度和总数量分别减少了 34.9%和 13.1%。对于一栋 28 层左右的剪力墙结构，人工设计通常需要花费 300h 进行模型调整优化，所提出的多高层剪力墙结构多目标优化方法仅仅需要 6.7h，可显著缩短设计周期。

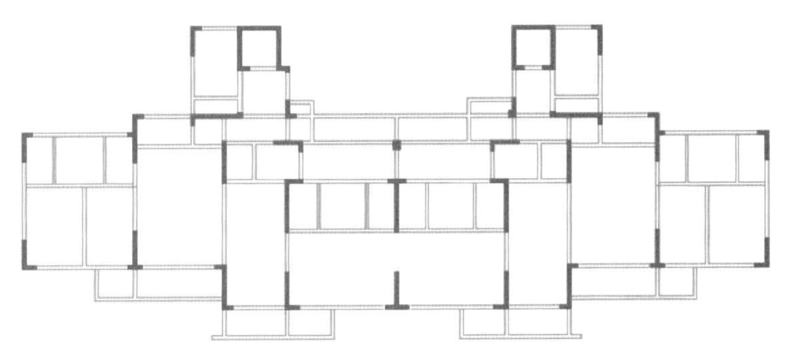

图 10.3-8 设计师设计

10.4 本章小结

为了实现多高层住宅剪力墙结构平面的优化设计，本章将智能优化算法分别与设计师的先验知识、设计师的提示、设计师的设计逻辑相结合，分别提出了基于先验知识和遗传算法的结构平面优化方法、基于提示线和禁忌搜索的结构平面优化方法、基于分步策略和遗传算法的多结构标准层优化方法。主要结论为：1）基于先验知识和遗传算法的结构智能优化方法，设计效率为人工设计的 30 倍，设计过程无须人工调整，得到的设计方案与设计师设计结果相似，且材料使用更少；2）提出的基于提示线和禁忌搜索的智能优化方法，充分利用了设计师的提示和禁忌搜索的算法特性，在结构整体指标、材料用量以及整体评分等方面都有良好的效果，得到的整体结构与设计师的设计结果相似，达到了辅助设计的目的；3）提出的基于分步策略和遗传算法的智能优化方法，实现了多结构标准层多目标的优化设计，同时兼顾材料成本和施工便捷性，且方法收敛性好，可显著缩短设计周期。

参考文献

[1] 王载，武岳，沈世钊，等．高层结构低碳设计方法研究［J］．建筑结构学报，2023，44（S1）：38-47.

[2] 中华人民共和国住房和城乡建设部．建筑抗震设计规范：GB 50011—2010（2016 年版）［S］．北京：中国建筑工业出版社，2016.

[3] 中华人民共和国住房和城乡建设部．高层建筑混凝土结构技术规程：JGJ 3—2010［S］．北京：中国建筑工业出版社，2011.

[4] SMITH A E，COIT D W，BAECK T，et al. Penalty functions［J］．Handbook of Evolutionary Computation，1997，97（1）：C5.

[5] LAMBORA A，GUPTA K，CHOPRA K. Genetic algorithm-A literature review［C］//2019 International Conference on Machine Learning，Big Data，Cloud and Parallel Computing（COMITCon）．IEEE，2019：380-384.

[6] GLOVER F. Tabu search：A tutorial［J］．Interfaces，1990，20（4）：74-94.

[7] LU Q，GUO Q，ZENG W. Optimization scheduling of home appliances in smart home：A model based on a niche technology with sharing mechanism［J］. International Journal of Electrical Power & Energy Systems，2022，141：1081.

[8] DUNFORD R，SU Q，TAMANG E. The pareto principle［J］．University of Plymouth，2014.